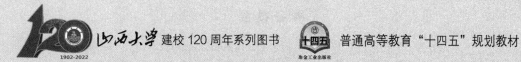

山西大学 建校120周年系列图书　　普通高等教育"十四五"规划教材

环境与资源类专业系列教材　程芳琴　主编

# 水盐体系相分离

## Phase Separation of Salt-Water System

成怀刚　程芳琴　编著

北 京
冶 金 工 业 出 版 社
2022

## 内 容 提 要

本书分为上下两篇，共13章，上篇为水盐体系相分离原理，介绍了水盐体系的基本原理、计算模型与软件等内容；下篇为水盐体系相分离应用，包括等温蒸发结晶分离、变温动态分离、强酸性稳态与介稳相平衡的分离应用、可溶盐浮选与溶矿的相图应用、凝聚沉降中的相平衡规律等内容。

本书可作为资源循环科学与工程、环境科学与工程、化学工程与工艺、冶金工程专业高年级本科生和研究生教材，也可作为盐湖、无机盐、资源循环利用领域相关从业人员的阅读参考书。

**图书在版编目(CIP)数据**

水盐体系相分离／成怀刚，程芳琴编著．—北京：冶金工业出版社，2022.9

ISBN 978-7-5024-9133-8

Ⅰ.①水…　Ⅱ.①成…　②程…　Ⅲ.①无机化工—土壤盐渍度—关系—土壤水—相图　Ⅳ.①TQ115

中国版本图书馆 CIP 数据核字(2022)第 061471 号

**水盐体系相分离**

| | | | |
|---|---|---|---|
| 出版发行 | 冶金工业出版社 | 电　　话 | (010)64027926 |
| 地　　址 | 北京市东城区嵩祝院北巷 39 号 | 邮　　编 | 100009 |
| 网　　址 | www.mip1953.com | 电子信箱 | service@mip1953.com |

责任编辑　刘小峰　赵缘园　美术编辑　彭子赫　版式设计　孙跃红
责任校对　李　娜　责任印制　李玉山
三河市双峰印刷装订有限公司印刷
2022 年 9 月第 1 版，2022 年 9 月第 1 次印刷
787mm×1092mm　1/16；20.75 印张；502 千字；318 页
定价 59.00 元

投稿电话　(010)64027932　投稿信箱　tougao@cnmip.com.cn
营销中心电话　(010)64044283
冶金工业出版社天猫旗舰店　yjgycbs.tmall.com
(本书如有印装质量问题，本社营销中心负责退换)

# 深化科教、产教融合，共筑资源环境美好明天

环境与资源是"双碳"背景下的重要学科，承担着资源型地区可持续发展和环境污染控制、清洁生产的历史使命。黄河流域是我国重要的资源型经济地带，是我国重要的能源和化工原材料基地，在我国经济社会发展和生态安全方面具有十分重要的地位。尤其是在煤炭和盐湖资源方面，更是在全国处于无可替代的地位。

能源是经济社会发展的基础，煤炭长期以来是我国的基础能源和主体能源。截至 2020 年底，全国煤炭储量已探明 1622.88 亿吨，其中沿黄九省区煤炭储量 1149.83 亿吨，占全国储量 70.85%；山西省煤炭储量 507.25 亿吨，占全国储量 31.26%，占沿黄九省区储量 44.15%。2021 年，全国原煤产量 40.71 亿吨，同比增长 5.70%，其中沿黄九省区年产量 31.81 亿吨，占全国 78.14%。山西省原煤产量 11.93 亿吨，占全国 28.60%，占沿黄九省区 37.50%。煤基产业在经济社会发展中发挥了重要的支撑保障作用，但煤焦冶电化产业发展过程产生的大量煤矸石、煤泥和矿井水，燃煤发电产生的大量粉煤灰、脱硫石膏，煤化工、冶金过程产生的电石渣、钢渣，却带来了严重的生态破坏和环境污染问题。

盐湖是盐化工之母，盐湖中沉积的盐类矿物资源多达 200 余种，其中还赋存着具有工业价值的铷、铯、钨、锶、铀、锂、镓等众多稀有资源，是化工、农业、轻工、冶金、建筑、医疗、国防工业的重要原料。2019 年中国钠盐储量为 14701 亿吨，钾盐储量为 10 亿吨。2021 年中国原盐产量为 5154 万吨，其中钾盐产量为 695 万吨。我国四大盐湖（青海的察尔汗盐湖、茶卡盐湖，山西的运城盐湖，新疆的巴里坤盐湖），前三个均在黄河流域。由于盐湖资源单一不平衡开采，造成严重的资源浪费。

基于沿黄九省区特别是山西的煤炭及青海的盐湖资源在全国占有重要份额，搞好煤矸石、粉煤灰、煤泥等煤基固废的资源化、清洁化、无害化循环利用与盐湖资源的充分利用，对于立足我国国情，有效应对外部环境新挑战，促进中部崛起，加速西部开发，实现"双碳"目标，建设"美丽中国"，走好

"一带一路"，全面建设社会主义现代化强国，将会起到重要的科技引领作用、能源保供作用、民生保障作用、稳中求进高质量发展的支撑作用。

山西大学环境与资源研究团队，以山西煤炭资源和青海盐湖资源为依托，先后承担了国家重点研发计划、国家"863"计划、山西-国家基金委联合基金重点项目、青海-国家基金委联合基金重点计划、国家国际合作计划等，获批了煤基废弃资源清洁低碳利用省部共建协同创新中心，建成了国家环境保护煤炭废弃物资源化高效利用技术重点实验室，攻克资源利用和污染控制难题，获得国家、教育部、山西省、青海省多项奖励。

团队在认真总结多年教学、科研与工程实践成果的基础上，结合国内外先进研究成果，编写了这套"环境与资源类专业系列教材"。值此山西大学建校120周年之际，谨以系列教材为校庆献礼，诚挚感谢所有参与教材编写、出版的人员付出的艰辛劳动，衷心祝愿我们心爱的山西大学登崇俊良，求真至善，宏图再展，再谱华章！

2022 年 4 月于山西大学

# 前　言

本书主要介绍水盐体系相分离原理及其工程应用，具体涉及盐化工、高盐固废/废水处理、工业碱废处理、铝土矿/煤基固废湿法提炼、污水净化等环境与资源工程行业门类。本书围绕水盐体系相分离的基本原理，内容包括水盐体系的实验方法、基础数据、建模计算、应用案例等。

水盐体系相分离主要涉及盐水溶液中的固液相平衡，以及与其有关的相转化、相变等问题，大多数情况下是以水盐体系相图为基本的表现形式。相平衡/相图原属于湿法冶金、盐化工、海洋/盐湖地质学等领域的理论工具，一般来说水盐体系相平衡/相图的应用主要是指等温蒸发结晶分离和一部分变温分离，另外地质学意义上的盐水组分数据库也是普遍的应用方式。

在行业内的水盐体系（salt-water system）研究中，一些前辈们习惯于将相平衡视同为相分离（phase separation）。相分离的术语在早些年的专业性小范围内有所提及，例如在盐湖化工行业内相分离就属于一个约定俗成的概念，也曾在一些相关的中外文论文中被写入标题之中，而在广义的水盐体系范畴内更多出现的还是相平衡（phase equilibrium）、相图（phase diagram）等名词的形式。与此同时，相分离的应用也可以类推到其他工业分离过程中，近年来相分离的传统应用已经从经典的相图拓展到非平衡动态体系、浮选、沉降等非传统的应用领域。此外，除了其热力学计算模型的发展之外，非平衡态相分离等问题也引起了研究者的关注。因此，在等温蒸发结晶分离等经典应用的基础上，本书又以拓展的视角，介绍了变温动态分离、强酸性介稳相分离、可溶盐浮选、溶矿相分离、凝聚沉降相平衡等非传统意义上相分离理论的各种新应用。虽然这些新应用仍采用了相图的形式，但是其体系及应用模式与经典的水盐体系相图仍有一定差异，而且其理论基础也不再是纯粹的水盐体系相平衡原理。尽管这些学术上的尝试还存在争议，考虑到这些新的应用在工程实践中能够起到事实上的指导作用，作者仍然将这些应用的原理及案例都写入本书中，并且将其作为相分离的补充，敬请读者予以批判性的取舍。

为了尽可能详尽而充实地结合最新研究动态来阐述水盐体系相平衡的原理

与应用，本书在章节布局和撰写方面还做了一些新的尝试。水盐体系相平衡类著作文献大多采用二元至多元体系的分类、以阐述相图原理为主，而本书在此基础上还专门从工程应用的角度，分门别类地阐述了水盐体系相平衡与相分离问题，且重点介绍了一些实际的设计或工程案例。水盐体系相图类著作文献大都介绍了中性盐溶液体系，一般未涉及水盐体系中不溶物或固体混合物等的分离问题，而本书对这些内容都做了探索性的归纳。另外，部分数据为首次在教材中的总结，包括粉煤灰酸浸液、盐的介稳溶解度等基础数据，不饱和体系中盐的介稳性溶解等学术观点也纳入了本书之中。鉴于本书的布局有别于其他水盐体系相图类教材，因此在附录设置上没有录入各种常见水盐体系的溶解度数据，而是写入了强酸性水盐体系溶解度等带有一定非常规工艺设计特色的基础数据。

总体上看，水盐体系相分离的原理正在向着多元化应用研究的方向发展，水盐体系的非平衡动态变温现象、高盐固废/煤基固废元素提取、凝聚沉降与净化中的相平衡等问题是作者对近年来水盐体系研究中若干应用体会的部分总结，也是本书的特色之一。希望本书能为本科生、研究生及科技工作者提供一些值得借鉴的参考信息。

第一作者于 1997~2001 年就读于被称为"盐业黄埔"的天津轻工业学院盐业工程系，在盐业工程系的小院里所学专业为面向制盐过程的化工工艺，专业课程包括了水盐体系相图、化工分离、制盐工艺学等，这些教育经历构成了作者相分离教研的基础。2011 年，作者入职到山西大学环境与资源学院资源与环境工程研究所，期间多次在运城盐湖、青海盐湖做相分离工程化试验，也参与了粉煤灰湿法提取铝锂等实验研究，所用的知识均与水盐体系相分离紧密相关。本书最初是作为专著来撰写的，希望能对十余年来的研究探索做一次总结。在初步成稿时，经过科研团队审阅之后给予了肯定性的评价，系列教材主编也鼓励改写为教材以利于教学工作，并在百忙之中多次专门组织对书稿的研讨，作者因此深受鼓舞，于是进一步丰富了上篇水盐体系相分离的理论部分，并强化了下篇工程应用各章节的理论描述，至此定稿。

本书上篇讲述水盐体系相平衡等相分离原理，下篇讲述相分离原理的各类应用，其中包括一些工艺设计的案例介绍。本书可以供冶金、化学、化工、海洋、地学、环境与资源等专业的本科生、研究生学习，也可以供科研与技术工作者在工程与工艺设计中作为参考资料，相应的科研与工程领域包括但不限于盐湖化工、海盐与井矿盐生产、盐矿水溶开采、高盐固废湿法处理、高盐废水浓缩分质等，以及铝土矿/粉煤灰等硅铝钙无机盐的湿法冶金过程、基于电解质调控的污水沉降系统设计等。

　　在山西大学建校 120 周年之际，作者感谢山西大学在本书出版过程中的支持、指导和帮助。作者感谢国家自然科学基金项目（U20A20149、51674162、51104097）、科技部国家国际合作项目（2012DFA91500）十余年来的支持，感谢青海大学化工学院及青海省昆仑英才·高端创新创业人才计划的支持，感谢山西省教育厅教学改革项目（2021YJJG010）、山西省"1331 工程"计划的支持，感谢山西省科技厅、青海省科技厅、青海中航资源有限公司的大力支持。特别需要指出的是，自 2011 年以来山西大学资源与环境工程研究所一直在引导作者开展无机盐工程方面的研究，可以说本书的出版实际上是科研团队前期研究的总结与升华。

　　由于作者水平所限，书中不足之处敬请读者批评指正！

作　者

2022 年 4 月

# 目　录

## 上篇　水盐体系相分离原理

# 下篇　水盐体系相分离应用

# 上篇

# 水盐体系相分离原理

# 1 水盐体系相分离概述

**本章提要：**

（1）理解在无机盐产品工程及其科学研究方面，水盐体系的相平衡、结晶、界面性质等物理化学特性是关键的决定因素。

（2）理解水盐体系的各种基本概念，掌握水盐体系相图的基本表示方法。

（3）掌握与水盐体系相分离有关的结晶理论和浮选原理。

水盐体系广泛存在于海水、盐湖、井矿盐卤、高盐废水甚至湿法冶金生产过程之中，尤其是在酸碱、化肥、无机盐等产品的生产领域。对于水盐体系而言，固液两相的相平衡关系、溶解度预测、电解质溶液化学性质、结晶动力学等问题都是很重要的研究对象，也都属于相分离的研究范畴。从狭义上讲，水盐体系相分离主要是指固液相平衡。在这一方面普遍使用相图进行研究，并且围绕相图还发展了热力学模型、活度系数计算软件等多种研究手段，这也使得相分离或相平衡的概念已经不再局限于相图。在水盐体系的研究中，相分离是一个较为宽泛的概念[1]，在盐湖研究[2]中成为了一个约定俗成的说法。由于近年来在水盐体系相分离的研究中已经开始引入模型计算的方法[1]，甚至于分子动力学模拟也在被借鉴和使用着，因此本教材不再专门使用相图的说法进行讲解，而是开始试用相分离的叙述方式来解读相分离，尽管相图仍然是本教材中水盐体系研究的核心内容。

相图是属于热力学平衡或者物理化学领域的基本概念，最初的用途是在不同状态、不同物料组成条件下，系统性地展示气-液-固各相之间的存在状态及相互转化关系，相当于是一种图形化的基础数据库。相图可以用于石油化工、冶金工程、地球科学等各个领域，包括气液相图、液固相图、金相相图等。水盐体系相图是相图中的一个分支，主要以海洋、盐湖、地下水等水体为研究对象。

# 1.1　水盐体系相平衡的应用范围

研究水盐体系相平衡的目的就是以相律为基础，讨论水和盐类组成的体系中温度、压力、组成等物理量之间的关系。

相平衡原理和相图最主要的应用是地质勘探、盐化工和湿法冶金，近年来在水处理、土壤施肥、浮选等方面也都有新的应用，甚至还被应用于火星地表物质探测等空间技术领域。以典型的盐化工应用为例，相平衡研究对象主要有几种主要的水盐体系，如海水体系 $Na^+$，$Mg^{2+}$，$Ca^{2+}/\!/Cl^-$，$SO_4^{2-}$-$H_2O$，碳酸盐体系 $Na^+$，$K^+/\!/Cl^-$，$SO_4^{2-}$，$HCO_3^-(CO_3^{2-})$，$(BO_2)^-$-$H_2O$，硝石体系 $Na^+$，$K^+/\!/Cl^-$，$SO_4^{2-}$，$NO_3^-$-$H_2O$ 等。近些年我国研究工作者对盐湖资源做了大量的研究，又总结出我国特有的两种类型的盐湖资源体系，如察尔汗富镁的硼酸盐体系和碳酸盐硼酸盐型的盐湖卤水体系等。

盐化工中相平衡多以中性体系或偏碱性体系为主。早期人类主要以开采食盐为主，新中国成立后盐化工才有更深的发展，新世纪对盐湖为代表的盐资源综合利用得到更大的重视，逐步形成了一定的产业。以山西运城解池为例，早在 4600 多年前就已经开始采收食盐，新中国成立后逐渐开始生产硫酸镁、硫脲、洗衣粉等化工产品，21 世纪开始发展了盐湖旅游业，形成了盐湖资源的综合开发利用产业。盐湖资源的开发利用主要就是对盐湖的复杂成分进行分离，水盐体系相平衡及相图是盐湖卤水综合开发利用的依据，对其有重要的指导意义。

相平衡和相图在湿法冶金及金属提取中也有很重要的应用。结晶作为一种典型的化工分离操作，当体系由稳定状态转变为非稳定状态，会促使新相产生，从而达到新的平衡，达到分离的目的。其应用之一是从粉煤灰、煤矸石等固体废弃物和铝土矿等矿物中采用酸浸-结晶方法回收铝等金属元素，这需要研究酸浸液中的相平衡及绘制相关相图，通过相图分析确定生产结晶氯化铝过程中的工艺路线，并通过计算测量蒸发水量、酸浓度和蒸发温度等数据，对原有工艺进行改进，最终实现通过相图来指导，进行工艺条件的确定与优化。

# 1.2　水盐体系相平衡基础

水盐体系相平衡理论的基础是相律，相律是物理化学中的普遍性规律之一。

## 1.2.1　相平衡基本概念

### 1.2.1.1　水盐体系与系统

在热力学中，把一种或一组从周围环境中想象地孤立起来的物质称为系统，其余的部分叫环境。在所述的水盐体系中，水和盐类的组合物称为体系。水盐体系所涉及的具体案例包括天然水、海水、盐湖卤水、井卤水、湖泊、油田水、气田水、废水处理、酸雨处理等，盐化工生产过程也涉及水盐体系各种工艺原理的运用。图 1-1 显示了较为典型的两种水盐体系形式，即盐湖卤水和盐田原矿。

值得一提的是，水盐体系的概念并不仅仅局限于水和盐的混合物，符合水盐体系特征及基本转化规律的体系都可以借用水盐体系来表征，也就等同于事实上的水盐体系。例

(a) 盐湖卤水　　　　　　　　　　　　　　(b) 盐田现场

图 1-1　中国青海省德宗马海湖区

如，水、碱性物、酸性物构成的体系中，由于酸性物和碱性物在水中可以生成盐类，所以也可以属于水盐体系。广义的水盐体系还包含水与酸或碱组成的体系，因为这些体系在相平衡及相图的特点、规律上看与纯粹的水盐体系大体相同。水与酸性氧化物、碱性氧化物组成的体系，水、盐、有机物组成的体系，以及水、盐、有机溶剂组成的混合溶剂体系，都可以视为水盐体系。

　　体系与系统的概念大致接近，但是对于水盐体系而言，一般认为二者所表达的含义是不同的[3]。体系的概念所表述的范围比系统更广泛一些，而"系统"则包含在"体系"之中。总体上讲，在水盐体系中，水和若干种盐类的组合物为体系（system），而体系中若干物质的特定量组合则为系统或复体（complex）。例如，所有包括水和氯化钠的组合物都可以称为 NaCl-$H_2O$ 体系，在该体系中包括生理食盐水系统（NaCl = 0.9%）、农业选种食盐水系统（NaCl = 15%）、饱和食盐水或腌渍食盐水系统（NaCl = 26%）等。图 1-2 表示体系和系统的这种差别。

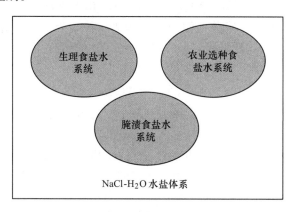

图 1-2　水盐体系与系统的指代范畴示意图

### 1.2.1.2　相

　　从热力学的角度上讲，相是体系中各物质以分子状态混合、物理性质和化学性质完全均一的部分。相数是指平衡体系中相的个数，用 $P$ 表示。

相的存在与体系所含物质数量的多少无关，仅取决于平衡体系的组成和外界条件。例如，少许食盐在水中完全溶解，整个水溶液即形成一相，若溶解不完全则为固体盐（固相）和水溶液（液相）两个相；如果继续向体系中加入不与水互溶的油，那么整个体系就包括了一个固相和水溶液、油两个液相，成为三相体系。液相由于互溶性不同，可以有一个、二个、三个相。相数最少为一，不能为零或负数。水盐体系中的液相只有一个。

相与相之间存在界面，在界面上宏观的物理或化学性质要发生突变。相是均匀的，但并非一定要连续，如将两块冰投入水中，只能算作两相（水和冰），而不是三相。但是"均匀"并不意味着化学成分的单一性，如多种气体的常压混合体系，各部分性质完全均匀，所以只能算成一个气相。气相对水盐体系一般通过气压施加影响，这种影响基本可以忽略，所以水盐体系中通常不考虑压力变量，气相不计入相数 $P$ 中。

近似地，不同相之间可以按照是否互溶来区分，如果以分子状态完全互溶即为一相，否则即为两相。若体系中同时含有几种不同的固态物质，就应计算为几个相，如石灰粉与粉笔灰混合，表面上看是均匀的，但不是以分子状态混合的，不能算是一相。因此，固体一般有几种物质就有几个相，即便是同质异晶体也能形成不同的相。

### 1.2.1.3　组分数

组分数是为确定平衡体系中各组成所需要的独立物质的最少数目，用符号 $C$ 表示。组分可以是一个化学元素，也可以是一个化合物。

组分数与物质品种数（又称为物种数，$S$）有所区别。体系含有几种物质，则物种数 $S$ 就是多少。但是有时 $C$ 小于 $S$，因为 $C$ 不仅与物质品种数 $S$ 有关，而且还受到某种条件限制。组分数等于化学物质的数目减去独立的化学平衡反应数目和独立的限制条件数。

例如，对于如下的水盐体系，当水溶液中的单盐之间存在着复分解反应时：

$$NaCl + NH_4HCO_3 \rightleftharpoons NH_4Cl + NaHCO_3$$

体系中含有水和 4 种盐，所以物种数共有 5 种，而独立反应式数为 1，所以组分数为：

$$C = 5 - 1 = 4$$

若再加以限制，使反应开始时投放的 $NaCl$、$NH_4HCO_3$ 满足反应式化学计量 1:1 的摩尔比，这样，当已知其中任一组分，便能计算其他三种成分，于是组分数应该再减去 1，变为 3，而不是原先的 4。需要强调的是，浓度限制条件只能适用于同一相。

组分数最少为一，不能为零或负数。

### 1.2.1.4　自由度

相平衡系统变化时，系统的温度、压力及每个相的组成均可发生变化。能够维持系统原有相数而可以独立改变的变量称为自由度，变量的数目称为自由度数。这些变量可以是温度、压力或表示某一相组成的某些物质的浓度等。自由度用符号 $F$ 表示。

以液态水为例，在一定温度和压力范围内水的温度、压力可以同时改变，水仍能保持单一的液相，所以该系统有两个独立可变的变量，自由度为 2。但是当液态水与气态水达到两相平衡时，温度、压力中只有一个变量可以独立变化。例如，100℃ 时系统的平衡压力为 101.325kPa，温度若变化，压力也需相应调整才能重新建立平衡；反之，指定平衡压力，温度就不能随意选择，因此自由度为 1。自由度最少为零，不能为负数。

### 1.2.1.5　零变点

当自由度为零时，该系统称为无变量系统或者零变量系统，此时温度与相组成都保持不变。大多数情况下，水盐体系相图都会被简化为一个平面图形，此时如果自由度为零，因为没有其他参变量，所以零变量系统在相图中往往表现为一个点，该点被称为零变量点或者零变点。零变点在水盐体系相图中是一个潜在的重要概念，当环境条件发生变化时相图一般都会有所改变，而此时零变点的位置变化就在事实上代表了相图改变的幅度和趋势。

#### 1.2.1.6　相律

相律又称为吉布斯相律，是 1876 年由吉布斯（Gibbs）以热力学方法导出的，表达式如下[4]：

$$F = C - P + 2 \tag{1-1}$$

式中的"2"即表示温度和压力两个变量。

吉布斯相律用文字叙述为：对相平衡体系来说，若影响平衡的外界因素仅为温度和压力，则自由度数等于组分数减去相数再加 2。

在水盐体系中，一般只考虑液相与固相之间的平衡，不考虑气相的影响，通常不将气相计入相数 $P$ 中。由于压力对水盐体系平衡影响甚微，因此压力的影响一般可以忽略。所以对于水盐体系而言，相律的表达形式为：

$$F = C - P + 1 \tag{1-2}$$

式中的"1"代表温度变量。这种表达形式的相律又称为凝聚体系相律或减相律。所谓凝聚体系，是指不考虑气相、只考虑固相或液相的体系，水盐体系就属于凝聚体系。

需要注意的是，相律只适用于平衡物系，即在体系的各相压力和温度都是同样的，且物质流动已达平衡的体系。

### 1.2.2　水盐体系相图表示法

相图由点、线、面、体等几何要素构成，是描述平衡体系的状态、温度、压力及成分之间关系的一种图解，又称为状态图。图 1-3 以水的相图为例，图中的面为单相区，自由度为 2；线为两相平衡状态，自由度为 1；点为三相平衡状态，自由度为 0。当组分数增加时，相图的维度也会增加，例如图 1-4 为某四种组分共存的相图（将在 4.2 节详细讲述）。

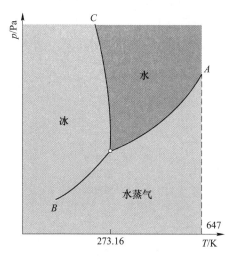

图 1-3　水的相图

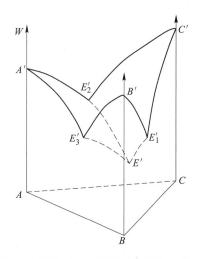

图 1-4　简单四元水盐体系的等温立体相图

相图按构成体系可分为金相体系、熔盐体系、硅酸盐体系、有机化合物体系、水盐体系等，各类体系本身的相平衡情况有各自的特点。利用相图可以知道不同成分的材料在不同温度下存在哪些相、各相随温度变化可能发生的组成变化等信息，可以作为制订生产工艺的重要依据。水盐体系相图能给出盐类的溶解或结晶顺序，进行物料计算，适用于酸碱、化肥、无机盐生产，以及以海水、卤水为原料的盐化工产品的开发等。

根据组分数不同，水盐体系可以按二元水盐体系、三元水盐体系、四元水盐体系等进行分类，如 $NaCl-H_2O$ 体系为二元体系，$NaCl-KCl-MgCl_2-H_2O$ 体系为四元体系。

水盐体系可以表示为分子式形式，也可以表示为离子形式。当按照分子式形式表示时，盐类可按锂盐、钠盐、钾盐、铵盐、镁盐、钙盐、氯化物、硝酸盐、硫酸盐、碳酸氢盐、碳酸盐、磷酸盐的顺序排列写，如 $NaCl-KCl-MgCl_2-H_2O$ 体系；当按照离子形式写时，正离子按 $H^+$、$Li^+$、$Na^+$、$K^+$、$NH_4^+$、$Mg^{2+}$、$Ca^{2+}$、$Fe^{2+}$、…、$Al^{3+}$、…的顺序，负离子按 $OH^-$、$Cl^-$、$Br^-$、$I^-$、$NO_3^-$、$SO_4^{2-}$、$HCO_3^-$、$CO_3^{2-}$、…、$HPO_4^{2-}$、$PO_3^{3-}$、…的顺序写，各离子之间可用顿号（或逗号）分开，正负离子之间可用两条斜竖杠分开，如 $Na^+$、$K^+/\!/Cl^-$、$SO_4^{2-}-H_2O$ 体系等。

### 1.2.2.1　连续原理和相应原理

水盐体系相图中有两个重要的基本原理，即连续原理和相应原理[5]。

所谓连续原理，是指当决定体系状态的参变量（如压力、温度、组分相对含量等）连续改变时，体系的性质或个别相的性质是连续变化的，反映这一变化关系的曲线的变化也是连续的。

相应原理也称相对原理，即对给定的热力学体系，互成平衡的相或组成相的物质在相图中有相应的几何元素（点、线、面、体）与之对应，体系中相的性质以及组成相的物质的量的变化，都可以在相图上表现出来，可应用几何图形来研究，并为计算水溶液的复杂物理化学变化过程提供理论依据。

### 1.2.2.2　直线规则

相图中能直接地表述各组分相平衡关系的规则是直线规则。所谓直线规则，简单地解释可以理解为存在平衡关系的各个相都应该位于同一直线上。例如，图 1-5 为二元水盐体系的示意图。其中，$M$ 点表示某一特定温度下、特定盐组分含量的盐水系统，并且该系统

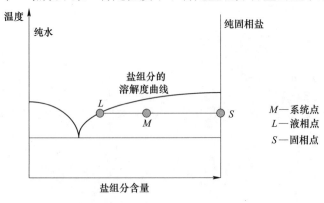

图 1-5　二元水盐体系的示意相图

中包括已经达到饱和状态的盐水溶液和没有溶解的过量固相盐。那么，在该温度下的相图中，$M$ 点两侧必然存在一个液相点 $L$ 和一个固相点 $S$，其中 $L$ 点和 $S$ 点的特征是位于纵轴的特定温度线上、分别位于横轴上相应的盐组分含量处（包括了含量为 100% 的纯固相盐），更重要的特征是 $M$ 点、$L$ 点和 $S$ 点必然位于同一直线上。由于 $M$ 点代表了全组分的系统，而 $L$ 点和 $S$ 点分别代表了液相和固相，三者实际上象征着处于相平衡状态的三个关联性概念，因此三个点必须位于同一直线上。

直线规则是相图研究中重要的工具之一，可以定性地确定相平衡情况。如果已经知道了系统点 $M$、固相点 $S$，那么沿着两点连线就可以找到液相点 $L$，即系统点和固相点的连线与溶解度曲线的交点。反之，如果知道了系统点 $M$ 和液相点 $L$，或者已知液相点 $L$ 和固相点 $S$，通过直线规则就可以定性地寻找到另一个相点。

#### 1.2.2.3 杠杆规则

直线规则的作用是定性确定各个相点的位置，而不同相之间的定量关系可以通过杠杆规则进行计算。杠杆规则在相平衡中是用来计算体系中平衡两相的量的比例关系，是相图计算过程中普遍应用的计算规则。

图 1-6 为 $(NH_4)_2SO_4$-$H_2O$ 二元水盐体系相图。当系统点在 $(NH_4)_2SO_4$ 固相及其水溶液区域内的 $M$ 点时，设体系中 $(NH_4)_2SO_4$ 总质量分数为 $x_M$，平衡的液相点为 $L$，液相 $(NH_4)_2SO_4$ 质量分数为 $x_L$，固相点为 $S_1$，固相 $(NH_4)_2SO_4$ 质量分数为 $x_{S_1}$；以 $n_L$ 和 $n_{S_1}$ 分别代表液相和固相的质量，对 $(NH_4)_2SO_4$ 做物料衡算：

$$n_L x_L + n_{S_1} x_{S_1} = (n_L + n_{S_1}) x_M$$

可得：

$$n_{S_1} : n_L = (x_M - x_L) : (x_{S_1} - x_M) = ML : S_1 M$$

此关系式称为杠杆规则，表明两相组成反比于系统点到两个相点的线段长度。

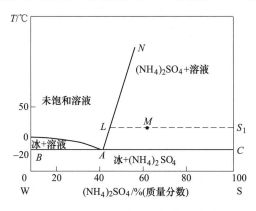

图 1-6 $(NH_4)_2SO_4$-$H_2O$ 体系相图

杠杆规则是根据物料守恒而导出的，所以这一规则具有普遍性，其应用并不限于相平衡，它不仅适用于两相组成计算，也适用于总物料分为任意两部分物料时的计算。

#### 1.2.2.4 向背规则

相图中有一个重要的向背规则，如图 1-7 所示。向背规则是直线规则的延伸，例如某一混合物 P 中不断析出组分 A，则剩余物质 P′ 的成分也不断改变，改变的途径在 $AP$ 连线

8

上，改变的方向背向 A 点。同理，如果给三组分体系 P 中增加 A 组分，则体系的组成沿 $P{\rightarrow}A$ 方向变化。

以上各项规则不仅适用于三元水盐体系，也可以直接用于四元、五元体系相图，用于判别各种过程的特性。

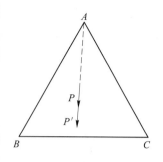

图 1-7　向背规则

#### 1.2.2.5　过程向量法

过程向量法是相图分析的重要方法，又称结晶向量法、向量法则等。过程向量是指当系统发生蒸发、加水、结晶等过程时，在相图上用来表示某一特定系统（在水盐体系中通常是液相）变化趋势的箭头。过程向量法主要用于判断过程发生的情况，即液相组成的变化、方向和路线等的判定。

以图 1-4 所示的简单四元水盐体系的等温立体相图为例，讨论过程向量分析方法[5]，其干基图如图 1-8 所示。图中，A、B、C 点代表纯盐，E 代表三盐共饱和点在干基图上的投影；$EE_1$、$EE_2$、$EE_3$ 分别是两种盐的共饱和水溶液线在干基图上的投影；$AE_2EE_3A$、$BE_1EE_3B$、$CE_1EE_2C$ 分别是 A、B、C 盐饱和水溶液面在干基图上的投影。

图 1-4 中，当体系处于 A 盐与液相的一固一液平衡状态时，液相点在图 1-8 干基图上落于 $AE_2EE_3A$ 区域，如 M 点。此时，该等温系统的相数为 2，自由度为 2，液相点可以在 $AE_2EE_3A$ 区域内移动。蒸发时，A 盐析出，过程向量如 M 点的箭头 b 所示，其方向远离析出固相 A 的组成点。在此区内，每个系统点的过程向量只有一个。

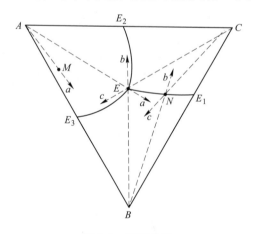

图 1-8　过程向量

当体系位于图 1-4 中的两固一液平衡区时，相数为 3，自由度为 1，液相被限定在双固相共饱溶液线上变化。例如，图 1-8 中的 N 点液相在共饱线 $EE_1$ 上，与 B、C 盐共存。蒸发时，B 盐析出，存在过程向量 b；同时 C 盐也要析出，存在过程向量 c，b 与 c 共同作用的结果是使液相 N 按和向量（b+c）的方向变化，并与共饱线的走向一致。

当体系位于三固一液平衡区时，$P=4$，$F=0$，说明液相的组成不可改变，只能保持在一个点上不动。如图 1-8 的共饱点 E 液相与三个固相共存，蒸发时三个固相析出，此时液相点存在三个过程向量。根据相律，只有和向量（a+b+c）为零时，才能使液相 E 的组成保持不变。

应用过程向量法时，还需要注意一些问题，如果实际过程与过程向量分析结论不符，就应考虑其中有些固相要溶解，向量箭头方向要调转。例如蒸发时若无水盐与相应水合盐的向量出现冲突，可以考虑有水合盐溶解、无水盐析出的情况出现。

### 1.2.2.6　多晶转变体系的表示法

很多时候，同一物质会表现出多种晶体结构，而每一种晶体结构的物理化学性质都是不同的，因此实际上属于不同的无机盐固相。例如，硫酸钠就存在两种不同的晶体结构，并且每种晶体结构固相的溶解度都有所差异，这称为同质异构现象。而对于同质异构的固相，相图的形式也需要体现相应的变化。

表 1-1 以 $NH_4NO_3-H_2O$ 体系为例，表示出不同晶相的相平衡数据。表 1-1 显示出 $NH_4NO_3$ 存在四种不同结构的晶体，这种同质异构晶体处于相平衡状态的体系称为多晶转变体系。多晶转变体系的相图将在 2.2 节中介绍。

**表 1-1　带有多晶转变特征的 $NH_4NO_3-H_2O$ 二元水盐体系相平衡数据**

| 温度/℃ | 液相（$NH_4NO_3$，质量分数）/% | 固　相 |
|---|---|---|
| 0 | 0.0 | 冰+$NH_4NO_3$(β-正交) |
| -10 | 47.3 | $NH_4NO_3$(β-正交) |
| 0 | 55.0 | $NH_4NO_3$(β-正交) |
| 20 | 64.0 | $NH_4NO_3$(β-正交) |
| 25 | 68.2 | $NH_4NO_3$(β-正交) |
| 32.3 | 71.0 | $NH_4NO_3$(β-正交) +$NH_4NO_3$(α-正交) |
| 40 | 74.6 | $NH_4NO_3$(α-正交) |
| 60 | 80.4 | $NH_4NO_3$(α-正交) |
| 80 | 85.7 | $NH_4NO_3$(α-正交) |
| 85 | 87.0 | $NH_4NO_3$(α-正交) +$NH_4NO_3$(立方) |
| 100.1 | 91.1 | $NH_4NO_3$(立方) |
| 120.8 | 95.2 | $NH_4NO_3$(立方) |
| 125 | 95.5 | $NH_4NO_3$(立方) +$NH_4NO_3$(等轴) |
| 135.8 | 97.1 | $NH_4NO_3$(等轴) |
| 150 | 99.0 | $NH_4NO_3$(等轴) |
| 170 | 100.0 | $NH_4NO_3$(等轴) |

### 1.2.2.7　计量单位

在定量计算水盐体系的相平衡与相转化过程的物料量时，相图的计量单位一般使用质量计量法，例如 g 或者 kg。在一些使用摩尔数比较方便的场合，例如在计算复分解反应时，也可以使用 mol 或者 kmol 为计量单位。例如对于盐湖卤水中 NaCl 和 KCl 的析出过程，使用 g 或者 kg 进行计算就比较简便。但是，如果考虑含有 NaCl 和 $MgSO_4$ 的水盐体系时，由于 NaCl 和 $MgSO_4$ 之间会发生复分解反应，此时采用质量单位作为计量单位就不合适了，可以根据反应式而使用 mol 或者 kmol 进行计算。进一步地，在相图表示中，还可以对各组分进行配平，例如把盐组分写为 $Na_2Cl_2$ 和 $MgSO_4$，这样在使用相图时就可以更方便地按照等摩尔的关系进行计算，这种表示方法将在 4.3 节进行介绍。

在对相平衡情况进行计算时，尤其是热力学模型计算过程中，还广泛采用重摩尔浓度的计量单位，或者称质量摩尔浓度，该单位表示为 mol/kg，代表符号为 $m$、$b$。

## 1.3 水盐体系结晶理论

结晶是固体物质以晶体状态从蒸汽、溶液或熔融物中析出的过程，对于水盐体系而言结晶是一种重要的提纯和分离技术[6]。

### 1.3.1 结晶基本概念

一般来说，结晶需要经历两个步骤：首先是成核，即从溶液中产生微观的晶粒，这些晶粒称为晶核，是后续结晶过程的基体；其次是晶体的生长，即晶核逐渐长大而成为宏观的晶体。如果晶核是从液相中直接形成的，在此之前系统中没有任何晶核，那么此过程称为均相成核。均相成核主要是在过饱和溶液，成盐离子由于静电等作用而组合在一起，自发地形成了晶核。相反地，如果液相中被人为地加入了晶核，此类晶核称为晶种，后续可以直接进入晶体生长过程。

如果液相中含有不溶性的杂质微粒，在这些微粒作用下可以被诱导生成晶核，则称为初级非均相成核。如果液相中已经含有了溶质晶体，在晶体之间或晶体与结晶器壁、搅拌桨等碰撞而产生了微粒，此时的微粒能诱导生成新的晶核，则称为二次成核，这也属于非均相成核。二次成核的机理主要是接触成核，在工业结晶器中的成核现象大都属于接触成核。

成核和晶体生长都需要推动力，对于水盐体系而言该推动力为盐溶液的过饱和度。过饱和度直接影响晶核形成和晶体生长过程的快慢，而这两个过程又影响着结晶产品中晶体的粒度及粒度分布，因此过饱和度对于结晶而言是一个重要的因素。晶体的外形称为晶习，不同的结晶条件所产生的晶习是不一样的，例如 NaCl 从纯水溶液中结晶时为立方晶体，但是水溶液中含有少量尿素时则形成八面体的晶体。

物质结晶时可能存在水合作用，此时所得晶体中会含有一定数量的水分子，这种水分子被称为结晶水。结晶水也会影响晶习，例如无水硫酸铜（$CuSO_4$）在 240℃ 以上结晶时是白色斜方晶系的三棱形针状晶体，但是常温结晶物却是蓝色大颗粒的三斜晶系五水硫酸铜（$CuSO_4 \cdot 5H_2O$）。

溶液在结晶器中结晶出来的晶体与余留下来的溶液构成的混合物，称为晶浆。晶浆去除了悬浮于其中的晶体后所余留的溶液称为母液。在结晶过程中，若干晶体颗粒可能会聚结成为晶簇，此时容易把母液包藏在内，这种现象称为包藏。

综上所述，结晶的根源在于系统中产生了过饱和度，而过饱和度的激发方法有多种，根据过饱和度产生原因的不同，可以将结晶过程按如下四种方法进行划分。

首先，较为常用的结晶方法为冷却法。一般情况下，使水盐体系冷却降温就可以得到过饱和溶液，从而激发出结晶过程。此时，对于能够产生结晶的水盐体系来说，有一个概念是比较重要的，即溶解度温度系数。溶解度温度系数是指溶质的溶解度随温度而变化的规律，如果溶质的溶解度随温度升高而升高，则称该物质具备正溶解度温度系数；反之，则称为负溶解度温度系数。溶液冷却降温可以得到的过饱和溶液，显然属于正溶解度温度系数的溶液。

其次，另一种常用的方法为蒸发法。蒸发法是通过加热蒸发、脱去一定量的水分而浓缩，以达到水盐体系的过饱和，从而触发结晶，适用于溶解度温度系数不大的溶质组分，或者具备负溶解度温度系数的溶质组分。在工业上，蒸发法的一个瓶颈是过程能耗问题，毕竟这种方法要将能量消耗在相变潜热上，因此为了节能，一般要采用多效蒸发等工业解决方案。

再次，触发结晶还可以采用多级闪蒸技术中所使用的真空冷却法。真空冷却法是使溶剂在真空下闪急蒸发而绝热冷却，实质上是结合了冷却及去除一部分溶剂的浓缩等两种方法，适用于溶解度温度系数不大的体系。

另外，盐析法也是常用的产生过饱和度的方法之一。盐析法是向系统中加入某些物质，以降低目标溶质在溶剂中的溶解度，从而激发结晶。所加入的物质可以是气体、液体或固体，称为稀释剂或沉淀剂，要求既能溶解于原溶剂，又不溶解目标晶体，并且必要时应该能够容易地采用蒸馏等手段来分离溶剂与稀释剂。这种结晶法之所以叫作盐析法，是因为 NaCl 是一个最常用的沉淀剂，例如在联合制碱法中，向低温的饱和氯化铵母液加入 NaCl，利用共同离子效应，可以使母液中的氯化铵尽可能多地结晶出来。向水盐体系中加入甲醇、乙醇、丙酮等有机溶剂时，很容易使 NaCl 等组分结晶析出，此时该过程也被称为萃取结晶。盐析法也常用于使不溶于水的有机物质从可溶于水的有机溶剂中结晶出来，此时加入溶液中的是酌量的水，因此也可以叫作"水析"结晶法。

最后，产生过饱和度和结晶还可以考虑使用反应结晶法。不同系统在混合后，各种组分之间发生化学反应，从而产生固体沉淀，其原理是反应产物在液相中的浓度超过了饱和浓度，这被称为反应结晶法。

## 1.3.2　相平衡及结晶的热力学

结晶过程的推动力源自水盐体系的热力学非平衡性，水盐体系的结晶过程与固液相平衡中的溶解平衡问题有一定的关联。

### 1.3.2.1　过饱和度的表示方法

盐水溶液的过饱和度与结晶的关系可用图 1-9 的浓度-温度图表示[6]。其中，AB 线为普通的溶解度曲线，CD 线代表溶液过饱和、能自发地产生晶核的浓度曲线，称为超溶解度曲线。超溶解度曲线与溶解度曲线大致平行，两条曲线将浓度-温度图分为三个区域。在 AB 曲线以下是稳定区，即未饱和区，不会发生结晶。AB 线以上为过饱和区，其中 AB 与 CD 线之间为介稳区，不会自发产生晶核，但是溶液中如果被添加了晶种的话就会引发晶体生长；CD 线以上是不稳区，系统中能自发地产生晶核。

当浓度为 E 的溶液冷却到 F 点时，溶液达到饱和态，但是未必能够产生结晶，因为还缺少过饱和度的推动力。从 F 点继续冷却到 G 点，溶液经过介稳区，尽管已经处于过饱和状态，但是仍然不一定能自发地产生晶核。继续冷却到 G 点后，自发成核才开始出现，并且越深入不稳区，例如达到 H 点，自发产生的晶核也越多。采用蒸发等脱水的方法，也能使溶液达到过饱和状态，例如图 1-9 中 EF'G' 线代表等温蒸发过程。在工业结晶中往往同时使用冷却和蒸发的方法，此时可由 EG'' 线表示这样的过程。

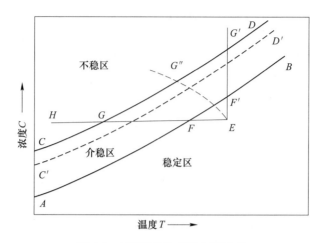

图 1-9　过饱和度与超溶解度曲线

　　普遍的共识是在水盐体系中溶解度只表现为明确的一条曲线，而超溶解度曲线其实是一簇曲线，其位置受很多因素的影响，例如搅拌、晶种、冷却速率等。在一些水盐体系的相变过程中，由于相变过程较为缓慢，因此超溶解度曲线在很多情况下基本稳定在某一位置上，此时可以认为这样的水盐体系处于介稳平衡状态，这将在 6.1.2 节中讲述。

　　当认定了一条超溶解度曲线之后，就可以利用介稳区宽度来表征过饱和程度、介稳程度情况。介稳区宽度是指体系的超溶解度曲线与溶解度曲线之间的距离，其垂直距离代表以浓度 $C$ 表示的最大过饱和度 $\Delta C_{\max}$，其水平距离代表最大过冷却度 $\Delta\theta_{\max}$，两者之间的关系如式（1-3）所示：

$$\Delta C_{\max} = \left(\frac{\mathrm{d}C^*}{\mathrm{d}\theta}\right)\Delta\theta_{\max} \tag{1-3}$$

式中，$C^*$ 为溶液的平衡浓度；$\mathrm{d}C^*/\mathrm{d}\theta$ 为溶解度曲线的斜率。

　　通常用浓度的形式来表示过饱和度，例如浓度推动力 $\Delta C$、过饱和度比 $S$、相对过饱和度 $\sigma$ 等，其定义如下：

$$\Delta C = C - C^* \tag{1-4}$$

$$S = C/C^* \tag{1-5}$$

$$\sigma = \frac{\Delta C}{C^*} = S - 1 \tag{1-6}$$

　　但是，从热力学的角度来说，通过溶液中离子的活度系数来计算过饱和度更为准确。盐与其饱和溶液间存在着溶解平衡，可用下式表示：

$$M = aA + bB \tag{1-7}$$

式中，$M$ 表示盐；$A$ 和 $B$ 表示此盐的组成离子；$a$ 和 $b$ 分别为 $A$ 和 $B$ 的计量系数。

　　如果一个系统达到了固液溶解平衡，则溶度积 $K_{sp}$ 可以视同于其热力学平衡常数 $K$，如式（1-8）所示：

$$K_{sp} = a_{A(eq)}^{a} a_{B(eq)}^{b} / a_{M(eq)} \tag{1-8}$$

式中，$a_{(eq)}$ 表示平衡时离子或盐的活度。

　　假设平衡时的固盐为纯净固体，则 $a_M = 1$，此时有：

$$K_{sp} = a_{A(eq)}^{a} a_{B(eq)}^{b} = (m_A \gamma_A)^a (m_B \gamma_B)^b \tag{1-9}$$

式中，$m$ 表示组分的质量浓度；$\gamma$ 为活度系数。

在此情况下，过饱和度的计算式用热力学的形式可以写为：

$$S = \frac{a_A^a a_B^b}{a_{A(eq)}^{a} a_{B(eq)}^{b}} = \frac{a_A^a a_B^b}{K_{sp}} = \frac{(m_A \gamma_A)^a (m_B \gamma_B)^b}{K_{sp}} \tag{1-10}$$

所以，当需要计算过饱和度的数值时，首先应该算 $K_{sp}$ 和 $\gamma$ 的值。

### 1.3.2.2　热力学平衡常数

热力学平衡常数 $K_{sp}$ 的值可以由标准吉布斯（Gibbs）自由能变 $\Delta G^{\ominus}$ 来计算。

$$K_{sp} = \exp[-\Delta G_{K_{sp}}^{\ominus} / (RT)] \tag{1-11}$$

$$\Delta G_{K_{sp}}^{\ominus} = a\Delta G_A^{\ominus} + b\Delta G_B^{\ominus} - \Delta G_M^{\ominus} \tag{1-12}$$

很多盐组分的 $\Delta G^{\ominus}$ 可以从文献数据中查到，这意味着很多盐类的热力学平衡常数是可以通过计算得到的。

式（1-11）表明温度对平衡常数存在影响，将式（1-11）变换可以得到：

$$\ln K = \ln K_{sp} = -\frac{\Delta G^{\ominus}}{RT} \tag{1-13}$$

式（1-13）经过积分和多次的变换以后[6]，可以得到下式：

$$\ln K = -\frac{\Delta G^{\ominus}}{RT^{\ominus}} - \frac{\Delta H^{\ominus}}{R}\left(\frac{1}{T} - \frac{1}{T^{\ominus}}\right) - \frac{\Delta C_p}{R}\left(\ln \frac{T^{\ominus}}{T} - \frac{T^{\ominus}}{T} + 1\right) \tag{1-14}$$

式中，上标 $\ominus$ 表示标准状态，计算时也可选定基准状态；$R$ 为气体常数；$T$ 为热力学温度；$H$ 为焓。式中的 $C_p$ 为系数：

$$C_p = \left(\frac{\partial H}{\partial T}\right)_p \tag{1-15}$$

在计算过程中如果不对计算精度做严格要求，则 $C_p$ 可以近似地假设为定值，但实际上 $C_p$ 是温度的函数 $C_p(T)$。

式（1-14）为热力学平衡常数 $K$ 与温度 $T$ 的函数关系式。当 $\Delta G^{\ominus}$、$\Delta H^{\ominus}$、$\Delta C_p^{\ominus}$ 的数据在文献中可查时，式（1-14）可以预测温度 $T$ 对热力学平衡常数 $K$ 的影响。如果这些数据在文献中不能查到，热力学平衡常数与温度的关系要用其他方法计算。以溶度积 $K_{sp}$ 为例，可以首先测得其真实的溶解度数值，以及活度系数的实验数值或者估算数值，然后用这些数据回归如下的经验方程：

$$\ln K_{sp} = A + B/T + CT + DT^2 \tag{1-16}$$

从而得到此方程的参数 $A$，$B$，$C$ 和 $D$ 的值。

压力对平衡常数也存在影响，但是对于水盐体系而言压力的影响不是很明显，如 1.2.1 节所述，所以此处不再赘述。但是，需要注意的是，压力对于水盐体系相平衡性质的影响只是较为轻微，而不是毫无影响；当研究地下卤水的相平衡状态时，例如压力在若干 MPa 的情况下，如此高压力的影响就不能全然忽略。

【例 1-1】　根据 $\Delta G^{\ominus}$ 的文献数据求算 NaCl 的热力学平衡常数 $K_{sp}$。

**解：**

查得 $\Delta G^{\ominus}$ 的文献数据，并以固相盐 NaCl(s) 的溶解平衡计算 $K_{sp}$[6]。

$$\Delta G^{\ominus}_{\mathrm{NaCl(s)}} = -384600 \mathrm{kJ/mol}$$

$$\Delta G^{\ominus}_{\mathrm{Na^+}} = -262248 \mathrm{kJ/mol}$$

$$\Delta G^{\ominus}_{\mathrm{Cl^-}} = -131449 \mathrm{kJ/mol}$$

因此可以得到：

$$\Delta G^{\ominus}_{K_{\mathrm{sp}}} = -262248 - 131449 - (-384600) = -9097 \mathrm{kJ/mol}$$

所以：

$$K_{\mathrm{sp}} = \exp\left[\frac{-(-9097)}{8.315 \times 298.15}\right] = 39.04$$

根据式（1-8）~式（1-16）可知，在相平衡与结晶的热力学计算中，活度系数是必不可少的参数。活度系数可以通过实验数据拟合的方法获得，但是实际操作中并不容易得到准确的数据，因此往往利用电解质溶液的活度系数模型来计算。在这一方面，电解质溶液理论始于 Debye-Hückel 理论，该理论主要适用于低浓度的溶液，但是成为了其他电解质溶液理论的基础或者借鉴，例如 Bromley 方程、Meissner 方程、Pitzer 电解质溶液模型、Lu-Maurer 模型等。关于这些热力学理论和模型，将在 6.2 节中介绍。

### 1.3.3　结晶动力学

结晶过程一般包括溶液达到过饱和状态、晶体成核、晶体生长等三个步骤。结晶过程的反应动力学条件通过影响上述三个步骤而影响晶体粒径、粒度分布和晶体形貌等性质。

#### 1.3.3.1　成核速率

成核速率是新相产生过程的主要特征之一。新相的晶核是一种最细小且能够继续长大的粒子，通过核前缔合物的合并而逐渐产生。需要注意的是，晶核的生成需要一定的时间，而不是一开始就出现的，如图 1-10 所示。随着晶核生成，过饱和度开始下降，缔合物向晶核转变的过程减缓，直至新的结晶中心几乎不再出现。

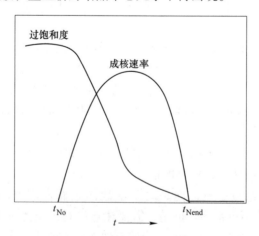

图 1-10　成核速率、过饱和度与结晶时间的关系

成核速率可以采用直接研究方法进行分析，采用激光探测等方法统计出在一定时刻单位体积内的新相粒子数，然后根据粒子数目的数据绘制其与时间的关系曲线，再按此曲线计算求得成核速率等参数。

### 1.3.3.2　诱导期

在过饱和液相中，由于晶核不是立即出现的，所以晶核出现的时间对于成核过程很重要，这段时间称为诱导期 $t_{ind}$。实验测得的诱导期 $t_{ind}$ 可以给出关于溶液中新相形成机理的一些重要信息，诱导期实际上是结晶过程的自由能、界面张力等理化参数的体现，因此通过诱导期可以计算这些理化参数[7]。

对于初级均相成核而言，参考式（1-11），根据经典的成核理论，均相成核速率 $J$ 还可以写为如下的形式：

$$J = A\exp\left(-\frac{\Delta G_c}{\kappa T}\right) \tag{1-17}$$

式中，$A$ 为成核速率常数；$\kappa$ 为玻耳兹曼常数；$\Delta G_c$ 为临界成核自由能，包括两部分，其中的一部分为面积自由能变化 $\Delta G_S$，等于晶核表面与溶液主体的自由能差，$\Delta G_S$ 的值大于 0；另一部分为体积自由能变化 $\Delta G_V$，等于晶核中溶质粒子与溶液中溶质粒子自由能差，$\Delta G_V$ 的值小于 0。

$$\Delta G_c = \Delta G_S + \Delta G_V \tag{1-18}$$

在利用诱导期进行计算时，需要有一个假设性的前提，即假设晶核呈球形，此时式中的 $\Delta G_S$ 和 $\Delta G_V$ 分别为：

$$\Delta G_S = 4\pi r^2 \gamma_{SL} \tag{1-19}$$

$$\Delta G_V = \frac{4}{3}\pi r^3 \Delta G_v \tag{1-20}$$

式中，$\gamma_{SL}$ 为固液界面张力；$\Delta G_v$ 为单位体积的自由能变化。$\Delta G_c$ 存在一个最大值 $\Delta G_{max}$，对应于临界晶核半径 $r_c$，如果令 $d(\Delta G_c)/dr = 0$，则有：

$$\Delta G_v = -\frac{2\gamma_{SL}}{r_c} \tag{1-21}$$

此时，根据 Gibbs-Thomson 方程可以得到：

$$r_c = \frac{2\gamma_{SL}M}{RT\rho\ln S} \tag{1-22}$$

将上述计算式与式（1-17）、式（1-18）和式（1-20）结合起来，可以写出：

$$\Delta G_V = \frac{4}{3}\pi r^3 \frac{RT\rho\ln S}{M} \tag{1-23}$$

$$\Delta G_c = \frac{16\pi\gamma_{SL}^3 M^2}{3R^2 T^2 \rho^2 (\ln S)^2} \tag{1-24}$$

$$J = A\exp\left[-\frac{16\pi\gamma_{SL}^3 M^2 N_a}{3R^3 T^3 \rho^2 (\ln S)^2}\right] \tag{1-25}$$

式中，$N_a$ 为阿伏加德罗（Avogadro）常数。

以上为初级均相成核的动力学方程式。

利用诱导期还能够计算晶体表面与主体溶液之间的固液界面张力。对于均相初级成核，成核速率与诱导期 $t_{ind}$ 成反比，此时有：

$$J = Kt_{ind}^{-1} \tag{1-26}$$

合并式（1-25）和式（1-26），能够推导出：

$$t_{\text{ind}} = B\exp\left[\frac{16\pi\gamma_{\text{SL}}^3 M^2 N_a}{3R^3 T^3 \rho^2 (\ln S)^2}\right] \tag{1-27}$$

式中，$B = K/A$。

根据式（1-27），可知在等温条件下，当 $\lg t_{\text{ind}}$ 对 $\lg^{-2}S$ 作图时可呈线性关系，其斜率用 $\alpha$ 表示，则有：

$$\alpha = \frac{16\pi\gamma_{\text{SL}}^3 M^2 N_a}{3 \times 2.303^3 \rho^2 R^3 T^3} \tag{1-28}$$

于是，可以得到固液界面张力 $\gamma_{\text{SL}}$ 的表达式：

$$\gamma_{\text{SL}} = 2.303RT\left(\frac{3\rho^2\alpha}{16\pi M^2 N_a}\right)^{1/3} \tag{1-29}$$

在实际结晶过程中溶液容易受到外加晶种等固体杂质的干扰，此时就需要考虑初级非均相成核的问题，然后对上述各个表达式做出修正。一般来说，由于晶种或杂质提供了一个新的界面，这会使得系统中的界面能量会有所变化。在非均相条件下形成临界晶核所需的总自由能变化 $\Delta G_c'$ 小于均相条件下的 $\Delta G_c$，因此可以设定一个数值小于 1 的特征因子 $\phi$，并写出如下两个公式：

$$\Delta G_c' = \phi\Delta G_c \tag{1-30}$$

$$\phi = \frac{(2 + \cos\theta)(1 - \cos\theta)^2}{4} \tag{1-31}$$

式中，$\theta$ 为晶核与外来固态杂质之间的接触角，其数值介于 $0° \sim 180°$ 之间。接触角 $\theta$ 反映了晶核与外来杂质之间的亲和程度，也反映了外来杂质对初级成核存在多大程度的影响。

$\Delta G_s$ 一般随晶核半径的增大而增加，而 $\Delta G_v$ 则随着晶核半径的增大而减少，所以总成核自由能会随晶核半径的增大而先增后减，中间会达到一个最大值。这个总成核自由能的最大值表示了某初始过饱和度下的临界成核自由能，对应的晶核半径为临界晶核半径。临界晶核半径会随着过饱和度的增大而减小。临界晶核的分子数随过饱和度的变化存在关联性的变化关系，由下式确定：

$$N_c = \frac{32\pi\gamma_{\text{SL}}^3 M^2 N_a}{3R^3 T^3 \rho^2 (\ln S)^3} \tag{1-32}$$

诱导期测定一般采用混合反应结晶的方法，即将两种或多种溶液快速混合，其中的单盐组分因为复分解反应而生成了某一种溶解度低的反应产物，测量从混合瞬间到发现晶核瞬间的时间差，就可以认定为是诱导期。在测定过程中，需要注意极快地混合，以及使用一种能够灵敏地测定体系性质变化的方法。常用的测定方法有浊度法、电导率法、pH 值法、肉眼法、激光法等。

其中，相对来说比较有代表性的诱导期测量方法是电导率法和激光法。电导率法是利用溶液里离子电导率的变化来确定结晶过程中的诱导期的方法。选取两种能够发生沉淀反应的溶液，快速混合后记录电导率仪的示数变化，从而确定反应的诱导期 $t_{\text{ind}}$。如果不适用电导率法，还可以将一束激光照射在溶液上，利用激光的透射率及散射率的变化来确定结晶过程中的诱导期，这就是激光法。

### 1.3.3.3　晶体生长

过饱和溶液中形成晶核或者加入晶种后，在过饱和度的推动下，晶粒或晶种继续长大的过程，称为晶体生长。晶体生长是一个动态过程，其生长机理需要用晶体生长动力学来阐述，尤其是生长速率与驱动力的关系。

大多数体系的结晶热数值不大，对整个结晶过程影响较小，因此在研究晶体生长动力学时可以忽略结晶热的影响。但是，也有一些体系的结晶热比较大，例如 $CaCl_2$ 溶于水中时会释放出大量的热，而 $NaSO_4 \cdot 10H_2O$ 溶解时则需要吸收很多热量，当分析这些无机盐的溶解时还是应该适当考虑热效应的影响。

如果结晶热的影响可以忽略，那么晶体在溶液中生长可分为两个主要阶段[6]。第一阶段为待结晶的溶质借助于浓度差而穿过晶体表面附近的界面层液相，属于从溶液中转移到生长界面的扩散过程。第二阶段为聚集在生长界面的结晶物质进入晶格位置的反应过程。

晶体生长时，假设液体本体浓度为 $C$，晶体生长界面处的浓度为 $C_1$，生长界面附近的扩散层厚度为 $\delta$，该溶液的饱和度为 $C^*$。设定 $D$ 为扩散系数，则根据扩散定律，晶体的生长速率 $G_m$ 为：

$$G_m = \frac{dm}{Adt} = \frac{D}{\delta}(C - C_1) \qquad (1-33)$$

式中，$m$ 代表晶体质量；$A$ 代表溶质传递的截面积。如果 $\delta$ 为常数，就可以设定扩散速率常数 $k_d$ 代替 $D/\delta$，上式就可以改写为：

$$G_m = k_d(C - C_1) \qquad (1-34)$$

根据表面反应理论，当界面反应为一级反应时，设定反应速率常数为 $k_r$，晶体生长速率为：

$$G_m = -\frac{dm}{Adt} = k_r(C_1 - C^*) \qquad (1-35)$$

当晶体生长处于恒稳态时，结晶物质的扩散速率和晶体生长速率应该是相等的，即上述两个方程是等同的，于是可以写出：

$$G_m = k_d(C - C_1) = k_r(C_1 - C^*) \qquad (1-36)$$

进而求得：

$$C_1 = \frac{k_r C^* + k_d C}{k_r + k_d} \qquad (1-37)$$

将上式代回式（1-35），可以得到：

$$G_m = \frac{dm}{A \cdot dt} = \frac{k_r \cdot k_d}{k_r + k_d}(C - C^*) \qquad (1-38)$$

设定下式为结晶物质供应系数 $k_G$：

$$\frac{k_r k_d}{k_r + k_d} = k_G \qquad (1-39)$$

此时，可以写出：

$$G_m = k_G(C - C^*) = k_G \Delta C \qquad (1-40)$$

式（1-40）用质量的增加来表示晶体的生长速率，有时要用晶体粒度的加大来表示晶体的生长速率，称为晶体生长的线速度，用符号 $G$ 表示。晶体粒度如用特征长度 $L$ 表示，则晶体生长的线速度可表示为：

$$G = \frac{\mathrm{d}L}{\mathrm{d}t} = k_\mathrm{L}\Delta C^\mathrm{L} \tag{1-41}$$

其中，晶体质量和晶体表面积用下式计算：

$$m = k_\mathrm{v}\rho L^3 \tag{1-42}$$

$$A = k_\mathrm{a}L^2 \tag{1-43}$$

式中，$k_\mathrm{v}$ 为体积形状系数；$k_\mathrm{a}$ 为晶体面积形状系数；$\rho$ 为晶体密度。

此时，可以写出式（1-44）：

$$\frac{\mathrm{d}m}{\mathrm{d}t} = 3k_\mathrm{v}\rho L^2 \frac{\mathrm{d}L}{\mathrm{d}t} \tag{1-44}$$

由此得到式（1-45）：

$$G_\mathrm{m} = \frac{\mathrm{d}m}{A\mathrm{d}t} = \frac{3k_\mathrm{v}}{k_\mathrm{a}}\rho\frac{\mathrm{d}L}{\mathrm{d}t} = \frac{3K_\mathrm{v}}{k_\mathrm{a}}\rho G \tag{1-45}$$

晶体生长速率大小取决于结晶物质供应系数 $k_\mathrm{G}$ 与过饱和度的乘积，而结晶物质供应系数 $k_\mathrm{G}$ 值又依赖于反应速率常数 $k_\mathrm{r}$ 和扩散速率系数 $k_\mathrm{d}$。

当界面反应速率很快时，$k_\mathrm{r}$ 的值很大，$k_\mathrm{r} \gg k_\mathrm{d}$，结晶过程由扩散过程控制。当扩散过程比表面反应过程快得多时，$k_\mathrm{d} \gg k_\mathrm{r}$，结晶过程由表面反应控制。同一物质的结晶过程，可以属于扩散控制也可以属于表面反应控制。在较高温度下，表面反应速率有较大幅度的提高，而扩散速率的增大则有限，过程往往属于扩散控制；反之，在较低温度下，则可能转而属于表面反应控制。

解释晶体表面反应机理的另一个重要学说，是二维成核学说 W. Kossel-T. N. Stranski 理论。该理论说明在晶体生长中，当一层原子面尚未完成时，生长粒子（原子、离子或分子团等）在界面应该进入晶格座位的最佳位置。以简单的立方结构的原子晶体为例来进行讨论，如图 1-11 所示，以小的立方体表示每个原子所占的空间，且原子位于立方体的中心点，可见 A 原子的第一最近邻是 B 原子，第二最近邻是 C 原子，第三最近邻是 D 原子[6]。如果小立方体的高度为 $a$，$a$ 称为晶格常数，则每一个原子应该有 6 个

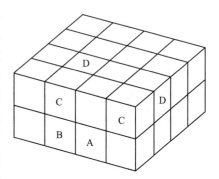

图 1-11　原子的三种最近邻位置

间距为 $a$ 的第一近邻、12 个间距为 $2^{1/2} \times a$ 的第二近邻、8 个间距为 $3^{1/2} \times a$ 的第三近邻。

当来自溶液的新原子进入界面晶格座位时，可能性最大的位置应是能量上最有利的位置，即成键数目最多、释放能量最大的位置。

在图 1-12 中，粒子在晶格座位上结合可能有 6 个位置，其中（3）的位置为三面角处，又称坎坷或扭折（Kink）是最有利的位置[6]，其次是台阶前缘（2）和（5），最不利的位置是晶体表面上孤立的位置（1），以及偶角顶点（4）和（6）。

晶体生长时，粒子最先落于坎坷（3）的位置，直至完全排满，再选择台阶前缘等位置。当整个晶面布满时，就开始从最不利的位置继续排布。由于晶体的边缘部分，最易接受新粒子，所以会在晶体边缘部分先长出一个小突起，这种最先加到晶面上的粒子可以认

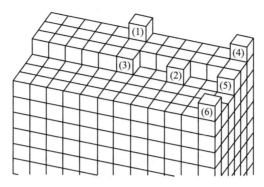

图 1-12　粒子在晶体未完成表面上所有可能的不同生长位置

为是一个二维晶核，它是新晶层形成的开端。像这样反复循环，就是晶体生长的过程，而晶体生长速率取决于表面上二维晶核的形成速率。

根据二维成核理论，二维晶核的形成需克服一定的能量垫垒，存在一临界驱动力，即一定的过饱和度。如果低于此临界驱动力，生长速率就会为零。但是，实际上在远低于此临界驱动力的情况下，晶体仍能够生长，这意味着在晶体生长过程中存在某些效应可以减少二维晶核的能量垫垒。晶体中的位错、孪晶等缺陷都能激发这种效应，解释这些现象的理论称为位错理论。

# 1.4　气液固三相的界面化学与可溶盐浮选

水盐体系固液相间的界面化学一直是无机盐行业的关注点，也是科技研发中的难点问题之一，界面化学的一个应用是盐类矿物的浮选。

## 1.4.1　浮选基本原理

浮选属于选矿技术中的一种，其原理主要是利用矿物表面物理化学性质的差异而将不同矿物分选开来。泡沫浮选是广为采用的工业浮选方法，一般是将矿物颗粒和水混合为矿浆，再将空气的气泡通入矿浆，气泡在矿浆中上浮，此时有用矿物选择性地附着在空气泡上，并随气泡一起上浮到矿浆表面形成泡沫，从而在矿浆表面的泡沫中分离得到有用矿物。

有用矿物是后期矿物加工时可以利用的矿物，而脉石矿物则是不能利用的矿物，在选矿过程中一般作为尾矿。颗粒能否黏附在气泡上，与颗粒和液体的表面性质是密切相关的，亲水性颗粒因为和水有较大的附着力，气泡不易透过水而与颗粒结合，因此也就不能将亲水性颗粒黏附而上浮，只有疏水性颗粒容易附着在气泡上。

矿物的表面性质与很多因素有关，例如表面的键、表面元素、表面电性、极性、表面的不均匀性等。这些表面性质是选择浮选药剂的重要依据。在很多实际应用的场合，有用矿物和脉石矿物的颗粒在表面性质上并无太大的差别，此时就需要在矿浆中加入各种浮选药剂，以选择性地改变目标颗粒的表面性质，使其疏水并易于黏附在气泡上。

大多数情况下，使有用矿物上浮并成为泡沫产物，称为正浮选。另外，还可以使脉石矿物上浮至泡沫,而取得留在矿浆里的有用矿物,称为反浮选。浮选法分离技术迄今已有一百多年的历史,形成了泡沫浮选、沉淀浮选、离子浮选、溶剂浮选、生物吸附浮选、微浮选、胶体吸附浮选、分子浮选、物理化学浮选,以及外加电场、磁化、超声波助选等不同的工艺模式,在矿物加工、水处理、材料制造等领域有很多应用。

总之,浮选研究就是以矿物表面、矿物-矿浆界面的物理化学性质为基础,讨论相界面现象与矿物可浮选性之间的关系。

以我国青海盐湖的钾盐浮选为例,浮选法已经是湖钾生产的主要方法之一,同样分为反浮选和正浮选两类。其中,反浮选是通过使用反浮选药剂捕收脉石矿物氯化钠,从而得到氯化钾产品。正浮选生产方式是采用脂肪伯胺类捕收剂,直接捕收氯化钾、硫酸钾等目标产品。对于可溶盐的浮选来说,难点在于需要在饱和盐溶液中进行,而饱和盐溶液属于高离子强度体系,并不容易进行各种理化参数的测量,使得很多浮选机理的研究受到了限制。氯化钾等盐湖钾盐的浮选正是一个在高离子强度饱和盐溶液中的复杂三相界面反应过程,只有在浮选过程中的界面反应过程以及浮选机理有深入认识的基础上,才能够对浮选工艺进行理论上的指导。

### 1.4.2　可溶盐溶液的相界面性质

浮选过程是在溶液中进行的,对于不溶性矿物是在水溶液中进行,可溶性盐的浮选在饱和溶液中进行,溶液的离子强度、离子种类都会对固液相界面性质及矿物颗粒浮选行为产生影响。

#### 1.4.2.1　表面张力

液体一般都会产生一种微观作用力使得其表面尽可能缩小,这种力称为表面张力。通常,由于环境的不同,处于界面的分子与处于相本体内的分子所受力是不同的,在水内部的水分子受到周围水分子的作用,其受力的合力为零,但是在表面的水分子却失去了这种平衡状态。由于表面分子所受合力不等于零,其合力方向垂直指向液体内部,这是液体表面具有自动缩小趋势的原因,也是表面张力的来源。表面张力的大小与温度和界面两相物质的性质有关。

测定溶液的表面张力最常用的方法是拉环法。拉环法可以测定纯液体及溶液的表面张力,也可以测定液体的界面张力。在拉环法测试时,一般使用一个铂金环,首先让铂金环与液面接触,再缓慢提升,此时因液体表面张力的作用而形成一个液体的圆柱,测量拉力就可以推算出张力的大小。

对于水盐体系的相分离过程,尤其是钾盐浮选,表面张力实际上反映了捕收剂的活性。捕收剂是一种表面活性剂,在浮选过程中其亲水基能够选择性地吸附在目标矿物表面,疏水基朝外形成一个疏水性的表面,由此使得矿物颗粒疏水并与气泡附着。以氯化钾的正浮选为例,盐酸十八胺(ODA)可以作为捕收剂。

捕收剂分子在溶液中的存在状态是随着其浓度变化而变化的。当捕收剂的浓度较低时,捕收剂分子可以以单分子的状态溶解于水中;捕收剂的浓度增加时,由于捕收剂分子是两性分子,表面活性剂的分子会在气/液界面上以亲水基指向水溶液内部,疏水基指向气体环境的方式定向排列。但是,当捕收剂的浓度进一步增加时,由于气/液界面的表面积有限,并且每个分子都要占据一定的表面积,所以当气/界面排满捕收剂分子时,捕收剂分子就会在溶液内部自动聚集。为了减少水分子对捕收剂分子的排斥作用，捕收剂分子此时在溶液中疏水基紧靠在一起，亲水基朝向外部水环境，形成一种亲水基向外、把疏水基包裹在内的结构，称为胶束。捕收剂在溶液中开始形成胶束的临界浓度称为临界胶束浓度（critical micelle concentration，CMC）。

大多数情况下，临界胶束浓度也意味着表面张力变化中的一个低值。当捕收剂的浓度很低时，捕收剂分子可以溶解于溶液中；捕收剂浓度升高时，使得溶液的表面张力开始下降；当浓度进一步升高至临界胶束浓度时，捕收剂分子在溶液中形成胶束，此时溶液的表面张力降到低值。

离子强度对捕收剂在溶液中的分布和聚集有很大的影响。在氯化钾等可溶盐的浮选过程中，浮选母液是盐的饱和溶液，溶液中存在大量的无机盐离子，这些无机盐离子的存在使得捕收剂呈现出了与在水溶液体系中不同的胶体化学行为。在饱和盐溶液中，由于溶液离子强度很高，ODA等捕收剂分子的水合受到了影响，分子之间的斥力减少，从而容易发生聚集。

### 1.4.2.2　接触角

接触角是气/液界面或者固/液界面之间所形成的夹角。固相盐的接触角表征了晶体表面的润湿性，可以指示出盐的表面是相对亲水的还是相对疏水的，为浮选工艺的研发提供依据。捕收剂在晶体表面的吸附情况可以通过接触角的测定来反映，接触角的测量方法主要有液滴法和被俘气泡法，使用接触角仪进行测量，其示意图如图 1-13 所示。

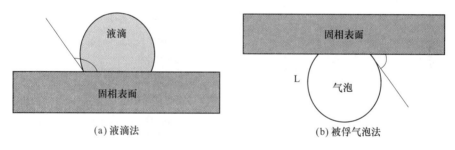

（a）液滴法　　　　　　　　　　　（b）被俘气泡法

图 1-13　接触角的测量方法

接触角 $\theta$ 的大小与接触的三相界面所具有的各界面张力有关，包括气液界面张力 $\gamma_{lg}$、固液界面张力 $\gamma_{lg}$、气固界面张力 $\gamma_{sg}$，当各界面张力相互作用达到平衡时，有：

$$\gamma_{sg} = \gamma_{sl} + \gamma_{lg}\cos\theta \tag{1-46}$$

上式经转换后，可以写出杨氏方程如下：

$$\cos\theta = \frac{\gamma_{sg} - \gamma_{sl}}{\gamma_{lg}} \tag{1-47}$$

接触角是三相界面张力的函数，说明接触角不仅与矿物表面性质有关，而且与液相、气相的界面性质有关。凡能引起改变任何两相界面张力的因素都可以影响矿物表面的润湿性。当 $\theta>90°$ 时，$\delta_{sl}>\delta_{lg}$，矿物表面不易被水润湿，具有疏水表面，其矿物具有疏水性，可浮性好；当 $\theta<90°$ 时，$\delta_{sl}<\delta_{lg}$，矿物表面易被水润湿，具有亲水的表面，矿物的可浮性差。对于矿物的浮选来说，大多数矿物表面的疏水性都较低，对于浮选反应来说并不需要

很高的疏水性,当接触角为40°左右时就是较好的疏水性表面,浮选反应可以发生。

对于可溶盐浮选体系接触角的应用主要有两个方面,首先是使用液滴法将饱和溶液直接滴在可溶盐晶体表面,测定晶体表面在没有捕收剂作用下的天然疏水性;其次是可以使用被俘气泡法测定在捕收剂作用下,晶体表面的疏水性的改变程度,用以衡量药剂的作用强弱。

### 1.4.2.3　双电层DLVO理论

矿物表面在溶液中荷电以后,由于静电力的作用,吸引水溶液中符合相反的离子与之配衡,于是在矿物面形成双电层。

具体地讲,矿物在水溶液中受到水偶极子和溶剂的作用,表面会带一层电荷。矿物表面电荷的存在又会影响溶液中离子的分布,使得带相反电荷的离子被吸引到表面附近,而带有与矿物表面相同电荷的离子则被排斥并远离矿物表面,于是在矿物-溶液界面就产生了电位差。尽管全部体系在宏观上是电中性的,但是固液界面的微观电位梯度仍然是存在的。

在浮选研究中,斯特恩(Stern)双电层结构模型较被认可[6],如图1-14所示。

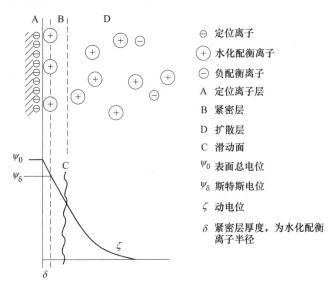

图1-14　双电层定位示意图

在双电层的内层与扩散层之间,紧贴固体表面还有一层液相,称为斯特恩层或者紧密层。紧密层将双电内层与扩散层相互分隔开来,其厚度以水化配衡离子的有效半径$\delta$表示。双电层内层又称为定位离子层,在该层吸附的离子称为定位离子。定位离子可在两相间转移,是决定矿物表面电荷或电位的离子。双电层外层又称扩散层,在扩散层吸附的离子称为配衡离子,也称反号离子。配衡离子同矿物表面没有特殊的亲和力,主要靠静电力的作用而吸附,其离子的电性与双电层内层恰好相反。

当固体颗粒在外力作用下移动时,配衡离子会随着颗粒移动,与此同时扩散层沿着位于紧密层稍外一点的滑移面而移动,这就使得滑移面上和溶液内部之间出现了电位差,称为电动电位,又称Zeta电位,用$\zeta$表示。

由于双电层的存在，矿物颗粒周边会出现表面静电荷为零的现象，此时溶液中定位离子浓度的负对数值称为该矿物的零电点（PZC）。零电点往往和液相的 pH 值有关，例如当定位离子为 $H^+$ 或 $OH^-$ 时，表面电位为零时的液相 pH 值即可标记为零电点，而当 pH 值大于矿物的零电点时矿物表面将带有正电。在一定的表面活性剂（有特性吸附）作用下，如果改变液相的 pH 值，使得电动电位为零，则溶液此时的 pH 值可标记为该条件下矿物的等电点（IEP）。如果没有特性吸附的情况下，电动电位 $\zeta$ 等于零时，溶液中定位离子活度的负对数也是等电点。

### 1.4.3 可溶盐浮选机理

可溶盐的浮选与其他不可溶性矿物相比，具有一定的特殊性。由于矿物自身有很高的溶解度，浮选反应均在相应的盐的饱和溶液中进行，溶液的离子强度很高，限制了一些测试手段的使用。例如，对于不溶性矿物可以使用 Zate 电位仪测定矿物的表面电位。但测试环境要求溶液中的离子强度为 $10^{-3}$ mol/L，而可溶盐的溶解度一般都高于该浓度，使得无法测定出可溶盐颗粒在浮选过程中的表面电荷。另外，在可溶盐晶体表面一直存在着溶解/结晶的平衡，这使得盐表面的状态和性质很不稳定，给深入研究表面性质带来了很大的难度。

尽管如此，可溶盐的浮选机理仍引起了很大的关注，相应的浮选机理理论包括：

（1）离子交换理论。离子交换理论是关于可溶盐浮选的最简单的理论，同时也是最早提出的理论。以盐酸十八胺 ODA 浮选氯化钾为例，1935 年 Gaudin 提出氯化钾之所以可以被胺类盐酸盐药剂浮选，原因是胺类盐酸盐阳离子捕收剂在溶液中形成的 $RNH_3^+$ 可以与氯化钾晶体表面的 $K^+$ 发生离子交换，从而镶嵌于氯化钾晶体表面上，完成氯化钾的浮选，然而由于无法镶嵌于其他晶体表面，从而导致了其他可溶盐晶体的可浮性差。

1956 年，D. W. Fuerstenau 和 D. W. Fuerstena，通过对碱族元素和卤族元素分别配对组成的单盐进行浮选研究，将离子交换理论做了进一步的扩展。提出了只有那些阳离子半径与 $RNH_3^+$ 相似的可溶盐才可以与 $RNH_3^+$ 发生离子的交换，从而使得 $RNH_3^+$ 在晶体表面吸附，完成浮选。

（2）溶解热理论。在 20 世纪 50 年代，Rogers 和 Schulman 通过 Langmuir 单分子膜、表面张力和浮选等研究手段对可溶盐的浮选过程进行了细致的研究，认为可溶盐的浮选主要取决于水分子和捕收剂分子在可溶液晶体表面的竞争性吸附，指出盐晶体表面和捕收剂的水合状态是控制浮选反应的主要因素。根据该理论，可溶盐晶体按照其水合情况可以分为表面水合能力较弱的盐、表面水合能力较强的盐、表面水合能力很强的盐。表面水合能力较弱的盐可以被烷基胺捕收剂和烷基磺酸盐类捕收剂同时浮选，水合能力较强的盐可以被脂肪酸类捕收剂浮选，水合能力很强的盐则无法浮选。与此同时，盐水合能力的强弱可以通过盐的溶解热来判定，溶解热是指可溶盐晶体晶格能量和晶格离子水合热之间的差异。该理论将可溶盐晶体表面离子的水合状态与其浮选行为联系了起来，同时并给出了水合能计算和判定强弱的方法。

依据该理论，一些水合能力较强的离子如 $Mg^{2+}$、$Li^+$、$Na^+$ 可以影响到离子周围水分子的热运动，同时降低离子周围水分子的迁移频率。一些水合能力较弱的离子，如 $K^+$、$Cl^-$、$I^-$，则会相应地增加离子周围水分子的迁移频率。根据组成晶体的阴阳离子的水合能力的不同，可溶盐晶体中水合能力较弱的盐，如 KCl 可以被脂肪胺类捕收剂和烷基磺酸钠类捕收剂浮选，水合能力较强的盐则无法被两种捕收剂浮选。

（3）表面电荷/捕收剂吸附理论。表面电荷/捕收剂吸附理论是关于可溶盐浮选的另一个经典理论。Roman 等人在 1968 年提出，可溶盐的浮选过程主要是通过溶解的捕收剂与晶体表面通过静电吸附而完成的，认为在可溶盐晶体颗粒在相应的饱和溶液中，其表面电荷是有差异的，氯化钾晶体表面为负电荷，而氯化钠晶体表面为正电。由于胺类捕收剂在溶液中为正电荷，所以胺类捕收剂可以吸附在氯化钾晶体表面完成浮选。该理论在当时存在一些争议，因为可溶盐的浮选都是在相应盐的饱和溶液中进行，溶液中的离子强度很高，所以晶体颗粒表面的双电层几乎完全被压缩，很难确定晶体颗粒表面的电荷情况。

1992 年，美国犹他大学的 Miller 教授的研究组首次通过实验的方法测定出了氯化钾颗粒和氯化钠颗粒在相应饱和溶液中的表面电荷。通过不平衡电泳淌度的测定，确定了氯化钾表面是带负电荷而氯化钠表面是带正电荷，这是对可溶盐的浮选机理研究是一个促进，结束了多年对晶体表面电荷的争论。该课题组研究测定了各种碱卤化物单盐的表面电荷，并通过离子晶格水合理论对晶体的表面电荷进行理论计算，取得了较为一致的结果。同时研究发现，对于可溶盐的浮选只有在捕收剂沉淀大量出现时，浮选才能被触发。

（4）界面水结构理论。美国犹他大学的 Miller 教授课题组在大量的实验研究基础之上，在 2000 年提出了界面水结构理论。界面水结构理论继承和发展了溶解热理论，同样认为晶体离子的水合程度对浮选有着重要的影响。水溶液最重要的特征就是水分子之间可以形成氢键，氢键的存在使得溶液中的水分子有三种存在形式，包括以氢键形成的正四面体形的"冰状结构水"、非理想化的简单水分子之间以氢键形式形成的"液态水"、没有形成氢键的自由的水分子。界面水结构理论认为可溶盐离子晶体在溶液中，阴阳离子对溶液的本体水结构都存在着一定的影响，其主要作用是对溶液中"冰状结构水"的影响。

如果某种盐可以使水溶液本体的"冰状结构水"增强，那么这种盐就是"水结构致密盐"；如果某种盐反而使水溶液中的"冰状结构水"减弱，那么这种盐就是"水结构疏散盐"。对于"水结构致密盐"来说，如 NaCl，由于增强了溶液中水分子的氢键网络，在其晶体界面可以形成一层致密的水分子膜，是该层水分子膜的存在阻止了捕收剂分子在晶体表面的吸附，从而无法被捕收剂浮选。对于"水结构疏散盐"，由于对溶液本体的水结构存在破坏作用，减弱了溶液本体水分子之间的氢键网络，从而使得晶体表面的水分子之间的相互作用减弱，如 KCl，所以捕收剂分子容易穿越这层水分子膜从而到达晶体表面并吸附于可溶盐晶体，从而触发浮选。

### 1.4.4　可溶盐浮选药剂

我国可溶盐浮选应用范围较广的主要是青海盐湖的氯化钾浮选，浮选时需要加入浮选药剂，包括捕收剂、起泡剂、调整剂等。

（1）捕收剂。捕收剂按照其电性可以分为正电荷捕收剂、负电荷捕收剂和中性捕收剂。常见的捕收剂有黄药、白药、黑药、脂肪酸、脂肪胺和矿物油等。在钾盐浮选中，阳离子捕收剂烷基脂肪胺和阴离子的烷基磺酸钠都可以作为捕收剂。目前世界范围内，主要使用碳链长度在 C12 以上的胺类捕收剂作为捕收剂。美国较多地使用十二胺盐酸盐（DDA：$CH_3(CH_2)_{11}NH_3Cl$）作为钾盐浮选药剂，同时也使用十二烷基磺酸钠（SDS：

$CH_3(CH_2)_{11}SO_3Na$）浮选氯化钾。加拿大主要使用十八胺盐酸盐（ODA：$CH_3(CH_2)_{17}NH_3Cl$）作为捕收剂。

我国的氯化钾浮选生产，正浮选工艺一般使用十八胺盐酸盐作为捕收剂，属于阳离子捕收剂。反浮选的捕收剂多采用十二烷基吗啉（DMP）等类型的药剂[8]，属于阴离子捕收剂。

（2）起泡剂。在纯水中通入气体或对其进行搅拌时，会有气泡产生，但气泡会在短时间内消失，加入起泡剂可以使得泡沫能够持续存在。起泡剂的作用机理在于使气液表面能降低，阻止气泡的兼并，从而提高泡沫稳定性。起泡剂还可以使气泡的运动速度降低，增加气泡在浮选体系中的停留时间。

起泡剂能够促使空气在矿浆中弥散为小气泡，并增大气泡机械强度，提高矿化气泡在上浮过程中的稳定性，保证矿化气泡上浮后形成泡沫层刮出。一些起泡剂还可以参与到捕收剂的胶束形成过程中，分散固着在矿粒上的捕收剂胶束结构，降低捕收剂的临界胶束浓度。起泡剂通常为油类物质，包括松醇油、甲酚油和醇类等，我国钾肥生产过程用的起泡剂为松油醇，俗称 2 号油。长链醇在钾盐浮选体系中也具有较好的起泡功能。

（3）调整剂。调整剂的作用是改变捕收剂与钾盐表面、浮选溶液的相互作用，以便使目标矿物更容易被附着。抑制剂、pH 值调整剂等均属于调整剂。抑制剂能够使矿物与水的亲和力提高，并且弱化矿物同与捕收剂的结合，从而使得脉石矿物不能被捕收剂选择。

在氯化钾浮选中，为了保证钾盐产品不被矿泥污染，通常加入糊精、古尔胶、淀粉等抑制矿泥杂质的浮出。pH 值调整剂可根据矿物的表面性质、矿浆化学组成及其他药剂作用来调节矿浆的酸碱度，对捕收剂在溶液中的胶体形式及表面电性也能产生影响。

我国的钾盐矿普遍含有较多的黏土类矿物和硫酸钙等不溶物，在正浮选过程中这些不溶物与胺类阳离子捕收剂之间存在吸附效应，从而容易在浮选过程中被夹带到精矿中，影响产品品质。俄罗斯通过对几种抑制剂的工艺研究，表明古尔胶对矿泥的抑制效果好于糊精和淀粉。考虑到成本问题，钾盐浮选时还可以使用价格较低的羧甲基纤维素作为抑制剂。

除了浮选药剂之外，各种外界物理场对浮选过程也有影响，例如超声可以促进钾盐的浮选。在氯化钾的浮选中，超声可以在一定程度上促进氯化钾和氯化钠的分开，从而使得两种盐颗粒在后续浮选时能够分离。

实际上，杂盐对浮选过程的影响问题可以通过杂盐和目标盐颗粒之间的分散来缓解。连续相中分散相颗粒的相互分离有很多种手段，而超声波则是其中效果比较明显的途径之一。超声波技术具有破碎、清洗、絮凝等作用效果，且超声波是一种极好的分散手段，因此在工农业、环保等方面得到了广泛应用。20 世纪 30 年代超声波处理开始在浮选分离中尝试应用。由于超声波技术良好的分散能力，部分研究者也将其应用于浮选中药剂的分散。在实际的氯化钾浮选过程中，很多药剂的停留时间很短，特别是那些溶解度较小的药剂（如十八胺），无法充分发挥效用，从而增加了药剂用量，造成浪费。但是增加搅拌的时间和力度又会带来不必要的经济耗费。浮选中采用超声波技术的结果表明，超声波能够增加药剂的分散。当超声波应用于添加有表面活性剂的溶液时，能够提高药剂的使用效果。

在可溶性盐领域，超声波也能够作为一种有效的调节手段。研究表明在盐类的结晶过程中，超声作用能够改善晶体粒度分布并细化颗粒，显著降低颗粒的团聚，减小颗粒的粒度，在混盐分离时能够提高一些盐产品的纯度。总之，超声预处理方法对矿物颗粒的结晶、表面性质、矿浆性质都能产生一定的影响，因此也能改变浮选分离过程的效率。

───── 本 章 小 结 ─────

本章介绍了水盐体系相平衡、结晶、界面化学方面的基本概念及原理。

水和盐类的组合物称为水盐体系，广义上的水盐体系还包括水、碱性物、酸性物的组合物。水盐体系的基本规律是相律，其表现形式为 $F = C - P + 1$，即自由度数等于组分数减去相数再加 1。相图是表达水盐体系相平衡性质的基本工具，由点、线、面、体等几何要素构成，在定量计算时需要使用杠杆规则等方法。

受驱动于过饱和度，结晶过程是水盐体系发生相变的基本表现之一。结晶的限度与热力学平衡常数有关，该常数可以由标准吉布斯自由能变来计算。结晶过程包括成核和生长等步骤，受动力学因素影响较大，相应的物理化学参量包括成核速率、诱导期等。

可溶盐的浮选是指在盐的饱和溶液中，通过气泡选择性地将盐颗粒浮出。盐-水的界面性质是决定可溶盐颗粒可浮性的主要因素，具体包括表面张力、接触角等参量。可溶盐的浮选机理包括离子交换理论、溶解热理论、表面电荷/捕收剂吸附理论、界面水结构理论等。

## 习　题

1-1 当如下系统达到相平衡状态时，判断其自由度是多少，并阐述理由。
　　用水溶解过量的氯化钠，试分析此时系统的自由度为多少？
　　在上述系统中加入少量碳酸氢钠，且碳酸氢钠全部溶解，求此时系统的自由度？
　　再加入少量硫酸钠，且硫酸钠全部溶解，再求此时系统的自由度？
　　继续加入硫酸钠至过量，此时系统的自由度为多少？
1-2 试各举一例分别说明自由度为 1、2、3 的水盐系统，并阐述理由，论述其相律原理，分析其物种数、组分数、相数为多少。

<table>
<tr><td>**2**</td><td></td></tr>
</table>

# 二元水盐体系

**本章提要：**

（1）掌握二元水盐体系的图形表示法，掌握相图中的点、线、面所代表的相分离含义，理解三相线等特殊相图几何元素所代表的相分离状态。

（2）理解利用二元水盐体系相图分析等温蒸发过程和变温过程的方法，能够利用杠杆规则计算液固两相的量。

（3）理解水合盐存在时的水盐体系相分离特征。

二元水盐体系由一种单盐和水组成，如 KCl-$H_2O$（或写为 $K^+/\!/Cl^-$-$H_2O$）体系。二元水盐体系相律公式为：

$$F = C - P + 1 = 2 - P + 1 = 3 - P$$

可见，平衡状态下二元水盐体系最多有 3 个相（当 $F = 0$ 时）。由于相数最少为 1，所以体系中可以自由变动的变量最多有 2 个，即溶液的浓度和温度。

在二元水盐体系相图中，横坐标用来表示组成，而纵坐标表示温度。盐在系统中的百分含量用质量分数和摩尔分数表示，水的含量用 100% 减去盐的量来表示。横轴等分为 100 份，左端点 W 表示纯水，右端点 S（或用其他符号）表示纯盐，见图 2-1。这两个端点是体系组成的固定界线，同时反映出盐和水的组成，并存在着下列关系：

盐的百分数 + 水的百分数 = 100%

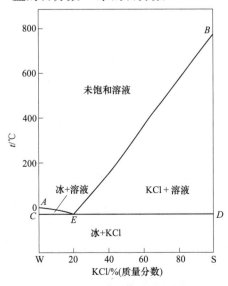

图 2-1　KCl-$H_2O$ 体系相图

# 2.1　图形表示法

图 2-1 所示的液态完全互溶而固态完全不互溶的二组分液-固平衡相图是二组分凝聚系统相图中最简单的，以该相图为例进行分析。

图 2-1 中，$AEB$ 线上方的区域表示单一液相区，该区域内没有固相存在，$P = 1$，$F = 2$。

$AE$ 线是冰与盐溶液平衡共存的曲线，表示水的凝固点随盐的加入而下降的规律，称为水的凝固点降低曲线。

$BE$ 线是 KCl 盐与其饱和溶液平衡共存的曲线，为 KCl 的凝固点降低曲线。$BE$ 线还表示 KCl 溶解度随温度变化的规律，所以也称为 KCl 的溶解曲线。

$AE$ 线和 $BE$ 线满足 $P = 2$，$F = 1$，因此温度和溶液浓度两者之中只有一个可以自由变动。

$AE$ 线与 $BE$ 线交于 $E$ 点，此点上出现冰、盐和盐溶液三相共存。根据凝聚体系相律，当 $P = 3$ 时，$F = 0$，说明 $E$ 点体系的温度和各相组成有固定不变的数值，当温度为降至 $CED$ 线表示的数值时，不管盐水溶液的组成如何，体系都将出现有冰（$C$ 点）、盐（$D$ 点）和盐溶液（$E$ 点）的三相平衡。水平线 $CED$ 连接该温度下的三个相点，称为三相线，但应注意三相线不包括 $C$、$D$ 两点。

根据相律，$CED$ 线上 $F = C - P + 1 = 2 - 3 + 1 = 0$，属于无变量系统，温度和三相组成都将保持不变。此时对 $CED$ 线上的体系冷却，将结晶出更多的冰和盐，而 $E$ 点溶液的量将逐渐减少直到消失，但体系的温度维持不变。当 $E$ 点液相完全消失后，继续冷却才能使体系的温度下降，体系将落入 $CED$ 线以下，该区域是冰和盐两个固相共存的双相区。

图 2-2 为另一实例，表示了 $NaNO_3$-$H_2O$ 的二元体系相图。已知 $NaNO_3$-$H_2O$ 二元水盐

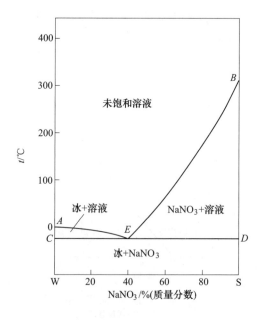

图 2-2　$NaNO_3$-$H_2O$ 体系相图

体系当温度降至-17.7℃的低共融点温度时，液相中含有大约38%的$NaNO_3$，冰和固态的$NaNO_3$能够同时从溶液中结晶析出。此时，体系处于三相平衡的状态，析出物为冰盐合晶或低共融物。

图2-2中的A点为水的冰点，而冰、$NaNO_3$和38%的$NaNO_3$水溶液平衡共存于E点，相图中E点的温度也正是-17.7℃。图中的CED线是过E点的三相共存线，代表冰的一点为三相线与纯水线交点C，代表$NaNO_3$固相的点位于D点。EB线为$NaNO_3$的溶解度曲线。

## 2.2 复杂二元水盐体系

图2-1所示的二组分液-固平衡相图中，KCl与水之间没有化学反应发生，相图比较简单。但是，如果体系的两种组分之间能够发生化学反应，生成第三种化合物质，那么相图就将复杂一些；此时，组分数等于化学物质的数目减去独立的化学平衡反应数目，即$C = 3-1 = 2$，仍为二组分系统。对于水盐体系而言，这种情况又可以分为两类，即生成稳定水合盐和生成不稳定水合盐的二元体系相图。

稳定水合盐无论在固态还是液态都能存在，且熔化时固态和液态有相同组成。这类水盐体系中最简单的是盐和水两种物质之间只能生成一种水合盐，且这种水合盐与盐、水两物质在固态时完全不互溶。

图2-3[5]为$Mn(NO_3)_2$-$H_2O$二元水盐体系相图的一部分。图中，$Mn(NO_3)_2$和水可以生成两种水合盐：$Mn(NO_3)_2 \cdot 6H_2O$和$Mn(NO_3)_2 \cdot 3H_2O$，分别以$S_6$、$S_3$表示。可见，这种类型的相图可以视为由两类相图组合而成，一类是盐-水合盐体系相图，另一类是水合盐-水体系相图。

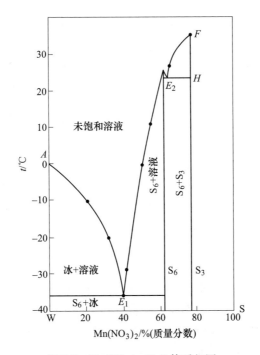

图2-3 $Mn(NO_3)_2$-$H_2O$体系相图

　　不稳定水合盐属于另一种体系，水合盐只能在固态时存在，熔化时分解为盐和水溶液，但是溶液的组成不同于水合盐的组成，因此将这种水合盐称为不稳定水合盐。这种体系中最简单的是水合盐与原来的盐、水在固态时完全不互溶。在水盐体系中，NaCl 和水构成的体系就是一种典型的不稳定水合盐体系。

　　以 NaCl-H$_2$O 二元水盐体系为例，分析图 2-4 所示的相图。已知 NaCl-H$_2$O 二元水盐体系在−21.1℃时，冰、NaCl·2H$_2$O 固相和质量浓度为 23.3% 的 NaCl 水溶液平衡共存；在 0.15℃时，不稳定水合盐 NaCl·2H$_2$O 分解为 NaCl 和 26.3% 的 NaCl 水溶液。

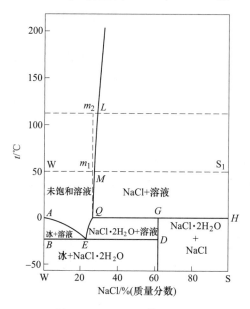

图 2-4　NaCl-H$_2$O 体系相图

　　相图中，A 点（0℃点）为水的冰点。冰、NaCl·2H$_2$O 和 23.3% 的 NaCl 水溶液平衡共存点为 E 点，温度为−21.1℃。过 E 点的三相共存斜线，一端为冰（与纯水线交于 B 点），另一端为 NaCl·2H$_2$O 固相（与 DG 线交于 D 点）。

　　EQ 线为不稳定水合盐 NaCl·2H$_2$O 的溶解度变化曲线。QML 线表示 NaCl 的溶解度曲线。

　　NaCl 和 H$_2$O 可以生成 NaCl·2H$_2$O，而 NaCl·2H$_2$O 熔化时将会分解。图中各区域代表不同的组成，AEQML 线以上为 NaCl 不饱和水溶液相，LMQGH 为 NaCl 固相及其饱和溶液区域，ABEA 区为 NaCl 水溶液相和冰共存区，EDGQ 为 NaCl·2H$_2$O 及 NaCl 饱和水溶液区，BED 三相线之下的区域为 NaCl·2H$_2$O 和冰共存区，GH 线之下的区域为 NaCl·2H$_2$O 和固相 NaCl 共存区。

　　复杂二元水盐体系相图中，因为有水合盐存在，所以与图 2-1 所示的简单相图相比有一些不同之处，如相图中出现了水合盐的溶解度曲线。稳定水合盐在其固相竖线两侧各有一个扇形的水合盐饱和结晶区，而不稳定水合盐的结晶区只有一个曲边梯形。另外，水合盐相图中的三相线也是由共饱液与其两个平衡固相联结而成，但不稳定水合盐形成的三相线上的液相共饱点（零变点）处于两个平衡固相点的连线之外，这是不稳定水合盐相图的相图特征之一。

不稳定水合盐的典型特征是存在转溶现象。在 $NaCl \cdot 2H_2O$ 从冰点以下逐渐升温时，当温度升高到 0.15℃以上将发生 $NaCl \cdot 2H_2O$ 的转溶过程。

$$NaCl \cdot 2H_2O \xrightarrow{0.15℃} NaCl + 溶液相$$

随着转溶过程的进行，$NaCl \cdot 2H_2O$ 固相越来越少，从宏观上看 $NaCl \cdot 2H_2O$ 好像在逐渐溶解到溶液中。与此同时，$NaCl$ 固相则在增多，好像从溶液中析出。这种在一定温度下发生的一种固相溶解，另一种固相析出的现象，就是转溶。发生转溶的温度称为转变点，对于 $NaCl \cdot 2H_2O$ 而言，$NaCl \cdot 2H_2O$ 与 $NaCl$ 的转溶温度是 0.15℃。

另一个类似的体系是 $Na_2SO_4$-$H_2O$ 二元水盐体系，$Na_2SO_4 \cdot 10H_2O$ 与 $Na_2SO_4$ 存在转溶现象，其转变点为 32.38℃。

转溶现象在相图上有其独特的几何特征，可以借此判断体系变温时是否会发生转溶。在此之前，需要回顾 1.2.1 节中已经阐述过的零变点的概念。三相共存 $QGH$ 线中，$Q$ 点为零变点，$G$ 点象征着 $NaCl \cdot 2H_2O$ 固相，$H$ 点象征着 $NaCl$ 固相。在这样的布局中，$Q$ 点零变点位于平衡固相点之外，那么在三相线温度下发生体系改变时，为了保持体系的平衡，两个固相之间的转溶是必然会发生的。具体地可以从相律角度进行分析，在三相线的温度下，相数为 3，根据相律可知此时的自由度为零，说明此时温度及液相的浓度都是不能变化的，否则就会违背热力学定律，因为零变点的特征之一是外界条件改变时其液相浓度保持不变。当零变点位于两个平衡固相外侧时，一般来说这意味着液相的溶质浓度相比于两个平衡固相的化学组成是偏低的，例如图 2-4 中 $Q$ 点位置就在 $G$ 和 $H$ 点之左，或者可以说是两个固相的盐含量要高于液相的盐含量。因此两种固相如果共溶，就将增大液相浓度、改变零变点位置，这是违背相律的。反之，如果两种固相共析，液相浓度就需要降低，零变点的位置也需要改变，同样也会违背相律。所以，在三相共存的前提下发生变温转换时，如果想维持液相浓度不变、零变点位置恒定，就必须要通过转溶来实现。

在三相线 $BED$ 上，零变点 $E$ 位于平衡固相 $B$ 和 $D$ 之间，此时如果发生温度改变，两种固相将出现共析或共溶的现象，其原理同上。

总之，根据相律及相平衡热力学原理，如果在相图上零变点处于平衡固相点之间，则在三相线的温度下将会发生共析或共溶现象。如果相图具有零变点处于平衡固相点之外的几何特征，则在三相线温度下将会发生转溶现象。这种转溶往往伴随着热量的吸收或释放，因此揭示了相变储能材料的作用机理，从这个角度来看，不稳定水合盐的相平衡及相图研究在储能领域也是有借鉴价值的。

需要说明的是，如果体系中有多个不稳定水合盐，将按含结晶水的多少依次转溶，例如 $MgCl_2$-$H_2O$ 体系中有 $MgCl_2 \cdot 8H_2O$、$MgCl_2 \cdot 6H_2O$、$MgCl_2 \cdot 4H_2O$ 等水合盐，在升温时将依次出现 $MgCl_2 \cdot 8H_2O \rightarrow MgCl_2 \cdot 6H_2O \rightarrow MgCl_2 \cdot 4H_2O$ 的转溶现象。

在二元水盐体系中还有一类相图比较独特一些，即多晶转变体系相图。根据表 1-1 所示的数据，可以绘制其相图如图 2-5 所示。这种相图标绘方法及步骤，相图上点、线、区的意义，仍遵循基本的相图规则，但图中出现了不同晶相的表示。

图 2-5 中的曲线 $BC$、$CD$、$DE$、$EF$ 分别是 β-正交、α-正交、立方、等轴四种 $NH_4NO_3$ 晶体的溶解度曲线。从零变点的几何特征上可以判断各个三相线上发生的是共溶、共析还是转溶的过程。例如，在 $CC'$ 线上，零变点 $C$ 位于两个平衡固相（β-正交 $NH_4NO_3$、α-正

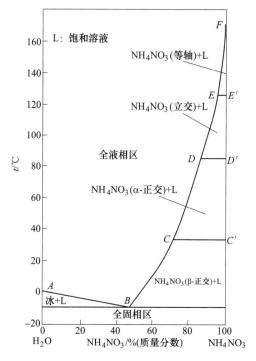

图 2-5　$NH_4NO_3$-$H_2O$ 二元水盐体系相图

交 $NH_4NO_3$）的相点（均位于 $C'$ 点）之外，这正是转溶过程的几何特征。因此，在相应的温度下，β-正交 $NH_4NO_3$ 和 α-正交 $NH_4NO_3$ 的结晶盐之间将会发生转溶。

又如，硫酸钠同样存在着两种晶体结构，并且每种晶体结构固相的溶解也各有不同。因此，在体系出现同质异构固相的情况下，相应的相图也可以按照图 2-5 所示的方法进行绘制。

## 2.3　等温蒸发过程分析

体系的温度及组成发生变化时，相图中体系相点的位置也会随之变化。从动态的角度分析，这等同于体系相点在相图上发生了移动。以图 2-6 为例，体系相点可分为两种类型，第一类是变温过程，也可称为等组成过程，即系统的温度发生了变化，而体系的化学组成没有改变，在相图上显示为体系相点向上或者向下移动。另一类是变组成过程，也可称为等温过程，即图 2-6 中的体系或发生了稀释，或发生了蒸发、浓缩、加盐等操作，而系统的温度没有变化，在相图上显示为体系相点向左或者向右移动。

以等温蒸发过程为例，图 2-7 中 $M$ 为初始系统

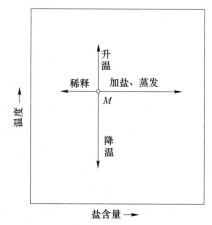

图 2-6　相图中体系相点的运动

点，在蒸发过程中应该是向右做水平移动。$M$ 点的蒸发路线依次经过未饱和溶液区和固液平衡两相区，所以全过程可以分为两个阶段。

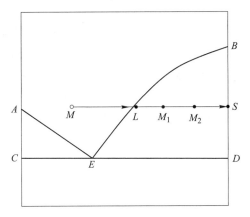

图 2-7　相图中的等温蒸发过程

第一阶段为系统蒸发水分，系统点由 $M$ 移向 $L$。由于系统一直处于不饱和区域内，因此处于蒸发浓缩过程，但是没有固相析出。在该过程中，系统点的移动轨迹同时也是液相点的移动轨迹，而没有出现任何固相点。当系统到达 $L$ 点时，溶液开始进入饱和状态。

第二阶段为系统蒸发析盐，系统点由 $L$ 点移向 $S$ 点。在这个过程中，根据 1.2.2 节所述的连续原理、直线规则和向背规则，与图 1-5 相似，可知已经在图 2-7 中越过 $L$ 点的 $M_1$、$M_2$ 等系统点开始出现了对应的固相点，可以判断水分的蒸发使盐结晶析出了。此时，系统点为 $M_1$、$M_2$ 等，固相点为 $S$，液相点为 $L$，随着系统点由 $L$ 点移向 $S$ 点，盐组分的结晶析出也在持续地发生。以系统点蒸发到 $M_1$ 时为例，按直线规则和杠杆规则，在杠杆意义上 $LM_1$ 代表了析盐量、$M_1S$ 代表了液相量；当系统继续蒸发到 $M_2$ 时，代表析盐量的杠杆臂增加到了 $LM_2$，而代表剩余液相量的杠杆臂缩短到了 $M_2S$。通过杠杆臂的变化，可以判断固相盐在不断地析出，而液相量则在减少。进一步地分析可知，当蒸发使得系统点到达 $S$ 点，即系统点与固相点重合时，代表液相量的杠杆臂就变为了一个点，说明液相已经蒸干消失了，系统只剩下了固相盐。

在第二阶段中，液相点一直在 $L$ 点不动，代表随着蒸发的进行，虽然液相在被不断浓缩、液相量在减少、液相中不断有盐析出，但是液相的化学组成一直不变。这种现象是符合实际的，也可从相律得到说明。对于二元水盐体系，等温条件下的相律公式为：

$$F = 2 - P$$

在此阶段中由于 $P=2$，所以 $F=0$，即任何参变量都不会变化，所以液相组成也不会发生改变，其相点将保持在 $L$ 点不动。

全过程的相点分析结果如表 2-1 所示。

表 2-1　$M$ 点系统的等温蒸发过程

| 阶段 | 过程情况 | 系统点 | 液相点 | 固相点 | $P$ | $F$ |
|---|---|---|---|---|---|---|
| 一 | 不饱和溶液的等温蒸发浓缩 | $M{\rightarrow}L$ | $M{\rightarrow}L$ | — | 1 | 1 |
| 二 | 固相盐析出，液相蒸发浓缩至蒸干 | $L{\rightarrow}S$ | $L$ | $S$ | 2 | 0 |

## 2.4　变温过程分析

在二元水盐体系相图中，变温过程的主要表现是系统点沿着温度线移动。例如，在图 2-8 中，升温时系统点沿着竖直的方向上移，降温时系统点下移。以图 2-8 中系统初始位置为 $M$ 点的物料为例，设定其初始温度为 $t_0$，从相点位置上看该系统处于不饱和溶液区。$M$ 点系统在冷却时，系统点向下移动，依次经过 $M_1$、$M_2$ 到达 $M_3$，分别代表系统经过了不饱和溶液区、盐和溶液固液平衡区、三相线、全固相区，共计四个阶段的相变过程。

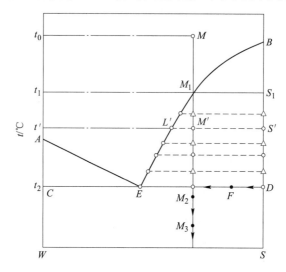

图 2-8　相图中的冷却过程

第一阶段是不饱和溶液的降温阶段，系统温度从 $t_0$ 降到 $t_1$，在相图上系统点从 $M$ 移动到 $M_1$。在不饱和溶液的降温过程中，系统点在不饱和区内只有一相，并且液相点与系统点是重合的。当温度到 $t_1$ 时，系统点移动到 $M_1$，溶液开始进入饱和状态。

第二阶段为系统冷却、因过饱和而析盐的阶段。当温度低于 $t_1$ 时，系统点开始低于溶解度曲线，在过饱和的驱动之下系统开始析出结晶盐。根据直线规则可确定某温度下固液相点的位置，比如温度为 $t'$ 时，系统点在 $M'$，此时的固相点为 $S'$，液相则在 $L'$ 点。根据杠杆规则可知，当系统点从 $M_1$ 移动到 $M_2$ 时，代表析盐量的杠杆臂 $L'M'$ 占总杠杆臂 $L'S'$ 的比例逐渐加大，说明随着冷却降温，固相盐在不断析出。当温度降到 $t_2$ 时，系统点移动到 $M_2$，固相到达 $D$ 点，液相到达 $E$ 点。

第三阶段为三相线上发生的相转化过程。当液相到达 $E$ 点时系统已经开始对冰饱和，此时的 $E$ 点为盐和冰的共饱和溶液。当继续冷却时，冰和盐将发生共析，但是在冰和盐全部析出之前，系统的温度并不会降低。此时的相图几何特征表现为 $M_2$ 点处在三相线 $CED$ 上，实际现象是系统处于冰、盐与共饱液的二固一液平衡共存状态。

在这一阶段中系统虽然在冷却、冰盐共析，但温度不变的现象可以从相律中得到解释。此时 $P=3$，因此自由度 $F=3-P=3-3=0$，表明二固一液平衡时任何参变量都不会改变，所以系统温度保持不变，而供外界吸收掉的热量是盐和冰结晶时释放的相变热。三相线的恒温相转化规律也是相变储能材料研究的理论依据之一。

另外，在冰盐共析过程中，液相一直停留在共饱点 $E$，而由于总固相在盐的基础上又增加了冰相，因此总固相点开始离开 $D$ 点，并向着 $C$ 点冰的方向移动。当总固相点移动到 $F$ 点时，此时存在如下的量的关系：

$$系统 M \longrightarrow 液相 E + 总固相 F$$

$$总固相 F \longrightarrow 盐 D + 冰 C$$

根据杠杆规则可以得出如下的比例式：

$$M_2 点的量：E 点的量：F 点的量 = \overline{EF} : \overline{M_2F} : \overline{EM_2}$$

$$F 点的量：D 点的量：C 点的量 = \overline{CD} : \overline{CF} : \overline{FD}$$

因此，随着 $F$ 点向左运动，$\overline{EM_2}$ 逐渐增大，说明冰、盐的总固相在不断析出；$\overline{M_2F}$ 逐渐缩短，说明液相 $E$ 的量在不断减少。最后 $F$ 点与 $M_2$ 点将重合在一起，$\overline{M_2F}$ 缩为一个点，说明液相 $E$ 消失，盐和冰全部析出。此时，由于减少了一个相，因此系统获得了一个新的自由度，当继续冷却时，系统就能够开始继续降温了。

第四阶段为纯降温阶段。液相消失后，系统为冰、盐的全固相，当继续冷却时就进入了全固相区，属于冰、盐的纯降温过程，并且总固相点与系统点重合，系统点由 $M_2$ 点移动到 $M_3$ 点。

$M$ 点系统的冷却过程分析归纳于表 2-2。

表 2-2　$M$ 点系统的冷却过程分析

| 阶段 | 一 | 二 | 三 | 四 |
|---|---|---|---|---|
| 温度 | $t_0 \rightarrow t_1$ | $t_1 \rightarrow t_2$ | $t_2$ | $t_2 \rightarrow t_2$ 以下 |
| 过程情况 | 不饱和溶液冷却降温 | 盐从溶液中结晶析出 | 冰、盐从溶液中结晶析出 | 冰、盐固相冷却降温 |
| 系统轨迹 | $M \rightarrow M_1$ | $M_1 \rightarrow M_2$ | $M_2$ | $M_2 \rightarrow M_3$ |
| 液相轨迹 | $M \rightarrow M_1$ | $M_1 \rightarrow E$ | $E$ | 无 |
| 固相轨迹 | 无 | $S_1 \rightarrow D$ | $D \rightarrow M_2$ | $M_2 \rightarrow M_3$ |
| $P$ | 1 | 2 | 3 | 2 |
| $F$ | 2 | 1 | 0 | 1 |

综合 2.3 节和 2.4 节的分析，可以发现相律、直线规则、杠杆规则在相图分析中发挥了重要的指导作用。直线规则定性地表明了过程中系统点、液相点、固相点一直保持在同一直线上；杠杆规则能够用于分析过程中各相的量的变化；相律能够判断过程中温度、液相点等参量是否可变。

# 本 章 小 结

本章主要介绍了二元水盐体系的相平衡化学性质、相图表示法及其应用方法。

二元水盐体系的图形为温度-组成的横纵坐标轴形式，图中包括不饱和液相区、液固共存区、三相线、全固相区等若干区域。需要注意三相线代表了两个固相和一个液相并存的状态。二元水盐体系相图的应用主要是分析等温蒸发过程和变温过程，利用杠杆规则计算液固两相的量的变化。

当盐与水可以生成水合盐时，相应的相图也变得更为复杂，具体包括稳定水合盐相图和不稳定水合盐相图等两种类型。三相线上的零变点是否位于两个平衡固相点的连线中间，可以作为稳定水合盐相图和不稳定水合盐相图的判断依据之一。

习　　题

2-1　将 NaCl 或 CaCl$_2$ 作为融雪剂，试草绘 NaCl-H$_2$O 或 CaCl$_2$-H$_2$O 的二元体系相图，并从该相图的角度论述融雪剂的作用原理。假设降雪时气温为$-10℃$，估算单位质量的降雪所需融雪剂的量。

2-2　假设海水可以视为 3.5% 含盐量的 NaCl 溶液，试采用水盐体系相图方法分析海冰淡化的原理，并分析结冰过程中的相变路线。

# 3 三元水盐体系

**本章提要：**

（1）掌握三元水盐体系的图形表示法，掌握相图中的点、线、面所代表的相分离含义。

（2）理解简单三元水盐体系的相平衡规律，以及含有异组成复盐、水合物的三元水盐体系的相图特征。

（3）理解固体溶液的相平衡规律，理解零变点的相分离性质。

## 3.1 图形表示法

组分数为 3 的体系是三元体系。三元水盐体系是由两种不发生复分解反应的无水单盐和水组成，如 $NaCl$-$KCl$-$H_2O$ 体系。一种盐和两种非电解质组成的溶液可以构成三元体系，如 $NaNO_3$-$CH_3OH$-$H_2O$ 体系。由于水解而产生难溶化合物的 $AlCl_3$-$H_2O$ 体系也是三元体系。另外，由一种酸性氧化物、一种碱性氧化物和水也构成三元水盐体系，如 $CaO$-$P_2O_5$-$H_2O$ 体系。

对三元水盐体系，相律公式为：

$$F = C - P + 1 = 4 - P$$

当 $P=1$ 时，自由度最大为 3。

当 $F=0$ 时，最大相数为 4。

恒温恒压时，最大相数为 3，自由度最大为 2。

综上所述，对于三组分体系，$F \leqslant 3$，可以在三度空间里予以描述；如果温度也保持恒定，则用平面图形就可以了。最常用的三组分相图是等边三角形相图，即恒定压力和温度下的相图。

如图 3-1 所示，三角形的顶点表示纯组分，每一边表示两个组分构成的二组分体系，三角形内的点表示由三个组分构成的三组分体系，组分的含量使用百分数表示。

可以按如下方法确定三角形内部的任意点 $O$ 的组成：从 $O$ 点分别作三条边的平行线与三边相交，交点为 $D$、$E$、$F$，其中 $OD$ 表示物质 A 的含量，$OE$ 表示物质 B 的含量，$OF$ 为物质 C 的含量。

在三元体系中，相图的连续原理、相应原理、杠杆规则等基本原理和规则还可以导出另外两条规则。如果系统分成三部分，或者三部分合成一个系统，即：

$$M \rightarrow N + P + Q$$

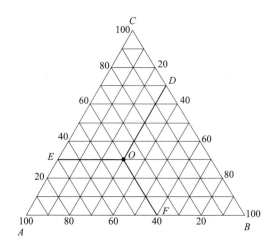

图 3-1　等边三角形坐标

在这种情况下，三角形 △NPQ 内一定会包含 M 点，如图 3-2（a）所示。并且，如果利用杠杆规则进行推导，可以发现 M 点是 QR 的杠杆支点，而 R 是 NP 的杠杆支点，由此可以推测出 M 点在 △NPQ 中位于 N、P、Q 三部分量合起来的力学重心位置。该规则在水盐体系相图中被称为重心规则。

重心规则还可以从另一个角度进行分析，当系统 M 中被减去了 N、P 两部分，从而得到剩下的一部分 Q，即：

$$M - N - P \rightarrow Q$$

则在图 3-2（b）中可以发现 Q 点一定位于 N、P 与 M 的共轭位置，这一规则被称为共轭规则。

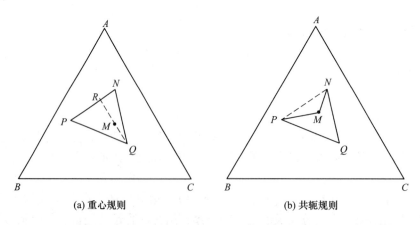

(a) 重心规则　　　　　　　　　　　(b) 共轭规则

图 3-2　重心规则与共轭规则

除了等边三角形之外，还可以使用直角等腰三角形坐标[5]表示三元水盐体系，这种坐标的读数方法和正三角形法相同。由于直角等腰三角形有斜边，其刻度和直角边上不同，因此读数时可只读直角边上的刻度。图 3-3 中系统 M（M 点）含 B 30%，含 A 为 50%，水则自然为 20%。

在等边三角形坐标的基础上,把温度坐标加上去,就可以组成三棱柱空间坐标系[5],如图3-4所示。

图3-4中,三条棱线 $WW'$、$AA'$、$BB'$ 分别代表水、A 盐、B 盐三个纯组分。三个侧面中,每个侧面都是一个二元体系相图。三个空间曲面分别是三个单固相的溶解度曲面,即单固相的饱和面。A 盐的饱和溶液面是 $A'E_1EE_3A'$;B 盐的饱和面是 $B'E_2EE_3B'$;冰的饱和面为 $W'E_1EE_2W'$。

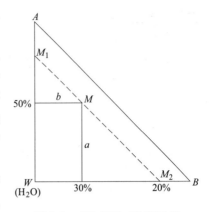

图3-3　直角等腰三角形坐标

图3-4中的三条空间曲线分别为三组双固相的共饱溶液线。其中,$E_1E$、$EE_2$、$EE_3$ 分别是冰-A 盐、冰-B 盐、A 盐-B 盐的共饱溶液线,$E_1$、$E_2$、$E_3$ 是二元体系中相应的共饱点。

此外,$E$ 点是三条空间曲线的交点,表示三个固相(冰、A 盐、B 盐)的共饱溶液。

对图3-4中的三元立体图进行相区划分,可得一些空间几何体,它们都表示某种相平衡状态,其中三个空间曲面上方的空间体表示不饱和溶液。

三个五面体由五个平面构成。例如图3-5为表示 A 盐与其饱和溶液共存的五面体,由 $A't_1E_1A'$ 及 $A't_3E_3A'$ 两个平面、A 盐的饱和曲面 $A'E_1EE_3A'$ 和曲面 $t_1E_1EDt_1$ 以及 $t_3E_3EDt_3$ 组成。系统落入该区后,则固相点在 $A'D$ 线上,液相点在 A 盐饱和溶液面上。

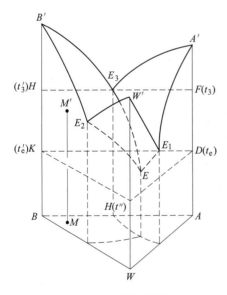

图3-4　三元立体图

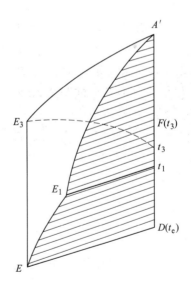

图3-5　五面体立体图

三个四面体均由四个面构成,表示两个固相和它们的共饱溶液共存的空间区。如对 A 盐、B 盐共饱和四面体见图3-6,系统落入该区内时液相点在共饱线 $E_3E$ 上,总固相点在长方形平面 $t_3t_3't_e't_e$ 上。

温度 $t_e$ 时的三角形平面,如图3-4中的 $t_et_e't_e''$,它表示 A 盐、B 盐、冰三个固相和它们的共饱液共存,其共饱点 $E$ 位于此平面上。$t_e$ 以下的空间表示全固相区,液相完全消失。

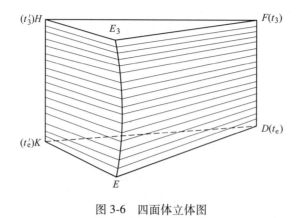

图 3-6　四面体立体图

# 3.2　简单三元水盐体系

在等温的位置上截切三元立体图，就得到等温截面图。没有水合盐的体系是三元水盐体系中最简单的，图 3-7 以 NaCl-KCl-H$_2$O 体系为例，绘制了温度为 20℃下的相图。

图中 $A'$、$B'$ 分别代表 NaCl 和 KCl 在水中的饱和溶解度，$E$ 点为 NaCl 和 KCl 同时达到饱和的点。$WA'EB'$ 为不饱和溶液区，$AA'EA$ 表示饱和 NaCl 溶液与固体 NaCl 的两相平衡，$BB'EB$ 表示饱和 KCl 溶液与 KCl 平衡共存，$ABEA$ 区域表示组成为 $E$ 的双饱和溶液与 NaCl 和 KCl 固体三相平衡共存。

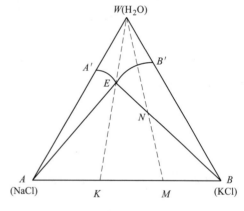

图 3-7　NaCl-KCl-H$_2$O 体系 20℃相图

以该相图为例，分析 KCl 的提纯过程。图中 $M$ 点表示混合粗盐，在 $WEK$ 线的右侧。粗盐加水时体系沿 $WM$ 线向 $W$ 点运动，至 $BE$ 线上 $N$ 点时 NaCl 固相消失，而 NaCl 和 KCl 的共饱和溶液将与 KCl 固相平衡共存，这时可用过滤方法获取纯 KCl 固体。但如果 $M$ 点在 $WEK$ 线左侧，显然过滤时首先得到的将是 NaCl 固体。

# 3.3　异组成复盐的相图特征

图 3-8 为 50℃ 时的 K$_2$SO$_4$-Na$_2$SO$_4$-H$_2$O 体系相图，图中的 D 点代表复盐硫酸钾石（3K$_2$SO$_4$·Na$_2$SO$_4$）。图中含有三条溶解度曲线 $aE_1$、$E_1E_2$、$E_2b$，以及一个不饱和区、三个单盐结晶区和两个二盐共析区。需要注意到图中的 $WD$ 线不是与 D 复盐的溶解度线 $E_1E_2$ 相交，而是与 B 盐的溶解度线 $bE_2$ 相交。由此可知，与复盐 D 有相同 A、B 组成的溶液不是复盐的饱和溶液，而只能是硫酸钾石 D 和硫酸钾 B 的共饱和液，具有这种性质的复盐称为异组成复盐。

简而言之，图 3-8 中的 $E_2$ 是 B 盐和 D 盐的共饱和溶液，但是却处于 △BDW 之外，这是异组成共饱和液在相图上的特征。根据相图中的连线规则和杠杆规则，可知当将 B 盐、D 盐和水三者混合时，并不会得到两种盐的共饱液，这就是异组成共饱和液在实际溶解操作过程中的特征。

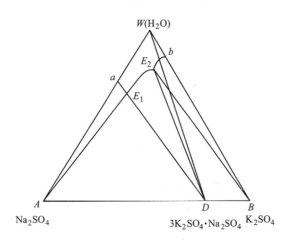

图 3-8　$K_2SO_4$-$Na_2SO_4$-$H_2O$ 体系在 50℃的相图

## 3.4　出现水合物的三元水盐体系

有的时候在水盐体系中会出现水合物，相图就会变得更加复杂。出现水合物的相图分为水合物Ⅰ型和水合物Ⅱ型相图。

水合物Ⅰ型三元水盐体系相图的特征是图中没有相应无水盐的溶解度曲线，只有水合盐的溶解度曲线。图 3-9 为 NaCl-$Na_2SO_4$-$H_2O$ 三元水盐体系在温度为 17.5℃下的相图，$Na_2SO_4$ 与水形成水合物 $Na_2SO_4 \cdot 10H_2O$，$Na_2SO_4 \cdot 10H_2O$ 标于图中 F 点。图中各区域的平衡物质为：WCED 为不饱和水溶液；DEF 为液相+$Na_2SO_4 \cdot 10H_2O$；BCE 为液相+NaCl；BEF 为 $Na_2SO_4 \cdot 10H_2O$+NaCl+液相（组成为 E 点）；ABF 为 $Na_2SO_4 \cdot 10H_2O$+NaCl+$Na_2SO_4$。

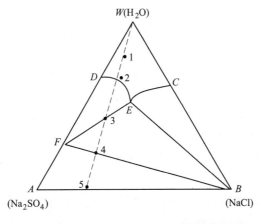

图 3-9　水合物Ⅰ型三元水盐体系等温蒸发过程

水合物Ⅰ型相图可视为简单相图与全固相相图的相加。蒸发时，系统点由1向5点运动，到4点时体系蒸干，干点为 $E$。首先析出的盐是水合盐 $Na_2SO_4 \cdot 10H_2O$，接着析出 NaCl 固相，之后 $Na_2SO_4 \cdot 10H_2O$ 逐渐脱水直至全部变为无水盐 $Na_2SO_4$。

图 3-10 为 $NaCl-Na_2SO_4-H_2O$ 三元水盐体系在温度为 25℃ 下的相图。图中的水合盐 $Na_2SO_4 \cdot 10H_2O$、无水盐 $Na_2SO_4$ 和 NaCl 都有各自的溶解度曲线，此类相图称为水合物Ⅱ型相图。

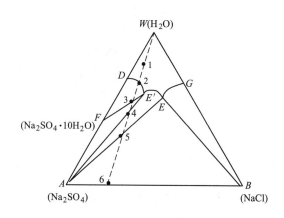

图 3-10　水合物Ⅱ型三元水盐体系等温蒸发过程

考察系统点 1 的蒸发过程，1 点蒸发脱水，系统点从 1 点运动至 6 点。蒸发过程中关键是 $E'$ 点的蒸发。共饱液 $E'$ 对 $Na_2SO_4$ 及 $Na_2SO_4 \cdot 10H_2O$ 均饱和，由相律知，此时 $F=0$，故 $E'$ 点的母液组成不变；但 $E'$ 点对 NaCl 并不饱和，进一步蒸发时 NaCl 并不析出；同时 $Na_2SO_4$ 和 $Na_2SO_4 \cdot 10H_2O$ 也不会同时析出，否则会从母液 $E'$ 中取走 $Na_2SO_4$ 组分，改变母液中 NaCl 的含量；所以，只能发生以下过程：

$$Na_2SO_4 \cdot 10H_2O \longrightarrow Na_2SO_4 + 10H_2O$$

即在蒸发时，是 $Na_2SO_4 \cdot 10H_2O$ 中的结晶水脱出，同时析出无水盐 $Na_2SO_4$，使 $E'$ 点的母液组成维持不变。

## 3.5　固体溶液

三元体系可以出现固体溶液现象，即两种固体形成均匀混合的结晶体，但是由这两种固体形成的混合结晶体不属于复盐，并且二者的混合是以原子、离子或分子分散的形式进行均匀混合的，在相平衡意义上属于一相，而不是两个相。这种固体混合结晶体又称为固态溶液、固溶体、混合晶等。固体溶液与复盐虽然都属于一个相的物质，但有着根本的区别，固体溶液属于混合物，其中的两种固体的组分比例是可变的，而复盐属于化合物，其组分不能变化。

$K_2SO_4-(NH_4)_2SO_4-H_2O$ 体系在 25℃ 时能够生成固体溶液，其相平衡数据如表 3-1 所示[9]，可见固体溶液的组成是可变的。

表 3-1　$K_2SO_4$-$(NH_4)_2SO_4$-$H_2O$ 体系 25℃数据

| 编号 | 符号 | 液相（质量分数）/% | | 固相 | 固相组成（质量分数）/% | |
|---|---|---|---|---|---|---|
| | | $K_2SO_4$ | $(NH_4)_2SO_4$ | | $K_2SO_4$ | $(NH_4)_2SO_4$ |
| 1 | $B'$ | 0 | 43.5 | 固体溶液 | 0 | 100 |
| 2 | | 1.83 | 40.9 | 固体溶液 | 13 | 87 |
| 3 | | 3.09 | 38.5 | 固体溶液 | 28 | 72 |
| 4 | | 4.00 | 37.0 | 固体溶液 | 40 | 60 |
| 5 | | 4.40 | 35.1 | 固体溶液 | 53 | 47 |
| 6 | | 5.42 | 31.4 | 固体溶液 | 69 | 31 |
| 7 | | 7.36 | 22.3 | 固体溶液 | 84 | 16 |
| 8 | | 9.52 | 10.7 | 固体溶液 | 94 | 6 |
| 9 | $A'$ | 10.70 | 0 | 固体溶液 | 100 | 0 |

　　固体溶液可以分为完全互溶与部分互溶两类。$K_2SO_4$-$(NH_4)_2SO_4$-$H_2O$ 体系属于完全互溶的固体溶液，组分的数量可以组成任何比例。25℃的 $KNO_3$-$NH_4NO_3$-$H_2O$ 体系可以形成另一种固体溶液，即两种组分的含量比例只能够在一定范围内变动时，这种固体溶液称为部分互溶的固体溶液。如果组分 A 的量大于组分 B 的量，称为 B 在 A 中的固体溶液，反之称为 A 在 B 中的固体溶液。$KNO_3$-$NH_4NO_3$-$H_2O$ 体系可生成两种部分互溶的固体溶液，分别为 $KNO_3$ 在 $NH_4NO_3$ 中的固体溶液和 $NH_4NO_3$ 在 $KNO_3$ 中的固体溶液。

　　除了无水单盐以外，水合物、复盐也可以形成固体溶液。例如，在 $NH_4Cl$-$NiCl_2$-$H_2O$ 体系中，$NiCl_2 \cdot 2H_2O$ 可以和 $NH_4Cl$ 形成部分互溶的固体溶液。但是，应该注意的是，并不是任何固体之间都能形成固体溶液，固体溶液只是少数体系的现象之一。

　　图 3-11 为生成固体溶液的立体图。在 A-B 二元体系中生成完全互溶的固体溶液，上面的 $A'B'$ 曲线为液相线，下面的 $A'B'$ 曲线为固相线空间曲线，$W'CDW'$ 和 $A'B'CDA'$ 分别是冰和固体溶液的饱和面，两者的交线 $CD$ 是冰和固体溶液的共饱溶液线。

　　固体溶液的蒸发过程同样存在固相析出、液相平衡组分变化的情况，但是与普通水盐体系有所不同的是，在固体溶液结晶区内每一个系统点都有确定的液相和固相位置，其液、固相点的连线称为结线。当系统进入固体溶液区域时，应该依照结线，用直线规则确定固液两相的位置；系统点如果位于两条结线之间，那么固、液相点就只能近似确定。固体溶液的蒸发过程如图 3-12 和表 3-2 所示[9]。因此，在固体溶液的结晶区内，结晶析出的物质不是单一的纯物质，而是固体溶液，其组成是变化的。随着原始系统点位置的不同，蒸发的干基固相点在固体溶液饱和线 $A'B'$ 上变化。

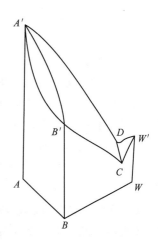

图 3-11　固体溶液的
三元立体图

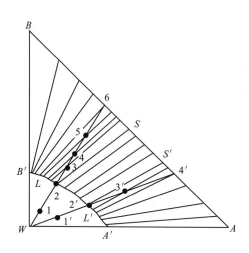

图 3-12　固体溶液在相图中的蒸发过程

表 3-2　固体溶液的蒸发过程

| 系统 | 1 | | 1′ | |
|---|---|---|---|---|
| 阶段 | 一 | 二 | 一 | 二 |
| 过程情况 | 不饱和溶液浓缩 | 固体溶液析出，至蒸干，干点 $L$ | 未饱和溶液浓缩 | 固体溶液析出，至蒸干，干点 $L'$ |
| 系统轨迹 | 1→2 | 2→6 | 1′→2′ | 2′→4′ |
| 液相轨迹 | 1→2 | 2→$L$ | 1′→2′ | 2′→$L'$ |
| 固相轨迹 | 尚无 | $S$→6 | 尚无 | $S'$→4′ |

# 3.6　零　变　点

在相图研究和使用中，零变点是一个比较重要的概念，需要灵活分析和运用。当系统的相点移动到零变点时，可能发生两个平衡固相的共析或共溶，也可能出现一个固相溶解，另一个固相析出的情况，还有可能出现液相在零变点处蒸干的情况。不同的零变点代表了不同的相平衡特征，这与水盐体系的物化规律是相关的。

在零变点处会出现不同的相转化情况，而每种相转化情况都与特定的相图几何特征有关。在三元水盐体系相图中，零变点对应了两个平衡固相点，这两个平衡固相点与 $W(\mathrm{H_2O})$ 水点一起构成了一个三角形，这个三角形称为零变点的相应三角形。

以图 3-13 为例，该相图中含有三个零变点。零变点 $E$ 的相应三角形是 $\triangle WAC$，零变点位于相应三角形上，即在其三角形内或者三角形边上，称为相称零变点。这种零变点属于共饱点，蒸发时与该点平衡的固相同时饱和析出。

零变点 $E_1$ 和 $E_2$ 均位于其相应三角形之外，称为不相称零变点。不相称零变点在蒸发时，其平衡的两个固相之间会发生转溶现象，也就是一个固相溶解、另一个固相析出的情

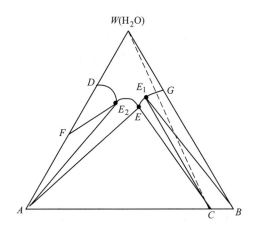

图 3-13  三元水盐体系相图中零变点示意图

况，所以不相称零变点又称为转变点。这种情况在图 2-4 的介绍中已经有过叙述和解释。不相称零变点分为两类，其中 $E_1$ 点的相应三角形为 $\triangle WBC$，零变点在三角形之外，这是第一种不相称零变点。$E_2$ 点的相应三角形为 $\triangle WAF$，该三角形已经退化为一条直线，这是第二种不相称零变点，一般来说它对应于水合物 II 型相图中的零变点。

相称零变点、第一种不相称零变点、第二种不相称零变点均有其各自的相转化特征，见表 3-3[9]。

表 3-3  不同的零变点的相转化特征

| 项目 | 相称零变点（共饱点）E | 不相称零变点（转变点） | |
|---|---|---|---|
| | | 第一种 $E_1$ | 第二种 $E_2$ |
| 主要存在形式 | 简单相图、水合物 I 型图、水合物 II 型图、异成分复盐图、同成分复盐图等 | 异成分复盐相图等 | 水合物 II 型相图等 |
| 几何位置 | 在相应三角形之上（内部或边上） | 在相应三角形之外 | 在已退化为直线的相应三角形之外 |
| 在二固一液区内蒸发过程 | 平衡固相共析 | 平衡固相有的析出、有的溶解 | 平衡水合盐不析出，而是溶解 |
| 蒸发析盐后液相组成情况 | 液相组成保持不变 | 如果没有固相盐补充，则液相组成改变、离开零变点 | 液相组成改变、离开零变点 |
| 干点 | 属于干点，即在零变点处蒸干 | 系统点在相应三角形上，则在零变点处蒸干；否则不在零变点处蒸干 | 不是干点，即不在零变点处蒸干 |

———— 本 章 小 结 ————

在三元水盐体系中，一般使用三角形坐标来表示不同组分之间的比例关系，并在纵轴方向上采用温度坐标，由此构成一个立体的相图。除了连续原理、相应原理、杠杆规则之外，在三元水盐体系的相图分析中还遵循着重心规则和共轭规则等基本规则。

　　三元水盐体系包括简单体系、异组成复盐体系、水合物体系等类型，其中含有水合物的三元水盐体系还分为水合物Ⅰ型和水合物Ⅱ型体系。水合物Ⅰ型体系相图的特征在于图中只有水合盐的溶解度曲线，水合物Ⅱ型体系相图则包含了水合盐和无水盐的溶解度曲线。三元水盐体系中还可能会形成固体溶液。

　　零变点是三元水盐体系中较为重要的状态点，在该点可能出现平衡固相的共析或共溶、溶解-析出的转化、蒸干等各种现象。

3-1　试分析三元水盐体系相图中各几何元素（点、线、面、体）的含义。

3-2　试分析图 3-14 中，两种情况下混合盐 M 的加水溶解时的相变路线。

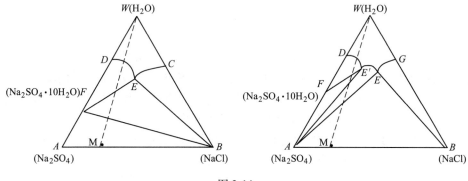

图 3-14

# **4** 四元水盐体系

**本章提要:**

（1）掌握四元水盐体系的图形表示法，掌握相图中的点、线、面所代表的相分离含义。

（2）理解简单四元水盐体系和交互四元水盐体系的相分离差异。

（3）掌握四元水盐体系相图中的过程向量分析方法。

## 4.1 图形表示法

四元水盐体系可以分为两种情况，一种是简单四元体系，由具有一种共同离子的三种盐和水组成，三种盐之间彼此独立，不发生反应，如 $Na^+$、$K^+$、$Mg^{2+} /\!/ Cl^-\text{-}H_2O$ 体系；另一种四元水盐体系由两种正离子、两种负离子和水组成，离子之间能够发生复分解反应，称为交互四元体系，如 $Na^+$、$K^+ /\!/ Cl^-$、$SO_4^{2-}\text{-}H_2O$ 体系。

四元体系相图中，若各盐的价态不同，则应在盐的分子式（或离子）前加写一个系数，使相图各顶点所代表的纯盐的离子电荷数相等。例如，单价盐与二价盐组成交互体系时，应将单价盐加倍书写，如图 4-4 中的 $Na_2CO_3$、$2NaCl$、$Li_2CO_3$、$2LiCl$ 等，此时单价盐的分子量也应加倍计算。这种书写形式在交互四元水盐体系相图中尤为实用，能够充分体现复分解反应中各盐之间的摩尔量关系，便于分析和计算。

四元水盐体系自由度为：

$$F = C - P + 1 = 4 - P + 1 = 5 - P$$

等温条件下：

$$F = 4 - P$$

可见，即使在等温条件下，相数为 1 时，自由度数也为 3，因此一般情况下，四元水盐体系相图应绘制为立体图形。例如，图 4-1（a）为一温度下某简单四元水盐体系的立体相图，图 4-1（b）为该立体相图在底面（$\triangle ABC$ 平面）上的投影图。四元水盐体系中的最大自由度为 4，相当于最多可以有四个独立的参变量，其中包括温度及三种盐组分在液相中的含量。值得指出的是，在交互四元体系中一共有四种盐组分，但是由于存在复分解反应，因此作为独立的盐组分只是其中的三种。

在温度固定的情况下，四元体系仍有三个参变量，因此四元水盐体系的等温图已经是三维的立体图了。与二元和三元水盐体系相比，四元水盐体系自由度的增加使得相图绘制变得更有难度。立体的相图虽然能够清晰地表达温度、浓度等各个变量之间的关系，但是标绘和读图并不方便，这给工程应用带来了不小的干扰。在这种情况下，标绘和读取四元水盐体系相图需要使用投影的方法，如图 4-1 所示。

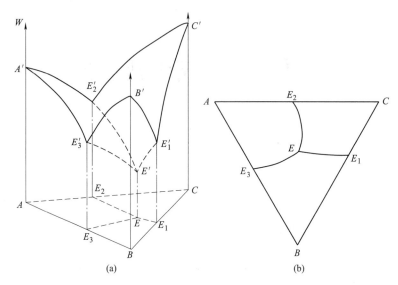

(a)                                    (b)

图 4-1  （简单）四元水盐体系的等温立体相图及其投影

图 4-1 所示的相图分为几个部分。其中 $E'$ 点代表 A、B、C 三盐的共饱和溶液，在投影图上落于 $E$ 点。$E'E_1'$、$E'E_2'$ 和 $E'E_3'$ 线分别表示两种盐的共饱和溶液，在投影图上分别为 $EE_1$、$EE_2$ 和 $EE_3$ 线。而 $A'E_2'E'E_3'A'$、$B'E_1'E'E_3'B'$、$C'E_1'E'E_2'C'$ 曲面代表单固相饱和溶液面，分别表示 A、B、C 盐的饱和溶液，在投影图上分别为 $AE_2EE_3A$、$BE_1EE_3B$、$CE_1EE_2C$ 面。

由于在四元水盐体系中，水一般作为溶剂，因此在绘制相图时可以单独作一个水图，而其余的盐类则可按照干盐形式绘制干基图（投影图）。用这种方法就能够将立体的四元水盐体系相图通过水图和干基图这两个平面图形表达出来。

另外，如果四元体系中某一组分含量是固定的，便可将此组分视为常量，此时四元体系仅包含三个变量，于是就可以用三元平面相图表示，称为拟三元相图。

# 4.2  简单四元体系

简单四元水盐体系含有三种干盐，其干基图可以采用三角形来表达，这个三角形称为干基三角形。干基三角形一般采用正三角形或等腰直角三角形，三个顶点分别放置舍去水后的三种干盐，如图 4-2 所示。需要注意的是，干基三角形反映的只是干盐之间的关系，并不反映水量的多少，水合盐与它对应的单盐在干基图中重合为一点。例如，水合盐 $MgCl_2 \cdot 6H_2O$ 与无水盐 $MgCl_2$ 在干基三角形中的位置是同一点。

干基三角形是以三个干盐之和为 100 作基准的，常用的是 100g 干盐，用 g/100g S 表示。水合盐及复盐的 g/100g S 值可以通过其化学式求出，例如光卤石（$KCl \cdot MgCl_2 \cdot 6H_2O$）中，干基百

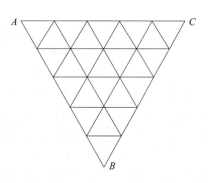

图 4-2  干基三角形

分含量分别为：KCl 43.92%、MgCl$_2$ 56.08%、H$_2$O 63.67%。

在简单四元体系中，A、B、C 三种盐具有共同离子，三种盐组分之间不能生成新的单盐。由于三种干盐间彼此独立，不存在交互反应，因此关系比较简单。按照系统含盐的含量值，可在干基三角形上直接标出相应的相点。

按照固液平衡关系的不同，图 4-1 所示的简单四元水盐体系等温立体相图还可以更细致地划分为若干块状区域，如图 4-3 所示。最上方的是单固相饱和溶液面以上的不饱和液相区域。三角锥体 $E'ABC$，该区域代表 A、B、C 三种盐类与其共饱和溶液（$E'$点）平衡共存的三固一液平衡区。由双固相共饱和曲线与对应的两种盐类构成的四面体，即 $E'E_1'BC$、$E'E_3'AB$、$E'E_2'AC$，为两固一液平衡区。由一固相与其饱和溶液面组成的多角锥体，如代表 B 盐和 B 盐饱和溶液处于平衡状态时的 $BB'E_1'E'E_3'$ 多角锥体区块，该多角锥体在投影图中落在了 $BE_1EE_3B$ 区域，为一固一液平衡区。

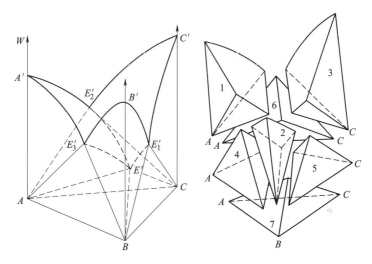

图 4-3　简单四元水盐体系的等温立体相图

## 4.3　交互四元体系

交互四元体系含有两种正离子和两种负离子，可以形成四种盐，因此需要用四边形予以表达。如图 4-4（b）所示[10]，一般是用干基正方形表示交互四元体系的四种干盐，且复分解反应式同一边的两种盐放在正方形的对角线上，这两种盐又称为盐对。

干基正方形的四条边实际上代表了交互四元体系中的四种离子，横、纵坐标表示出了离子的含量。由于干基正方形以 100mol 总干盐为计算基准，因此反映的是相对于 100mol 总干盐或总正（负）离子各为 100mol 的各种盐或离子的摩尔百分数，又称为耶涅克指数（Janecke index），用符号 $J$ 表示。水的耶涅克指数称为水指数。

将干基图上的点按照体系的含水量标注在另一坐标系中，即得水图，如图 4-4（a）所示，本例的水图中仅标注出了 Li$_2$CO$_3$ 的溶解度曲线。

在水盐体系相图的表征中，干基正方形有其独特的功能，能够反映交互体系间存在着的复分解反应。一般来说，正方形的构成如图 4-5 所示，四个顶点分别表示交互四元体系

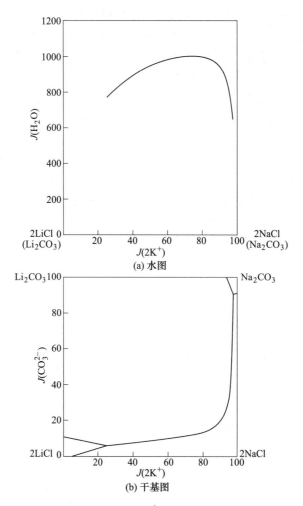

图 4-4　$Na^+$, $Li^+$∥$Cl^-$, $CO_3^{2-}$-$H_2O$ 交互四元体系相图

的四种干盐。需要注意的是，作为盐对的四种盐组分需要按等当量的方式进行标记，即写为 $Na_2Cl_2$、$MgSO_4$、$Na_2SO_4$、$MgCl_2$，或者 $NaCl$、$\frac{1}{2}MgSO_4$、$\frac{1}{2}Na_2SO_4$、$\frac{1}{2}MgCl_2$。如果将单价盐按照加倍的方式进行标记时，从数值上看水量的 $J$ 值会比将双价盐减半时多一倍，但是这只是由于标记方式不同而引起的假性差异，实际的水量仍然是不变的。

　　另外，盐对应该放在正方形的对角，即保证对角的盐组分应该是不同的阴离子和阳离子所构成，这样在事实上就能够保证每一条边都拥有一种完整的阴离子或阳离子。例如，在图 4-5 中，$Na_2Cl_2$ 对角线上的盐组分是 $MgSO_4$，两种盐的阴离子和阳离子都是不同的；同样，$Na_2SO_4$ 及 $MgCl_2$ 互相组合为盐对，二者的阴离子和阳离子也都是互为不同的。图 4-5 中，左侧纵轴实际上代表了 $Na_2^{2+}$ 的含量，而右侧纵轴代表了 $Mg^{2+}$ 的含量，即两个纵轴都是指代了阳离子；上侧横轴实际上表征了 $SO_4^{2-}$ 的含量，而下侧横轴表示了 $Cl_2^{2-}$ 的含量，即两个横轴代表了阴离子。盐对所连接的两条对角线在 $O$ 点相交，这一交叉位置关系说明等当量的 $Na_2Cl_2$ 和 $MgSO_4$ 可以通过复分解反应生成等当量的 $Na_2SO_4$ 及 $MgCl_2$。

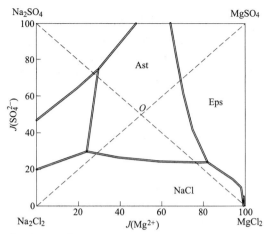

图 4-5　$Na^+$，$Mg^{2+}$∥$Cl^-$，$SO_4^{2-}$-$H_2O$ 四元水盐体系（稳态）在 25℃时的干基正方形

【例 4-1】 已知卤水样品的组成见表 4-1，求其 $J$ 值。

表 4-1　卤水样品的组成

| 主要成分 | $Na_2SO_4$ | $MgCl_2$ | NaCl | $H_2O$ |
|---|---|---|---|---|
| 含量/g·$L^{-1}$ | 19.8 | 48.1 | 141.2 | 937.0 |

用几种方式计算的顺序和结果见表 4-2，可见盐对表示方法不同时，$J$ 值也是不同的[9]。可以尝试按照不同表示方法所得的 $J$ 值，将卤水样品的相点标在正方形坐标系中，并观察其位置是否有所不同。

表 4-2　卤水样品换算过程及结果

| 方　式 | | 系统中包含的物质 | 1L 系统中的克数 | 物质的分子量 | 1L 系统中的摩尔数 | $J$ 值 | mol/1000mol $H_2O$ |
|---|---|---|---|---|---|---|---|
| 单价盐加倍 | 用盐表示 | $Na_2SO_4$ | 19.8 | 142.0 | 0.139 | 7.5 | 2.7 |
| | | $MgCl_2$ | 48.1 | 95.21 | 0.505 | 27.3 | 9.7 |
| | | $Na_2Cl_2$ | 141.2 | 116.9 | 1.208 | 65.2 | 23.2 |
| | | $H_2O$ | 937.9 | 18.02 | 52.05 | 2810 | 1000 |
| | | 总干盐 | 209.1 | | 1.852 | 100.0 | 35.6 |
| | 用离子表示 | $Na_2^{2+}$ | | | 1.347 | 72.7 | |
| | | $Mg^{2+}$ | | | 0.505 | 27.3 | |
| | | $SO_4^{2-}$ | | | 0.139 | 7.5 | |
| | | $Cl_2^{2-}$ | | | 1.713 | 92.5 | |
| | | $H_2O$ | | | 52.05 | 2810 | |
| | | 总干盐 | | | 1.852 | 100.0 | |
| 双价盐减半 | | $\frac{1}{2}Na_2SO_4$ | 19.8 | 71.0 | 0.279 | 7.5 | 5.4 |
| | | $\frac{1}{2}MgCl_2$ | 48.1 | 47.61 | 1.010 | 27.3 | 19.4 |
| | | NaCl | 141.2 | 58.44 | 2.416 | 65.2 | 46.4 |
| | | $H_2O$ | 937.9 | 18.02 | 52.05 | 1405 | 1000 |
| | | 总干盐 | 209.1 | | 3.705 | 100.0 | 71.2 |

**【例4-2】** 计算白钠镁矾（$Na_2SO_4 \cdot MgSO_4 \cdot 4H_2O$）的 $J$ 值。

白钠镁矾属于水合复盐，根据其分子式，各物质的摩尔数之比为：

$$Na_2SO_4 : MgSO_4 : H_2O = 1 : 1 : 4$$

根据 $J$ 值的定义，可知总干盐量为 2，在此基础上计算可得到 $J$ 值，其中 $Na_2SO_4$ 为 50、$MgSO_4$ 为 50、$H_2O$ 为 200。

## 4.4　立体图的投影

四元水盐体系等温立体图的截面意味着相等的水含量，所以一组截面与立体图相交时就形成了一组等水线。当四元水盐体系等温立体图从上向下投影时，就得到了等水截面图。以交互四元水盐体系为例，等水截面图如图 4-6 所示。图 4-6 将各个等水线与干基图绘制在一起，类似于地图中的等高线，能够反映出饱和溶液面的弯曲情况。

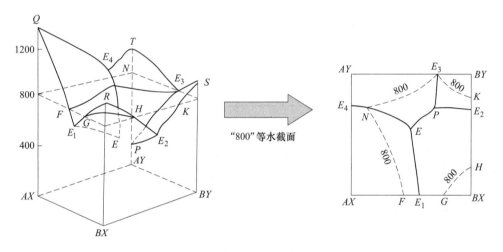

图 4-6　等水截面图与等水线

大多数情况下，四元水盐体系相图是以等温立体图的形式绘制，且其立体图的纵轴坐标为水含量，如图 4-6 所示。其实，立体图还能够以温度为纵轴，以干基盐图为底面和截面，由此得到的图形为多温立体图，如图 4-7 所示。

多温投影图可以看成是一系列等温干基图依温度高低成比例地叠加在一起形成的，如图 4-7 所示。

干基图中的 $KP$、$K'Q$ 等双固相共饱和曲线在多温立体图中被连接成了曲面，代表了不同温度下的双固相共饱和溶液。干基图中的 $O$、$R$ 等零变点在多温立体图中被连接为了一条曲线 $OE$，代表了三固相的共饱和溶液。

多温立体图由双固相共饱溶液曲面隔为四个空间几何体，这些几何体实质上是干基图上单固相的饱和溶液面连接而成，代表了各个单固相盐的饱和溶液。从多温立体图可以看出随着温度的变化，各个固相饱和溶液面的大小和位置在持续发生改变。图 4-7 的多温立体图还可以进一步进行投影，得到多温投影图，以便于更简洁地反映相平衡随温度变化的情况，如图 4-8 所示。

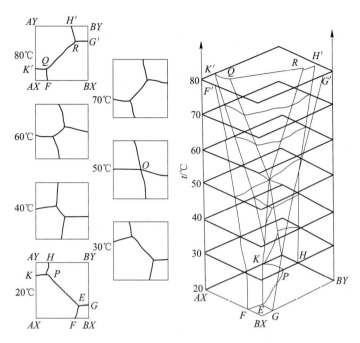

图 4-7　各温度下的干基图及多温立体图

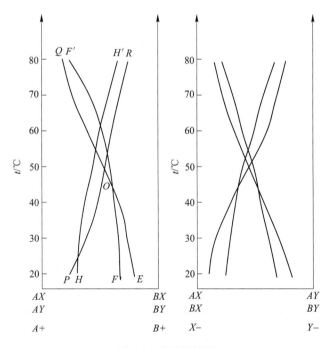

图 4-8　多温投影图

在图 4-7 和图 4-8 中，零变点的变化趋势除了表征三固相共饱和溶液相平衡演变规律之外，还在实际上代表了单盐饱和溶液、双固相共饱和溶液的变化情况。因此，零变点的演化规律对于相图绘制和应用而言能够起到指引性作用。

## 4.5　四元水盐体系的过程向量法分析

过程向量的概念及应用方法在1.2.2节中已经有过介绍，下面论述过程向量法在四元水盐体系相图分析中的应用。

过程向量在相图上的标记与自由度 $F$ 有关。当 $F$ 为零时，液相的温度、浓度等参变量不可改变，因此液相在相图中只能是一个固定的点。当 $F$ 为1时，液相在相图中只能在一条线上移动，也就是线的自由度为1。当 $F$ 为2时，在几何意义上的面具有两个自由度，因此液相也就表现为在一个面上移动。当 $F$ 为3时，液相可在几何体的空间范围内变化，也就是几何体的自由度为3。

以图1-8为模板，以四元体系干基图上固液平衡为对象，分析在蒸发时的过程向量情况，如图4-9所示。

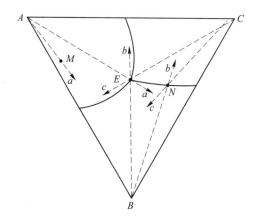

图4-9　过程向量分析方法

一固一液平衡时，液相用面表示。当蒸发结晶时，过程向量的箭头可在面的区域上标记，但是需要远离析出的固相点，表示该固相结晶析出以及液相在饱和面上运动的方向，如图1-8中 $M$ 点上的向量 $a$。

两固一液平衡时，相数为3，自由度为1，液相用双固相平衡溶液线表示。以图1-8中 $N$ 点为例，当蒸发结晶时应该有向量 $b$ 存在，表示 $B$ 固相析出，以及由此引发的液相移动方向；与此同时，还应该有向量 $c$ 存在，表示 $C$ 固相析出，以及由此引发的液相移动方向。向量 $b$ 和 $c$ 的合向量是沿着 $NE$ 线从 $N$ 指向 $E$ 的，表示 $B$ 和 $C$ 固相共析，以及液相的实际移动方向是朝向 $E$ 点，即逐步朝向零变点移动。在这种情况下，两个向量分布在饱和液相线的两侧，而不能在同一侧，因为在同侧的结果是使合向量离开了液相线，与相律所限定的液相只能在线上移动的规则不符，除非其中一个盐组分发生了溶解以抵消合向量的偏离倾向。另外，如果出现两个向量分别在液相线两侧且两个向量方向恰好相反的情况，也是允许的，此时合向量为零、液相不动，没有离开液相线，因此也不违背相律。

三固一液平衡时，自由度为零，系统相点处于零变点 $E$，蒸发水分时将有三个固相共同结晶析出。在干基图上表示固相相变的过程向量有三个，即 $a$、$b$、$c$，其合向量一定为零，表示液相的组成不变。

**【例 4-3】** 图 4-10 为含有异成分复盐 D 的干基图。在固液平衡状态下，试分析 $K$、$L$、$P$ 点液相蒸发时的过程规律。

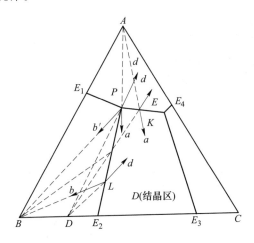

图 4-10　过程向量法分析举例

**解：**

$K$ 在 A、D 两固相的共饱和线上，因此过程向量有两个，其合向量指向 $E$ 点。从图中可以判断蒸发时 A、D 固相共析，并且液相沿着从 $K$ 到 $E$ 的方向运动。

$L$ 在液相线 $E_2P$ 上，平衡固相为 B、D。蒸发时如果 B、D 都结晶析出，所产生的两个过程向量会朝向液相线的同一侧，这种情况违背相律。所以，需要有一个向量是反向的，即其代表的固相盐组分发生了溶解。在图 4-10 中向量 $b'$ 被标记为反向，意味着 B 固相发生了溶解，同时 D 盐析出，液相将从 $L$ 向 $P$ 移动。一般情况下，异成分复盐或者不稳定复盐加水可以分解为单盐，反之在蒸发时则是单盐溶解，因此蒸发时可将向量 $b'$ 指向 B 盐相点。如果是加水的情况，就可将复盐 D 析出的向量作反向标记，表示发生的是 D 盐溶解、B 盐析出的过程。

$P$ 点为零变点，蒸发时如果其平衡的固相 A、B、D 都结晶析出，那么可以尝试标出三个向量，会发现三个向量在相加后不能为零。因此，需要把 $b'$ 向量反向地指向 B 点，才能保证向量之和为零，说明应该发生 B 溶解以及 A、D 析出的过程，并且液相在 $P$ 点不动。

另外，如果遇到零变点上的两个过程向量位于同一直线的情况，就需要考虑第三个向量为零，以保证合向量为零。以上分析是在干基图上进行的，需要说明的是过程向量方法在水图、多温投影图上也都可以应用。

# 4.6　四元水盐体系相图的应用

## 4.6.1　简单四元水盐体系的分析

对于四元水盐体系的等温蒸发而言，蒸发、浓缩与结晶析盐过程中干基盐和水含量都会发生改变，因此分析这样的过程就同时需要干基图和水图。

【**例 4-4**】　不饱和溶液系统 $M(M_0)$ 位于 NaCl-KCl-NH$_4$Cl-H$_2$O 四元水盐体系中，试分析其 15℃ 的等温蒸发过程。图 4-11 为 NaCl-KCl-NH$_4$Cl-H$_2$O 体系相图，该相图只绘出了与 $M$ 点蒸发有关的部分[9]。

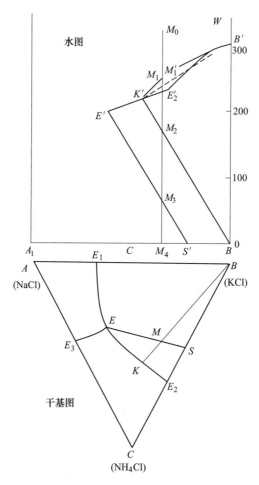

图 4-11　NaCl-KCl-NH$_4$Cl-H$_2$O 四元水盐体系中 $M$ 点的等温蒸发过程

**解：**

NaCl-KCl-NH$_4$Cl-H$_2$O 体系属于简单四元水盐体系，其中水图上的 $M_0$ 点位于 KCl 饱和溶液线的上方，属于不饱和溶液。显然，这样的系统在蒸发时的第一阶段应该是浓缩过程，含水量减少，而干盐比例不变。从相图上分析，$M$ 点应该在干基图中不动，水图中的相点则对应地由 $M_0$ 点竖直向下移动，直至随后抵达 KCl 饱和溶液线。

第二阶段，从水图中的系统点抵达 KCl 饱和溶液线开始，该系统已经进入到饱和状态，继续蒸发脱水时将开始结晶析盐。在这一阶段中，水图中的系统点由 $M_1$ 点向下移动，固相点开始在 $B$ 点出现，根据直线规则可知水图中的液相点应该从 $M_1$ 点沿着双固相共饱和线朝向 $K'$ 点移动，干基图中的液相点从 $M$ 点向 $K$ 点移动。当液相点到达 $K(K')$ 点时，根据直线规则可知系统点应该到达水图中的 $M_2$ 点，当然在干基图上的系统点仍然位于 $M$ 点。

第三阶段为液相点到达 $K(K')$ 点以后开始发生相转化的阶段，此时的液相已经成为 $B(KCl)$ 和 $C(NH_4Cl)$ 的双固相共饱和液，再继续蒸发浓缩时将发生两固相共析的情况。在这一阶段中，干基图上含液相和固相在内的总系统点仍然位于 $M$ 点，但是利用过程向量法可以判断干基图上的液相点已经开始由 $K$ 点沿着共饱和线向 $E$ 点移动，而根据直线规则可知固相点应该从 $B$ 点沿着 $BC$ 线向 $C$ 点移动；最后，在干基图上，液相点到达 $E$ 点，总系统点仍在 $M$ 点，而根据直线规则可以判断固相点将到达 $S$ 点。在水图上，根据含水量的变化趋势可知系统点应该由 $M_2$ 点移向 $M_3$ 点，液相点从 $K'$ 点沿着共饱和线 $E_2'E'$ 逐渐移向 $E'$ 点，再利用直线规则可知固相点应该从 $B(B')$ 点移动至 $S'$ 点。

第四阶段是蒸干阶段。由于液相已经位于 $E(E')$ 点了，且 $E(E')$ 点属于相称零变点，因此液相将在此点蒸干。在水图上，由于系统在持续脱水，因此系统点从 $M_3$ 点移动到 $M_4$ 点，表示系统脱水至蒸干、水分全部蒸发掉。此时的系统由于处于三固一液平衡区，因此根据相律可知自由度为零，液相点在 $E'$ 点不动，并且由于 $E'$ 点液相为 $A$、$B$、$C$ 三固相共饱和点，此时在第三阶段 $B$、$C$ 固相共析的基础上 $A$ 点的 NaCl 固相也开始结晶析出，则水图上的固相点 $S'$ 必然会沿着含水量为零的水图底边，朝着 $A$ 点的方向移动；当 $S'$ 点抵达 $M_4$ 点时，系统点与固相点重合，根据相律、直线规则与杠杆规则等可以判断液相点已经不可能存在，因此液相被蒸干消失，只剩下系统点 $M_4$。在干基图上，液相点在 $E$ 点不动，而根据直线规则可知固相将从 $S$ 点沿着 $ME$ 连线移动，其移动方向为朝向 $M$ 点，直至 $S$ 点到达 $M$ 点，最后只剩下体系点 $M$，而液相在 $E$ 点蒸干消失。在该系统中，最后得到的固相包括了 $A$、$B$、$C$ 三种盐。

在本例中，分析问题时可以采用简化近似的方法，例如在确定 $M_1$ 点位置时如果不知道水图上饱和液曲面截交线 $B'K'$ 的弧度，可以将饱和曲面视为平面，使用直线代替曲线进行近似作图。

在定性分析的基础上，可以利用相图对蒸发结晶过程进行定量计算。在定量计算时普遍需要用到杠杆规则，但是需要注意的是，干基图和水图的组成表示方式都是以干盐为基准的，所以在应用杠杆规则时各种计算量也都是以干盐为基准的，即图上杠杆臂都是代表干盐的。

【例 4-5】 表 4-3 为盐湖卤水样品的化学组成，试设计该卤水在 0℃时制取芒硝（$S_{10}$，$Na_2SO_4 \cdot 10H_2O$）的工艺。

**表 4-3　盐湖卤水样品的化学组成**

| 成分 | NaCl | $Na_2SO_4$ | $NaHCO_3$ | $H_2O$ | 总干盐 |
|------|------|-----------|-----------|--------|--------|
| 质量分数/% | 8.34 | 6.66 | 5.0 | 80.0 | 20.0 |
| g/100g 盐 | 41.7 | 33.3 | 25.0 | 400 | 100 |

**解：**

温度为 0℃时 $Na^+//Cl^-$，$SO_4^{2-}$，$HCO_3^--H_2O$ 四元水盐体系相图如图 4-12 所示[9]。对于制取 $Na_2SO_4 \cdot 10H_2O$ 的工艺设计而言，其实就是设法使相应的相点移动到 $Na_2SO_4 \cdot 10H_2O$ 的结晶区，掌握了这一点就可以进行工艺设计了。

首先，标记卤水的相点。根据表 4-3，原料卤水系统应该标于图 4-12 中的 $M(M')$ 点。在干基图上，$M$ 点位于 $S_{10}$ 的结晶区内，因此满足芒硝析出的干基图条件。

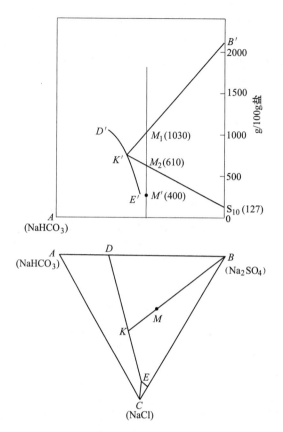

图 4-12　$Na^+//Cl^-$，$SO_4^{2-}$，$HCO_3^-$-$H_2O$ 四元水盐体系 0℃相图

其次，从水图上分析，干基组成为 $M$ 的系统析出芒硝的水图条件为含水量在 $M_1$ 和 $M_2$ 之间。由于在水图上原料卤水 $M'$ 位于 $M_2$ 以下，说明需要向原料卤水中加水，才能制得芒硝。并且，加水后的卤水系统点最佳位置为 $M_2$ 点，此时可以得到数量最多的芒硝，如果继续加水则会引起芒硝的溶解损失。

所以，工艺最佳条件为系统点位于 $M(M_2)$ 点，液相点位于 $K(K')$ 点，固相点位于 $B(S_{10})$ 点。只要设法使系统点、液相点和固相点的相点位置满足上述条件，就可以得到最大数量的芒硝产品。

在计算时要确定计算基准，如果对 100g 卤水进行计算，则作为计算基准的干盐总量为 20g。根据杠杆规则，可以确定 $MK$ 代表析出固相中的干盐（即 $Na_2SO_4 \cdot 10H_2O$ 中的 $Na_2SO_4$）量 $b$，$BM$ 代表液相中的干盐总量，$BK$ 代表原料系统中干盐总量 $m(20g)$。

由杠杆规则可以写出如下的比例式：

$$b : m = MK : BK$$

从图中量取 $MK$ 和 $BK$ 的尺寸，可以得到：

$$b = m \times \frac{\overline{MK}}{\overline{BK}} = 4.30g$$

此时，根据表 4-3 中原料卤水 $Na_2SO_4$ 的含量，可知 $Na_2SO_4$ 的回收率为：

$$\eta = \frac{4.30}{6.66} = 64.5\%$$

在上述计算过程中，$b$ 指的是芒硝中的干盐量。如果要计算芒硝的实际重量，还需按其分子式中干盐分子量与总分子量的比例进行换算，结果为 9.76g。

添加水量的计算需要使用水图，根据水图坐标的定义，可以写出如下的计算式：

水量(加入或蒸出量) = (系统开始与终止时含水量之差 /100) × 该系统干盐量

假设加水量为 $w$g，则：

$$w = \frac{M_2 - M'}{100} \times m = \frac{610 - 400}{100} \times 20 = 42g$$

所以，液相的实际添加水量可由投入的总物料量减去固相量求得。计算结果表明，在 100g 卤水中加入 42g 水，就能够在 0℃时得到 9.76g 的 $Na_2SO_4 \cdot 10H_2O$ 结晶产品。

需要说明的是，除了根据水图坐标进行计算以外，液相的添加水量也可以结合水图与干基图，利用杠杆规则进行计算。

### 4.6.2　交互四元水盐体系的分析

#### 4.6.2.1　复分解反应工艺设计

交互四元水盐体系相图可以用于产品转化的工艺设计，例如复分解反应过程。

【例 4-6】　试设计以氯化钾 $K_2Cl_2$ 及芒硝（$Na_2SO_4 \cdot 10H_2O$）为原料，经 25 ℃复分解反应制备 $K_2SO_4$ 的工艺流程，并优化及确定工艺条件。

**解：**

该反应原料属于 $Na^+$，$K^+/\!/Cl^-$，$SO_4^{2-}$-$H_2O$ 体系，其相图如图 4-13 所示[9]。

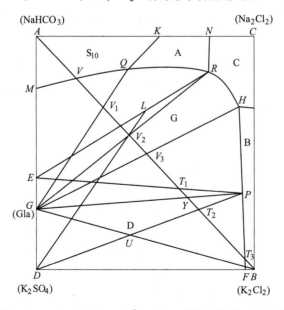

图 4-13　$Na^+$，$K^+/\!/Cl^-$，$SO_4^{2-}$-$H_2O$ 四元水盐体系 25℃相图

对 $Na^+$，$K^+/\!/Cl^-$，$SO_4^{2-}$-$H_2O$ 四元水盐体系进行反应优化，需要使 $K_2SO_4$ 以固相形态结晶析出，并使反应的另一产物 $Na_2Cl_2$ 尽可能地存在于液相。在图 4-13 所示的

$Na^+$，$K^+$∥$Cl^-$，$SO_4^{2-}$-$H_2O$四元水盐体系中，除了四种无水单盐外，还出现了水合物 $S_{10}$（$Na_2SO_4·10H_2O$）及复盐钾芒硝 $G$（Gla，$Na_2SO_4·3K_2SO_4$），因此图中一共有六个饱和面区域。需要注意的是，图 4-13 中的 $EP$ 连线是 Gla 结晶区 G 面与 $K_2SO_4$ 结晶区 D 面的分隔线。

在图 4-13 中，与 $S_{10}$ 对应的无水盐 $Na_2SO_4$ 被标记为 A，而 $Na_2SO_4$ 的饱和液相区为 A 区，这种情况属于 I 型水合盐。复盐固相点 G 在复盐饱和面 G 区之外，所以 Gla 属于不相称复盐，加水时应该会发生分解。由于 G 点在 $K_2SO_4$ 饱和面 D 区之内，所以 Gla 加水时将分解为其对应的单盐 $K_2SO_4$。

根据图 4-13，析出 $K_2SO_4$ 的干基图条件应该是使系统点落入 D 区。从干基图上分析，由于原料为 A 和 B，因此配料以后的总物料点在对角线 $AB$ 上。这种情况下，配料范围应该在 $AB$ 线与 D 区相交的部分，即线段 $T_1T_2$ 上。

为了得到更多的 $K_2SO_4$，应以含水量控制在对其他固相恰好饱和，但未析出时为最佳，此时液相点应该在该固相饱和面区域的边缘。对于配料范围为 $T_1T_2$ 之间的系统，可以控制含水量使液相在 $T_1P$ 或 $T_2P$ 上，而配料点究竟在 $T_1$、$T_2$ 之间的哪一点为最佳，应该以反应进行最充分、得到固相 $K_2SO_4$ 最多、液相中 $Na_2Cl_2$ 最多、$K_2SO_4$ 回收率最高为依据。

从代表产品量的杠杆臂分析，以液相点为 $P$、配料点为 $T$ 时，杠杆规则表明代 $K_2SO_4$ 析出量应该是最多的。

从析出 $K_2SO_4$ 后的母液组成分析时，当母液中含 $K_2SO_4$ 少或者含 $Na_2Cl_2$ 多时，才意味着反应进行得更完全、$K_2SO_4$ 回收率越高。在图 4-13 的 △$ABC$ 中，液相以 $P$ 点含 $Na_2Cl_2$ 最多，在 △$BCD$ 中也是 $P$ 点含 $Na_2Cl_2$ 多、含 $K_2SO_4$ 少。所以，$P$ 点应该是最佳的液相点。

综合以上分析，可以得出将 $K_2SO_4$ 和 $Na_2SO_4·10H_2O$ 配料，溶解并复分解反应后得到 $K_2SO_4$ 结晶产品，配料点以 $T$ 点为最佳，相应的液相点为 $P$。基本流程如图 4-14 所示。

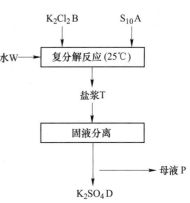

图 4-14　$Na^+$，$K^+$∥$Cl^-$，$SO_4^{2-}$-$H_2O$ 四元水盐体系中直接制备 $K_2SO_4$ 的工艺流程

以配料总干盐量 100mol 为基准，复分解反应过程可以表示为：

$$B + A + W \longrightarrow D + P$$

液相 $P$ 点的耶内克指数如下：$Na_2^{2+}$ 为 32.5，$K_2^{2+}$ 为 67.5，$SO_4^{2-}$ 为 5.4，$Cl_2^{2-}$ 为 94.6，$H_2O$ 为 1940。

设 $a$ 为配料所需 $S_{10}$ 中的干盐量，$b$ 为配料所需 $K_2Cl_2$ 干盐量，$w$ 为加水量，$d$ 为产品 $K_2SO_4$ 干盐量，$p$ 为母液 P 中的干盐量，计量单位均为 mol，可得如下的衡算方程式：

$$a + b = 100$$
$$100 = d + p$$

$$K_2^{2+} \qquad b = 0.675p + d$$
$$Na_2^{2+} \qquad a = 0.325p$$
$$Cl_2^{2-} \qquad b = 0.946p$$
$$SO_4^{2-} \qquad a = d + 0.054p$$
$$H_2O \qquad 10a + w = 19.40p$$

可解得 $a=25.6$、$b=74.4$、$w=1271$、$d=21.3$、$p=78.7$。

进一步地，可以算出 $K_2^{2+}$ 的回收率：

$$\eta = 21.3/74.4 = 28.6\%$$

#### 4.6.2.2　复分解反应工艺优化

上述直接生产 $K_2SO_4$ 的回收率较低，可以通过相图做进一步的工艺优化。

**【例 4-7】**　针对例 4-6 中 $K_2SO_4$ 回收率较低的问题，试优化复分解反应制备 $K_2SO_4$ 的工艺流程，并确定新的工艺条件。

**解：**

图 4-13 的相图表明，G 所代表的复盐 Gla 在加水时会分解为单盐 $K_2SO_4$，该过程可以清晰地表示在图 4-15 所示的 $Na^+$，$K^+/\!/SO_4^{2-}$-$H_2O$ 三元体系 25 ℃等温图中[9]。

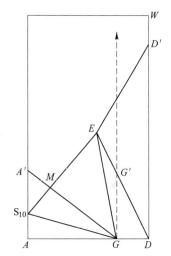

图 4-15　复盐 Gla 的加水过程

在图 4-15 中，复盐 G 加水沿虚线向上运动，加水至 G′时复盐全部分解，生成 $K_2SO_4$ 固相及液相 E，因此可以先制出复盐 G，再从 G 进一步制取 $K_2SO_4$。

制取复盐 G 的干基图、水图条件可以从图 4-13 分析。干基图条件要求配料点落在六边形 GMQRHPG 范围内，因此一定在对角线 AB 与该六边形相交的区间，即 VY 之间。含水量需要根据配料的位置进行计算，当复盐 G 析出最充分时，液相应在 G 的饱和面边缘上，即在液相线 PH、HR、RQ 或 QV 上。

最佳配料点可从代表 G 析出量的杠杆臂及母液组成分析确定，以配料点 $V_1$、$V_2$、$V_3$ 为例，利用杠杆规则计算 $K_2^{2+}$ 的回收率 $\eta$ 可得：

配料点为 $V_1$、液相点为 Q 时，$\eta=72.0\%$

配料点为 $V_2$、液相点为 R 时，$\eta=81.5\%$

配料点为 $V_3$、液相点为 H 时，$\eta=69.0\%$

所以，可以确定最佳配料点为 $V_2$。

综合以上分析结果，可以确定首先制取复盐 G、再加水分解制 $K_2SO_4$ 的间接法工艺流程，如图 4-16 所示。

以干基盐组分为衡量基准，图 4-16 所示流程的投入物料为图 4-13 中的 A、B，生成物料为图 4-13 中的 D、R，这种情况下可以写出如下的反应式：

$$A + B \longrightarrow V_2 \longrightarrow D + R + E$$

如果把母液 R、E 合并，假设成为一个总母液 L，则有：

$$A + B \longrightarrow V_2 \longrightarrow D + L$$

L 点需要同时满足位于 RE 连线和 $DV_2$ 连线的要

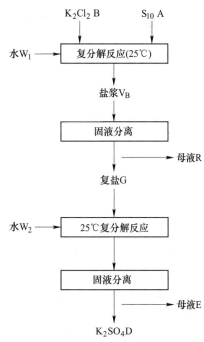

图 4-16　$Na^+$，$K^+/\!/Cl^-$，$SO_4^{2-}$-$H_2O$ 四元水盐体系中间接制备 $K_2SO_4$ 的工艺流程

求，因此是这两条连线的交点，如图 4-13 所示。$L$ 点的总母液中 K 含量低于直接法母液 $P$，并且 $DV_2L$ 线更接近产物盐对的对角线 $CD$，说明反应可以更加彻底，能够得到更高的回收率。

以配料总干盐量 100mol 为基准，对间接法流程进行物料衡算，可以得到如下的反应式：

第一步过程 $\qquad\qquad\qquad\qquad B+A+W_1 \longrightarrow G+R$

第二步过程 $\qquad\qquad\qquad\qquad G+W_2 \longrightarrow D+E$

相关物料的耶涅克指数 $J$ 值可以从图中读取，一些不能直接读取的数据（例如水图数据）也可以查阅相图资料，复述如下：

| 项目 | $Na_2^{2+}$ | $K_2^{2+}$ | $SO_4^{2-}$ | $Cl_2^{2-}$ | $H_2O$ |
|---|---|---|---|---|---|
| R | 85.2 | 14.8 | 20.9 | 79.1 | 1460 |
| G | 25 | 75 | 100 | 0 | 0 |
| E | 39.1 | 60.9 | 100 | 0 | 4468 |

用相应小写字母表示各物料的干盐量以及水量，计量单位为 mol，可以写出物料衡算式。

在第一步过程中

总干盐 $\qquad\quad a+b=100$

$\qquad\qquad\quad 100=g+r$

$K_2^{2+}\qquad\qquad b=0.75g+0.148r$

$Cl_2^{2-}\qquad\qquad b=0.791r$

$H_2O\qquad\qquad 10a+w_1=14.60r$

在第二步过程中

总干盐 $\qquad\quad g=d+e$

$K_2^{2+}\qquad\qquad 0.75g=d+0.609e$

$H_2O\qquad\qquad w_2=44.46e$

求解上述方程，可以得到 $a=57.4$、$b=42.6$、$g=46.2$、$w_1=211.5$、$r=53.8$、$d=16.6$、$w_2=1316$、$e=29.6$。

在此基础上，可以计算 $K_2^{2+}$ 的回收率

$$\eta=16.6/42.6=39.0\%$$

该方法回收率比直接法高出了 10.4%。

上述间接法的流程还可以进一步优化，以提高全过程的回收率。

【例 4-8】 针对例 4-6 中 $K_2SO_4$ 回收率较低的问题，试在例 4-7 的基础上进一步优化复分解反应制备 $K_2SO_4$ 的工艺流程。

**解：**

根据图 4-13 的干基图，当复盐 G 与 $K_2Cl_2$ 配料，仍然会落入 D 的结晶区，此时添加水能够再次发生复分解反应，促使 $K_2SO_4$ 析出。这种情况下，最佳配料点为 $U$，相应的液相点为 $P$，过程可表示为：

$$G + B + W \longrightarrow U \longrightarrow D + P$$

如果与仅有复盐 G 加水分解的方案相比，代表 $K_2SO_4$ 析出量与配料总量的杠杆臂比例关系存在着

$$\frac{\overline{UP}}{\overline{DP}} \gg \frac{\overline{GE}}{\overline{DE}}$$

说明这种方法可以得到更多的 $K_2SO_4$。这种二次复分解方案的流程如图 4-17 所示（暂不考虑虚线部分）[9]。

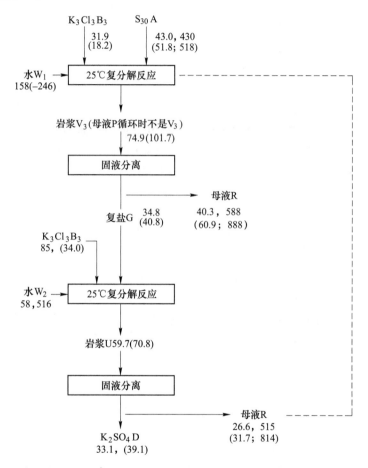

图 4-17　$Na^+$, $K^+/\!/Cl^-$, $SO_4^{2-}$-$H_2O$ 四元水盐体系中二次复分解法制备 $K_2SO_4$ 的工艺流程

（括号内为母液 P 循环时的物料量；有两个数字的标记，其前者表示干盐量，后者表示水量）

以干基盐为衡量基准，可知投入物料为 A、B，生成物料为 D、R、P。与例 4-7 类似，将 R 与 P 合并为一个总母液 Z，并且通过 R、P 的量确定 Z 点的位置，需要说明的是 Z 点应该在 RP 连线上。根据图 4-13 的 $Na^+$, $K^+/\!/Cl^-$, $SO_4^{2-}$-$H_2O$ 四元水盐体系干基图，可见直线 RP 上的点与例 4-6 和例 4-7 中的液相点 P、L 相比，其中的 $Na_2Cl_2$ 含量更多，并且 $K_2SO_4$ 含量更低，所以总母液 Z 是工艺效率更高的液相点。以 A、B 配料总干盐量 100mol 为基准，进行物料衡算，结果示于图 4-17 中括号之外的数字。在此基础上，物料衡算显示 $K_2^{2+}$ 的回收率为：

$$\eta = 33.1/(31.9 + 25.1) = 58.0\%$$

**【例4-9】** 针对例4-6中$K_2SO_4$回收率较低的问题，试在例4-7和例4-8的基础上，再次优化复分解反应制备$K_2SO_4$的工艺流程。

**解：**

例4-6~例4-8的工艺流程已经趋于成熟，这种情况下如果需要再次提高生产效率，就需要考虑工艺物料的循环回用，这也是工业生产中的基本思路[9]。

在例4-6、例4-7和例4-8中的工艺流程中，都没有考虑母液的回收利用。一般情况下，生产中都会考虑工艺母液循环问题。因此，可以把图4-17流程中的母液P循环投入第一步反应，如图中虚线所示。从物料的坐标位置分析，母液P参与第一步复分解反应，可以使反应投入的干基物料变为A、B、P，生成物料为G、R。此时，直线$RG$穿过$\triangle ABP$，这意味着可以进一步触发复分解反应，即A加B和P能够生成G、R。另外，母液P作为循环物料不参与全流程的平衡，因此总投入的干基物料是A、B，总生成的干基物料是D、R，此时由于A、B和D、R处于交叉位置，所以全流程可以实现平衡。

在上述流程设计中，总生成物中的母液只有R，并且根据图4-13或查阅数据资料可知，与例4-6~例4-8相比，此时本例中R点含的$Na_2Cl_2$最多，含有$K_2SO_4$最少，基本可以推测本例工艺流程中复分解反应进行得更充分和彻底。

可以将全过程总结如下：

$$A + B \longrightarrow D + R$$

以A、B配料总干盐量100mol为基准，进行物料衡算，结果示于图4-17中括号之内的数字。此时，$K_2^{2+}$的回收率能够进一步提高到：

$$\eta = 39.1/(18.2 + 30.0) = 81.0\%$$

实际上，在物料衡算时会发现第一步反应的加水量为负值，说明该步骤应该为蒸发操作；这是由于母液P循环回用以后，导致进料中的水量大幅增加，以及原料芒硝还含有大量结晶水，因此在第一步制取复盐G时含水量已经过多。所以，在实际生产中，可以将母液P蒸发后再回用于第一步反应。

另外，还应该注意到各个中间物料的量也比不回收母液P时更多。总之，提高了回收率以后，需要增设蒸发工序，并且物料的处理量也更大。

与此同时，对于例4-7中图4-16中的母液E，同样也可以采用循环操作的方式，即返回第一步反应。由于母液E回收后不再是生成物料，总生成物料也只有D和R，所以$K_2^{2+}$回收率也能够达到81.0%。但是，如果进行物料衡算，会发现加水量、蒸发量及其他中间物料量都不一样，加水量会增加约4倍，蒸发量增加约10倍，并且循环母液量也大幅增加，其原因在于母液E的含水量（4446mol/100mol 盐）过多。这说明，尽管回收率相同，但是工艺条件的选择仍然需要作出全面的衡量和比较。

———— **本 章 小 结** ————

本章重点论述四元水盐体系的相分离规律及其相图特征。

四元水盐体系包括简单体系和交互体系两种类型。简单四元水盐体系由具有一种共同离子的三种盐和水组成，三种盐之间不发生反应，其相图采用三角形坐标干基图和水图的表达形式。交互四元水盐体系由两种正离子、两种负离子和水组成，该体系的各个组分之间能够发生复分解反应，这种交互四元体系相图采用四边形坐标和水图的表达形式，四边形的对角组成盐对，并且交互四元体系的坐标单位为耶涅克指数。

另外，需要注意的是，耶涅克指数的数值与各组分盐的价态有关，即与盐对的表达方式有关，在计算时应避免混淆。

在四元水盐体系相图中分析相变路线时，需要借助过程向量法判断相点的移动趋势。

4-1 试分析简单四元水盐体系相图中各几何元素（点、线、面、体）的含义。

4-2 试在简单四元水盐体系中，采用向量分析法论述系统相点在面、线、点上时的相变路线。

4-3 在例 4-1 中一共使用了三种盐对的表示方法，所得的 $J$ 值也有所不同。试将三种表示方法所得的卤水样品相点标记在正方形坐标系中，观察其位置是否有所差异。

4-4 试将例 4-2 中的白钠镁矾相点标记在图 4-5 所示的正方形坐标系中，再将其标记在图 4-2 所示的三角形坐标系中，观察其位置情况有何不同。

4-5 图 4-18 为交互四元体系的干基图，假设下述 $c$、$d$、$e$、$f$、$g$ 等均为不饱和系统的相点，试分析这些系统的蒸发结晶规律。

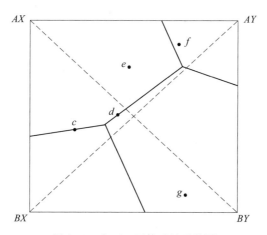

图 4-18 交互四元体系的干基图

4-6 试根据如下数据，草绘水盐体系干基图。

**$A^+$，$B^{2+}//X^-$，$Y^{2-}$-$H_2O$ 体系相平衡数据**

| 液相耶涅克指数 | | | 平衡固相 |
|---|---|---|---|
| $(2A)^{2+}$ | $Y^{2-}$ | $H_2O$ | |
| 100 | 0 | 1800 | AX |
| 100 | 20 | 1600 | $AX+A_2Y$ |
| 90 | 25 | 1550 | $AX+A_2Y$ |
| 75 | 30 | 1500 | $AX+A_2Y+A_2Y \cdot BY \cdot 4H_2O$ |
| 60 | 25 | 1550 | $AX+A_2Y \cdot BY \cdot 4H_2O$ |

| 液相耶涅克指数 | | | 平衡固相 |
|---|---|---|---|
| $(2A)^{2+}$ | $Y^{2-}$ | $H_2O$ | |
| 40 | 25 | 1500 | $AX+A_2Y \cdot BY \cdot 4H_2O$ |
| 20 | 20 | 1400 | $AX+A_2Y \cdot BY \cdot 4H_2O$ |
| 15 | 20 | 1400 | $AX+A_2Y \cdot BY \cdot 4H_2O +BY \cdot 7H_2O$ |
| 10 | 15 | 1300 | $AX+BY \cdot 7H_2O$ |
| 5 | 15 | 1200 | $AX+BY \cdot 7H_2O+BY \cdot 6H_2O$ |

# 5 五元水盐体系

**本章提要：**

（1）掌握五元水盐体系相图的图形表示法，掌握相图中的点、线、面所代表的相分离含义。

（2）理解五元水盐体系相图中水图和盐（钠）图的含义及使用方法。

（3）理解简单五元水盐体系和交互五元水盐体系的相分离性质差异。

（4）掌握交互五元水盐体系相图中的过程向量分析方法。

在五元水盐体系中，当成盐的阳离子或阴离子只有一种时，该体系为简单体系，例如 $Na^+$, $K^+$, $Mg^{2+}$, $Li^+//Cl^-$-$H_2O$ 体系等。在简单水盐体系中，不同组分之间不发生复分解反应。当体系中的阳离子或阴离子不止一种时，复分解反应有可能发生，此时该体系属于交互水盐体系，如 $Na^+$, $K^+$, $Mg^{2+}$, $Li^+//Cl^-$, $SO_4^{2-}$-$H_2O$，$Na^+$, $K^+$, $Mg^{2+}$, $Li^+//Cl^-$, $CO_3^{2-}$-$H_2O$ 体系等。

与二元、三元及四元水盐体系相同，五元水盐体系也符合相律的基本规则，但是其图形化需要使用五个维度，这对于平面图形而言存在一定的难度。根据相律，当组分数 $C=5$ 时，平衡相将最多包括一个液相和五个固相，当温度恒定时则一般包括一个液相和四个固相的平衡相。在这种情况下，当绘制五元体系的相图时，需要考虑温度及其四个组分的浓度，即包括五个变量。

在对五元水盐体系的研究中，最大的难点在于组分数增加所致的体系复杂性。当组分数增加到五元时，各组分之间的相互关系变得尤其烦冗。如图 5-1 所示，即便在不考虑阴离子-阴离子和阳离子-阳离子相互关系的条件下，即忽略生成复盐的可能性，水盐体系组分间关系也会随着组分数的增加而越来越烦冗，而且烦冗的程度也愈加复杂。相应地，在绘制相图的准备过程中，所需要的化学分析、物性测量及物相鉴定等实验量也越来越大，复杂的相平衡关系对图形化表达提出了更高的要求。

尽管如此，在实际应用中，五元水盐体系相图仍然是主要的相图形式，尤其是代表着海水和大部分盐湖卤水的 $Na^+$, $K^+$, $Mg^{2+}//Cl^-$, $SO_4^{2-}$-$H_2O$ 体系，在盐业化工、海洋化学和盐矿地质中有广泛的应用。本章以此为重点，对五元水盐体系相图进行分析和论述[9]。

## 5.1 简单五元体系

简单五元体系由具有共同离子的四种无水单盐和水构成，例如盐业化工中普遍遇到的 $NaCl$-$KCl$-$MgCl_2$-$CaCl_2$-$H_2O$ 体系。

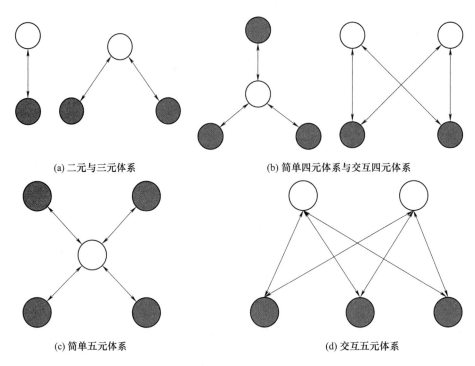

(a) 二元与三元体系          (b) 简单四元体系与交互四元体系

(c) 简单五元体系                    (d) 交互五元体系

图 5-1  多元水盐体系组分间关系示意图

### 5.1.1  等温立体干基图

在简单五元体系的四种无水单盐间不存在复分解反应，其等温干基图用正四面体表示，如图 5-2 所示。

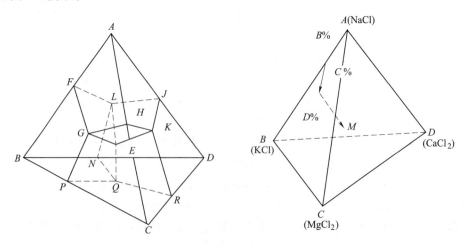

图 5-2  简单五元体系等温干基坐标及其表示含量值的示意

如果体系没有水合物和复盐，正四面体的四个顶点就表示了四种无水单盐，也是四个盐-水的二元体系，即 NaCl-H$_2$O、KCl-H$_2$O、MgCl$_2$-H$_2$O、CaCl$_2$-H$_2$O 体系。六条边线表示六个三元体系，即 NaCl-KCl-H$_2$O、NaCl-MgCl$_2$-H$_2$O、NaCl-CaCl$_2$-H$_2$O、KCl-MgCl$_2$-H$_2$O、

KCl-CaCl$_2$-H$_2$O、MgCl$_2$-CaCl$_2$-H$_2$O 体系。四个正三角形面表示四个简单四元体系，即 NaCl-KCl-MgCl$_2$-H$_2$O、NaCl-KCl-CaCl$_2$-H$_2$O、NaCl-MgCl$_2$-CaCl$_2$-H$_2$O、KCl-MgCl$_2$-CaCl$_2$-H$_2$O 体系，四个侧面相当于是图 4-2 所示的简单四元体系干基图。

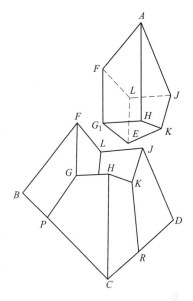

四个顶点无水单盐对应的几何体分别表示单固相的饱和溶液，如图 5-3 所示。图中以 A 点为顶点的几何体 AFGHJLE 表示 A 盐的饱和溶液，该几何体在蒸发浓缩时，当达到饱和状态以后继续蒸发则将首先析出 A 盐。

两个单固相饱和溶液几何体之间的交面是与两个固相平衡的溶液面，例如交面 GELF 是与 A、B 两盐平衡的溶液面。三个单固相饱和溶液几何体相互接触得到的交线是与三个固相平衡的溶液线，例如 GE 线是与 A、B、C 三盐平衡的溶液线。E 点由四个单固相饱和溶液几何体的交点，是与 A、B、C、D 四种盐平衡的溶液点，为等温零变点。

图 5-3　单盐饱和溶液几何体

### 5.1.2　简化干基图

五元水盐体系相图属于立体图，需要做进一步的简化。由于在等温立体干基图中已经舍去了温度和水等两个因素，因此再做简化时就只能在干基中舍去一种盐组分。在多数情况下，水盐体系中的 Na$_2$Cl$_2$ 往往处于饱和状态，或者最先达到饱和状态，很多工业高盐废水属于这一类体系，所以可以把 Na$_2$Cl$_2$ 舍去。舍弃哪一类盐组分不是固定的，如果水盐体系对另一类盐组分优先饱和，例如 Na$_2$SO$_4$、MgCl$_2$ 等，也可以予以舍弃。海水、苦咸水或盐湖卤水等属于交互五元水盐体系，这些体系的干基图采用同样的简化绘制方法，将在 5.2.2 节中介绍。

以附录 3 表 A.1 的数据为例，进行相图的绘制。对于 NaCl-KCl-MgCl$_2$-CaCl$_2$-H$_2$O 五元水盐体系，当舍去 NaCl 后，余下了 KCl、MgCl$_2$、CaCl$_2$ 三种盐。在这种情况下，按照 KCl+MgCl$_2$+CaCl$_2$=100（单位）为基准，形成的简化干基图坐标如图 5-4 中的正三角形所示。其中，所采用的衡量单位可以是 g、mol 等，图 5-4 采用的是 g，因此该简化干基组成表示方式就是相对于 KCl+MgCl$_2$+CaCl$_2$=100 克的各盐及水的克数，可以简记为符号 Z。

为了反映水量及被舍去的盐量，还需建立水图坐标及盐图坐标。在图 5-4 中，盐图实指钠图，即 NaCl 图。水图和钠图的坐标单位分别为水及 NaCl 的 Z 值。需要注意的是，附录 3 表 A.1 的数据和图 5-4 和相图仅指在 35℃ 的特定温度下，该体系中与 NaCl 及其他固相共同达到相平衡的那一部分。

简化干基图上的区域代表与 NaCl 及另一固相达到共饱和及共同平衡的溶液面，区域的交线是三固相平衡的溶液线，交点是四固相平衡的零变点。在水图及钠（NaCl）图上，只简要地绘出了一条液相线（G'E'，G″E″）。

### 5.1.3　相图的应用

简单五元体系相图在实际应用中，同样可以使用过程向量法等规则，下面通过实例予

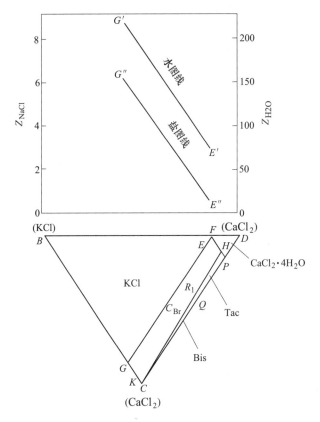

图 5-4 $Na^+$, $K^+$, $Mg^{2+}$, $Ca^{2+}/\!/Cl^- - H_2O$ 体系 35℃相图（对 NaCl 饱和）

以说明[9]。

**【例 5-1】** 混合盐水中含有多种盐组分，包括 NaCl 为 127.0g/L、KCl 为 4.8g/L、$MgCl_2$ 为 23.1g/L、$CaCl_2$ 为 3.4g/L，以及 $H_2O$ 为 946.8g/L，温度为 25℃，试分析该盐水等温蒸发过程的相图路线，并计算在含钙固相析出前的蒸发水量及固相析出量。

**解：**

盐水属 $Na^+$, $K^+$, $Mg^{2+}$, $Ca^{2+}/\!/Cl^- - H_2O$ 体系，该体系 25℃的简化干基图见图 5-5。

以 KCl+$MgCl_2$+$CaCl_2$=100（单位）为基准，盐水的 $Z$ 值可以计算得到 KCl 为 15.3、$MgCl_2$ 为 73.8、$CaCl_2$ 为 10.9，并且按照该基准还可以算出 NaCl 为 405.8、$H_2O$ 为 3024.9。按照上述 $Z$ 值可以标出图中的 $M$ 点，该点位于 KCl 结晶区域内。

要判断蒸发时 NaCl、KCl 到达饱和点的顺序，可以绘出对应的水图及钠（NaCl）图。另外，还可以采用另一种方法，即查得 NaCl-KCl-$H_2O$ 三元体系 25℃时 NaCl、NaCl 共饱点的 $Z$ 值是 NaCl 为 182.9、$H_2O$ 为 613.9，而 $M$ 点盐水的 NaCl、$H_2O$ 含量远大于这两个数值。因此，可以推测在钠（NaCl）图上，$M$ 点盐水应该在 NaCl、KCl 共饱界限点之上，所以是 NaCl 首先饱和析出；并且，在水图上，可以推测 $M$ 点盐水在很高的位置，所以蒸发时有一个浓缩的阶段。根据如上分析，可以只用简化干基图分析蒸发过程，结果示于表 5-1。

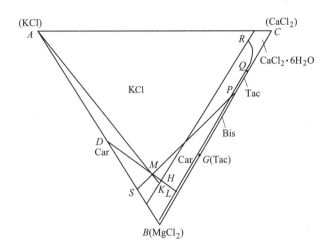

图 5-5 $Na^+$，$K^+$，$Mg^{2+}$，$Ca^{2+}/\!/Cl^-$-$H_2O$ 体系 25℃简化干基图（对 NaCl 饱和）

表 5-1 盐水在 25℃时的等温蒸发过程

| 阶段 | 过 程 情 况 | 液相点 | 固相点 |
|------|-----------|--------|--------|
| 一 | 未饱和溶液浓缩 | $M$ | — |
| 二 | NaCl 析出 | $M$ | 表示不出 |
| 三 | NaCl、KCl 析出 | $M \to K$ | $A$ |
| 四 | NaCl、Car 共析，KCl 溶解至溶完 | $K \to H$ | $A \to D$ |
| 五 | NaCl、Car 继续共析 | $H \to L$ | $D$ |
| 六 | NaCl、Car、Bis 共析 | $L \to P$ | $D \to S$ |
| 七 | Bis 溶解，NaCl、Car、Tac 共析，至蒸干，Bis 有余 | $P$ | $S \to M$ |

根据表 5-1 的分析结果，在含钙的固相 Tac 析出之前，得到的固相为 NaCl、Car、Bis，而相应的液相为 P。根据 $Na^+$，$K^+$，$Mg^{2+}$，$Ca^{2+}/\!/Cl^-$-$H_2O$ 体系 25℃的相平衡数据，可以查得 $P$ 点的 $Z$ 值是 KCl 为 0.4、$MgCl_2$ 为 32.9、$CaCl_2$ 为 66.7、NaCl 为 0.9、$H_2O$ 为 120.5。

物料量的计算可以在图中测量并使用杠杆规则，也可以通过化学组成进行计算。假设通过化学组成计算物料量的变化，以 1L 该盐水为基准，即干盐量包括 KCl、$MgCl_2$、$CaCl_2$ 三类盐的总量为 31.3g。设析出的 NaCl 为 $x$，析出 Car 中三盐量为 $d$，析出 Bis 中三盐量为 $b$，蒸发水量为 $w$，液相 P 中三盐量为 $p$，则物料平衡方程式可写为：

$\Sigma$ 三盐　　$31.3 = d + b + p$

KCl　　　　$4.8 = 0.439d + 0.004p$

$CaCl_2$　　$3.4 = 0.667p$

NaCl　　　$127.0 = x + 0.009p$

$H_2O$　　　$946.8 = w + 0.6369d + 1.135b + 1.205p$

解上述方程，可得 $p = 5.1$、$d = 10.9$、$b = 15.3$、$x = 126.9$、$w = 916.3$。其中，Car、Bis 及液相 P 换算为实际质量时分别为 18.0g、32.7g 及 11.3g。

## 5.2　交互五元体系的图形表示法

将温度、水分等因素略去之后，五元体系中的自由度仍然有三个，这意味着需要三维图形来表示这样一个体系。在这种情况下，五元体系的等温干基图属于立体图，例如 $Na^+$，$K^+$，$Mg^{2+}$，$Li^+/\!/Cl^-$-$H_2O$ 体系。

### 5.2.1　等温立体干基图

对于简单五元体系，可以采用类似于交互四元体系的图形来表达，如图 4-4 形式的相图。交互五元体系的图形更为复杂，需要使用正三角柱的形式，即正三角柱等温干基坐标系。正三角柱以正三角形为底，棱长与底边长相等，相当于由两个正三角形的底及三个底垂直的正方形侧面构成，如图 5-6 所示。需要说明的是，正三角柱坐标系只能反映等温条件下各种干盐间的关系，并不反映温度和水分含量的变化。

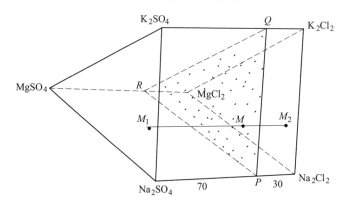

图 5-6　正三角柱等温干基坐标系

正三角柱等温干基坐标系有两个特征：一是坐标系符合等当量关系原则；二是盐对位置符合复分解关系原则。

正三角柱坐标系是按等当量的关系建立的，所以当体系中存在二价盐时，单价盐分子式一般是加倍的写法。坐标系中总盐量设定为 100mol，即阳离子、阴离子总量都是 100mol，这和 4.3 节所示的交互四元体系的规则是一样的。

在正三角柱坐标系中，每种盐的位置都按照复分解反应关系配置，这使得正三角柱坐标系具有独特的表达功能。正三角柱坐标系的六个顶代表六个单盐，表示六个二元水盐体系，而其九条棱线则代表九个三元水盐体系。两个三角形底面代表两个简单四元水盐体系，图 5-6 中前后两个底面分别表示 $Na_2SO_4$-$Mg_2SO_4$-$K_2SO_4$-$H_2O$ 体系和 $Na_2Cl_2$-$K_2Cl_2$-$MgCl_2$-$H_2O$ 体系。三个正方形侧面代表了三个交互四元水盐体系，例如下面的正方形代表了 $Na^+$，$Mg^{2+}/\!/Cl^-$，$SO_4^{2-}$-$H_2O$ 体系。

图 5-6 中，前面的三角形底面代表阴离子之中 $SO_4^{2-}$ 含量为 100%，或者 $Cl_2^{2-}$ 含量为 0。同理，后面的底面表示阴离子之中的 $Cl_2^{2-}$ 含量为 100%。两个底面之间的某一个平行面可以根据相对位置确定阴离子的组成比例关系，例如 $PQR$ 面到后底面的距离为两底面总距

离的 3/10 处，因此含 $Cl_2^{2-}$ 为 70%、$SO_4^{2-}$ 为 30%。用同样的方法可分析坐标的三条棱，例如顶端的棱线是 $K_2Cl_2$- $K_2SO_4$- $H_2O$ 体系，阳离子之中的 $K_2^{2+}$ 含量为 100%。在三角柱内与三条棱平行的直线，可以按照三角图坐标的关系来决定其各种阳离子的摩尔百分比例。例如，图中 $M_1M_2$ 直线按坐标比例或在底面三角形坐标上的位置，可知 $M_1M_2$ 线上含 $Na_2^{2+}$ 为 60%、$K_2^{2+}$ 为 30%、$Mg^{2+}$ 为 10%。

根据以上规则，以干基总量 100 摩尔为基准，计算出阳离子或阴离子的摩尔百分数，就能够在正三角柱中确定其位置。例如，某系统含阴离子 $Cl_2^{2-}$ 为 70%、$SO_4^{2-}$ 为 30%，含阳离子 $Na_2^{2+}$ 为 60%、$K_2^{2+}$ 为 30%、$Mg^{2+}$ 为 10%，则其位置可以确定为图中 $PQR$ 面与直线 $M_1$ $M_2$ 的交点 $M$。

实际的五元水盐体系是很复杂的，大多数情况下五元水盐体系中都会含有水合物和复盐。图 5-7 示出了 $Na^+$，$K^+$∥$Cl^-$，$SO_4^{2-}$，$NO_3^-$-$H_2O$ 体系 75℃ 等温立体相图，图 5-8 分开了等温立体图并展示了各个固相饱和溶液几何体的情况，可见五元水盐体系在相图表征方面是很复杂的，因此有必要做进一步的简化。

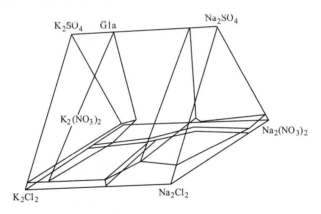

图 5-7 $Na^+$，$K^+$∥$Cl^-$、$SO_4^{2-}$，$NO_3^-$-$H_2O$ 体系 75℃ 干基图

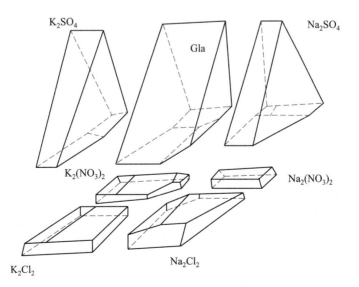

图 5-8 $Na^+$，$K^+$∥$Cl^-$、$SO_4^{2-}$，$NO_3^-$-$H_2O$ 体系 75℃ 干基图剖析

### 5.2.2　简化干基图

以代表海水、苦咸水或盐湖卤水的 $Na^+$，$K^+$，$Mg^{2+}/\!/Cl^-$，$SO_4^{2-}$-$H_2O$ 体系为例，当舍去 $Na_2Cl_2$ 之后，五元水盐体系中剩下了 $K_2^{2+}$、$Mg^{2+}$、$SO_4^{2-}$ 等三种离子，在绘制相图时可以采用类似于三元体系相图的三角形坐标。

图 5-9 采用了正三角形坐标形式，表示舍去 $Na_2Cl_2$ 的简化干基图。三角形的三个顶点分别表示 $K_2^{2+}$、$Mg^{2+}$、$SO_4^{2-}$，是按等摩尔效价原则书写的，这种坐标代表的基准如下：

$$K_2^{2+} + Mg^{2+} + SO_4^{2-} = 100mol \tag{5-1}$$

根据式（5-1），五元水盐体系的耶涅克指数可以表示为某组分相对于 $K_2^{2+}$、$Mg^{2+}$、$SO_4^{2-}$ 总和 100mol 的摩尔数，在本书中用符号 $J'$ 表示。

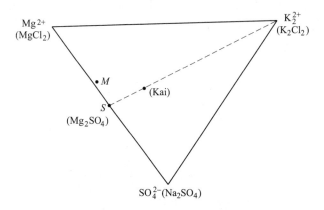

图 5-9　$Na^+$，$K^+$，$Mg^{2+}/\!/Cl^-$，$SO_4^{2-}$-$H_2O$ 体系的简化干基图坐标

【例 5-2】　混合盐按质量百分比计算，含 $MgSO_4$ 为 22.69%，$MgCl_2$ 为 16.91%，$K_2Cl_2$ 为 2.4%，$Na_2Cl_2$ 为 19.19%，$H_2O$ 为 38.81%。试求算其 $J'$ 值。

**解：**

（1）首先，以 100 克混合盐为例，算出各盐及水的摩尔数。

$MgSO_4$　　　$\dfrac{22.69}{120.4} = 0.188mol$

$MgCl_2$　　　$\dfrac{16.91}{95.21} = 0.178mol$

$K_2Cl_2$　　　$\dfrac{2.4}{149.1} = 0.016mol$

$Na_2Cl_2$　　　$\dfrac{19.19}{116.9} = 0.164mol$

$H_2O$　　　$\dfrac{38.81}{18.02} = 2.154mol$

（2）其次，求出各个离子的摩尔数。

$K_2^{2+}$　　　　0.016mol

$Mg^{2+}$　　　　0.188+0.178 = 0.366mol

| | |
|---|---|
| $SO_4^{2-}$ | 0.188mol |
| $Na_2^{2+}$ | 0.164mol |
| $Cl_2^{2-}$ | 0.178+0.016+0.164 = 0.358mol |

（3）计算 $K_2^{2+}$、$Mg^{2+}$、$SO_4^{2-}$ 等三种离子的摩尔数之和，简写为 $\sum$ 三离子。

$$\sum 三离子 = 0.016 + 0.366 + 0.188 = 0.570mol$$

（4）按照 $J'$ 值含义，计算出 $J'$ 值。

$$K_2^{2+} \quad \frac{0.016}{0.570} \times 100 = 2.8$$

$$Mg^{2+} \quad \frac{0.366}{0.570} \times 100 = 64.2$$

$$SO_4^{2-} \quad \frac{0.188}{0.570} \times 100 = 33.0$$

$$Na_2^{2+} \quad \frac{0.164}{0.570} \times 100 = 28.8$$

$$Cl_2^{2-} \quad \frac{2.154}{0.570} \times 100 = 377.9$$

按照 $K_2^{2+}$、$Mg^{2+}$、$SO_4^{2-}$ 的 $J'$ 值，可以在图 5-9 的简化干基图坐标中标记出 $M$ 点，即为这种混合盐的相点位置。

干基固相盐的 $J'$ 值也可以计算，计算的依据是其分子式。例如，固相复盐 Kai（钾盐镁矾 $K_2Cl_2 \cdot MgSO_4 \cdot 3H_2O$），可以算出其 $J'$ 值 $K_2^{2+}$ 为 20、$Mg^{2+}$ 为 40、$SO_4^{2-}$ 为 40、$Na_2^{2+}$ 为 0、$Cl_2^{2-}$ 为 20、$H_2O$ 为 120，可以标于图 5-9 中的 Kai 点。Kai 点位于 $K_2Cl_2$ 与 $MgSO_4$ 两点的连线上，符合复盐的干基组成关系。

需要说明的是简化干基图坐标只能直接表示 $K_2^{2+}$、$Mg^{2+}$、$SO_4^{2-}$ 三种离子的比例关系，但是不能表示 $Na_2^{2+}$、$Cl_2^{2-}$ 及水量的多少，这意味着 $Na_2Cl_2$ 水合物和水溶液等只含 $Na_2Cl_2$ 及 $H_2O$ 的系统是不能够被简化干基图所表达的。另外，图 5-9 是舍去了 $Na_2Cl_2$ 而得到的简化干基图，在实际应用时还可以舍弃 $MgSO_4$ 等其他盐组分，例如以 $Na_2^{2+} + K_2^{2+} + Cl_2^{2-} = 100mol$ 作为基准，建立起 $Na_2^{2+}$、$K_2^{2+}$、$Cl_2^{2-}$ 的简化干基图。

【例 5-3】　$Na^+$，$K^+$，$Mg^{2+}$∥$Cl^-$，$SO_4^{2-}$-$H_2O$ 体系 25℃ 相平衡的有关数据列于附录 3 表 A.4，根据相平衡数据标绘简化干基图。

**解：**

在液相栏内，只给出了 $K_2^{2+}$、$Mg^{2+}$、$Na_2^{2+}$ 及 $H_2O$ 的 $J'$ 值，$SO_4^{2-}$、$Cl_2^{2-}$ 的值未给出，但可按 $J'$ 值的含义求出。以 $B$ 点为例，由于 $\sum$ 三离子 =100，故 $SO_4^{2-}$ 的 $J'$ 值应计算如下。

$$100 - (22.6 + 55.6) = 21.8$$

又因为阳离子总和等于阴离子总和，故 $Cl_2^{2-}$ 的 $J'$ 值可由阳离子总和减去 $SO_4^{2-}$ 求得。

$$(22.6 + 55.6 + 36.2) - 21.8 = 92.6$$

另外，注意到有的点含 $K_2^{2+}$ 为零（如 $H$、$L$、$P$、$R$、$T$、$Y$），说明这些点属于 $Na^+$，$Mg^{2+}$∥$Cl^-$，$SO_4^{2-}$-$H_2O$ 四元体系。同样，有的点含 $Mg^{2+}$ 为零（如 $A$、$F$），则属于 $Na^+$，$K^+$∥$Cl^-$，$SO_4^{2-}$-$H_2O$ 体系。含 $K_2^{2+}$，$Mg^{2+}$ 之和为 100（即 $SO_4^{2-}$ 为零）的点（如 $X$、$Z$），则属于

$Na^+$，$K^+$，$Mg^{2+}$∥$Cl^-$，$SO_4^{2-}$-$H_2O$ 体系。这些四元体系的点，应该标在简化干基图坐标中的三角形边上。同时含有 $K^+$、$Mg^{2+}$、$SO_4^{2-}$ 的点才是真正五元体系内的点，可以标在三角形之内。

附录 3 表 A. 4 中的平衡固相都含有 $Na_2Cl_2$，即所有的液相点都对 $Na_2Cl_2$ 饱和，因此该表格仅代表了 $Na^+$，$K^+$，$Mg^{2+}$∥$Cl^-$，$SO_4^{2-}$-$H_2O$ 体系中对 $Na_2Cl_2$ 饱和的那部分数据，而不是全部数据。根据表格中的平衡固相情况，可以判断能够与 $Na_2Cl_2$ 处于共饱和的平衡固相一共有 13 种，这样绘制出来的相图必然是极为复杂的。在这种情况下，五元水盐体系一般只根据需要而绘制有关的相图部分。

按照液相中 $K_2^{2+}$、$Mg^{2+}$ 的值，将液相点标在三角形坐标系中，如图 5-10 所示。需要注意的是，在五元体系简化干基图中连接液相线时，可连接同时具有三个共同平衡固相的点。例如附录 3 表 A. 4 中的前五组数据，平衡固相都有 $Na_2Cl_2$、$K_2Cl_2$、Gla 三种，因此可将这五个数据点连为一条曲线 $AB$。

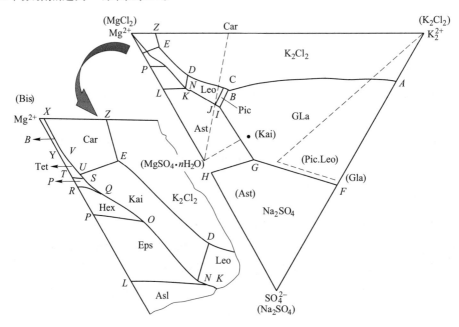

图 5-10　$Na^+$，$K^+$，$Mg^{2+}$∥$Cl^-$，$SO_4^{2-}$-$H_2O$ 体系 25℃简化干基图（对 $Na_2Cl_2$ 饱和）

在图 5-10 所示的简化干基图中，除 $Na_2Cl_2$ 外有多少个平衡固相，一般地就有多少个相应的区域[9]。例如，附录 3 表 A. 4 中除了 $Na_2Cl_2$ 外还有 13 种固相，所以图 5-10 中就有 13 个对应的区域。

在图 5-10 中的另一个需要注意的现象是该体系中的零变点。零变点事实上代表了一个水盐体系的基本特征，当温度发生变化时，零变点的变化同时也代表了这个水盐体系相平衡特征的变化趋势。在某一特定温度下的五元水盐体系中，在零变点处的平衡固相一般有四个，除了 $Na_2Cl_2$ 外还有三个平衡固相，因此在相图中零变点所连接的液相线应该有三条。在一些特殊的情况下，例如位于有五个平衡固相的体系零变点处时，该零变点可以连接四条液相线，此时的体系零变点也被称为该温度下的等温零变点。

简化干基团中不能表示单一固相 $Na_2Cl_2$ 的饱和溶液，因为该溶液在立体干基图中是一个几何体，投影在简化干基图上是整个三角形区域。

五元等温零变点也分为相称与不相称两类，可以按照其与相应三角形的几何位置关系来判断。与五元零变点有关的平衡固相有四个，除了默认为饱和状态的 $Na_2Cl_2$ 之外还有三个平衡固相，这三个平衡固相组成了一个三角形。例如，与零变点 $V$ 对应的三角形为 $\triangle$ (Bis)-(Car)-(MgSO$_4 \cdot n$H$_2$O)，由于 $V$ 点在该三角形内，因此属于相称零变点。又如零变点 $B$，对应的三角形是 $\triangle$ (K$_2$Cl$_2$)-(Gla)-(Pic)，由于 $B$ 点在此三角形外，因此是第一种不相称零变点。零变点 $Q$ 的平衡固相除 $Na_2Cl_2$ 外有 Kai、Pen、Tet，由于 Pen、Tet 的固相点为同一点（MgSO$_4 \cdot n$H$_2$O），故相应三角形退化为一直线 (Kai)-(MgSO$_4 \cdot n$H$_2$O)，此时因为 $Q$ 点在此直线之外，所以是第二种不相称零变点。

### 5.2.3　水图及 Na$_2^{2+}$ 图

简化干基图省略了水盐体系中的水量及 $Na_2Cl_2$ 量，因此如果一定要全面地表示该体系的相平衡规律，就还需要绘制水图和 Na$_2^{2+}$ 图。

以 Na$^+$，K$^+$，Mg$^{2+}$//Cl$^-$，SO$_4^{2-}$-H$_2$O 体系为例，仍然是以 K$_2^{2+}$、Mg$^{2+}$、SO$_4^{2-}$ 总和为 100mol 为基准，算出 H$_2$O 和 Na$_2^{2+}$ 的 $J'$ 值，然后对应于简化干基图建立直角坐标系，绘制相应的图形（图 5-11）。

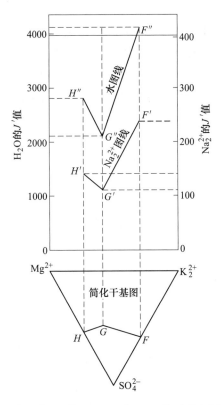

图 5-11　Na$^+$，K$^+$，Mg$^{2+}$//Cl$^-$，SO$_4^{2-}$-H$_2$O 体系的水图和 Na$_2^{2+}$ 图

对于海水、盐湖卤水等，一般将其中的离子配算成 $Na_2Cl_2$、$MgSO_4$、$K_2Cl_2$、$MgCl_2$ 四种盐，因此 $Na_2^{2+}$ 量就代表了 $Na_2Cl_2$ 的量，$Na_2^{2+}$ 图就相当于 $Na_2Cl_2$ 图。对于 $Cl_2^{2-}$，还可以仿照水图和 $Na_2^{2+}$ 图的形式绘制 $Cl_2^{2-}$ 图。简化干基图、水图、$Na_2^{2+}$ 图、$Cl_2^{2-}$ 图的组合使用，就能够反映 $Na^+$，$K^+$，$Mg^{2+}$//$Cl^-$，$SO_4^{2-}$-$H_2O$ 体系的相平衡情况了。

### 5.2.4　五元水盐体系中的过程向量法

过程向量法对五元水盐体系同样适用，图中的箭头表示液相平衡组分的变化趋势。当某一固相析出时，过程向量表现为远离该固相点[9]。

以 $Na^+$，$K^+$，$Mg^{2+}$//$Cl^-$，$SO_4^{2-}$-$H_2O$ 五元水盐体系在25℃、对 $Na_2Cl_2$ 饱和的简化干基图为例，选取图 5-10 的一个局部进行过程向量的分析，如图 5-12 所示。面的区域在五元水盐体系相图中代表两固一液的相平衡，在面的区域中发生蒸发结晶的情况时过程向量应该同时远离 $Na_2Cl_2$ 和另一结晶析出的固相，由于 $Na_2Cl_2$ 在图中并未显示，所以实际显示的是过程向量在远离除 $Na_2Cl_2$ 外的另一结晶固相点。例如，图 5-12 中的 1 点，位于 $Na_2Cl_2$ 和 $K_2Cl_2$ 的共饱和面上，当蒸发浓缩时过程向量表现为远离 $K_2Cl_2$ 的一个箭头，表示 $K_2Cl_2$ 与 $Na_2Cl_2$ 共析。

五元水盐体系中的线表示三固一液平衡的情况，当出现结晶时液相线两侧应该同时出现两个过程向量，并且两个过程向量的合向量指向了液相点的移动方向。例如，图 5-12 中的 2 点，位于 $Na_2Cl_2$、$K_2Cl_2$、Gla 的共饱和线上，当发生结晶时在 $AB$ 线两侧出现了两个方向的过程向量箭头，液相沿着合向量的方向朝 $B$ 点运动。

图 5-12 中的 3 点是另一类情况，3 点所在的液相线 $EZ$ 为 $Na_2Cl_2$、$K_2Cl_2$、Car 的共饱和线。如果蒸发时 $K_2Cl_2$、Gla 都析出，两个箭头就都分布在 $EZ$ 线的左侧了，显然这种情况是不能成立的，因此需要有一种固相溶解。在复盐与组成它的单盐之间，蒸发时一般是单盐溶解，故过程向量实际上应该是指向 $K_2Cl_2$、远离 Car，表示 $K_2Cl_2$ 溶解、Car 析出，合向量应该朝着 $E$ 点运动。

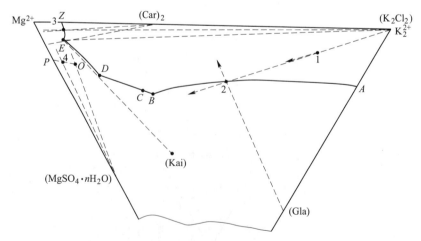

图 5-12　$Na^+$，$K^+$，$Mg^{2+}$//$Cl^-$，$SO_4^{2-}$-$H_2O$ 体系25℃简化干基图（对 $Na_2Cl_2$ 饱和）的过程向量

（为便于读图，部分向量省略了箭头）

虽然三固一液平衡时 $Na_2Cl_2$ 处于饱和状态，但在蒸发时 $Na_2Cl_2$ 不一定析出。以图 5-12 中液相线 $OP$ 上的 4 点为例，此时的平衡固相为 $Na_2Cl_2$、Eps、Hex，而 Eps、Hex 的固相点都在（$MgSO_4 \cdot nH_2O$），因此 Eps、Hex 不可能共析，在蒸发时应该是含结晶水多的 Eps 脱水变为 Hex，也就是 Eps 溶解、Hex 析出。在图 5-12 中，这两个过程向量恰好相反，其合向量为零，所以液相点在 $OP$ 线上不动。在这种情况下，$Na_2Cl_2$ 只能是既不析出也不溶解，即保持着不参与相变的状态。

五元水盐体系相图中的点代表了四固一液平衡的情况，此时的点为该体系的零变点。当零变点出现相变时，应该会出现三个过程向量，并且其合向量为零。例如图 5-12 中的零变点 $E$ 为 $Na_2Cl_2$、$K_2Cl_2$、Car、Kai 的共饱和液相，并且是第一种不相称零变点，蒸发时需要有某一个固相发生溶解。根据过程向量的分析，可以预测是 $K_2Cl_2$ 溶解，而 Car、Kai 析出，过程向量和为零，液相在 $E$ 点不动。另外，如果在立体干基图上做分析的话，会发现 $Na_2Cl_2$ 在过程中也是析出的。图 5-12 中的零变点 $O$ 为 $Na_2Cl_2$、Eps、Hex、Kai 的共饱和液相，属于第二种不相称零变点，蒸发时应该有固相溶解。由于 Eps、Hex 的过程向量是位于同一直线、方向相反，二者的变化已经使得向量之和为零，因此其他向量不会再有变化。在这种情况下，发生的应该是 Eps 脱水变为 Hex，而 Kai、$Na_2Cl_2$ 不参与相变过程。

图 5-12 中的零变点 $V$ 属于相称零变点，蒸发时会发生 $Na_2Cl_2$、Tet、Car、Bis 等平衡固相的同时析出。

综合以上的分析，可知 $Na_2Cl_2$ 或其他固相既不溶解也不析出的情况普遍发生在水合盐（单盐或复盐）脱水时，即固相盐之间发生转化的时候。

**【例 5-4】** 试分析图 5-13 中的不饱和溶液 M 在等温蒸发过程前五个阶段的析盐规律[9]，设定在蒸发时溶液首先对 $Na_2Cl_2$ 饱和。

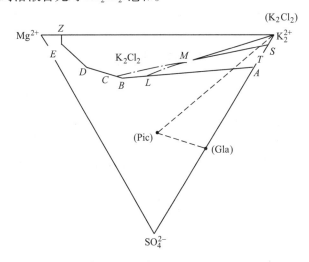

图 5-13 $Na^+$，$K^+$，$Mg^{2+}$∥$Cl^-$，$SO_4^{2-}$-$H_2O$ 体系的 25℃等温蒸发过程分析

**解：**

对于不饱和溶液，蒸发的第一个阶段是浓缩至饱和。从图 5-13 中 M 点的位置上分析，该点溶液处于 $Na_2Cl_2$、$K_2Cl_2$ 共饱面区域内。当蒸发到对 $Na_2Cl_2$ 饱和后，$Na_2Cl_2$ 结晶析出，进入第二阶段。由于简化干基图上不能表示 $Na_2Cl_2$ 及其过程向量，故本阶段液相仍在

$M$ 点不动，在图中并不显示。

继续蒸发，$M$ 点液相将到达 $Na_2Cl_2$、$K_2Cl_2$ 的共饱面，此时应发生 $Na_2Cl_2$、$K_2Cl_2$ 的共析，此为第三阶段。根据过程向量，在图中表现为 $M$ 点逐渐远离 $K_2Cl_2$ 点，向 $L$ 点移动。

液相点到达 $L$ 点后，类似于图 5-12 中 2 点的情况，继续蒸发时发生 $Na_2Cl_2$、$K_2Cl_2$、Gla 的共析，此时进入第四阶段。液相点沿着过程向量和向量的方向，由 $L$ 向 $B$ 运动。但是，需要注意的是图 5-12 中 2 点仅考虑了液相移动的情况，而在图 5-13 中还需要考虑总体系的干基点仍在 $M$ 点的事实，根据直线规则，此时的总固相干基点应该在 $K_2Cl_2$ 点、Gla 点连线上运动，并且当液相点移动到 $B$ 点时，总固相点也应该到达 $S$ 点。

液相点移动到 $B$ 点以后，$B$ 点为零变点，根据过程向量方法可知当继续蒸发时发生 $Na_2Cl_2$、$K_2Cl_2$、Pic 的共析，而上一阶段析出的 Gla 将溶解，这就是第五阶段。液相点在 $B$ 不动，总固相点在 $K_2Cl_2$、Gla、Pic 三点构成的三角形上运动；与此同时，按照直线规则，总固相点还应该和系统点 $M$、液相点 $B$ 在一条直线上，所以总固相点由 $S$ 向 $T$ 运动，其中 $T$ 是 $K_2Cl_2$、Pic 连线上的一点。当总固相点到达 $T$ 点时，Gla 全部溶解。

上述五个蒸发阶段可归纳为表 5-2。

表 5-2　$M$ 点等温蒸发过程的前五个阶段

| 阶段 | 一 | 二 | 三 | 四 | 五 |
|---|---|---|---|---|---|
| 过程情况 | 不饱和溶液浓缩 | $Na_2Cl_2$ 结晶析出 | $Na_2Cl_2$、$K_2Cl_2$ 共析 | $Na_2Cl_2$、$K_2Cl_2$、Gla 共析 | $Na_2Cl_2$、$K_2Cl_2$、Pic 共析，Gla 溶解 |
| 系统点 | $M$ | $M$ | $M$ | $M$ | $M$ |
| 液相点 | $M$ | $M$ | $M \to L$ | $L \to B$ | $L \to B$ |
| 固相点 | — | — | （$K_2Cl_2$） | （$K_2Cl_2$）$\to S$ | $S \to T$ |

————— 本 章 小 结 —————

五元水盐体系分为简单体系和交互体系两种类型，在绘制相图时一般舍去温度、水、特定盐组分等参量，形成干基图的坐标形式。为了全面表达水盐体系的相平衡特征，在干基图的基础上还可以绘制相应的水图和盐图（或钠图）。

具体而言，简单五元水盐体系的相图形式为正四面体的等温干基图，其简化干基图为三角形干基图和水图、盐图的组合；交互五元水盐体系的相图形式为正三角柱，并且每种盐的位置都按照复分解反应关系配置，其简化干基图也是三角形干基图和水图、盐图的组合形式，但是只能直接表示该体系中三种特定离子的比例关系，其余组分需要间接地分析。

五元等温零变点也分为相称与不相称两类，可以按照其与相应三角形的几何位置关系来判断。在五元水盐体系中，过程向量法等基本规则仍然适用。

习 题

5-1 试分析交互五元水盐体系的相图与三元水盐体系、简单四元水盐体系、交互四元水盐体系的相图有何不同。

5-2　试在图 5-5 中的 $Na^+$，$K^+$，$Mg^{2+}$，$Ca^{2+}/\!/Cl^-$-$H_2O$ 体系 25℃简化干基图（对 NaCl 饱和）中，分析光卤石（Car）的加水溶解规律。

5-3　论述交互五元水盐体系等温立体干基图、简化干基图、水图及钠图中各个几何元素的含义。

5-4　以 $Na^+$，$K^+$，$Mg^{2+}/\!/Cl^-$，$SO_4^{2-}$-$H_2O$ 体系 25℃简化干基图（对 NaCl 饱和）为例，试在五元水盐体系相图中标记光卤石、白钠镁矾、软钾镁矾、钾镁矾、泻利盐等盐矿的相点位置，并论述盐矿化学组成对相点位置有何影响。

5-5　以 $Na^+$，$Mg^{2+}/\!/Cl^-$，$SO_4^{2-}$-$H_2O$ 四元水盐体系 25℃干基图为例，试在四元水盐体系相图中标记光卤石、白钠镁矾、软钾镁矾、钾镁矾、泻利盐等盐矿的相点位置，并分析其与五元水盐体系相图中的相点位置有何不同之处。

# **6** 水盐体系实验测定与相分离研究方法

**本章提要:**
(1) 掌握水盐体系相平衡化学基础数据的实验测定方法。
(2) 了解水盐体系相平衡的模型计算方法,了解一些常用的模拟计算软件。

本章重点讲述水盐体系相平衡基础数据的实验测定和模型计算方法,以及简要介绍一些模拟计算软件。

## 6.1 水盐体系的实验测定

### 6.1.1 溶解度实验测定方法

溶解度是水盐体系相平衡的基础数据,无论是水盐体系相图,还是各种相平衡的计算,都需要依据溶解度原始数值,或者依据由溶解度拟合得到的各种经验参数。溶解度数据的测定方法对操作精度要求较高,但其测定原理都比较简单,其中普遍使用的是等温法和多温法[9]。

#### 6.1.1.1 等温法

等温法是简单实用的溶解度测定方法之一,要求在某一恒定的温度下,使某特定组成的系统在实验装置内达到相平衡,然后直接测定液相的组成,并且鉴定与液相平衡的固相情况。在实际操作中,可以使用烧杯等容器,在容器中放入水和盐,在水浴锅等恒温环境中溶解,确认系统平衡后测定溶液化学组成。在测试中有三个要点,一是需要使用搅拌促进溶解,以避免介稳状态或者不饱和现象的出现;二是确保该系统能够达到相平衡状态,简单的做法是观察一段时间内液相的离子浓度变化趋势,待离子浓度不再变化后就可认定系统达到了平衡;三是在溶解结束时容器内应该同时包含液相和固相,也就是容器底部应该有一些不溶解的底渣,这样才能确保液相达到了饱和状态。每一次测定只能得到某一特定化学组成的系统的溶解度,在测定不同组成的系统之后就可得到该温度下全面的溶解度数据。

需要注意的是不同系统达到相平衡的时间是有差别的,不同的系统在不同的温度和相平衡状态下达到相平衡少则几小时,多则数天甚至更多。另外,平衡时的相具有一定的物性,除了使用液相平衡组分稳定不变的方法判断已经达到相平衡之外,还可以通过检验液相某项物性是否已经恒定来判断平衡是否已经达到。一般来说,液相的物性比液相的组成更容易测得,这些物性可以是力学、热学、光学、电学等方面的性质,例如比重、比热、折光率、电导率等。

首先，利用等温法测定未知多元体系的数据，应按照由简到繁的原则循序渐进，例如从二元、三元到多元。以测定 NaCl-Na$_2$SO$_4$-NaHCO$_3$-H$_2$O 四元体系 25℃数据为例，首先应该测定该体系所包括的二元体系，即 NaCl-H$_2$O、Na$_2$SO$_4$-H$_2$O、NaHCO$_3$-H$_2$O 体系的溶解度。例如，可按图 6-1 中 $M$ 点或 $V$ 点组成，用 NaHCO$_3$ 和 H$_2$O 配料，置于实验装置内，待平衡后测得固相 NaHCO$_3$ 在 25℃时的溶解度为 $C'$ 点。同样，可测得固相 NaCl 及 S$_1$（Na$_2$SO$_4$，H$_2$O）的溶解度分别为 $A'$ 点及 $B'$ 点所示。

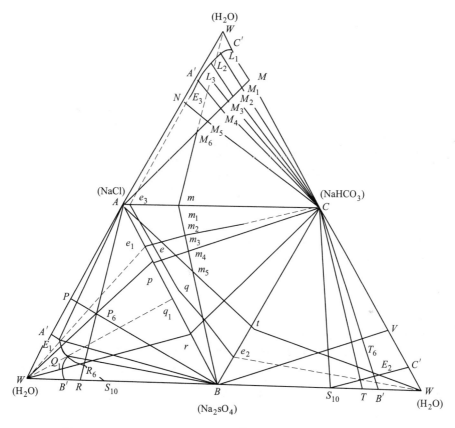

图 6-1　NaCl-Na$_2$SO$_4$-NaHCO$_3$-H$_2$O 体系 25℃相平衡数据测定过程

其次，在二元数据的基础上，扩展到三元体系。例如，在 NaCl-NaHCO$_3$-H$_2$O 三元体系中，从系统 $M$(NaHCO$_3$+H$_2$O) 出发，加入少量的第三个组分 NaCl，得到新的系统 $M_1$，并测得液相组成为 $L_1$，鉴定固相为 NaHCO$_3$。继续重复添加 NaCl，依次得到系统点 $M_2$、$M_3$、$M_4$ 等，便可测得一系列的液相点，直到液相组成不再改变，此液相点 $E_3$ 即为该三元体系的等温零变点。在测液相点组成的同时，通过固相鉴定可确定与 $L_2$、$L_3$ 平衡的固相仍为 NaHCO$_3$，而与零变点 $E_3$ 平衡的固相为 NaHCO$_3$ 及 NaCl。根据测得的液相点，便可描绘出该三元体系中 NaHCO$_3$ 的饱和溶液线 $C'E_3$。用同样的方法，可以测得其他化学组分条件下的饱和溶液线。

最后，在三元数据的基础上，进行四元体系的测定。图中干基三角形 △$ABC$ 边上的 $e_1$、$q_1$、$e_2$、$e_3$ 分别为三元体系的零变点（干基）。例如，NaCl-NaHCO$_3$-H$_2$O 体系中系统 $M_6$，干基点为 $AC$ 边上的 $m$ 点，平衡液相为 $e_3$，固相为 NaCl 及 NaHCO$_3$。为了测定四元体系中与 NaCl、NaHCO$_3$ 平衡的液相组成，应在系统 $M_6$ 中加入少量的第四个组分 Na$_2$SO$_4$，得到系统 $m_1$。然后通过实验确定系统 $m_1$ 的液相组成及固相情况，如此继续测定 $m_2$、$m_3$ 等，直至最后液相的组成不再改变，此时的液相点为四元体系的等温零变量点，相应的平衡固相为 NaCl、NaHCO$_3$、Na$_2$SO$_4$。根据所测得液相点的组成，可描绘出四元体系中 NaCl、NaHCO$_3$ 共饱线 $ee_3$。用同样的方法，从系统 $P_6$、$R_6$、$T_6$（相应干基点分别为 $p$、$r$、$t$）出发，加入第四个组分，测定后可以得到液相线 $e_1e$、$q_1q$、$e_2q$，并可确定各自的平衡固相。在明确了 $e$、$q$ 两点平衡固相的基础上，应判断在 $e$、$q$ 之间有 Na$_2$SO$_4$、NaHCO$_3$ 共饱线相连接。要确定共饱线 $eq$ 的具体数据，可从系统 $m_3$（NaCl+NaHCO$_3$+Na$_2$SO$_4$+Le）出发，加入一定量的 NaHCO$_3$、Na$_2$SO$_4$ 及 H$_2$O 后进行测定。

等温法测定中需要使用平衡装置，平衡装置的样式很多，例如图 6-2 为适用于通常温度范围内的平衡管。试料加于平衡管内，用搅拌器搅动使其达到固液平衡。为防止水分蒸失，须在上部用液封，并塞住取样支管口。在静置一段时间后固相完全沉降，等待液相完全澄清后，用吸样管进行取样。取液相时，吸样管前端使用脱脂棉、砂芯进行过滤，以防将固相吸入。需要注意的是，吸样管要预热到试料温度以上，以防液相样冷却而析出固相。

### 6.1.1.2　多温法

相平衡及溶解度的测试还可以使用多温法，即通过测定不同组成的系统在变温过程中发生相变时的温度，得到组成与相变温度关系的曲线，进而根据作图可确定体系的相平衡数据。变温过程可以是冷却，也可以是加热，水盐体系一般采用冷却的方法。

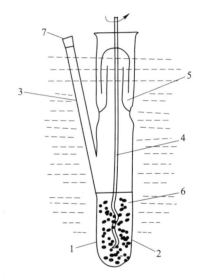

图 6-2　通常温度下进行相平衡测试的平衡管
1—恒温水浴；2—管体；3—取样支管；
4—搅拌棒；5—液封；6—试料；7—橡胶塞

在不断搅拌的情况下，目测或采用光学仪器方法观察一定组成的系统的冷却过程，当第一批晶体出现或最后一批晶体消失时，记下发生相变的温度。或者，还可以记录变温过程的时间-温度曲线，即冷却曲线，这是测定发生相变时温度的另一种方法。在冷却时，系统的冷却速度应该是均匀的，一旦系统中发生了相变就伴有热效应，于是系统的冷却速度就会发生变化。在时间-温度坐标上，当冷却速度不同时冷却曲线的斜率就会不同，因此不同斜率冷却曲线交点处的温度就是相变温度。

测定一组特定组成系统的冷却过程曲线，根据某一曲线的组成及相变温度可以在相图坐标上标记一个液相点，多个液相点连接起来就得到了不同温度下的饱和溶液线。其中，共饱点既可由饱和溶液线相交得到，也可根据在零变温度下停留时间情况来确定，最大停留时间所对应的系统组成即为共饱和点。

对于多组分的体系，可以仿照二元体系的情况，将体系分解为类似二元体系的系统，进行测定。以图 6-3 所示的交互四元体系 $t_x$℃时的干基图为例，可分解为（1）～（12）共 12 个系统。

每一个这样的系统，都是一个与棱柱形坐标系底面垂直的剖面。对于其中任一系统，又可以分解为更具体的、组成关系更简单些的系统，以系统（9）为例，如图6-4所示。

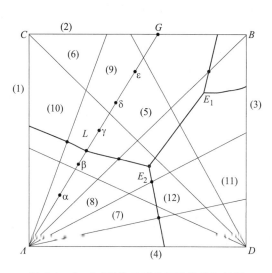

图6-3 交互四元体系干基图及其分解情况　　　图6-4 系统（9）的进一步分解

图6-4可视为A-G-$H_2O$体系，它进一步剖成$\alpha$、$\beta$、$\gamma$等体系。以$\alpha$为例，相当于$\alpha$-$H_2O$体系。最后，在其中选定$\alpha_1$、$\alpha_2$、$\alpha_3$等具体的系统进行测定。任何一个这样的系统，其组成都是确定的，可用三种盐和水配制而成。对于$\alpha_1 \sim \alpha_5$来说，如果用$J$值表示，它们的干基组成相同，只是含水量不同。

测定时间-温度曲线，就能得到每一个系统发生相变的温度，进而绘出组成与相变温度关系的曲线。以$\alpha$为例，如图6-5所示，根据连续原理，就能由曲线求得某一温度下对应的系统组成。例如$t℃$时，对应系统含水量$J$值为$\alpha_x$点坐标所示。同理，对于$\beta$、$\gamma$都可以作出类似的曲线图，并求得$t_x℃$时的$\beta_x$、$\gamma_x$的组成数值。当需要确定图6-3中$t_x℃$时液相L的数据时，可将$\alpha_x$、$\beta_x$、$\gamma_x$等标在图6-4的坐标中，连接为两条液相线$A'L$、$G'L$，其中每条液相线都相当于某固相的饱和面被剖面（a）所截而得，它们的交点即为L。

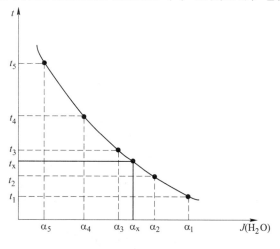

图6-5 $\alpha$-$H_2O$系统的$J(H_2O)$-$t$关系图

用同样的方法，找出其他剖面与图 6-3 中液相线的交点，这些交点都是与两个固相平衡的液相点，连线后汇集得到的 $E_1$、$E_2$ 就是与三个固相平衡的等温零变点。

多温法的测定过程比较简单，只需要配制各种组成的系统，进行冷却或加热，测定发生相变的温度即可。

### 6.1.1.3　测定溶解度的湿固相法

湿固相法是相平衡溶解度实验中的重要方法之一，主要用于固相鉴定，并辅助确定相图中的各个相点。

固相取样时要夹带少量与之平衡的液相，因此实际得到的样品为湿固相，也称为湿固渣。所谓湿固相法，是通过测定湿固相及液相的组成，进而确定纯固相组成的方法。

湿固相法的基本原理其实是将湿固相的相点视为一个系统点，那么在这种情况下，湿固相点（系统点）、平衡液相点、平衡的纯固相点很自然地应该位于一条直线上；如果此时测得了液相的化学组成，或者液相的化学组成是已知的，那么纯固相就可以依据直线规则而确定，在相图上就能够对纯固相做出标记。所以，湿固相法其实就是将液相点和湿固相点进行连线，并将连线延伸以便于寻找到纯固相的相点位置。另外，如果在相图标记过程中发现连线聚焦于某一液相点，而在固相线上的指向却是分散性的，那么就可以考虑这些湿固相点其实是位于零变量点系统中，即不同固相的共饱和溶液。从严格意义上讲，湿固相法一般只对鉴定单一平衡固相是准确的，当系统中存在两个或两个以上平衡固相时湿固相法的结果只是参考性的，这一点在实际绘制相图时需要注意。

还有另一种情况是不能忽略的，即湿固相中的平衡固相不是干盐形式，而是水合盐或者复盐。遇到这种情况，首先需要明确水合盐或干盐仍然符合直线规则，即其仍位于液相点于湿固相点的连线上；其次，需要结合 X 射线衍射仪（X-ray diffraction，XRD）或光学显微镜观测、化学分析、热重分析等方法对固相进行鉴定。通过直线规则定位和固相鉴定的结合，可以最终确定液固相点的位置。

以图 6-6 所示的三元体系等温图为例，1-$L_1$、2-$L_2$、3-$L_3$、4-$L_4$ 为测得的湿固相-液相

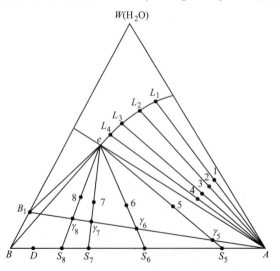

图 6-6　三元等温图中的湿固相法

组成点的连线，这些连线交汇于 $A$ 点，说明这些液相的平衡固相为 $A$ 盐。与此同时，5-$e$、6-$e$、7-$e$、8-$e$ 等也是所测湿固相-液相组成点的连线，这些连线交汇于液相点 $e$，说明 $e$ 点是等温零变点，其平衡固相有两种；并且，当这两个平衡固相为 $A$、$B$ 时，总固相的组成点为 $S_5$、$S_6$、$S_7$、$S_8$。

### 6.1.2 介稳平衡与介稳相图

当溶液浓度超过饱和溶液的浓度限度时，理论上讲相应的固相就应该析出。反之，当溶液浓度低于饱和溶液的溶解度数值时，相应的固相就应该溶解。但是，在实际中，在水盐体系中有一部分离子具有缔合性质，这些离子可以利用与水分子的相互作用而避免析出，从而使得盐溶液在一定程度上可以大致稳定地保持过饱和状态；在另外一些场合，例如静水溶解过程中，盐组分的实际溶解量会低于饱和溶液的理论溶解度值，并且在一段时间内保持稳定，即很难继续溶解新的盐组分。这些案例都表明，理论上的溶解度并不一定代表实际意义上的盐类溶解情况。这种盐组分溶解量与理论溶解度不符，但是又能一定限度上保持液相稳定的现象，可以视为一种介稳态或亚稳态，相应的相平衡可被定义为介稳平衡或亚稳平衡。

稳定相平衡与介稳相平衡在水盐体系相图的表达方面没有区别，直线规则、杠杆规则等基本规则也是同样适用的，但是在溶解度曲线方面并不一样。图 6-7 示出了 $Na^+$，$Mg^{2+}/\!/Cl^-$，$SO_4^{2-}$-$H_2O$ 体系在 25℃时的稳定与介稳相图，可见稳定相图和介稳相图的溶解度曲线位置不同，并且各个饱和结晶区的大小也是不同的，甚至稳定状态下的一些结晶区到了介稳状态以后也消失了，说明这些结晶区所对应的盐组分发生了介稳的过饱和现象[16]。

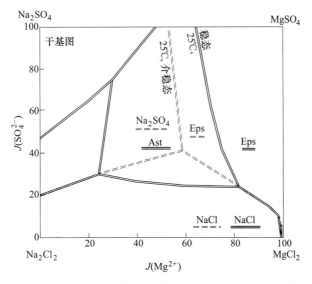

图 6-7 $Na^+$，$Mg^{2+}/\!/Cl^-$，$SO_4^{2-}$-$H_2O$ 体系在 25℃时的稳定与介稳干基图

一般来说，价态高的离子比价态低的离子更容易形成介稳态体系，例如与 $Na^+$、$K^+$ 等一价离子相比，二价的 $Ca^{2+}$、$Mg^{2+}$ 容易出现介稳态现象，而三价的 $Al^{3+}$、$Fe^{3+}$ 也容易出现介稳态。但是，介稳态现象并不是一定会出现的，例如当 $Na^+$ 与 $SO_4^{2-}$ 组合时会形成介稳体

系，但是 $Na^+$ 与 $Cl^-$ 组合时就没有过饱和的介稳现象。大多数情况下，具备正溶解度温度系数并且具备介稳能力的盐溶液在缓慢降温时会表现出较为明显的过饱和现象，可以利用这个性质得到介稳态水盐体系。

介稳平衡并不稳定，当向其中加入晶种，或者进行搅拌，系统中的盐组分很快会结晶析出，介稳平衡随即会转变为稳定平衡。较有代表性的实例之一是醋酸钠溶液，当出现扰动或异物时会很快结晶，其现象如同是水的快速结冰。

### 6.1.3　非平衡态水盐体系

水盐体系在处于沸腾过程的某一期间或工业上较慢的多温梯级相变等过程时，实际上并不处于平衡状态，但是短期内体系内的状态参数在宏观上又不随时间而变，这时的成盐特性同样可以借用相平衡规律来解释，同时也可以使用相图进行工艺设计。对于这种特殊的情况，可以称之为水盐体系的非平衡定态，或者简称为非平衡态。

国内提出水盐体系的非平衡态理论，最初是为了解释一些硼酸盐卤水等体系的相平衡性质，尤其是这种水盐体系能够较稳定地介于极限溶解度的介稳态与平衡态之间。随着研究的深入，非平衡态水盐体系的一些独特性质开始引起关注，相应的应用也推广到沸腾蒸发等工业过程中。

需要注意的是非平衡定态只是指短期内达到"稳定"的水盐体系，例如在沸腾蒸发过程中，水分不断地蒸发出去、热量不断地补充进体系之中，在这种情况下物料和能量达到了一种"平衡"，而水盐体系可能是处于三相线、零变量点等特殊状态下，因此从表面上看水盐体系是不变的、"平衡"的。但是，随着蒸发和析盐的持续进行，等到水盐体系脱离了零变量点等状态之后，水盐体系的化学组成必然会继续变化并进入下一个状态之中，此时从宏观上看非平衡定态就消失了。尽管如此，在沸腾蒸发等过程中，因为物料和能量实际上是处于"动态的平衡"之中，受热量流、流体流动、持续结晶析盐等方面的影响，盐的结晶相区和平衡态还是有差别的，这意味着非平衡态相图和平衡态相图是不一样的。

## 6.2　水盐体系化学模型

电解质溶液的热力学模型是水盐体系相分离的重要研究手段之一。模型的研究方法在无机盐溶解度预测方面有其独特的优势，当溶解度的测试条件苛刻或者难以通过实验求得溶解度时，模型就成为值得使用的工具了。模型的不足之处在于多数条件下的计算需要基于一定的假设，因此计算结果会和实验产生一定的偏差；或者，不能预测所有条件的盐类溶解度，例如早期的 Pitzer 模型不能预测非室温条件下的溶解度、不能预测连续变温时的溶解度变化等，但是随着热力学模型的发展，这些不足已经被克服，或者在逐步解决之中。

需要指出的是，模型在气液平衡或者涉及气液固平衡的研究方面应用得更为广泛一些，例如 $NH_3$-$CO_2$-$H_2O$[11]、$NH_3$-$CO_2$-$SO_4^{2-}$-$H_2O$、$CO_2$-$H_2O$-$NaCl$ 体系等，尤其是在高温高压环境之中。但是，在纯粹的水盐体系方面，模型的研究也已经持续了很多年，并且很多计算方法也已经趋于成熟。

与水盐体系相关的热力学模型包括 Debye-Hückel 模型、Bromley 方程、Meissner 方程、

Lu-Maurer 模型与 Pitzer 电解质溶液模型等。对于水盐体系而言，模型的重要功能之一是计算活度系数 $\gamma$，然后通过活度系数推算溶解度等数据。

### 6.2.1　Debye-Hückel 模型

Debye 和 Hückel 在 1923 年提出了这种强电解质溶液的理论模型，该模型基于如下一些假设：在强电解质溶液中，溶质将会完全离解为离子；离子被视为带电硬球，且离子中电场球形对称、不会被极化；计算过程中仅考虑了离子间库仑力，并忽略其他的作用力；离子间的吸引能小于热运动能；水是连续介质，对体系的作用仅在于提供介电常数，并且忽略电解质加入后引起的介电常数变化以及水分子与离子间水化作用。

与此同时，Debye 和 Hückel 提出了离子氛的概念，即任选溶液中某一个离子 j 为中心离子，其电荷为 $z_j e$，其他离子在离子 j 周围呈球形分布。显然，在中心阳离子周围，就时间平均而言，阴离子密度应大于阳离子，相当于形成了一个带负电的"离子氛"；同理，在阴离子周围也形成了一个带正电的"离子氛"。

假设 $\rho_i(r)$ 为溶液中距离子 i 为 $r$ 处的 1mL 体积中离子 i 的数目，则平均电荷密度 $\rho_e$ 为各种离子电荷密度的加和值。

$$\rho_e(r) = \sum_i \rho_i(r) z_i e \qquad (6\text{-}1)$$

设定 1mL 溶液中离子 i 的平均数为 $\rho_{i0}$，并假设 $\rho_i(r)$ 和 $\rho_{i0}$ 的关系服从 Boltzmann 分布，则有：

$$\rho_i(r) = \rho_{i0} \exp[-z_i e\psi(r)/kT] \qquad (6\text{-}2)$$

式中，$\psi(r)$ 是距离离子 j 为 $r$ 处的静电位。将式（6-2）代入式（6-1），按 Taylor 级数展开后可以得到：

$$\begin{aligned}\rho_e(r) &= \sum_i z_i e\rho_{i0} \exp[-z_i e\psi(r)/kT] \\ &= e\sum_i \rho_{i0} z_i - \frac{e^2\psi(r)}{kT}\sum_i \rho_{i0} z_i^2 + \frac{e^3\psi^2(r)}{2k^2T^2}\sum_i \rho_{i0} z_i^3 + \cdots\end{aligned} \qquad (6\text{-}3)$$

基于 Boltzmann 分布的特点可以假设 $z_i e\psi(r)/RT \ll 1$，因此在式（6-3）的展开式中可以只取前两项。再则，由于第一项的特征是基于溶液的电中性，因此该项等于 0，所以可以得到：

$$\rho_e(r) = -\frac{e^2\psi(r)}{kT}\sum_i \rho_{i0} z_i^2 \qquad (6\text{-}4)$$

从这些公式出发，继续经过严密的数学推导[6]，可以得到若干重要的公式与结论。本节忽略了这些数学推导，仅介绍其中一部分重要的公式。

首先，离子氛在 $r=a$ 处的电位相当于在介电常数为 $D$ 的介质中，围绕电荷为 $z_j$ 个 $e$ 的中心离子 j，在距离中心离子 $r=\alpha+1/\kappa$ 处的电位。其中，$1/\kappa$ 为视为增量的半径，即当半径从 $r=a$ 处算起时，则此新增的半径即为 $1/\kappa$，所以 $1/\kappa$ 被称为离子氛厚度，如下式所示：

$$\frac{1}{\kappa} = \sqrt{\frac{10(4\pi\varepsilon_0)DkT}{4\pi Ne^2 \sum_i c_i z_i^2}} \qquad (6\text{-}5)$$

式中，$4\pi\varepsilon_0$ 为真空介质常数，其值取为 $1.11265\times10^{-10}\text{C}^2\cdot\text{m}^2/\text{N}$；$e=1.60218\times10^{-19}\text{C}$；玻耳兹曼常数 $k=1.38\times10^{-23}\text{J/K}$；$c$ 是物质的量浓度，单位为 mol/L。在上式中，离子氛厚度 $1/\kappa$ 的单位为 cm。需要注意的是，式（6-5）左项中包含的希腊字母 $\kappa$ 与右项中的玻耳兹曼常数 $k$ 虽然形似，但并不是相同的。

式（6-5）表明，电解质溶液浓度越高，离子氛厚度越小，$\kappa$ 值越大，离子氛的电位越大，而静电位 $\psi(r)$ 也越大。根据式（6-3），很明显 $\psi(r)$ 越大，平均电荷密度 $\rho_e$ 的计算精度越差，这是由于在 Taylor 级数的展开式中仅取了前两项的结果。这就意味着，Debye-Hückel 模型仅适用于电解质的稀溶液。

经数学推导后还可以得到：

$$\lg\gamma_{\pm}=-\frac{A\,|z_+\,z_-|\sqrt{I}}{1+Ba\sqrt{I}}$$

$$A=\frac{1}{2.303}\left(\frac{2\pi N_A}{1000}\right)^{\frac{1}{2}}\left(\frac{e^2}{DkT}\right)^{\frac{3}{2}},\ B=10^{-7}\left(\frac{8\pi N_A e^2}{1000DkT}\right)^{\frac{1}{2}} \tag{6-6}$$

式中，$\alpha$ 的单位为 nm。

另外，上式再经变换和简化后，可以写出如下的公式：

$$\lg\gamma_{\pm}=-A\,|z_+\,z_-|\sqrt{I} \tag{6-7}$$

其中，设 $m_i$ 为离子 i 的重摩尔浓度，则离子强度 $I$ 为：

$$I=\frac{1}{2}\sum_i m_i z_i^2 \tag{6-8}$$

式（6-7）为 Debye-Hückel 极限定律的表达形式，当用于电解质浓度为 0.001mol/kg 时，相对偏差为 3%。

总之，Debye-Hückel 公式是适用于稀浓度的单一电解质溶液的理论公式，如从实验数据回归参数 $\alpha$，可准确地用于电解质溶液 $I<0.1\text{mol/kg}$ 时的计算。

如果在式（6-6）右方加一个经验的线性修正项，可以得到式（6-9），即 Guggenheim 公式：

$$\lg\gamma_{\pm}=-\frac{A\,|z_+\,z_-|\sqrt{I}}{1+Ba\sqrt{I}}+bI \tag{6-9}$$

这是 Hückel 半经验公式。对于不缔合的 1∶1 价电解质，公式可应用到 $m=1\text{mol/kg}$ 的浓度。

由于参数 $\alpha$ 难以确定，假设式（6-6）和式（6-9）中的 $Ba$ 值为 1，则式（6-9）简化为：

$$\lg\gamma_{\pm}=-\frac{A\,|z_+\,z_-|\sqrt{I}}{1+\sqrt{I}} \tag{6-10}$$

25℃时 $B$ 值为 0.3291，相当于可以假定任何电解质的 $\alpha$ 值均为 0.3291nm。此公式应用更为方便，对于一些电解质，可应用于 $I\leqslant0.1\text{mol/kg}$ 时的计算。

### 6.2.2 Bromley 方程

1972 年 Bromley 指出 Guggenheim 公式中的相互作用参数应与离子强度呈直线关系，并修正了离子平均活度系数的方程，形式如式（6-11）：

$$\lg\gamma_\pm = -\frac{A\,|z_+z_-|\sqrt{I}}{1+\sqrt{I}} + \frac{(0.06+0.6B)\,|z_+z_-|I}{(1-1.5I/|z_+z_-|)^2} + BI \tag{6-11}$$

式中，$B$ 为公式中的参数，随电解质的不同而变；$A$ 也是公式参数，在 25℃时 $A$ 值为 0.5115。

式（6-11）可用于完全离解的电解质溶液。Bromley 在发表的文章中给出了多种电解质的 $B$ 值，同时也给出了由离子参数 $B_i$ 和 $\delta_i$ 加和而计算 $B$ 值的公式。

$$B = B_+ + B_- + \delta_+ + \delta_- \tag{6-12}$$

式（6-11）可用于电解质 $B$ 值未知的情况，这使得 Bromley 公式能够预测无活度系数实验值的体系，即无法回归 $B$ 值的体系。

Bromley 还建议加入端合项，因此对 1∶1 价、2∶2 价电解质，式（6-11）可以改写为式（6-13）：

$$\lg\gamma_\pm = -\frac{A\,|z_+z_-|\sqrt{I}}{1+\sqrt{I}} + \frac{(0.06+0.6B)\,|z_+z_-|I}{(1-1.5I/|z_+z_-|)^2} + BI - E\alpha\sqrt{I}\,[\,1-\exp(-\alpha\sqrt{I})\,]$$

$$\tag{6-13}$$

对 1∶2 价、2∶1 价电解质，可以写出下式：

$$\lg\gamma_\pm = -\frac{A\,|z_+z_-|\sqrt{I}}{1+\sqrt{I}} + \frac{(0.06+0.6B)\,|z_+z_-|I}{(1-1.5I/|z_+z_-|)^2} + BI - E\exp(1+\alpha^2I) \tag{6-14}$$

式中，$\alpha$ 为待定的参数，对 1∶1 价电解质 $\alpha=1$，对 2∶2 价电解质 $\alpha=70$；$E$ 为与电解质有关的参数，一些 2∶2 价电解质的 $E$ 值可在 Bromley 发表的论文中查到。

水的渗透系数可以按下式计算：

$$1-\phi = 2.303A\,|z_+z_-|\frac{\sqrt{I}}{3}\sigma(\rho\sqrt{I}) - 2.303(0.06+0.6B)\,|z_+z_-|\frac{1}{2}\psi(aI) - 2.303B\frac{I}{2}$$

$$\tag{6-15}$$

其中：

$$\sigma(\rho\sqrt{I}) = \frac{3}{(\rho\sqrt{I})^3}\Big[\,1+\rho\sqrt{I}-\frac{1}{1+\rho\sqrt{I}}-2\ln(1+\rho\sqrt{I})\,\Big] \tag{6-16}$$

$$\psi(aI) = \frac{2}{aI}\Big[\frac{1+2aI}{(1+aI)^2}-\frac{\ln(1+aI)}{aI}\Big] \tag{6-17}$$

在上式的计算中，假设 $\rho=1.0$、$\alpha=-1.5/z_+z_-$。

Bromley 公式的优势在于式中只有一个参数 $B$，但是可以应用到 $I=6\,mol/kg$ 的浓度范围。

在混合电解质溶液中，以奇数（1，3，5，…）表示阳离子，以偶数（2，4，6，…）表示阴离子，可以得到活度系数的表达式如下：

$$\lg\gamma_{\pm} = -\frac{A\,|z_1 z_2|\sqrt{I}}{1+\sqrt{I}} + \frac{|z_1 z_2|}{z_1 + z_2}\left(\frac{F_1}{z_1} + \frac{F_2}{z_2}\right) \tag{6-18}$$

其中:

$$F_1 = Y_{21}\lg\gamma_{12}^0 + Y_{41}\lg\gamma_{14}^0 + \cdots + \frac{A\sqrt{I}}{1+\sqrt{I}}(z_1 z_2 Y_{21} + z_1 z_4 Y_{41} + \cdots) \tag{6-19}$$

$$F_2 = X_{12}\lg\gamma_{12}^0 + X_{32}\lg\gamma_{32}^0 + \cdots + \frac{A\sqrt{I}}{1+\sqrt{I}}(z_1 z_2 X_{21} + z_3 z_2 X_{32} + \cdots) \tag{6-20}$$

$$Y_{21} = \frac{\bar{z}_{12}^2 m_2}{I} \tag{6-21}$$

$$X_{12} = \frac{\bar{z}_{12}^2 m_1}{I} \tag{6-22}$$

$$\bar{z}_{12} = \frac{z_1 + z_2}{2} \tag{6-23}$$

在上述计算公式中，假设 $\gamma^0$ 是溶液中仅存在单一电解质时，其离子强度等同于混合溶液总离子强度时的活度系数。

### 6.2.3　Meissner 方程

Meissner 等在 1972 年提出了 Meissner 方程，该方程的一个特色在于出现了对比活度系数 $\Gamma$ 的概念。

$$\Gamma = (\gamma_{\pm})^{1/|z_+ z_-|} \tag{6-24}$$

引入了参数 $q$：

$$q_{ij,\ mix} = (I_1 q_{1j}^0 + I_3 q_{3j}^0 + \cdots)/I + (I_2 q_{i2}^0 + I_4 q_{i4}^0 + \cdots)/I \tag{6-25}$$

并对式（6-24）做严格的推导，可得 25 ℃时纯溶液的对比活度系数 $\Gamma^0$ 为：

$$\Gamma^0 = (\gamma_{\pm})^{1/z_+ z_-} = [1 + B(1 + 0.1I)^{q_{ij,\ mix}} - B]\Gamma^* \tag{6-26}$$

其中:

$$B = 0.75 - 0.065 q_{ij,\ mix} \tag{6-27}$$

$$\lg\Gamma^* = -\frac{0.5107\sqrt{I}}{1 + C\sqrt{I}} \tag{6-28}$$

$$C = 1 + 0.055 q_{ij,\ mix}\exp(-0.023 I^3) \tag{6-29}$$

式中，$I_i$ 和 $I$ 分别为单个离子 i 的离子强度和溶液中所有离子的总离子强度；$q_{ij}^0$ 为电解质 ij 在纯水溶液中的 Meissner 参数，并有温度 t（单位为℃）对其影响的经验方程：

$$q_{ij}^0(t) = q_{ij}^0(25℃)\left[1 - \frac{0.0027(t - 25)}{|z_i z_j|}\right] \tag{6-30}$$

### 6.2.4　Pitzer 模型

描述水盐体系的模型有很多，Pitzer 电解质模型是其中应用较早的一种。美国伯克利加州大学前化学院院长 K. S. Pitzer 教授从 1972 年起发表了数十篇电解质溶液的研究论文，形成了一套初具规模的半经验统计力学理论；1980~1984 年，C. E. Harvie 和 J. H. Wear 又对其进行了修正，给出了更为方便的 HW 公式；1988 年，Kim H-T 重新拟合了 Pitzer 参数，进一步完善了 Pitzer 理论。至此，Pitzer 理论已经能够基本满足实际应用上的需求。

Pitzer 理论主要应用于电解质溶液的渗透系数和离子活度系数的计算，进而可以计算多组分水盐体系中盐的溶解度、化工工艺中物料的反应配比，还可以进行卤水等温蒸发的一系列计算，预测卤水蒸发变化趋势。

Pitzer 首先建立一个电解质溶液的普遍方程，其中包括：（1）一对离子的长程静电位能；（2）短程"硬心效应"位能（主要是排斥能）；（3）三个离子的相互作用能。对方程进行一系列推导以后，用经验的数学表达式代替理论上难以确定的计算项。通过回归二元或三元体系电解质溶液实验数据，Pitzer 提出用 $\beta^{(0)}$、$\beta^{(1)}$、$C^{\phi}$ 三个参数来描述 1-$n$ 或 $n$-1 型（$n=1\sim5$）电解质，而用 $\beta^{(0)}$、$\beta^{(1)}$、$\beta^{(2)}$、$C^{\phi}$ 来描述 2-2 型电解质，并引入二元作用参数 $\theta_{MN}$ 描述两个同号离子的相互作用，引入三元作用参数 $\Psi_{MNX}$ 描述两个同号、一个异号离子间的相互作用。这样，经过理论上的计算，Pitzer 理论可以应用于从极稀到浓度很高（$5\sim6\text{mol/kg}$）的电解质溶液。

对于多组分混合电解质，Harvie 和 Wear 给出了如下计算公式：

$$\varphi - 1 = \left(\sum_i m_i\right)^{-1}\left\{2\left[-A^{\phi}I^{3/2}/(1+1.2I^{1/2}) + \sum_{i_C=1}^{N_C}\sum_{i_A=1}^{N_A}m_C m_A(B_{CA}^{\phi} + ZC_{CA}) + \right.\right.$$
$$\sum_{i_C=1}^{N_C-1}\sum_{j_{C'}=i_C+1}^{N_C}m_C m_{C'}\left(\Phi_{CC'}^{\phi} + \sum_{i_A=1}^{N_A}m_A\Psi_{CC'A}\right) + \sum_{i_A=1}^{N_A-1}\sum_{j_{A'}=i_A+1}^{N_A}m_A m_{A'}\left(\Phi_{AA'}^{\phi} + \right.$$
$$\left.\left.\left.\sum_{i_C=1}^{N_C}m_C\Psi_{AA'C} + \sum_{i_N=1}^{N_N}\sum_{i_A=1}^{N_A}m_N m_A\lambda_{NA} + \sum_{i_N=1}^{N_N}\sum_{i_C=1}^{N_C}m_N m_C\lambda_{NC}\right)\right]\right\} \tag{6-31}$$

$$\ln\gamma_M = Z_M^2 F + \sum_{i_A=1}^{N_A}m_A(2B_{MA} + ZC_{MA}) + \sum_{i_C=1}^{N_C}m_C\left(2\Phi_{MC} + \sum_{i_A=1}^{N_A}m_A\Psi_{MCA}\right) + $$
$$\sum_{i_A=1}^{N_A-1}\sum_{j_{A'}=i_A+1}^{N_A}m_A m_{A'}\Psi_{AA'M} + |Z_M|\sum_{i_C=1}^{N_C}\sum_{i_A=1}^{N_A}m_C m_A C_{CA} + \sum_{i_N=1}^{N_N}m_N(2\lambda_{NM}) \tag{6-32}$$

$$\ln\gamma_X = Z_X^2 F + \sum_{i_C=1}^{N_C}m_C(2B_{CX} + ZC_{CX}) + \sum_{i_A=1}^{N_A}m_A\left(2\Phi_{XA} + \sum_{i_C=1}^{N_C}m_C\Psi_{XCA}\right) + $$
$$\sum_{i_C=1}^{N_C-1}\sum_{j_{C'}=i_C+1}^{N_C}m_C m_{C'}\Psi_{CC'X} + |Z_X|\sum_{i_C=1}^{N_C}\sum_{i_A=1}^{N_A}m_C m_A C_{CA} + \sum_{i_N=1}^{N_N}m_N(2\lambda_{NX}) \tag{6-33}$$

$$\ln\gamma_N = \sum_{i_C=1}^{N_C}m_C(2\lambda_{AC}) + \sum_{i_A=1}^{N_A}m_A(2\lambda_{NA}) \tag{6-34}$$

式中各项参数意义如下：

$$F = -A^{\phi}\left[I^{1/2}/(1+1.2I^{1/2}) + 2\ln(1+1.2I^{1/2})/1.2\right] + \sum_{i_C=1}^{N_C}\sum_{i_A=1}^{N_A}m_C m_A B_{CA}' + $$
$$\sum_{i_C=1}^{N_C-1}\sum_{j_{C'}=i_C+1}^{N_C}m_C m_{C'}\Phi_{CC'}' + \sum_{i_A=1}^{N_A-1}\sum_{j_{A'}=i_A+1}^{N_A}m_A m_{A'}\Phi_{AA'}' \tag{6-35}$$

$$C_{MX} = C_{MX}^{\phi}/2|Z_M Z_X|^{1/2} \tag{6-36}$$

$$Z = \sum_i |Z_i|m_i \tag{6-37}$$

$$A^{\phi} = \frac{1}{3} \left( \frac{2\pi N_0 \rho_w}{1000} \right)^{1/2} \left( \frac{e^2}{DkT} \right)^{3/2} \tag{6-38}$$

对于水，25℃时，$A^{\phi} = 0.3920$。

$\psi$ 为三个不同种类离子（两个阳离子、一个阴离子或两个阴离子、一个阳离子）的作用力参数。

$B^{\phi}$ 和 $B$ 为第二维里系数，与离子强度有关；$B'$ 为 $B$ 对离子强度的微分，其定义如下：

$$B_{CA}^{\phi} = \beta_{CA}^{(0)} + \beta_{CA}^{(1)} \exp(-\alpha_1 I^{1/2}) + \beta_{CA}^{(2)} \exp(-\alpha_2 I^{1/2}) \tag{6-39}$$

$$B_{CA} = \beta_{CA}^{(0)} + \beta_{CA}^{(1)} g(\alpha_1 I^{1/2}) + \beta_{CA}^{(2)} g(\alpha_2 I^{1/2}) \tag{6-40}$$

$$B_{CA}' = \left[ \beta_{CA}^{(1)} g'(\alpha_1 I^{1/2}) + \beta_{CA}^{(2)} g'(\alpha_2 I^{1/2}) \right] / I \tag{6-41}$$

其中：

$$g(x) = 2\left[ 1 - (1 + x)\exp(-x) \right] / x^2 \tag{6-42}$$

$$g'(x) = -2\left[ 1 - (1 + x + x^2/2)\exp(-x) \right] / x^2 \tag{6-43}$$

$$\Phi_{ij}^{\phi} = \theta_{ij} + {}^{E}\theta_{ij} + I^{E}\theta'_{ij} \tag{6-44}$$

$$\Phi_{ij} = \theta_{ij} + {}^{E}\theta_{ij} \tag{6-45}$$

$$\phi'_{ij} = {}^{E}\theta_{ij} \tag{6-46}$$

$${}^{E}\theta_{ij} = (Z_i Z_j / 4I)\left[ J(x_{ij}) - J(x_{ii})/2 - J(x_{jj})/2 \right] \tag{6-47}$$

$${}^{E}\theta'_{ij} = -({}^{E}\theta_{ij}/I) + (Z_i Z_j / 8I^2)\left[ x_{ij} J'(x_{ij}) - x_{ii} J'(x_{ii})/2 - x_{jj} J'(x_{jj})/2 \right] \tag{6-48}$$

$$x_{ij} = 6Z_i Z_j A^{\phi} I^{1/2} \tag{6-49}$$

$$J(x) = x\left[ 4 + C_1 x^{-C_2} \exp(-C_3 x^{C_4}) \right]^{-1} \tag{6-50}$$

$$J'(x) = \left[ 4 + C_1 x^{-C_2} \exp(-C_3 x^{C_4}) \right]^{-1} + \left[ 4 + C_1 x^{-C_2} \exp(-C_3 x^{C_4}) \right]^{-2} \cdot \tag{6-51}$$
$$\left[ C_1 x \exp(-C_3 x^{C_4})(C_2 x^{-C_2-1} + C_3 C_4 x^{C_4-1} x^{-C_2}) \right]$$

式中，$C_1 = 4.581$，$C_2 = 0.7327$，$C_3 = 0.0120$，$C_4 = 0.528$。

Pitzer 提出电解质数学模型之后，又给出了 278 种电解质参数。这样既能够计算这 278 种电解质水溶液在不同浓度式的活度系数和渗透系数，加上 $\theta$ 和 $\psi$，就可以求出混合体系中任一电解质的活度系数和溶液的渗透系数。

Pitzer 理论及其计算公式提出后，人们可以通过盐的溶解度来回归盐的溶解度平衡常数。根据化学平衡原理，恒温恒压下，某一电解质在溶液中达到溶解平衡时，其溶解平衡常数 $K$ 是一个常数，等于组成该盐的离子、分子的活度积，其活度又等于它们浓度与活度系数之积。用 Pitzer 数学模型计算出溶液中离子的活度系数和溶液渗透系数，再结合盐在水中的溶解平衡常数，通过联立方程组，即可求得盐在水中的溶解度。附录 2 以 $Na^+$、$K^+$、$Li^+$、$Mg^+$∥$Cl^-$，$CO_3^{2-}$-$H_2O$ 六元水盐体系为例，示出了 Fortran 结构化程序计算案例。

除了 Pitzer 模型之外，水盐体系相平衡的计算还可以类似地采用离子水化理论、弥散晶格理论的等方法。

## 6.2.5　E-NRTL 模型

NRTL 为 Non-Random Two Liquid 方程的缩写，即 Renon 和 Prausnitz 于 1968 年提出的溶液理论中非随机（局部）双液体模型方程。Chen 于 1982 年结合了 Pitzer-Debye-Hückel 模型与 NRTL 方程，提出了 electrolyte NRTL 模型，即电解质溶液 NRTL（E-NRTL）模型，

该模型可以很好地应用于电解质溶液的计算，其基本公式如式（6-52）所示：

$$\ln\gamma_i = \frac{\sum\limits_{j=1}^{N} x_j \tau_{ji} G_{ji}}{\sum\limits_{k=1}^{N} x_k G_{kj}} + \sum_{j=1}^{N} \frac{x_j G_{ij}}{\sum\limits_{k=1}^{N} x_k G_{kj}} \left( \tau_{ij} - \frac{\sum\limits_{k=1}^{N} x_j \tau_{kj} G_{kj}}{\sum\limits_{k=1}^{N} x_k G_{kj}} \right) \tag{6-52}$$

参数 $\tau_{ij}$ 和 $G_{ij}$ 可以采用式（6-53）和式（6-54）计算：

$$\tau_{ij} = \frac{g_{ij} - g_{ii}}{RT} \tag{6-53}$$

$$G_{ij} = \exp(-a_{ij}\tau_{ij}) \tag{6-54}$$

式中，$g_{ij}-g_{ii}$ 为能量参数；$a_{ij}$ 为非随机性因子。这些属于可以从相平衡数据拟合得到的参数。

E-NRTL 模型在计算时需要的参数较少，并且只需要拟合二元体系就可获得相应的参数数据，因此在工程设计中得到了较为广泛的应用。与 Pitzer 模型相比，NRTL 模型可以计算连续变温时的相平衡情况，并且不需要根据不同温度区间的等温数据进行近似性的拟合，因此更适合用于连续变温过程的计算，例如苦咸水、海水甚至卤水结冰的过程。这就是说，E-NRTL 模型可以求算不同温度时水盐体系的热力学参数。另外，NRTL 模型还可以用于气液平衡、气液固平衡等方面的计算，其中也包括含 $CO_2$ 体系的计算[11]。

在相应的应用案例中，有报道[12]曾以此计算溶液冰点，这在 E-NRTL 模型的应用中是一种比较有特色的算法。在计算溶液冰点时，E-NRTL 模型[12]方程的具体形式如式（6-55），可见主要包括长程离子间作用力和短程相互作用力等参数项，并且与式（6-31）相比，式（6-55）的形式是比较简单的。

$$\frac{g^{ex}}{RT} = \frac{g^{ex,pdh}}{RT} + \frac{g^{ex,lc}}{RT} \tag{6-55}$$

式中，$g^{ex}$ 为体系摩尔过剩自由焓；$g^{ex,pdh}$ 为长程离子间作用力对 $g^{ex}$ 的影响；$g^{ex,lc}$ 代表短程相互作用力对 $g^{ex}$ 的影响；$R$ 代表气体常数，8314.47J/（kmol·K）；$T$ 为温度 K。

对式（6-55）求导，得到的式（6-56）为活度系数：

$$\ln\gamma_i = \ln\gamma_i^{pdh} + \ln\gamma_i^{lc} \tag{6-56}$$

采用非对称 Pitzer-Debye-Hückel 模型表示长程离子相互作用力的项，如式（6-57）。

$$g^{ex,pdh}/RT = -\left(\sum_i x_i\right)\left(\frac{1000}{M_s}\right)^{\frac{1}{2}}(4A_\phi I_x/\rho)\ln(1 + \rho I_x^{1/2}) \tag{6-57}$$

$$I_x = \frac{1}{2}\sum_i x_i z_i^2 \tag{6-58}$$

式中，$M_s$ 表示了溶剂的相对分子质量；$A_\phi$ 为 Debye-Hückel 参数；$I_x$ 为离子强度；$x_i$ 和 $z_i$ 为离子 i 的摩尔分数与电荷数；$\rho$ 为 Pitzer-Debye-Hückel 方程的最近逼近参数，可以将 $\rho$ 值设定为 14.9。

由式（6-57）可以推导活度系数与离子 i 的长程离子间作用力的关系式，得到式（6-59）的形式：

$$\ln\gamma_i^{pdh} = -\left(\frac{1000}{M_s}\right)^{1/2} A_\phi \left\{ \left(\frac{2z_i^2}{\rho}\right) \ln(1 + \rho I_x^{\frac{1}{2}}) + (z_i^2 I_x^{\frac{1}{2}} - 2I_x^{\frac{3}{2}})/(1 + \rho I_x^{1/2}) \right\} \tag{6-59}$$

短程相互作用力项采用 NRTL 模型中的形式, 如式 (6-60) 所示:

$$\frac{g^{ex,k}}{RT} = \sum_m X_m \frac{\sum\limits_j X_j G_{jm} \tau_{jm}}{\sum\limits_k X_k G_{km}} + \sum_c X_c \sum_{a'} \frac{X_{a'}}{\sum\limits_{a''} X_{a''}} \frac{\sum\limits_j X_j G_{jc,a'c} \tau_{jc,a'c}}{\sum\limits_k X_k G_{kc,a'c}} + \tag{6-60}$$

$$\sum_a X_a \sum_{c'} \frac{X_{c'}}{\sum\limits_{c'} X_{c'}} \frac{\sum\limits_j X_j G_{ja,c'a} \tau_{ja,c'a}}{\sum\limits_k X_k G_{ka,c'a}}$$

式 (6-60) 中, 下标分别表示溶剂 $m$、阴离子 $a$ 或者阳离子 $c$; $X_m$、$X_a$ 和 $X_c$ 分别指溶剂、阴离子与阳离子的有效液相摩尔分数。另外, 采用 $\tau_{jm}$、$\tau_{jc,a'c}$、$\tau_{ja,c'a}$ 分别指代组分 $j$ 与溶剂 $m$、组分 $j_c$ 与 $a'c$、组分 $j_a$ 与 $c'a$ 之间的二元能量作用参数, 其中 j 可以是溶剂 m、阴离子 a 或者阳离子 c, 并且有关系式为 $\tau_{am} = \tau_{cm} = \tau_{ca,m}$, $\tau_{mc,ac} = \tau_{ma,ca} = \tau_{m,ca}$, $G_{jm} = \exp(-a_{jm} \tau_{jm})$, 其余的相互关系可以做类似的推导。$a_{jm}$ 一般为 0.2, 其含义是水盐体系中的非随机因素。

根据式 (6-60), 可以得到活度系数中的短程离子作用力表达式, 如式 (6-61) 所示:

$$\ln\gamma_m^{lc} = \frac{\sum\limits_j X_j G_{jm} \tau_{jm}}{\sum\limits_k X_k G_{km}} + \sum_{m'} \frac{X_{m'} G_{mm'}}{\sum\limits_k X_k G_{km'}} \left( \tau_{mm'} - \frac{\sum\limits_k X_k G_{km'} \tau_{km'}}{\sum\limits_k X_k G_{km'}} \right) +$$

$$\sum_c \sum_{a'} \frac{X_{a'}}{\sum\limits_{a''} X_{a''}} \frac{X_c G_{mc,a'c}}{\sum\limits_k X_k G_{kc,a'c}} \times \left( \tau_{mc,a'c} - \frac{\sum\limits_k X_k G_{kc,a'c} \tau_{kc,a'c}}{\sum\limits_k X_k G_{kc,a'c}} \right) + \tag{6-61}$$

$$\sum_a \sum_{c'} \frac{X_{c'}}{\sum\limits_{c''} X_{c''}} \frac{X_a G_{ma,c'a}}{\sum\limits_k X_k G_{ka,c'a}} \times \left( \tau_{ma,c'a} - \frac{\sum\limits_k X_k G_{ka,c'a} \tau_{ka,c'a}}{\sum\limits_k X_k G_{ka,c'a}} \right)$$

并且, 活度与活度系数存在如下的一般性关系:

$$\ln a_i = \ln\gamma_i + \ln x_i \tag{6-62}$$

式中, $a_i$ 代表组分 i 的活度; $x_i$ 代表组分 i 的摩尔分数。

如果将 E-NRTL 模型用于结冰[12]等溶液凝固的情况, 则可以认为固相与液相达到了热力学平衡, 根据热力学原理可知此时的溶剂与固相平衡势相同, 因此可以写出式 (6-63):

$$\mu_m(s) = \mu_m(l) \tag{6-63}$$

式中, $\mu_m(s)$ 指溶剂固相平衡势; $\mu_m(l)$ 为液相溶剂的化学势。根据热力学原理, 可以得到式 (6-64) 和式 (6-65):

$$\mu_m(s) = \mu_m^{\ominus}(s) + pT\ln a_m(s) \tag{6-64}$$

$$\mu_m(l) = \mu_m^{\ominus}(l) + RT\ln a_m(l) \tag{6-65}$$

式中, 上标 ⊖ 表示标准态化学势的含义; $a_m(l)$ 为液态溶剂的活度; $a_m(s)$ 代表溶剂固相的活度, 其值可以设定为 1。在此基础上, 根据式 (6-63), 可以得到式 (6-66):

$$\mu_w^{\ominus}(l) - \mu_w^{\ominus}(s) = \Delta_{fus} G_m^{\ominus} = -RT\ln a_w \tag{6-66}$$

式中, $\Delta_{fus} G_m^{\ominus}$ 的含义是溶剂融化标准吉布斯能。又根据 Gibbs-Helmholtz 方程:

$$\left[ \frac{\partial (\Delta G/T)}{\partial T} \right]_p = -\frac{\Delta H}{T^2} \tag{6-67}$$

将式（6-66）代入式（6-67），从温度 $T_0$ 到 $T_f$ 进行积分，可得式（6-68）：

$$R\ln a_w = \int_{T_0}^{T_f} \frac{\Delta_{fus}H_m^{\ominus}}{T^2} \mathrm{d}T \tag{6-68}$$

式中，$T_0$ 表示初始温度，可以近似地设定为 273.15K；$T_f$ 表示冰点温度；$\Delta_{fus}H_m^{\ominus}$ 的含义是溶剂标准融化焓（J/kmol），其表达式[12]为：

$$\Delta_{fus}H_m^{\ominus} = \lambda_1 + \lambda_2 T + \lambda_3 T^2 \tag{6-69}$$

联立式（6-68）和式（6-69），可以得到式（6-70）：

$$R\ln a_m = \lambda_1 \left( \frac{1}{T_0} - \frac{1}{T_f} \right) + \lambda_2 \ln \frac{T_f}{T_0} + \lambda_3 (T_f - T_0) \tag{6-70}$$

联立式（6-56）、式（6-59）、式（6-61）、式（6-62）和式（6-70），可以通过软件计算得到体系的冰点值。

### 6.2.6 E-UNIQUAC 模型

UNIQUAC 模型是另一种应用较为广泛的热力学模型，可以用于水盐体系相平衡的计算。UNIQUAC 模型包括原始 UNIQUAC 模型、Extended UNIQUAC 模型以及 Modified UNIQUAC 模型。对于水盐体系而言，Extended UNIQUAC 模型较为通用，简称 E-UNIQUAC 模型。

Sander 于 1986 年提出的 E-UNIQUAC 模型是结合了原始 UNIQUAC 模型和 Debye-Hückel 模型，该模型包括了组合项 $G_C$、剩余项 $G_R$ 以及 Debye-Hückel 项 $G_{D-H}$，其表达形式如式（6-71）：

$$G_E = G_C + G_R + G_{D-H} \tag{6-71}$$

并且，存在式（6-72）的组合项关系：

$$\frac{G_c}{RT} = \sum_{i=1}^{n} x_i \ln\left(\frac{\varphi_i}{\theta_i}\right) - \frac{z}{2} \sum_{i=1}^{n} q_i x_i \ln\left(\frac{\varphi_i}{\theta_i}\right) \tag{6-72}$$

设 $\theta_i$ 为组分 i 的表面积分数，$\varphi_i$ 为平均体积分数，$q_i$ 和 $r_i$ 分别为组分 i 的表面积参数和体积参数，则还存在式（6-73）和式（6-74）的关系：

$$\varphi_i = \frac{x_i r_i}{\sum_{j=1}^{n} x_j r_j} \tag{6-73}$$

$$\theta_i = \frac{x_i q_i}{\sum_{j=1}^{n} x_j q_j} \tag{6-74}$$

剩余项 $G_R$ 及其参数的关系式如式（6-75）~式（6-77）所示：

$$\frac{G_R}{RT} = - \sum_{i=1}^{n} q_i x_i \ln\left( \sum_{j=1}^{n} \theta_j \tau_{ji} \right) \tag{6-75}$$

$$\tau_{ji} = \exp\left[ -(u_{ji} - u_{ii})/T \right] \tag{6-76}$$

$$u_{ji} = u_{ji}^0 + u_{ji}^t (T - 298.15) \tag{6-77}$$

式（6-76）中，$\tau_{ji}$ 的含义为组分 j 和 i 的二元相互作用参数；而 $(u_{ji} - u_{ii})$ 表示了组分 i 和

j 的二元相互作用能量参数。

对于 Debye-Hückel 项 $G_{D-H}$，有如下的关系式：

$$\frac{G_{D-H}}{RT} = -x_s M_s \frac{4A}{b^3} \left[ \ln(1 + bI^{1/2}) - bI^{1/2} + \frac{b^2 I}{2} \right] \tag{6-78}$$

$$A = 35.765 + 4.222 \times 10^{-2}(T - 273.15) + 3.681 \times 10^{-4}(T - 273.15)^2 \tag{6-79}$$

式中，参数 $b$ 为 $47.4342 kg^{1/2}/kmol^{1/2}$。

在 E-UNIQUAC 模型中水的活度表达式如式（6-80）所示：

$$\ln a_w = \ln\left(\frac{\phi_w}{x_w}\right) + \frac{z}{2} q_w \ln\left(\frac{\theta_w}{\phi_w}\right) + \left[\frac{z}{2}(r_w - q_w) - (r_w - 1)\right] - \frac{\phi_w}{x_w}\left(\sum_{i=1}^{n} x_i l_i\right) +$$

$$q_w \left[ 1 - \ln\left(\sum_{i=1}^{n} \theta_i \tau_{iw}\right) - \sum_{i=1}^{n} \frac{\theta_i \tau_{wi}}{\sum_{j=1}^{n} \theta_j \tau_{ji}} \right] + \tag{6-80}$$

$$\frac{2AM_w}{b^3}\left[ (1 + bI^{1/2}) - \frac{1}{1 + bI^{1/2}} - 2\ln(1 + bI^{1/2}) \right] + \ln x_w$$

另外，根据物理化学中用于计算不同温度下反应平衡常数的范特霍夫方程（Van't Hoff equation），可以写出水盐体系中水的活度 $a_{H_2O}$ 关系式，如式（6-81）所示：

$$\ln a_{H_2O} = \Delta H / R (1/T_1 - 1/T_2) \tag{6-81}$$

式中，$T_1$ 和 $T_2$ 分别代表互相比较的两个温度值，其中一个温度作为基准温度；$\Delta H$ 为焓变值。

联立式（6-80）和式（6-81），可以在不同温度下进行计算，例如计算水盐体系的冰点[12]。

### 6.2.7　Lu-Maurer 模型

Pitzer 模型关联参数多，对实验数据依赖性也比较强，因此很多研究者一直在尝试着提出更加简易的热力学模型。陆小华和 Maurer 提出了 Lu-Maurer 活度系数模型[13]，在描述电解质溶液液相非理想性时同时考虑物理和化学作用，认为强电解质溶解于水中时电解质将会与水分子相互作用，一部分电解质成为溶剂化的溶质离子，另一部分不发生溶剂化，并忽略不完全溶解和离子配对的效应。

Lu-Maurer 模型中，首先设计了一个溶解平衡方程，计算溶质的实际浓度，以及全部可溶解电解质中不可溶离子的实际浓度。假设将电解质 $M_{vc}X_{va}$ 溶于水中，在溶液中溶解并达到离子溶解平衡，则可以写出下式：

$$M^{Z_c} + h_c H_2O \rightleftharpoons M^{Z_c} \cdot h_c H_2O \tag{6-82}$$

$$X^{Z_a} + h_a H_2O \rightleftharpoons X^{Z_a} \cdot h_a H_2O \tag{6-83}$$

式中，$h_c$ 和 $h_a$ 分别表示在水溶液中阳离子 M 和阴离子 X 结合的水分子数。上述溶解反应过程中的热力学平衡条件如式（6-84）和式（6-85）所示：

$$K_c = \frac{a_{hc}}{a_c a_w^{h_c}} = \frac{Z_{hc}}{Z_c Z_w^{h_c}} \frac{\gamma_{hc}^*}{\gamma_c^* \gamma_w^{h_c}} \tag{6-84}$$

$$K_a = \frac{a_{ha}}{a_a a_w^{h_a}} = \frac{Z_{ha}}{Z_a Z_w^{h_a}} \frac{\gamma_{ha}^*}{\gamma_a^* \gamma_w^{h_a}} \tag{6-85}$$

式中，$K_c$ 和 $K_a$ 表示仅与温度和压力有关的平衡常数；$a_c$ 和 $a_a$ 表示未溶剂化的离子活度真实值；$a_w$ 表示水的活度，可以通过 Raoult 定律归一得到，如式（6-86）所示：

$$a_w = z_w \gamma_w \tag{6-86}$$

式中，$z_w$ 和 $\gamma_w$ 分别表示水的实际摩尔浓度和活度系数。

可溶物质 k 的活度可以根据 Henry 定律归一得到，如式（6-87）所示：

$$a_k = z_k \gamma_k^* \tag{6-87}$$

式中，$z_k$ 和 $\gamma_k^*$ 分别表示可溶物质 k（包括溶剂化离子和非溶剂化离子）在水中的实际摩尔浓度和活度系数。

当 $\overline{m}_s$ 摩尔电解质溶解于 1kg 水中，质量平衡可以用 $n_{hc}$ 和 $n_{ha}$ 表示，其分别表示可溶剂化的阳离子和阴离子的摩尔数。溶液中总的离子摩尔数可以用 $n_t$ 表示：

$$n_t = \frac{1000}{M_w} + (v_c + v_a)\overline{m}_s - h_c n_{hc} - h_a n_{ha} \tag{6-88}$$

各种离子的实际摩尔浓度如下：

$$z_{hc} = \frac{n_{hc}}{n_t} \tag{6-89}$$

$$z_{ha} = \frac{n_{ha}}{n_t} \tag{6-90}$$

$$z_c = \frac{v_c \overline{m}_s - n_{hc}}{n_t} \tag{6-91}$$

$$z_a = \frac{v_a \overline{m}_s - n_{ha}}{n_t} \tag{6-92}$$

$$z_w = 1 - z_{hc} - z_{ha} - z_c - z_a \tag{6-93}$$

将式（6-89）～式（6-93）代入式（6-84）和式（6-85）可以计算得到溶液中溶剂化的离子浓度实际值，即 $n_{hc}$ 和 $n_{ha}$。此时，已知了平衡常数 $K_c$ 和 $K_a$，离子的极化数 $h_c$ 和 $h_a$，就可以计算实际活度系数了。

其次，Lu-Maurer 模型在溶解平衡方程的基础上，对吉布斯自由能进行了计算[13]。考虑到混合物在溶液中的实际作用，结合 Debye-Hückel 方程和 UNIQUAC 方程给出了一个吉布斯自由能的表达式：

$$G^E = G_{DH}^E + G_{UNIQUAC}^E \tag{6-94}$$

根据范特霍夫等温公式，可以推导出活度系数的计算式：

$$\ln\gamma_k^* = \ln\gamma_{k,\,DH}^* + \ln\gamma_{k,\,UNIQUAC}^* \tag{6-95}$$

对于每一种离子 k 进行离子强度的加和计算，设定其中一个离子的粒径为 $d_k$、电荷数为 $Z_k$，则离子强度为：

$$I_m = \frac{1}{2}\sum_{I=1}^{I+J} \overline{m}_I \cdot Z_I^2 \tag{6-96}$$

设定式（6-6）的 Debye-Hückel 公式中，系数 $A(298.15K) = 0.5115$、$B(298.15K) = 0.3291$，则可以用于计算其活度系数如下：

$$\ln\gamma_{k,\,DH}^* = \frac{-Z_k^2 A\sqrt{I_m}}{1 + Bd_k\sqrt{I_m}} \tag{6-97}$$

使用 UNIQUAC 方程的形式，对离子活度系数进行计算，如式（6-98）所示：

$$\ln\gamma_{k,\ \text{UNIQUAC}}^* = \ln\gamma_{k,\ \text{UNIQUAC}} - \ln\gamma_{k,\ \text{UNIQUAC}}^{\infty} \tag{6-98}$$

式中，$\gamma_{k,\text{UNIQUAC}}$ 表示 UNIQUAC 模型中的活度系数；$\gamma_{k,\text{UNIQUAC}}^{\infty}$ 表示在无限稀释的条件下，物质 k 在纯水中的活度系数。

经过数学推导[13]之后，得出水的活度系数如下：

$$\ln\gamma_{w,\ \text{DH}} = \frac{M_w}{1000}\frac{2A}{B^3 I_m} \sum_k \left[ \frac{m_k Z_k^2}{d_k^3} \left( 1 + Bd_k\sqrt{I_m} - 2\ln(1 + Bd_k\sqrt{I_m}) - \frac{1}{1 + Bd_k\sqrt{I_m}} \right) \right]$$

$$\tag{6-99}$$

式中，$m_k$ 为离子 k 实际的质量摩尔浓度。

# 6.3　水盐体系计算软件

水盐体系热力学计算较为复杂，同时随着计算机运算能力的不断提高，各种计算软件也嵌入了水盐体系相平衡的模块，例如 Aspen、OLI 等软件，而 Matlab 等软件也可以用于水盐体系相平衡的计算。本节仅对部分计算软件做简要的介绍。

Aspen Plus 软件可以用于无机化学、有机化学、电化学等领域的单元操作，该软件的应用广泛，对于水盐体系也有很好的模拟计算效果，例如多效蒸发海水淡化过程、水溶液吸收水蒸气等。

值得一提的是，Aspen Plus 软件已经嵌入了 Pitzer、NRTL 等各种模型的参数[11]。一般情况下，在利用 Aspen Plus 软件计算水盐体系热力学性质时选择的是 ELECNRTL 物性方法，可以得到各组分在不同温度下的溶解度数值。

Aspen Plus 软件在计算水盐体系相平衡情况时，仅其中的参数使用了 Pitzer、NRTL 等模型的数据，而其计算理念与经典热力学模型方法是截然不同的。大多数情况下，Aspen Plus 软件是将水盐体系相平衡状态视为一个反应过程，将水和盐组分视为反应原料，通过"反应"过程而达到"平衡态"，计算过程中遵循系统 Gibbs 自由能趋于最小等原则，并同时达到化学平衡和相平衡状态。计算溶解度时，可以利用 Aspen Plus 软件中的 Mixer+RGibbs 模块，基本的流程如图 6-8 所示[14]。电解质和水进入 Mixer 后混合，然后进入 RGibbs 反应器，通过 RGibbs 反应器的灵敏度分析，根据液相中各种离子的含量推算出不同组分的溶解度。还可以使用 Mixer+Heater 的设计方式，利用 Heater 改变物料的温度，利用传热的方式模拟物流的热力学状态。

采用 Mixer+RGibbs 模块时，具体的模拟细节包括两个方面，首先是定义组分、选择物性方法，其次为定义模拟流程、设置流程模拟参数。在定义组分和选择物性方法时，需要在 Aspen Plus 软件界面中输入电解质组分，再借助"Elec wizard"生成离子，同时将热力学方法选择为 ELECNRTL 物性方法。当定义模拟流程和设置流程模拟参数时，选择一定流量的水组分 $H_2O$，例如选定为 100kg/h（模拟软件一般使用 100kg/hr 的表达方式），再选定过量的固体物质，设定一个温度，进入 Mixer 混合，再让得到的混合物进入 RGibbs 反应器。

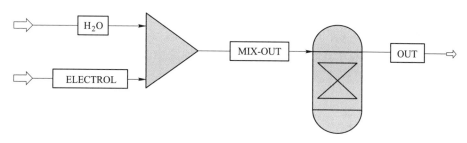

图 6-8　Aspen Plus 软件的水盐体系溶解度模拟计算流程

设置好流程之后，软件中还需要设置灵敏度分析，即利用 Sensitivity 模块，选择操纵变量及其单位、范围、步长等参数，再定义采集变量为出口离子的质量流量等。根据具体的水盐体系计算需求设置流程模拟参数后，就可以得到溶解度数据。

另一种广为使用的电解质溶液计算软件是 OLI 软件。美国 OLI Systems 公司致力于油气、化工、矿产、水处理等行业的模拟计算软件产品开发，也为 Aspen Plus、PROII 等模拟软件提供计算引擎。该公司的 OLI 软件群主要用于溶液化学仿真模拟，主要包含 OLI Engine、ESP（the Environmental Simulation Program）、CSP（the Corrosion Simulation Program）、Stream Analyzer、Corrosion Analyzer、Scale Chem 等。

OLI 软件的基础构成是 OLI Engine，包含了 OLI 数据库、热力学框架、OLI 数据手册、OLI 快速水分析工具等，包括 Helgenson、Pitzer、Zemaitis、Bromley、Meisner 和 OLI 科学家的水溶液预测模型，可用于混合溶剂电解质体系（Mixed Solvent Electrolyte）、水溶液和非水溶液体系的计算。Stream Analyzer 是在 OLI Engine 基础上的功能扩展，其功能相当于是提供虚拟化学实验室，可以预测泡点、露点、相变点的热力学参数。ESP 具备仿真模拟功能，可以开展化工过程优化、工艺流程图设计等工作，例如相分离和蒸馏过程，以及混合、沉淀、生物反应、萃取、离子交换和膜分离等单元操作，甚至对于结晶动力学过程也可以做出很好的模拟。CSP 具有腐蚀模拟分析功能，能够模拟体系中的氧化-还原现象，其理论基础是氧化还原化学模型的修正。Corrosion Analyzer 是 CSP 的扩展，能够计算腐蚀速率、绘制极化曲线等。Scale Chem 是 OLI 的油田应用产品，可以用于矿物垢的预测，使用 OLI 的水溶液化学模型预测各种垢的沉积情况。

## —— 本 章 小 结 ——

在水盐体系相分离的研究与应用中，溶解度是重要的基础数据，其测定方法包括等温法和多温法。湿固相法在溶解度的测定中是成熟的实验方案之一，主要是通过测定湿固相及液相的组成，进而确定纯固相的组成。

在水盐体系结晶或溶解过程中，介稳态是能够保持体系基本稳定，但又很容易被破坏的热力学状态，会使得水盐体系的结晶路线偏离常规的稳态相平衡规律。表达介稳态的相平衡特征时，可以使用介稳相图的形式。

水盐体系在能量与物料持续输入和输出时，有可能在短期内的体系状态参数保持宏观稳定，这种状态属于非平衡定态。非平衡定态水盐体系的成盐规律可以使用非平衡态相图予以表达。

　　表达水盐体系相平衡规律的热力学模型已经被研究了多年，其中 Pitzer 模型等工具可以有效支撑水盐体系的热力学计算，在活度系数的预测中起到了很大的作用。在这一方面，已经开发了一些计算软件。

## 习　　题

6-1　测定水盐体系溶解度的实验方法有哪些？

6-2　解释湿固相法的测定原理。

6-3　解释介稳平衡与非平衡态在相分离意义上有什么区别。

6-4　试分析 Pitzer 电解质溶液模型与其他水盐体系热力学模型相比，有何优势及劣势。

6-5　试写出 Pitzer 电解质溶液模型中的基本方程。

# 水盐体系相分离应用

## 7 等温相转化过程的相分离

**本章提要：**
（1）掌握等温相转化过程中的水盐体系相分离规律。
（2）掌握利用水盐体系相图指导等温蒸发结晶工艺优化的方法。
（3）了解基于水盐体系等温相转化原理的无机盐生产技术。

等温蒸发与结晶是水盐体系相平衡最为经典的一类应用，尤其是利用相图制订分离混合盐的工艺路线、进行物料衡算。本章着重对等温蒸发结晶的相分离特征进行介绍。

### 7.1 NaCl 相分离的融雪应用

已知 2.2 节的图 2-4 为 NaCl 和水构成的体系，这是一种不稳定水合盐体系。在图 2-4 中，典型的特征之一是当盐组分加入水中之后，系统的结冰点温度降低了。反过来分析，这就意味着如果在冰中加入盐组分，冰就会增加融化的可能性，这就是融雪剂的基本原理。另外，在盐化工生产及其他一些场合需要低温，此时也可选择盐水低共融点混合物作为冷冻混合剂制冷，所用到的原理与融雪剂相同。

例如图 2-4 所示的 NaCl-H₂O 混合物，当 NaCl 浓度为 23.2% 时，其低共融点为 −21.2℃。所以，当气温在 −21.2℃ 以上时，理论上可

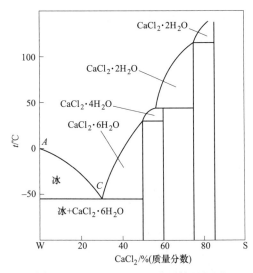

图 7-1 CaCl₂-H₂O 二元水盐体系相图

以通过洒 NaCl 融化积雪；当需要使用−21.2℃以上的制冷剂时，也可以使用 NaCl 的水溶液。当用于再低的温度时，制冷剂还可用 $CaCl_2$-$H_2O$ 溶液，如图 7-1 所示，含 $CaCl_2$ 为 29.9%时，其低共熔点可达−55℃。

# 7.2　海盐生产的相平衡

海水的化学组成很复杂，主要包括 $Na^+$、$Mg^{2+}$、$Ca^{2+}$、$K^+$ 等阳离子和 $Cl^-$、$SO_4^{2-}$ 等阴离子。从这些成盐离子的角度分析，海水至少属于六元的水盐体系。

海水经过蒸发，在脱去大量水分以后被浓缩，将首先对 NaCl 饱和。NaCl 开始从液相中结晶析出，此时液相一般被称为卤水，所析出的氯化钠产品就是一般意义上的海盐（粗盐）。

在大多数情况下，海水中 $Ca^{2+}$ 的浓度与其他离子相比并不是很高，与此同时 $Ca^{2+}$ 又容易与 $SO_4^{2-}$ 反应生成 $CaSO_4$ 的固相结晶盐。由于 $CaSO_4$ 组分的溶解度很小，在海水浓缩的初始阶段 $CaSO_4$ 就以二水石膏（$CaSO_4 \cdot 2H_2O$）的形式结晶析出了，所以此后的卤水中 $Ca^{2+}$ 的含量很少。海水中 $K^+$ 的溶解情况与 $Ca^{2+}$ 有所不同，虽然 $K^+$ 的含量也很低，但是从成盐角度来看钾盐的溶解度都是很大的，这就意味着只有当卤水浓缩倍率很高时才会有固体钾盐的结晶析出，即 $K^+$ 的析出会发生得较晚，而在大多数情况下海水中的 $K^+$ 不会影响 $Na^+$ 等易溶组分在蒸发浓缩前期的成盐结晶。在分析海盐生产时，其相平衡特征是以海水浓缩、NaCl 结晶为基础的，因此可以忽略 $Ca^{2+}$ 和 $K^+$，海水相图将简化为 $Na^+$, $Mg^{2+}//Cl^-$, $SO_4^{2-}$-$H_2O$ 四元交互体系相图[9]。

海盐生产主要是基于盐田中的自然蒸发，生产工艺视所处地区而定，并且需要随着季节和天气情况而随时调节工艺参数。总体上看，海盐生产大致处于常温的操作区间，因此可以选择25℃的相图进行分析。与海盐生产类似的是盐湖矿区的湖盐生产，但是湖盐生产不一定以25℃相图为基准，而是根据当地气温条件而定，例如青海的湖盐生产就往往采用15℃的水盐体系相图。

【例 7-1】　以 25℃ 的 $Na^+$, $Mg^{2+}//Cl^-$, $SO_4^{2-}$-$H_2O$ 四元体系稳态相图为例分析海盐生产，其相关的相平衡数据示于附录 3 的表 A.2，相图示于图 7-2。假设海水的化学组成（质量分数）如下：NaCl 2.800%，$MgSO_4$ 0.176%，$MgCl_2$ 0.386%，忽略 $Ca^{2+}$ 和 $K^+$ 的含量。

**解：**

该相图属于复杂类型相图，含有无水盐 $Na_2Cl_2$、$Na_2SO_4$，水合物 $S_{10}$（$Na_2SO_4 \cdot 10H_2O$）、Bis（$MgCL_2 \cdot 6H_2O$）、Kie（$MgSO_4 \cdot H_2O$）、Hex（$MgSO_4 \cdot 6H_2O$）、Eps（$MgSO_4 \cdot 7H_2O$）以及复盐 Ast（$Na_2SO_4 \cdot MgSO_4 \cdot 4H_2O$），因此一共包含八个结晶区或饱和面[9]。

根据海水的化学组成，可知在忽略 $Ca^{2+}$ 和 $K^+$ 含量的情况下海水的水含量大致可算为 96.638%，进而可以推算出海水的耶涅克指数情况，$Na_2Cl_2$ 的耶涅克指数为 81.29、$MgSO_4$ 为 4.96、$MgCl_2$ 为 13.75、$H_2O$ 为 18204。该点的海水可以标于图 7-2 中的 $M$（$M'$）点，在水图的不饱和溶液区、干基图的 $Na_2Cl_2$ 结晶区，在 25℃ 等温蒸发析盐规律的分析结果如表 7-1 所示。

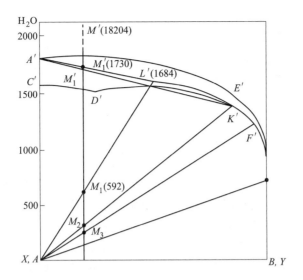

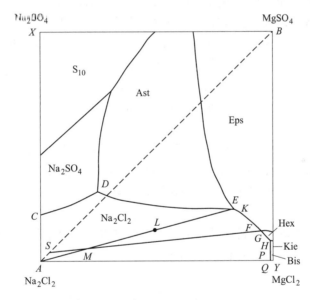

图 7-2  $Na^+$，$Mg^{2+}$ // $Cl^-$，$SO_4^{2-}$-$H_2O$ 四元水盐体系 25℃ 的稳态相图

海盐生产的目的是得到单一的 $Na_2Cl_2$ 结晶，而单一 $Na_2Cl_2$ 结晶的过程仅仅涉及表 7-1 的前两个阶段。其中，第一阶段是海水蒸发浓缩，直至对 $Na_2Cl_2$ 饱和，即制卤工序；第二阶段是控制蒸发使得仅有 $Na_2Cl_2$ 单一固相结晶析出，即结晶工序。

表 7-1  海水 25℃ 等温蒸发析盐规律

| 阶段 | 过程 | 干基图 | | | 水 图 | | |
|---|---|---|---|---|---|---|---|
| | | 系统 | 液相 | 固相 | 系统 | 液相 | 固相 |
| 一 | 未饱和溶液浓缩 | $M$ | $M$ | — | $M' \to M_1(M_L')$ | $M' \to M_1(M_L')$ | — |
| 二 | $Na_2Cl_2$ 结晶析出 | $M$ | $M \to K$ | $A$ | $M_1(M_L') \to M_2$ | $M_1(M_L') \to K'$ | $A$ |
| 三 | $Na_2Cl_2$、Eps 共析 | $M'$ | $K \to F$ | $A \to S$ | $M_2 \to M_3$ | $K' \to F'$ | $A \to S'$ |

| 阶段 | 过程 | 干基图 | | | 水　图 | | |
|---|---|---|---|---|---|---|---|
| | | 系统 | 液相 | 固相 | 系统 | 液相 | 固相 |
| 四 | Eps 脱水变为 Hex | 略 | 略 | 略 | 略 | 略 | 略 |
| 五 | Na$_2$Cl$_2$、Hex 共析 | | | | | | |
| 六 | Hex 脱水变为 Kie | | | | | | |
| 七 | Na$_2$Cl$_2$、Kie 共析 | | | | | | |
| 八 | Na$_2$Cl$_2$、Kie、Bis 共析 | | | | | | |

例 7-1 论述了海盐生产的相图分析，需要说明的是从第三阶段以后，海水的蒸发析盐就不能单纯地使用 Na$^+$，Mg$^{2+}$//Cl$^-$，SO$_4^{2-}$-H$_2$O 四元水盐体系相图进行分析了。理论上讲，生产过程一般是希望能尽可能多地获取产品，但是在实际中往往有产品质量和数量不能兼顾的情况。这有两方面的原因，首先，相平衡等科学理论对水盐体系的相转化起着指导作用，但是在实际过程中还存在很多其他方面的问题，例如结晶夹带、杂质干扰等，这使得产品品位会受到干扰。其次，实际体系并不会像 Na$^+$，Mg$^{2+}$//Cl$^-$，SO$_4^{2-}$-H$_2$O 四元水盐体系那样简单，例如海水中的 K$^+$ 会在一定的蒸发阶段析出，在硫酸镁盐析出后含钾的复盐光卤石就逐渐开始饱和结晶，这需要使用五元体系相图分析。

另外，海盐生产属于工业生产，需要考虑生产效率问题，蒸发水量、蒸发难易程度等都需要考虑在内，因此未必是蒸发到单一 NaCl 全部析出为止，这将在例 7-2 中的物料衡算时进行讨论。

总之，对于仅从海水中提取 NaCl 而言，表 7-1 中的第一阶段和第二阶段可以相对准确地描述 NaCl 的结晶过程，但是为了避免产品质量受到夹带、杂质和杂盐的干扰，以及考虑到蒸发效率等问题，一般情况下并不需要把海水蒸发到表 7-1 的第三阶段，而是留出一定的蒸发余量。

海盐生产过程需要确定物料衡算关系，可以通过四元水盐体系相图进行计算。利用相图进行海盐生产计算的基本内容包括制卤蒸发量、饱和蒸发量、饱和卤量、结晶蒸发量、结晶盐析出量等。

【例 7-2】　根据 Na$^+$，Mg$^{2+}$//Cl$^-$，SO$_4^{2-}$-H$_2$O 四元水盐体系，对例 7-1 的海盐生产进行物料衡算。

**解：**

（1）制卤工序。制卤工序是海盐生产的第一阶段，海水的水图相点由 $M'$ 蒸发至 $M_1'$，从图 7-2 中可读得 $M_1'$ 含水量耶涅克指数为 1730。

假设以海水 1000g 为基准，此时其中干盐总量 0.2946mol，则制卤蒸发水量如下：

$$w_1 = \frac{18204 - 1730}{100} \times 0.2946 = 48.53 \text{mol}$$

相当于质量 873.54g。

蒸发率可计算如下：

$$\eta_{w_1} = \frac{48.53}{966.38/M_{H_2O}} = 90.39\%$$

得到饱和卤水量为：

$$1000-873.54=126.46g$$

进而可计算出饱和卤水的组成（质量分数）：$Na_2Cl_2$ 22.31%，$MgSO_4$ 1.40%，$MgCl_2$ 3.08%，$H_2O$ 73.21%。

（2）结晶工序。根据例 7-1，海水蒸发的第二阶段是单一 $Na_2Cl_2$ 结晶的阶段。但是，经分析已经知道，在实际生产中的蒸发率往往需要控制在一定范围内。实际生产中一般采取控制析出 $Na_2Cl_2$ 后母液（通俗苦卤）比重的方法，在相图上则表示为控制苦卤在结晶过程液相轨迹 $MK(M_1K')$ 的某一位置上。

对于海水蒸发而言，控制其比重也就是控制浓度，而在海盐生产中的比重一般采用波美度（°Bé）的表示方式。波美度以法国化学家 Antoine Baume 而命名。在实际测量波美度时，把波美计（比重计）浸入所测溶液中，从波美计上可以读得的度数即为波美度。

$MK$ 线实质上是 $Na_2Cl_2$ 结晶析出的过程向量线，反映了 $Na_2Cl_2$ 析出时液相组成的变化。根据 $MK$ 线在 △$ABY$ 中的位置，可知液相 $Na_2Cl_2$ 含量在降低，而 $MgCl_2$、$MgSO_4$ 含量在增加，但是 $MgCl_2/MgSO_4$ 的比值却是近似不变的。这种现象意味着在海盐生产过程中特定组成的海水能够保持基本不变的 $MgCl_2/MgSO_4$ 值（镁镁比）。另一方面，如果原料海水发生变化，那么 $MK$ 线的位置就会改变，此时的 $MgCl_2/MgSO_4$ 值就会变化。

如果按照质量浓度计算，本例和例 7-1 中海水的 $MgCl_2/MgSO_4$ 值为 2.193。

另外，由 $MK$ 线在正方形中的位置可见随着从 $M$ 到 $K$，液相中 $Na_2^{2+}$ 含量逐渐降低、$Mg^{2+}$ 含量逐渐增大，因此液相（苦卤）中的 $Na_2^{2+}/Mg^{2+}$ 值（钠镁比）逐渐减小。在这种情况下，对于一定组成的海水，结晶工序中苦卤 $Na_2^{2+}/Mg^{2+}$ 值的变化就反映了其浓度的变化。

海水和卤水的钠镁比和镁镁比一般采用质量比的表示形式，也可以使用摩尔比的形式。将钠镁比和镁镁比反映到相图坐标上，可得图 7-3。

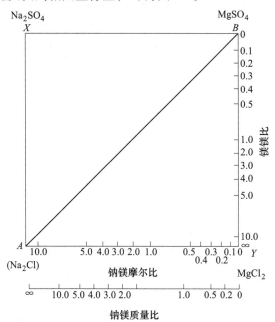

图 7-3 相图的钠镁比及镁镁比示意图

本例和例 7-1 中海水钠镁质量比为 8.22、摩尔比为 4.35。随着蒸发的进行,如果苦卤的钠镁质量比为 1.891(摩尔比为 1.00)时,可确定苦卤的位置为图 7-2 中的 $L(L')$ 点。从图 7-2 中,可以读得 $L(L')$ 点的耶涅克指数,$Na_2^{2+}$ 为 50.0、$SO_4^{2-}$ 为 13.3、$H_2O$ 为 1584。

设结晶工序蒸发水量为 $w_2$ mol,析出 $Na_2Cl_2$ 量为 $a$ mol,剩余苦卤的干盐量为 $l$ mol,则可以写出下式:

总干盐　　　 $0.2946 = a + l$

$Mg^{2+}$ 　　　 $0.0551 = 0.50l$

$H_2O$ 　　　 $966.38/M_{H_2O} - 48.53 = w_2 + 15.84l$

联立方程式可解得 $l = 0.1102$、$a = 0.1844$、$w_2 = 3.35$。

所以,结晶工序的蒸发率为:

$$\eta_{w_2} = \frac{3.35}{966.38/M_{H_2O} - 48.53} = 65.7\%$$

另外,还可以计算出 $Na_2Cl_2$ 的析出率为 77% 左右。

当苦卤的钠镁比不同时,结晶工序计算结果也将不同,计算结果示于表 7-2。根据表 7-2,当蒸发率为 67.57%,即蒸发掉 2/3 的水分时,苦卤的钠镁质量比已经降至 1.75,而此时 $Na_2Cl_2$ 已经析出了 78.66%。在这一节点,获得单位数量 $Na_2Cl_2$ 结晶所需的蒸发水量是相对较少的,但是当继续蒸发时析出单位数量 $Na_2Cl_2$ 所需蒸发水量就要增加。

**表 7-2　1000 克海水蒸发第二阶段的计算结果**

| 卤水钠镁质量比 | 蒸发水量 | | | $Na_2Cl_2$ 析出量 | | | 析出 $Na_2Cl_2$ 的单位蒸发水量（$mol_{H_2O}/mol_{Na_2Cl_2}$） |
|---|---|---|---|---|---|---|---|
| | 数量/mol | 累计量/mol | 累计蒸发率/% | 数量/mol | 累计量/mol | 累计析出率/% | |
| 8.22~5.00 | 1.762 | 1.762 | 34.19 | 0.0942 | 0.0942 | 39.33 | 18.70 |
| 5.00~3.00 | 1.051 | 2.813 | 54.58 | 0.0577 | 0.1519 | 63.42 | 18.21 |
| 3.00~2.00 | 0.534 | 3.347 | 64.95 | 0.0291 | 0.1810 | 75.57 | 18.35 |
| 2.00~1.75 | 0.135 | 3.482 | 67.57 | 0.0074 | 0.1884 | 78.66 | 18.24 |
| 1.75~1.50 | 0.141 | 3.623 | 70.31 | 0.0076 | 0.1960 | 81.84 | 18.55 |
| 1.50~1.25 | 0.132 | 3.755 | 72.87 | 0.0071 | 0.2031 | 84.80 | 18.59 |
| 1.25~1.00 | 0.137 | 3.892 | 75.53 | 0.0072 | 0.2103 | 87.81 | 19.03 |
| 1.00~0.75 | 0.136 | 4.028 | 78.17 | 0.0071 | 0.2174 | 90.77 | 19.15 |
| 0.75~0.50 | 0.151 | 4.179 | 81.10 | 0.0078 | 0.2252 | 94.03 | 19.36 |

另外,随着卤水浓度增加,其液相黏度也在增大,而蒸发强度在降低,通俗地讲是蒸发变得越来越缓慢了。这意味着,在相同的天气条件下,高浓度卤水比低浓度卤水的实际蒸发量要小、蒸发更困难。

综合考虑到如上因素,可知在海盐生产中追求过高的 $Na_2Cl_2$ 析出率是不经济的,$Na_2Cl_2$ 析出率达到 80% 左右就可以了。在实际生产中,利用比重测量卤水的方式进行估算,相应苦卤的比重一般在 28°Bé 左右。

# 7.3 交互五元体系相分离的运用

海盐和湖盐的生产过程分析往往基于五元水盐体系相图，由简化干基图与水图、$Na_2^{2+}$图相互配合，分析相转化路线、进行量的计算[9]。

## 7.3.1 苦卤的蒸发析盐规律分析

在五元水盐体系相图中，过程向量法和直线规则都能够被用于分析相转化过程，其中普遍是对等温蒸发过程进行分析。

【例 7-3】 某苦卤 $J'$ 值包括 $K_2^{2+}$ 为 4.52、$Mg^{2+}$ 为 75.80、$SO_4^{2-}$ 为 19.68、$Na_2^{2+}$ 为 24.58、$H_2O$ 为 1467，试分析其在环境温度下的蒸发析盐规律。

**解：**

在环境温度 25℃ 下，绘制 $Na^+$，$K^+$，$Mg^{2+}/\!/Cl^-$，$SO_4^{2-}$-$H_2O$ 五元水盐体系在 25℃、对 $Na_2Cl_2$ 饱和的简化干基图，并选取简化干基图的局部图，如图 7-4 所示。根据 $J'$ 值，标记苦卤相点于图中 $M$ 点，该点处于 $Na_2Cl_2$、Eps 的共饱和区域内。

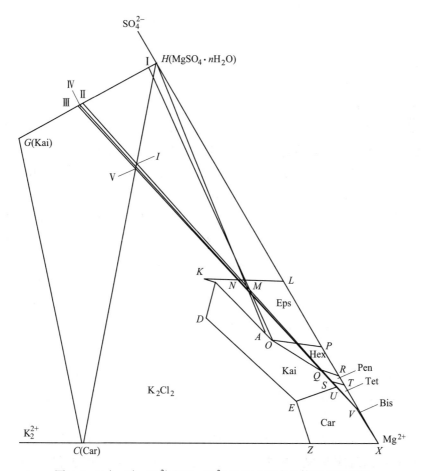

图 7-4 $Na^+$，$K^+$，$Mg^{2+}/\!/Cl^-$，$SO_4^{2-}$-$H_2O$ 五元水盐体系相图局部

Ⅰ、Ⅱ、Ⅲ、Ⅳ分别为 $OM$、$QM$、$SM$、$UM$ 直线与 $HG$ 线的交点。Ⅴ、Ⅵ分别是 $UM$、$VM$ 直线与 $HC$ 直线的交点。

苦卤是析出 $Na_2Cl_2$ 后的母液，在常温下对 $Na_2Cl_2$ 已饱和，故蒸发的第一阶段 $Na_2Cl_2$ 应继续析出，在简化干基图上反映不出这一阶段。

从 $M$ 点的位置判定第二个饱和的固相是 Eps，第二阶段是 $Na_2Cl_2$、Eps 共析，固相点为 $H$，液相沿着过程向量的方向从 $M$ 至 $A$。

$A$ 是液相线 $NO$ 上的一点，从 $NO$ 线上的过程向量分析可知，第三阶段是 $Na_2Cl_2$、Eps、Kai 共析，液相沿液相线从 $A$ 向 $O$ 运动，总固相在 $H$、$G$ 连线上运动，当液相到达 $O$ 点时，固相到Ⅰ点。

在 $O$ 点的过程已在图 5-12 中分析过，是 Eps 脱水变为 Hex，而 $Na_2Cl_2$、Kai 不参与，这是第四阶段。其中，液相在 $O$ 点不动，总固相既要在 $HG$ 连线上，又要在 $OM$ 线上，故在Ⅰ点不动。过程一直进行到全部的 Eps 转变为 Hex，消失一相，剩下 $Na_2Cl_2$、Kai、Hex 三固相与液相（相当于 $OQ$ 线）平衡为止。

$OQ$ 线的平衡固相为 $Na_2Cl_2$、Kai、Hex，由于固相点 $H$ 及 $G$ 在 $OQ$ 线延长线的同一侧（可用解析法判断），故根据过程向量分析，蒸发时应发生 Hex 溶解，$Na_2Cl_2$ 及 Kai 析出的过程，这是第五阶段，液相从 $O$ 到 $Q$，总固相仍在 $H$、$G$ 连线上运动。当液相到达 $Q$ 时，总固相到Ⅱ点。

$Q$ 点的平衡固相为 $Na_2Cl_2$、Kai、Hex、Pen，其过程情况于 $O$ 点类似，是 Hex 脱水变为 Pen，而 $Na_2Cl_2$、Kai 不参与，并一直进行到 Hex 消失为止。过程中液、固相点不动，仍分别在 $Q$ 及Ⅱ点，这是第六阶段。

$QS$ 线上的过程与 $NO$ 线上的类似，是 $Na_2Cl_2$、Kai、Pen 共析，液相从 $Q$ 到 $S$，固相仍在 $H$、$G$ 连线上运动。当液相到达 $S$ 时，固相到Ⅲ点，这是第七阶段。

$S$ 点上的过程又与 $O$ 点、$Q$ 点的类似，是 Pen 脱水变为 Tet、$Na_2Cl_2$ 及 Kai 不参与，直到 Pen 消失，这是第八阶段。液、固相分别在 $S$、Ⅲ点不动。

$SU$ 线上的过程又与 $NO$ 线、$QS$ 线上的类似，是 $Na_2Cl_2$、Kai、Tet 共析，液相从 $S$ 到 $U$，固相还在 $H$、$G$ 连线上运动，当液相到达 $U$ 点时，固相到Ⅳ点，这是第九阶段。

第十阶段在 $U$ 点的过程用向量法判断是 Kai 溶解，$Na_2Cl_2$、Car、Tet 析出，液相点在 $U$ 不动，固相点应在 $\triangle HGC$ 上运动，同时要在 $U$、$M$ 连线上，即从Ⅳ到Ⅴ点。固相到达 $H$、$C$ 连线上的Ⅴ点时，说明 Kai 已溶完。

第十一阶段在 $UV$ 线上的过程是 $Na_2Cl_2$、Tet、Car 共析，液相从 $U$ 到 $V$，固相在 $H$、$C$ 连线上运动，当液相到达 $V$ 时，固相到Ⅵ点。

最后一个阶段，由于 $V$ 点是相称零变点，故一定发生平衡的固相 $Na_2Cl_2$、Tet、Car、Bis 同析出的过程，液相在 $V$ 点不动，并一定在这点蒸干，固相由Ⅵ到 $M$，与系统点重合。

整个蒸发过程归纳如表 7-3 所示。苦卤是海水经蒸发析出 $Na_2Cl_2$ 后的母液，因此在开始加上未饱和溶液浓缩的阶段，则表 7-3 也就是海水 25℃ 等温蒸发的析盐规律。

表 7-3　苦卤在 25℃时的等温蒸发规律

| 阶段 | 过 程 情 况 | 液相点 | 固相点 | 大阶段 |
|---|---|---|---|---|
| 一 | $Na_2Cl_2$ 析出 | $M$ | — | 壹 |
| 二 | $Na_2Cl_2$、Eps 共析 | $M \to A$ | $H$ | 贰 |
| 三 | $Na_2Cl_2$、Kie、Bis 共析 | $A \to O$ | $H \to I$ | |
| 四 | Eps 脱水变成 Hex，$Na_2Cl_2$、Kai 不参与，至 Eps 消失 | $O$ | $I$ | |
| 五 | Hex 溶解，$Na_2Cl_2$、Eps 析出 | $O \to Q$ | $I \to II$ | |
| 六 | Hex 脱水变成 Pen，$Na_2Cl_2$、Kai 不参与，至 Hex 消失 | $Q$ | $II$ | |
| 七 | $Na_2Cl_2$、Pen、Kai 共析 | $Q \to S$ | $II \to III$ | 叁 |
| 八 | Pen 脱水变成 Tet，$Na_2Cl_2$、Kai 不参与，至 Pen 消失 | $S$ | $III$ | |
| 九 | $Na_2Cl_2$、Tet、Kai 共析 | $S \to U$ | $III \to IV$ | |
| 十 | Kai 溶解，$Na_2Cl_2$、Tet、Car 析出，至 Kai 溶完 | $U$ | $IV \to V$ | |
| 十一 | $Na_2Cl_2$、Tet、Car 共析 | $U \to V$ | $V \to VI$ | |
| 十二 | $Na_2Cl_2$、Tet、Car、Bis 共析，至蒸干 | $V$ | $IV \to M$ | 肆 |

## 7.3.2　苦卤等温蒸发析盐的定量计算

对于五元水盐体系，杠杆规则、物料衡算等方法都可以使用，但是在进行定量计算时需要注意选定计算基准。

【例 7-4】　某苦卤含 $K_2Cl_2$ 为 22.05g/L、$MgCl_2$ 为 161.43g/L、$MgSO_4$ 为 71.17g/L、$Na_2Cl_2$ 为 135.48g/L、$H_2O$ 为 872.42g/L，试计算该苦卤在 100℃等温蒸发至光卤石析出前的蒸发水量及固相析出量。

**解：**

以 1L 苦卤为基准，该基准相当于 $K_2^{2+}$、$Mg^{2+}$、$SO_4^{2+}$ 之和为 3.026mol。该苦卤属于 $Na^+$，$K^+$，$Mg^{2+}/\!/Cl^-$，$SO_4^{2-}$-$H_2O$ 五元水盐体系，其相图如图 7-5 所示。$M$ 点代表简化干基图中的苦卤相点，处于 $Na_2Cl_2$、Loe 共饱面区域内，在水图、$Na_2^{2+}$ 图中分别为 $M'$、$M''$ 点。

该苦卤等温蒸发过程分析可近似地参照例 7-3，分析可知在光卤石析出前，固相只有 $Na_2Cl_2$ 和 Kie，过程中 Loe 虽然有过析出，但后来又溶解了。与 $Na_2Cl_2$、Kie 平衡的液相为 $L(L'，L'')$，水图上相应的系统点为 $Me$。

在简化干基图上，杠杆臂代表相应物料中 $K_2^{2+}$、$Mg^{2+}$、$SO_4^{2+}$ 三离子的摩尔数。由于系统点为 $M$、固相点为 $S$、液相点为 $L$，所以当析出固相中三离子总量为 $s$mol，液相中三离子总量为 $l$mol 时，根据杠杆规则可知：

$$s : 3.026 = ML : SL$$

$$l : 3.026 = SM : SL$$

因此可以计算得到 $s = 1.113$，$l = 1.914$。

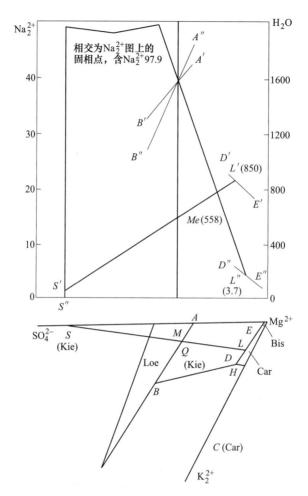

图 7-5　$Na^+$, $K^+$, $Mg^{2+}$∥$Cl^-$, $SO_4^{2-}$-$H_2O$ 五元水盐体系 100℃ 相图（对 $Na_2Cl_2$ 饱和）

$s$ 是总固相中三离子的量，而总固相由 $Na_2Cl_2$ 及 Kie($MgSO_4·H_2O$) 组成，全部的三离子都含在 Kie 中，也就是析出的 Kie 中三离子量为 1.113mol。如果要换算成相应的克数，则需乘以一个换算系数 $M'_C$，即：

$$某固相的克数 = 该固相的 M'_C × 该固相三离子摩尔数$$

各种固相的 $M'_C$ 数值需要根据其 $J'$ 值计算，相当于每摩尔三离子的该固相所具有的克数。例如，$MgSO_4·H_2O$ 的 $J'$ 值为 $Mg^{2+}$ 等于 50、$SO_4^{2-}$ 等于 50、$H_2O$ 等于 50，而其他离子为零，按 $M'_C$ 的含义可得：

$$M'_C = \frac{24.31 × 50 + 96.06 × 50 + 18.0 × 50}{100} = 69.19$$

式中，24.31、96.06、18.0 分别为 $Mg^{2+}$、$SO_4^{2-}$、$H_2O$ 的摩尔质量。

于是，析出 Kie 的质量为：

$$69.19×1.113 = 77.0g$$

析出的 $Na_2Cl_2$ 量可以通过母液 L 中留存的 $Na_2Cl_2$ 量间接求取，而 $Na_2Cl_2$ 量为

135.48g/L/（分子量 58.5×2）= 1.158mol，所以可得：

$$Na_2Cl_2 \text{ 析出量 } y = \text{系统中 } Na_2Cl_2 \text{ 量 } 1.158 - \text{液相中 } Na_2Cl_2 \text{ 量 } z$$

其中，液相中的 $Na_2Cl_2$ 量 $= \dfrac{\text{液相中 } Na_2^{2+} J' \text{值}}{100}$。

液相中 $Na_2^{2+}$ 的 $J'$ 值可由图中 $L''$ 点读得为 3.7，所以：

$$z = \frac{3.7}{100} \times 1.194 = 0.071 \text{mol}$$

因此，

$$y = 1.158 - 0.071 = 1.087 \text{mol}$$

相当于

$$117 \times 1.087 = 127.18 \text{g}$$

系统蒸发水量 $w = \dfrac{M' - Me}{100} \times$ 系统三离子量，从图中读得 $Me$ 含水量为 558，所以：

$$w = \frac{1600 - 558}{100} \times 3.026 = 31.5 \text{mol}$$

相当于 568g。

上述计算过程也可以使用物料平衡法计算，结果是相近的。

### 7.3.3 氯化钾生产中蒸发保温过程的分析

图 7-6 为蒸发浓缩法从苦卤中提取氯化钾的基本工艺流程[9]。图中所述的兑卤是指两种或多种卤水混合在一起的单元操作，在兑卤过程中由于多种离子混合以后某些特定组分会超出溶解度，所以往往会有固相盐析出，此时一般需要进行固液分离。在大多数情况下，兑卤后析出的固相盐是 $Na_2Cl_2$。

根据图 7-6 的苦卤提取氯化钾基本流程，可知在蒸发和保温过程中，兑卤后的混合卤将在高温蒸发时脱去大量水分，同时分离出氯化钠及硫酸镁，由此得到富含氯化钾的卤水，以便于后续的冷却结晶制取光卤石。之所以在该过程中需要进行保温，是因为在高温蒸发后的母液中光卤石 Car 接近于饱和，并且 Car 的结晶区还会随着温度降低而扩大，因此如果高温蒸发母液过于快速地降温，则会使母液很容易进入扩大了的 Car 结晶相区。在这种情况下，Car 将会提前结晶析出，并且掺杂在 $Na_2Cl_2$ 和 Kie 的固相中，从而导致钾的损失。为了避免这种钾的损失，在沉降分离时就需要进行保温，以制止 Car 析出得过早。另一方面，为了获得较高品质的 Car 产品，在蒸发和保温阶段还需要使 $Na_2Cl_2$ 及 Kie 尽可能多地析出并分离。与此同时，保温分离后的澄清液还要求尽可能地保留钾组分，即 Car 以接近饱和又不结晶为原则。总之，苦卤生产氯化钾的技术要求是较为精细的，在实际操作时主要是使澄清液保持一定的化学组成和液相浓度。

【例 7-5】 经兑卤所得某混合卤的组成如表 7-4 所示，试分析该卤水的蒸发与保温过程。

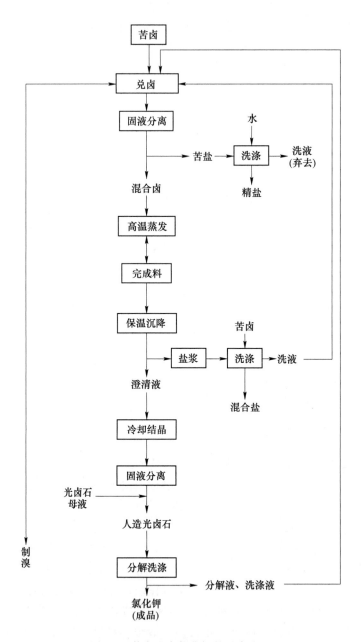

图 7-6　苦卤生产氯化钾的基本流程

**表 7-4　混合卤的组成**

| 组分 | $K_2Cl_2$ | $Na_2Cl_2$ | $MgCl_2$ | $MgSO_4$ | $H_2O$ |
|---|---|---|---|---|---|
| g/L | 16.71 | 99.59 | 257.00 | 64.82 | 846.88 |
| mol/L | 0.112 | 0.852 | 2.699 | 0.538 | 47.00 |

高温蒸发完成料需要在沉降分离时逐渐降温至保温分离温度，根据图 7-7 可设定 110℃为蒸发温度、100℃为保温温度。图 7-7 中，$AB$ 线和 $EF$ 线分别为 100℃和 110℃时与 $Na_2Cl_2$、Kie、Loe 三固相平衡的液相线，$CD$ 线和 $GH$ 线分别为 100℃和 110℃时与 $Na_2Cl_2$、Kie、Car 三固相平衡的液相线。Kie 结晶区域位于 $AB$ 线和 $CD$ 线之间、$EF$ 线和 $GH$ 线之间。

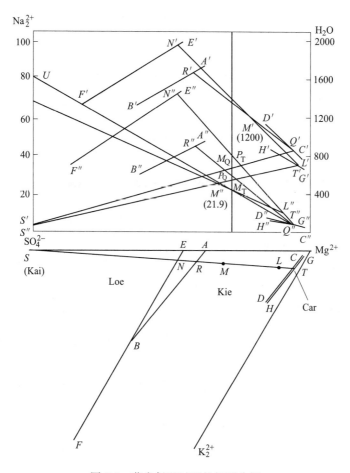

图 7-7  蒸发保温过程的相图分析

表 7-4 的数据换算为耶涅克指数时，如表 7-5 所示。

**表 7-5  混合卤的耶涅克指数**

| 组分 | $K_2^{2+}$ | $Mg^{2+}$ | $SO_4^{2-}$ | Σ三离子 | $Na_2^{2+}$ | $H_2O$ |
|---|---|---|---|---|---|---|
| mol/L | 0.112 | 3.237 | 0.538 | 3.887 | 0.852 | 47.00 |
| $J'$ 值 | 2.90 | 83.30 | 13.90 | 100.00 | 21.90 | 1209.00 |

表 7-5 所示混合卤的相点位于图 7-7 中的 $M(M'，M'')$ 点，在简化干基图上该点处于 Kie 结晶区。根据图 7-7，$M(M'，M'')$ 点的卤水在 110℃或 100℃温度下蒸发时，Kie 都会先结晶析出，然后是 Kie 和 $Na_2Cl_2$ 的共析，再后是 Kie、$Na_2Cl_2$、Car 的共析。通过作图可以确定 Kie、$Na_2Cl_2$、Car 开始共析的含水量界限点，在 100℃时可确定为 $M_Q$ 点，在 110℃时

为 $M_T$ 点。考虑到保温分离是在 100℃ 温度下进行的，因此以 100℃ 相图对澄清液进行分析。

在 100℃ 温度下，卤水蒸发至 Car 析出前是 Kie 和 $Na_2Cl_2$ 共析的阶段，其液相点在简化干基图上的移动路线为背向 $S(Kie)$ 点的方向。如果初始物料点为 $M$，则移动轨迹为从 $M$ 点出发、沿 $SM$ 延伸线方向运动，直至该线与 $CD$ 线的交点 $Q$（水图相点为 $Q'$、$Na_2^{2+}$ 图相点为 $Q''$），$Q$ 点可视为澄清液的相点。$Q$ 点澄清液对 Car 恰好饱和，可以使 $Na_2Cl_2$、Kie 析出得最为充分，并且没有其他钾盐的析出。此时，$M_Q$ 为水图上对应的系统点，$Na_2^{2+}$ 图上相应的固相点为 $U$。

综上所述，初始卤水 $M(M'、M'')$ 经蒸发浓缩后可以到达 $M_Q$ 点，再于 100℃ 温度下保温分离后就可以得到满足工艺要求的澄清液 $Q(Q'、Q'')$。此时，有两点问题需要注意。首先，因为 $M_Q$ 点高于 110℃ 时 Kie、$Na_2Cl_2$、Car 开始共析的含水量界限点 $M_T$，说明在 110℃ 温度下蒸发结束时系统并未对 Car 饱和，相应的液相可以用直线规则确定为图中 $L(L'、L'')$ 点。其次，在 $MLQT$ 连接的过程向量线上，$L$ 点位于 $Q$ 点之前，说明在蒸发结束到保温分离之前的保温过程中，还会有一部分固相析出，即 Kie 和 $Na_2Cl_2$ 共同析出的混合盐。根据以上分析，蒸发和保温过程的工艺控制条件如图 7-8 所示。

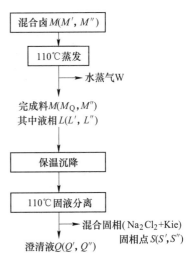

图 7-8 卤水蒸发保温过程的控制条件

**【例 7-6】** 对例 7-5 的工艺流程，试进行物料衡算[9]。

**解：**

首先，求算图 7-7 中各个物料的 $J'$ 值，如表 7-6 所示。

表 7-6 混合卤物料的 $J'$ 值

| 物料 | $K_2^{2+}$ | $Mg^{2+}$ | $SO_4^{2-}$ | $Na_2^{2+}$ | $H_2O$ |
|---|---|---|---|---|---|
| $L(L'、L'')$ | 3.87 | 94.10 | 2.03 | 5.2 | 774 |
| $Q(Q'、Q'')$ | 3.95 | 94.85 | 1.20 | 1.90 | 788 |
| $S(S'、S'')$ | 0 | 50 | 50 | 0 | 50 |

以 1L 的混合卤 $M(M'、M'')$ 为基准，如表 7-5 所示，混合卤中三离子总量为 3.887mol。假设蒸发水量为 $w$mol，蒸发过程析出 Kie 固相中三离子量为 $x_1$mol，保温过程析出 Kie 固相中三离子量为 $x_2$mol，则总量为 $x=x_1+x_2$。蒸发过程析出 $Na_2Cl_2$ 量为 $y_1$mol，保温过程析出 $Na_2Cl_2$ 量为 $y_2$mol，总量为 $y=y_1+y_2$。假设蒸发完成液相中三离子量为 $l$mol，澄清液相中三离子量为 $q$mol。此时，可以写出如下的方程组：

$\sum$ 三离子    $3.887 = x_1 + l = x + q$

$K_2^{2+}$     $0.112 = 0.0387 \times l = 0.0395 \times q$

$Mg^{2+}$     $3.237 = 0.941 \times l + 0.5 \times x_1 = 0.9485 \times q + 0.5 \times x$

$SO_4^{2-}$                 $0.538 = 0.0203 \times l + 0.5 \times x_1 = 0.0120 \times q + 0.5 \times x$

$Na_2^{2-}$              $0.852 = y_1 + 0.052 \times l = y + 0.019 \times q$

$H_2O$              $47.00 - w = 0.5 \times x_1 + 7.741 = 0.5 \times x + 7.88 \times q$

可以得到 $l = 2.89$、$q = 2.84$、$x_1 = 0.997$、$x = 1.047$、$y_1 = 0.701$、$y = 0.798$、$w = 24.13$、$x_2 = 0.05$、$y_2 = 0.097$。

根据如上数据，可以求出卤水中 $Na_2Cl_2$ 及 $MgSO_4$ 的析出率。对于全过程，析出率为：

$$\eta_y = \frac{0.798}{0.852} = 93.7\%$$

$$\eta_x = \frac{1.047}{0.538 \times 2} = 97.3\%$$

对于蒸发过程，析出率为：

$$\eta_{y_1} = \frac{0.701}{0.852} = 82.3\%$$

$$\eta_{x_1} = \frac{0.997}{0.538 \times 2} = 92.7\%$$

对于保温过程，析出率为：

$$\eta_{y_2} = \frac{0.097}{0.852} = 11.4\%$$

$$\eta_{x_2} = \frac{0.05}{0.538 \times 2} = 4.6\%$$

对于蒸发完成液相 $L$，可知在保温过程中 $Na_2Cl_2$ 及 $MgSO_4$ 的析出率为：

$$\eta'_{y_2} = \frac{0.097}{0.052 \times 2.89} = 64.5\%$$

$$\eta'_x = \frac{0.05}{0.0203 \times 2.89 \times 2} = 42.6\%$$

全过程的蒸发率为：

$$\eta_{H_2O} = \frac{24.13}{47.00} = 51.3\%$$

根据以上的物料衡算，可知混合卤蒸发一半左右的水分、保温沉降后，卤水中的大部分 $Na_2Cl_2$ 及 $MgSO_4$ 都已经析出。保温过程中会析出 11.4% 的 $Na_2Cl_2$、4.6% 的 $MgSO_4$，可见保温工序对于避免物料损耗还是有很大作用的，否则如果 $Na_2Cl_2$、$MgSO_4$ 析出不充分，会影响光卤石产品的质量。

—————— 本 章 小 结 ——————

水盐体系相分离在应用中的一个重要方面是盐水溶液的等温蒸发结晶，经典的案例包括海湖盐的生产、苦卤蒸发制盐等，而 NaCl 等可溶盐在融雪方面的应用也遵循等温相平衡的基本规律。本章仅介绍了水盐体系相平衡在等温过程中的若干应用实例，通过文献资料还可以了解更多。

在等温相转化过程中，可以根据水盐体系相点在不同化学组成时的相图位置，利用杠杆规则等计算法则求取各物料的变化规律。

7-1 试利用 $Na^+$，$Mg^{2+}/\!/Cl^-$，$SO_4^{2-}$-$H_2O$ 四元水盐体系相图，综合分析在设计海盐生产工艺时，为什么海盐生产的 NaCl 析出率仅需控制在 80% 左右？

# 8 变温相转化过程的相分离

╲╲╲╲╲╲╲╲╲╲╲╲╲╲╲╲╲╲╲╲╲╲╲╲╲╲╲╲╲╲╲╲╲╲╲╲╲╲╲╲╲╲

**本章提要：**

(1) 掌握变温相转化过程中的水盐体系相分离规律。

(2) 掌握利用多温相图指导变温蒸发结晶工艺优化的方法。

(3) 了解基于水盐体系变温相转化原理的无机盐生产技术。

╲╲╲╲╲╲╲╲╲╲╲╲╲╲╲╲╲╲╲╲╲╲╲╲╲╲╲╲╲╲╲╲╲╲╲╲╲╲╲╲╲╲

本章主要论述不同温度下多组相图的协同应用，其应用的方式是变温结晶分离过程，这既包括了较为缓慢的盐田变温析盐工艺[15]，也包括了快速变温分离工艺。其中，快速变温分离工艺具有明显的非平衡动态特征，这也影响到该过程的精准调控模式。本章以工程案例方式论述此类分离过程的技术特点。

## 8.1　多温相图及工业变温生产

### 8.1.1　冷冻制盐

海盐的生产一般使用海水蒸发的方法，即通常所述的盐田工艺，包括了纳潮、制卤、结晶、收盐等工序，属于等温蒸发结晶过程。井盐和湖盐的生产与海盐类似，并且根据各地气候条件的不同，在15℃、25℃或35℃等温度中选择某一温度下的水盐体系相图即可满足工艺设计要求。

在制盐生产中，也可以采用冬季低温冷冻的制盐方案。例如，在图2-4中的$E$点和$Q$点向上分别做两条虚线，可以将三相线以上的区域分为三个部分，如图8-1所示。在$E$点左侧，溶液降温时可得到冰的固相，而剩余液相其实就是浓度更高的盐水，这也是冷冻法海水淡化的原理。在$E$点右侧、$Q$点左侧的区域，降温时会析出$NaCl \cdot 2H_2O$。$Q$点右侧的区域，系统降温时会析出$NaCl$或者$NaCl \cdot 2H_2O$，并且$NaCl$也可能转化为$NaCl \cdot 2H_2O$，这需要视温度和浓度情况而定。

总之，在$NaCl$-$H_2O$相图中，当卤水达到或接近饱和状态以后，例如其中的$NaCl$含量高于23.2%时，只要温度降低至0.15℃以下，即有$NaCl \cdot 2H_2O$固相析出；并且，$NaCl \cdot 2H_2O$固相的析出量与降温幅度是正相关的，温度降低至-21.2℃以后$NaCl \cdot 2H_2O$固相析出量是最大的。固液分离后，当温度回升至0.15℃时，$NaCl \cdot 2H_2O$结晶盐就可以再风化分解为$NaCl$。

### 8.1.2　利用$Na_2SO_4 \cdot 10H_2O$制取$Na_2SO_4$

无水$Na_2SO_4$可以通过芒硝（$Na_2SO_4 \cdot 10H_2O$）脱水工艺进行生产，其生产原理可根据图 8-2 所示的 $Na_2SO_4$-$H_2O$ 体系相图予以说明。图 8-2 表明当温度高于 32.4℃时，芒硝开始脱水并转变为无水 $Na_2SO_4$，因此该温度值可视为芒硝的最低脱水温度。根据 $Na_2SO_4$-$H_2O$ 体系相图，芒硝应直接加热至 32.4℃，之后一部分 $Na_2SO_4 \cdot 10H_2O$ 以类似于融化的形式转变为水溶液，另一部分则以 $Na_2SO_4$ 固相的形式析出。

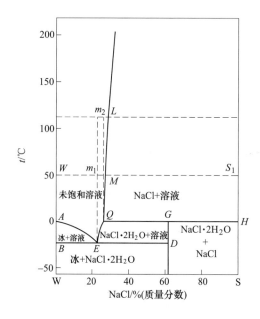

图 8-1　NaCl-$H_2O$ 体系相图

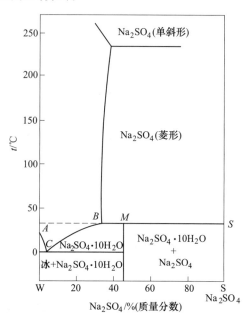

图 8-2　$Na_2SO_4$-$H_2O$ 体系相图

根据杠杆规则，可以计算出芒硝发生相转化以后所生成的液相量和固相量，根据相图可写出式（8-1）：

$$\frac{Na_2SO_4 \text{ 结晶量}}{Na_2SO_4 \cdot 10H_2O \text{ 原料量}} = \frac{BM}{BS} \tag{8-1}$$

根据式（8-1）及图 8-2 中 $B$、$M$ 点 $Na_2SO_4$ 含量值参数，可以估算每吨 $Na_2SO_4 \cdot 10H_2O$ 可制得 0.163t 的无水 $Na_2SO_4$。另外，本工艺中的 $B$ 点母液可以循环回用，或者冷却析出 $Na_2SO_4 \cdot 10H_2O$ 后再将固相盐兑回进料卤水，以提高全套工艺的总收率。

### 8.1.3　NaCl-$Na_2SO_4$-$H_2O$ 体系变温分盐

NaCl-$Na_2SO_4$-$H_2O$ 体系制取 $Na_2SO_4$ 或 NaCl 有多种方法，该体系的生产俗称盐硝联产。盐硝联产可以是对盐水进行直接蒸发，从而制得混盐，工艺简单，但是混盐经济价值不高；盐水还可以冷冻脱硝，即冷冻后制得较高纯度的芒硝，之后的脱硝母液通过蒸发结晶制得氯化钠，但该工艺存在大量低温母液循环，能耗较高且需要蒸发及冷冻设备；另一条工艺路线为盐水高温蒸发制备硫酸钠、母液低温蒸发制备氯化钠，该工艺的总体能耗仍然较高，但能得到纯的产品，且工艺控制比冷冻脱硝简单。

盐硝联产的原理主要是基于 $Na_2SO_4$ 具有较大的溶解度温度系数，即其溶解度随温度的变化较大，而 NaCl 的溶解度温度系数较小，因此在不同温度下进行蒸发浓缩时会使不同的盐组分结晶析出，从而使得混合盐组分得以分离。根据这一规律，当原料卤水在较低温度下蒸发时，NaCl 大量析出，同时可以将 $Na_2SO_4$ 组分浓缩至饱和或近饱和状态。然后，再将析出 NaCl 之后的母液升温，此时 $Na_2SO_4$ 的溶解度会略有减小而析出，NaCl 的溶解度则随着温度升高而呈现小幅度增加的趋势，即 NaCl 成为不饱和组分。这种情况下继续蒸发时，$Na_2SO_4$ 继续析出，而 NaCl 浓度则持续升高，直至 NaCl 浓度达到或接近饱和。在此固液分离后，将固液分离后的析硝母液降温、蒸发，则又能够使 NaCl 过饱和、结晶析出，而 $Na_2SO_4$ 再次被浓缩。此后，析盐母液再返回升温工序循环，如此反复可以将 NaCl 和 $Na_2SO_4$ 分离开来。

在不同温度下，$Na_2SO_4$ 的析出形式也是不一样的，这种现象可以由图 8-3 说明，该图为 $NaCl$-$Na_2SO_4$-$H_2O$ 体系在 17.5℃ 和 25℃ 下的相图。以 $M_1$ 点的原料卤水为例，在 17.5℃ 的相图中，结晶相区显示卤水在浓缩时会首先析出 $Na_2SO_4$ 结晶盐，且液相中的 $Na_2SO_4$ 组分只能以 $Na_2SO_4 \cdot 10H_2O$ 固盐的形态析出，而 25℃ 的 $NaCl$-$Na_2SO_4$-$H_2O$ 体系相图则显示出存在 $Na_2SO_4 \cdot 10H_2O$ 和 $Na_2SO_4$ 共同析出的可能。

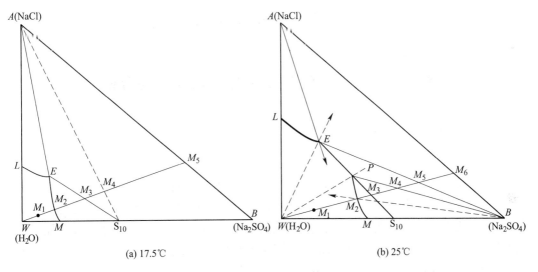

图 8-3　$NaCl$-$Na_2SO_4$-$H_2O$ 体系相图

水盐体系的温度变化对于分盐及产品工程都存在影响，当温度不同时各种盐组分的溶解度是不同的，并且还有可能出现平衡固相也不同的现象，所以如果采用结晶法分离水盐体系，那么就需要选择在有相应固相出现的温度下进行分盐。

总之，温度对水盐体系的影响也决定了实际分盐过程的工艺情况。例如，图 8-4 表示出了另一种类似的 $NaCl$-$Na_2SO_4$-$NaHCO_3$-$H_2O$ 体系，在该体系中温度效应对结晶存在明显的影响，显示出 $Na_2SO_4 \cdot 10H_2O$ 的结晶析出条件是温度在 31℃ 以下，而 $Na_2SO_4$ 的析出条件是温度控制在 17.4℃ 以上。

从生产角度来看，"冷能"实际上也是一种能源，利用自然能进行变温过程的控制有利于溶解度温度系数大的组分的分离与提纯。在这一方面，经典的实例之一为西藏扎布耶盐湖的太阳池变温制取碳酸锂（$Li_2CO_3$）工艺。根据水盐体系盐类分离理论，结合西藏高原的特点，扎布耶盐湖在生产 $Li_2CO_3$ 过程中使用了冷冻除碱、日晒蒸发浓缩、升温结晶锂盐的工艺方法，其依据就是变温分离相平衡理论。

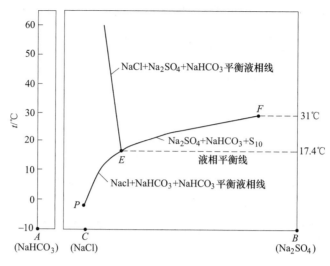

图 8-4　NaCl-Na$_2$SO$_4$-NaHCO$_3$-H$_2$O 体系多温投影图（局部）

# 8.2　动态变温精准分盐的工艺设计与分析

## 8.2.1　动态变温提取高纯结晶硫酸镁

### 8.2.1.1　变温过程的相图分析

国内的柴达木、罗布泊等地区的盐湖可以产出氯化钾、硫酸钾等钾肥产品，其卤水经过兑卤与调控之后还可以产出氯化镁、硫酸镁等产品。可溶性镁盐具有很高的溶解度温度系数，并且大多呈现出很明显的介稳能力，这两种性质的结合使得镁盐在分离过程中表现出独特的特性，如能加以利用就可以起到有别于常规盐化工分离过程的效果，甚至是直接得到高纯级别的结晶盐产品。

以卤水中的硫酸镁组分为例。图 8-5 依据相图数据绘制了 Na$^+$，Mg$^{2+}$∥Cl$^-$，SO$_4^{2-}$-H$_2$O 水盐体系在多温条件下投影的干基图[16]，其中 25℃ 水图中的介稳态溶解度曲线是基于经验的估算值。根据该多温相图，如果能将卤水系统点调节到 $M_3$ 点所在的 Hex-NaCl 共饱线上，那么此卤水将属于一种较高温度下的介稳态水盐体系，其中 Mg$^{2+}$ 的实际浓度将比其平衡态溶解度高出近 1/3。该卤水在降温或者搅动下回到环境温度下的稳定态时，将以 MgSO$_4$ 结晶盐的形式释放出这部分额外溶解的 Mg$^{2+}$，并且理论上在此期间没有其他盐组分析出，由此可以得到接近于 100% 纯度的固相镁盐产品。上述变温析盐过程与常规的冷却结晶工艺类似，但也存在一点不同之处，即公认的冷却结晶一般是指在水盐体系结束冷却之后进行固液分离，分离时水盐体系已经接近于一种平衡状态；而本小节所述的变温析盐往往需要在降温过程中进行即时固液分离，否则容易有其他杂盐析出，分离时水盐体系还处于非平衡的动态变化过程中。基于这种考虑，本节采用了"非平衡动态变温析盐"的说法。

另外，由于实际卤水大部分居于 NaCl 结晶区，因此需要通过蒸发浓缩的方法调控卤

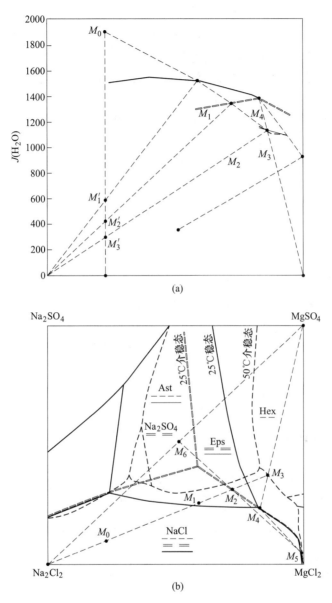

图 8-5　$Na^+$，$Mg^{2+}$∥$Cl^-$，$SO_4^{2-}$-$H_2O$ 水盐体系的多温投影图

（$M_0$-进料卤水：$J(Mg^{2+}) = 23$，$J(SO_4^{2-}) = 9.9$，$J(H_2O) = 1900$）

水体系相点到达 Hex-NaCl 共饱线；而在此之前，还需要通过兑卤使得原料卤水相点移动到 $M_0$ 点附近，从而使卤水在蒸发浓缩以后能够顺利抵达 $M_3$ 点所在的 Hex-NaCl 共饱线，由于 $Na_2Cl_2$ 相点、$M_0$ 和 $M_3$ 点在干基图中均位于同一条线的方向上，因此根据 Hex-NaCl 共饱线两端的相图坐标可知 $M_0$ 点溶采卤水的耶涅克（Jänecke）指数比 $J(SO_4^{2-})/J(Mg^{2+})$ 应维持在 0.30~0.48；这种调控可以采用在溶采时添加盐湖尾渣水氯镁石或冻硝（芒硝）的方法，其中添加水氯镁石的作用是调节进料卤水相点移向图 8-5 中 $MgCl_2$ 相点的方向，而添加芒硝的作用在于调节进料卤水相点移向 $Na_2SO_4$ 相点的方向，二者的协同控制将使

进料卤水相点 $M_0$ 停留在 $J(SO_4^{2-})/J(Mg^{2+})$ 为 0.30~0.48 的区间内，这会使得 $M_3$ 点最终能够满足高纯硫酸镁水合物直接沉淀析出的工艺要求。该工艺的另一个难点在于卤水相点到达 $M_3$ 点之前应避免扰动而使卤水脱离介稳态，否则 $Mg^{2+}$ 容易以含钠的复盐形式析出；另外，$M_3$ 点卤水在降温之后不会立即析出 $MgSO_4$ 结晶盐，而是会经历一段缓慢结晶的时间，类似于陈化过程。

　　基于图 8-5 中各温度下的溶解度曲线，表 8-1 示出了卤水变温结晶提取硫酸镁过程中各种结晶制盐路线的工艺效果[16]。图 8-5 和表 8-1 均显示出当 $M_3$ 点所代表的卤水升温到 50℃或更高时，这种卤水在冷却过程中硫酸镁是优先处于过饱和状态的组分，在实际操作中可以直接沉淀出纯的硫酸镁水合物。

表 8-1　卤水重结晶提取硫酸镁的路线分析

| 卤水状态 | 阶段 | 液相点 | 平衡固相 | 蒸发水量 $\left(\dfrac{W_{Evap.H_2O}}{W_{Eps}}\right)/t\cdot t^{-1}$ | $Mg^{2+}$ 回收率 /% |
|---|---|---|---|---|---|
| 稳态 25℃蒸发 | 蒸发 | $M_0 \to M_1$ | NaCl | 52.72 | — |
| | | $M_1 \to M_4$ | NaCl+Ast | 9.64 | 8.87 |
| | | $M_4 \to M_5$ | NaCl+ $MgSO_4 \cdot nH_2O$ | 6.73 | 20.80 |
| | 重溶解、重结晶① | | Eps② | >1.16 | 7.98 |
| | 合计 | | | 70.25 | 7.98 |
| 介稳态 25℃蒸发 | 蒸发 | $M_0 \to M_2$ | NaCl | 43.65 | — |
| | | $M_2 \to M_5$ | NaCl+ $MgSO_4 \cdot nH_2O$ | 6.93 | 40.32 |
| | 重溶解、重结晶① | | Eps② | >1.16 | 10.84 |
| | 合计 | | | 51.74 | 10.84 |
| 介稳态 50℃蒸发 | 25℃蒸发 | $M_0 \to M_2$ | NaCl | 22.33 | — |
| | 50℃蒸发 | $M_2 \to M_3$ | NaCl | 1.89 | — |
| | 冷却至 25℃ | $M_3 \to M_4$ | Hex② | — | 21.19 |
| | 合计 | | | 24.22 | 21.19 |
| 介稳态 50℃+ 25℃蒸发 | 25℃蒸发 | $M_0 \to M_2$ | NaCl | 18.18 | — |
| | 50℃蒸发 | $M_2 \to M_3$ | NaCl | 1.54 | — |
| | 冷却至 25℃ | $M_3 \to M_4$ | Hex① | — | 21.19 |
| | 25℃蒸发 | $M_4 \to M_5$ | NaCl+ $MgSO_4 \cdot nH_2O$ | 1.78 | 17.99 |
| | 重溶解、重结晶① | | Eps② | >0.22 | 4.84 |
| | 合计 | | | 21.72 | 26.03 |

①根据不同温度下的溶解度差值计算；②高纯盐结晶。

### 8.2.1.2　变温过程的装置设计

　　变温蒸发结晶过程可以灵活地采用各种不同类型的设备，例如热能的供应可以使用盐梯度太阳池、工业太阳能集热器、燃煤锅炉等。但是，也有一些设备是不宜使用的，例如在蒸发环节不能使用降膜蒸发器、多效蒸发器等常用设备，原因在于这些强制蒸发的设备会破坏卤水的介稳态，而如图 8-5 所示的 $M_3$ 点介稳态正是获得高镁卤水、制取硫酸镁结晶盐的必要前提。这种情况下，要求蒸发过程不能有较大的扰动，从而可以维持卤水在介稳状态下蒸发析盐，因此可以使用 OSLO 结晶器、蒸发盐池等模式的蒸发设施。

本节推荐一种装置组合，如图 8-6 所示[16]。为了控制进料卤水相点 $M_0$ 在 $J(SO_4^{2-})/J(Mg^{2+})$ 为 0.30~0.48 的范围内，首先使用强制搅拌装置对卤水进行预处理，将卤水与水氯镁石或芒硝混溶，起到强制溶采或兑卤的作用。利用太阳能真空管式集热器矩阵收集太阳热能，并用于加热高温蒸发池中的盐水，其中所收集的热能以热水或热油的形式储存在水箱中，随后作为蓄热和传热的介质。高温蒸发池底部铺设耐高温的管材，用作热交换管，并且热交换管与水箱连通。

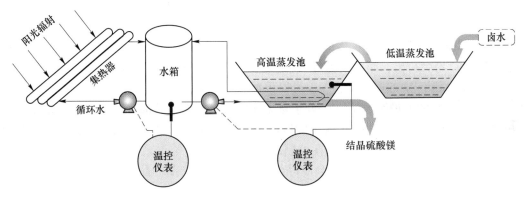

图 8-6  改进的溶采-重结晶工艺流程

进料卤水经兑卤后其相点被调节至图 8-5 所示的 $M_0$ 点附近，在常温蒸发池中自然蒸发至一定浓度后卤水系统点到达 $M_1$ 或 $M_2$ 点，此时的卤水已经析出了一定量的 NaCl 固相，然后将液相引入高温蒸发池继续蒸发。在实际操作中，可以将高温蒸发池适当挖低，并在高温蒸发池和常温蒸发池之间垒起土坝；当固盐析出后需要固液分离时，打开两池之间的土坝，便可使常温蒸发池内的上层卤水缓慢向下流入高温蒸发池。在高温蒸发池内时，卤水需要保持静置状态。蒸发量可以通过卤水水位的降低幅度来估算。高温蒸发池和水箱之间的热交换管内循环有热水，热水将太阳能集热器收集的热量释放给高温蒸发池内的卤水，以使卤水在50℃以上的温度下蒸发。当需要卤水降温时，停止热交换管内的水循环；当需要抑制盐水蒸发时，塑料薄膜覆盖高温蒸发池。高温蒸发池内的蒸发结束以后，待卤水温度降至常温后，将上层卤水排干，池底沉淀的盐经自然干燥即得到最终产品。如卤水介稳状态控制有效，沉淀盐产品即为高纯的硫酸镁结晶盐，无需水洗或精制后处理。

### 8.2.1.3  技术经济性分析

根据图 8-5 和表 8-1 中所分析的各种蒸发路线，可以建立技术经济性的分析模型，其制盐成本 $J_{salt}$ 的计算公式如式（8-2）所示：

$$J_{salt} = \frac{Aa/(Ft_{workdays}) + \Psi f\left(\dfrac{w_{accum.}}{w_{stor.}}\right)t_{work}}{w_{precip.\ Mg^{2+}}(M_{MgSO_4 \cdot nH_2O}/M_{Mg^{2+}})} \tag{8-2}$$

式中，$J_{salt}$ 可以按每吨盐产品的运行成本进行计算，假定盐产品为 $MgSO_4 \cdot 7H_2O$（简写为 Eps）；$A$ 为集热器面积；$w$ 为产盐量；$M$ 为分子量；$a$ 为集热器市价，经验地按照 500 ~

$1600$ 元$/m^2$ 的价格区间进行计算，一般可以选择 $1000$ 元$/m^2$ 的价格；$F$ 为设备折旧周期，在盐水环境中工作的设备可近似按照 $5$ 年折旧进行计算；$t_{workdays}$ 为每年运行时间，可以根据大多数高原盐湖地区的气候条件而估算为 $270 d/a$；$t_{work}$ 为每日运行小时数，可以按 $24h/d$ 计；$\Psi$ 为电价，各地工业用电价格略有差异，用电峰时、平时、谷时的电价也不一样，本节按低价设定为 $0.6$ 元$/(kW \cdot h)$，当本模型用于其他案例时需要根据实际情况调整；在盐水工程中需要使用水泵驱动水的输送和循环，$f(w_{accum}/w_{stor})$ 为不同水流量条件下的泵功率，实际上根据水泵的功率 $N$-流量 $Q$ 曲线而得出的经验函数。对于变温工艺而言，工艺循环水的流动量是较大的，并且一般使用离心泵；因此，当使用离心泵时，流速在 $5.0 \sim 200m^3/h$ 范围内时，其功耗大致可视为从 $3.3kW$ 线性地增加到 $48kW$，这种线性关系可以用于估算不同水流量时所需要的功率大小，从而估算出 $f(w_{accum}/w_{stor})$ 所代表的能耗。

在介稳态卤水的变温蒸发结晶过程中，当相图中代表卤水液相的相点经过 $M_3$ 点之前，卤水中的 $Mg^{2+}$ 不会析出，而卤水越过 $M_3$ 点之后的结晶过程中 $Na^+$ 理论上也不会结晶析出。因此，结晶沉淀出 Mg 的质量 $w_{precip.Mg^{2+}}$ 可以根据质量守恒的原理推导出来，如式（8-3）~式（8-5）所示。需要说明的是，在实际变温过程中 $Mg^{2+}$ 和 $Na^+$ 都可能以掺杂的形式而少量析出，影响该晶步骤中主要盐产品的纯度，但是由于在实际生产过程中不同固相盐的结晶特征及速率是有所差别的，因此在控制好固液分离时间等工艺参数的基础上可以实现主、杂盐产品的梯次结晶，从而不会使得杂盐干扰主要盐产品的品质。

$$w_{M_0}c_{M_0,Mg^{2+}} = w_{M_2}c_{M_2,Mg^{2+}} = w_{M_3}c_{M_3,Mg^{2+}} \tag{8-3}$$

$$w_{M_3}c_{M_3,Na^+} = w_{M_4}c_{M_4,Na^+} \tag{8-4}$$

$$w_{precip.Mg^{2+}} = w_{M_0}c_{M_0,Mg^{2+}} - w_{M_4}c_{M_4,Mg^{2+}} \tag{8-5}$$

蒸发的水量 $w_{Evap.H_2O}$ 也可以采用类似的算法予以确定。假定全工艺的蒸发潜热等于所积聚的太阳热能，即忽略传热过程中的热损失，则有卤水的蒸发潜热量等于循环水焓变或者太阳能集热器积累的热能。在这种情况下，质量和能量守恒可以计算如下：

$$w_{Evap.H_2O} = w_{M_2}c_{M_2,H_2O} - w_{M_3}c_{M_3,H_2O} \tag{8-6}$$

$$w_{Evap.H_2O}r = w_{accum.}c_p(T_{in} - T_{out}) = qA\eta \tag{8-7}$$

式中，$w_{M_2}$、$w_{M_3}$ 分别为 $M_2$、$M_3$ 相点处卤水总量；$c_{M_2,H_2O}$、$c_{M_3,H_2O}$ 分别指 $M_2$、$M_3$ 相点处卤水中的纯水含量，可以通过相图坐标算出；$r$ 指单位纯水蒸发的相变热；$c_p$ 指纯水的比热容；$w_{accum.}$ 为储热罐的循环水量；$T_{in}$ 和 $T_{out}$ 指储热罐进出口的水温；$\eta$ 是集热器的集热效率，根据经验设置为 $50\%$；$q$ 是当地太阳辐射强度，在高原地区默认为 $19557kJ/(m^2 \cdot d)$。

上述等式在计算时，需要注意所有参量均指一定操作时间内的数值，例如 $w_{accum.}$ 应指某一小时或某一昼夜内的循环水量，并且所有参量的时间跨度都应该相同。式（8-7）实际上决定了集热器需要多大的面积，这可以用于推断集热器的总成本。此外，式（8-6）可用于预测蒸发过程中的蒸发水量，这实际上代表着全工艺流程中主要的能耗量。

根据式（8-2）~式（8-7）可以粗略比较不同路线中水蒸发量和 $Mg^{2+}$ 的收率，这两个参数也代表了该工艺的实际操作性能。另外，本节定义单位质量卤水所能产出的结晶盐量为产率，用于评价实际生产中的产量高低。

表 8-1 示出了不同工艺路线中的水蒸发量和 $Mg^{2+}$ 的收率，以对各种工艺路线进行比较。需要说明的是，在变温工艺中，从较高温度卤水中结晶析出的盐产品主要是 $MgSO_4 \cdot 6H_2O$，如果静置一定时间后这种六水合盐也会转变为 $MgSO_4 \cdot 7H_2O$，因此为了不

同工艺之间的相互比较，在表 8-1 中所有的盐产品均假定已经转化为 $MgSO_4 \cdot 7H_2O$ 结晶盐。另外，表 8-1 中只比较了与蒸发水量相关的运行性消耗，而忽略了建设资金的投入情况；各种计算主要基于从盐水中直接回收镁组分的情况；工艺母液的循环虽然可以提高最终的收率，但在本节中没有予以讨论。

表 8-1 表明，太阳能辅助变温蒸发应该是制备高纯硫酸镁水合物的最佳选择之一，因为使用该工艺生产高纯盐，仅从运行费用上分析可知与盐田自然蒸发或粗盐的重结晶精制相比，该工艺所需要的单位水蒸发量减半，而 $Mg^{2+}$ 收率翻倍。这是因为自然蒸发沉淀的硫酸镁水合物粗产品中，往往含有大约一半的 NaCl 或 $Na_2SO_4$ 杂盐，需要进行再提纯。传统的再提纯工艺一般是从混盐卤水中获得离心增稠母液，得到一定量粗产品后在结晶设备中以变温的再溶解-再蒸发-重结晶的方式进行精制，这种工艺的直接回收率较低。相比之下，通过本节的太阳能辅助变温蒸发直接沉淀方法可以直接获得高纯度的硫酸镁水合盐，$Mg^{2+}$ 的收率相对较高，也节省了再提纯的工序，在一定程度上相当于减少了单位产品的水分蒸发量或能耗。此外，由表 8-1 可知，太阳能辅助变温蒸发结晶后的 $M_4$ 点母液可以排入盐田，继续常规的自然蒸发，因此可以实现卤水的综合利用和更高的收率。

### 8.2.1.4　变温提取高纯硫酸镁的工艺案例

根据图 8-5 的工艺路线设计和式（8-2）~式（8-7）的模型方程，可以对变温提取高纯硫酸镁过程进行技术经济性的分析。

太阳能辅助蒸发变温制盐的工艺性能受到卤水成分的影响。根据式（8-3）~式（8-7），假设运行成本按每吨 $MgSO_4 \cdot 7H_2O$（Eps）盐产品进行衡量，图 8-7 和图 8-8 的计算结果表明，随着进料卤水中 $Mg^{2+}$ 和 $Cl^-$ 含量的增加，集热器和泵的运行消耗也在增加。其原因可在图 8-5 中分析，随着进料卤水中 $Mg^{2+}$ 或 $Cl^-$ 含量的增加，图 8-5 的干基图中进料卤水的相点向着 $J(Mg^{2+}) = 100$ 或 $J(SO_4^{2-}) = 0$ 的方向移动；因此，在高温蒸发开始时，卤水的相点 $M_2$ 会沿 25℃ 介稳态共饱和线向 $M_4$ 点方向移动，此时水图显示出卤水的含水量也会略有增加，说明高温蒸发时所需要蒸出的水量也略有增加，因此能耗和循环水运行消耗也会相应地增加。

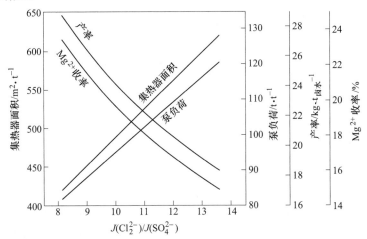

图 8-7　$J(Cl_2^{2-})/J(SO_4^{2-})$ 对过程性能的影响

（$J(Mg^{2+}) = 22.8$，$J(H_2O) = 1900$，蒸发温度（$M_2 \rightarrow M_3$）为 50℃）

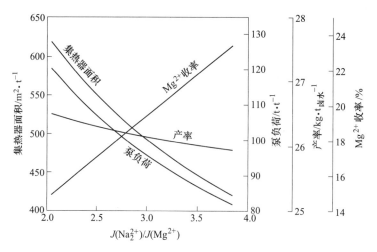

图 8-8　$J(\mathrm{Na_2^{2+}})/J(\mathrm{Mg^{2+}})$ 对过程性能的影响

（$J(\mathrm{SO_4^{2-}})=9.9$，$J(\mathrm{H_2O})=1900$，蒸发温度（$M_2 \rightarrow M_3$）为 50℃）

图 8-7 和图 8-8 表明，降低进料卤水中 $J(\mathrm{Cl_2^{2-}})/J(\mathrm{SO_4^{2-}})$ 的比值，既可以提高 $\mathrm{Mg^{2+}}$ 收率，也可以提高产率，而改变 $J(\mathrm{Na_2^{2+}})/J(\mathrm{Mg^{2+}})$ 比率则没有类似的效果。这可以根据图 8-5 来解释，首先当进料卤水中 $J(\mathrm{Cl_2^{2-}})/J(\mathrm{SO_4^{2-}})$ 的比值降低时，意味着 $M_0$ 点靠近 $2\mathrm{Na^{2+}}$ 或 $\mathrm{SO_4^{2-}}$ 的轴（即 $2\mathrm{Na^{2+}}=100$ 或 $\mathrm{SO_4^{2-}}=100$ 的坐标轴），则在后续蒸发浓缩中会导致 $M_3$ 点做同样方向的位移，从干基图上看这会导致 $M_3$-$M_4$ 连线的距离也会略有增加，而 $M_3$-$M_4$/ $\mathrm{MgSO_4}$-$M_4$ 之间的距离比例也略有加大，并且由于此时 $M_3$ 点位于降温后 25℃ 相图中的 $\mathrm{MgSO_4 \cdot 7H_2O}$（Eps）的结晶区，因此根据相图理论中的杠杆规则可知 $M_3$ 点卤水中析出的 $\mathrm{MgSO_4 \cdot 7H_2O}$ 固相盐的比例将会增加，$\mathrm{Mg^{2+}}$ 收率得以提高。其次，如果进料卤水中 $2\mathrm{Na^{2+}}$ 含量增加、$\mathrm{Mg^{2+}}$ 含量降低，尽管从干基图上分析 $\mathrm{Mg^{2+}}$ 收率能够得以增加，但是进料卤水中 $2\mathrm{Na^{2+}}$ 含量的增加意味着杂盐增多，$\mathrm{Mg^{2+}}$ 含量的降低意味着主要盐产品的量在减少，这实际上不利于 $\mathrm{MgSO_4 \cdot 7H_2O}$ 固相盐的产出，因此产率会降低，对实际生产是不利的。对于进料卤水中 $2\mathrm{Na^{2+}}$ 含量较少、$\mathrm{Mg^{2+}}$ 含量加大的情况，虽然能够提高总的产率，但是 $\mathrm{Mg^{2+}}$ 收率有所降低。总之，调节进料卤水的 $J(\mathrm{Na_2^{2+}})/J(\mathrm{Mg^{2+}})$ 值不能够同时兼顾过程产率和 $\mathrm{Mg^{2+}}$ 收率，这和调节 $J(\mathrm{Cl_2^{2-}})/J(\mathrm{SO_4^{2-}})$ 值的实际效果有所不同。

在实际生产中，卤水的 $J(\mathrm{Cl_2^{2-}})/J(\mathrm{SO_4^{2-}})$ 和 $J(\mathrm{Na_2^{2+}})/J(\mathrm{Mg^{2+}})$ 值通常使用盐田中常见的副产品进行调节，如盐田冻硝（芒硝，$\mathrm{Na_2SO_4 \cdot 10H_2O}$）和水氯镁石（$\mathrm{MgCl_2 \cdot 6H_2O}$）。另外，需要说明的是上述讨论是以每吨盐产品为 $\mathrm{MgSO_4 \cdot 7H_2O}$ 为衡量标准的，但实际操作中当降温刚结束时所得产品却往往是 $\mathrm{MgSO_4 \cdot 6H_2O}$，这是因为卤水在较高温度下形成的晶核是 $\mathrm{MgSO_4 \cdot 6H_2O}$，所以后续得到的晶体也是这种六水合盐；这种六水合盐在卤水中经过一定时间的陈化以后，例如 48h 之后，也会逐渐转变为 $\mathrm{MgSO_4 \cdot 7H_2O}$，但是因为实际卤水在陈化期间容易析出 NaCl 而污染 $\mathrm{MgSO_4 \cdot 6H_2O}$ 产品，所以并不推荐过度的陈化操作。

根据式（8-2）~式（8-7），图 8-9 以柴达木地区的高原盐湖为例，推导出了季节性太阳辐射强度、生产规模和运行成本之间的定量关系。图 8-9 表明每年的 4~9 月期间，由于太阳辐射强度高，有利于集热和后续的蒸发，总体的运行成本可以低至 266~358 元/t（约

41~55 美元/t)，这与高纯硫酸镁水合物的市场价格相比是一个经济上可接受的运行效率。每年 10 月至次年 3 月期间，由于太阳辐射强度变弱，将导致运行成本超过 397 元/t（约 61 美元/t）。并且，大多数情况下在冬季进行生产只是一个理想化的假设，因为盐湖现场的气温通常会下降到−10℃以下，湖区的强风对实际生产也提出了很大的挑战。因此，变温生产硫酸镁高纯盐的工艺应以 4~9 月运行为主，其生产成本的综合计算也应以 4~9 月的生产为基础。

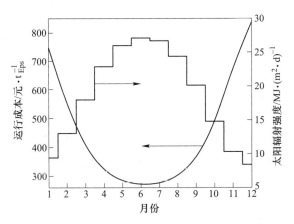

图 8-9　不同生产月份下的运行费用预测值

$(J(Mg^{2+}) = 22.8$，$J(SO_4^{2-}) = 9.9$，$J(H_2O) = 1900$，蒸发温度（$M_2 \rightarrow M_3$）为 50℃，假设产盐规模为 23t/d）

图 8-10 显示了不同生产规模时的运行成本，表明泵的运行成本、总运行成本均与生产规模呈负相关的关系，这反映了生产过程中的规模效应。尽管如此，生产每吨盐所需的集热器成本基本保持稳定，这是因为从节能的角度来看，产出每吨盐所消耗的蒸发潜热也是恒定的。图 8-10 表明在盐产量超过 20t/d 以后，运行成本趋于稳定，因此这可以作为确定实际生产规模的参考依据。

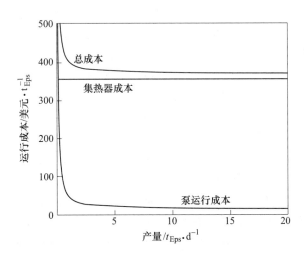

图 8-10　不同生产规模下运行费用预测值

$(J(Mg^{2+}) = 22.8$，$J(SO_4^{2-}) = 9.9$，$J(H_2O) = 1900$，蒸发温度（$M_2 \rightarrow M_3$）为 50℃）

### 8.2.2 快速变温提取氯化钾

#### 8.2.2.1 变温过程的相图分析

变温析盐的另一个案例是从卤水中快速提取氯化钾。氯化钾是我国盐湖矿区的主要产品，其生产以青海柴达木盆地的盐湖为主。

中国是一个多盐湖国家，已知有盐湖 1500 多个，面积大于 $1km^2$ 的内陆盐湖有 813 个，其中青海省占 71 个。从 20 世纪 50 年代以来，我国已有一大批盐湖资源相继开发利用，尤其以钾资源开发备受关注。从钾资源分布情况看，我国盐湖钾矿储量主要集中在青海柴达木盆地和新疆罗布泊地区，约占总储量的 96% 以上。青海柴达木盆地是我国卤水资源最丰富的地区。青海柴达木盆地是我国卤水资源最丰富的地区，已发现盐类矿床 80 余处，其中以钾为主的矿床有察尔汗、马海、昆特依、大浪滩等。随着盐湖地区钾矿产业的快速发展，高品位矿消耗过快，随之而来的是大量品位低、组分杂、含泥高的贫劣尾矿，贫化矿体的有效利用已成为需要解决的技术问题之一。传统盐矿加工工艺主要是针对优质矿源，当这些工艺被应用于低品位钾矿时，往往会出现加工效率低、物耗和能耗高等问题。如果不研究这部分钾矿的加工利用新技术，这些钾矿就是无法利用的呆矿，其潜在的经济价值无法体现。

我国盐湖钾矿提取主要为溶采-盐田蒸发-浮选法，当应用于低品位盐矿时由于有效组分含量低、杂盐组分多，因此实际生产的效率和收率都比较低，溶采过程的耗水量大，盐田蒸发成矿也比较慢。可以说，开发节能、高效、低排的低品位矿藏综合利用技术是可持续开发这部分盐矿资源的关键之一，而快速制盐及综合利用工艺则是其中的核心环节。

在这种情况下，针对低品位钾矿储量虽大但含杂盐多的特点，以及盐湖矿区太阳能资源丰富但淡水相对缺乏的现状，可以改进现有的溶采-盐田蒸发的晒制光卤石原矿工艺。结合太阳能集热技术和强制蒸发制盐技术，利用集热技术强化太阳热能的利用效率，在较高温度下蒸发制盐以大幅度缩短成矿时间，利用分阶段蒸发结晶方法实现溶采卤水中各种工业无机盐的分级提取和综合利用，并将蒸发过程的二次热水回用于溶采、梯级利用过程余热，实现热能和水资源的综合调控与循环利用，综合开采钾、钠、镁、水等资源。

与图 8-5 和表 8-1 所示的变温析镁不同，氯化钾在析出前后都不处于介稳状态，所以过程的控制机制也不涉及介稳态与稳态之间的状态转换问题，因此氯化钾的生产过程主要涉及高温蒸发以加快制卤和制盐速率的问题。图 8-11 示出了不同温度下的 $Na^+$，$K^+$，$Mg^{2+}//Cl^-$，$SO_4^{2-}$-$H_2O$ 体系多温相图[17]，可见该体系中不同温度下虽然不同盐的结晶区大小有所差异，但总体上结晶区类型没有发生变化，说明该体系的蒸发结晶规律基本上是稳定的。

图 8-11 中忽略了卤水中较低的硫酸盐含量，即该工艺适用的前提条件是卤水中硫酸根含量应比较低、不会有硫酸盐混杂在主要盐产品中析出。假设相点 A、B、C 分别代表 NaCl、KCl 和 $MgCl_2$，相点 O、E 和 F 分别代表原卤（含兑卤后的原卤）、KCl-NaCl-Car（光卤石）共饱点和 NaCl-Car-Bis（水氯镁石）共饱点。在蒸发开始前，通常需要进行兑卤操作，以便于使进料卤水（O）的相点位于线 AE 上，这样可以确保卤水中所有的 KCl 组分以光卤石的形式析出，而不是析出氯化钾固相。在盐湖生产中，制得光卤石以后，可以采用加水分解的方法使之转化为 KCl 固相和 $MgCl_2$ 母液，另外因为所制得的光卤石中还含有

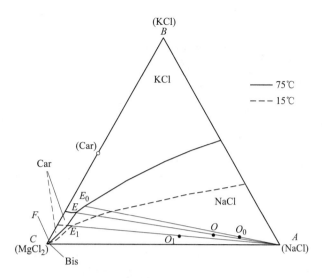

图 8-11　$Na^+$，$K^+$，$Mg^{2+}/\!/Cl^-$，$SO_4^{2-}$-$H_2O$ 体系多温相图

一定量 NaCl 固相，所以加水分解后实际得到的是 NaCl、KCl 的混合固相，两种固相盐将在 $MgCl_2$ 母液浮选分离，最后得到 KCl 盐产品。

对于 $O$ 点卤水的蒸发过程而言，由于该点位于 NaCl 的结晶区，因此 NaCl 在蒸发过程中将首先被分离，然后液相从 $O$ 点移动到 $E$ 点、再移动到 $F$ 点，当液相在 $O$ 点和 $F$ 点之间移动时是光卤石的沉淀区段，而液相移至 $F$ 点时可视为该工艺的蒸发终点，$F$ 点母液最后将被排入盐田老卤池用于晒制水氯镁石。因此，这种蒸发结晶过程可大致分为两个阶段，即氯化钠沉淀阶段和光卤石沉淀阶段，这与常规的盐田蒸发结晶工艺路线是基本相同的。

在结晶规律大致不变的情况下，图 8-12 示出了该体系卤水在不同蒸发模式下的浓缩用时。以图 8-11 中的 $O$ 点进料卤水预热至 75℃ 为例，按相图计算分别在 58% 和 62% 的蒸发率下进行固液分离。两次固液分离也使得蒸发过程被划分为三个阶段，即固体 NaCl 分离阶段、光卤石/NaCl 混合物分离阶段、排放尾液阶段。排出的尾液主要含氯化镁，当尾液温度降到环境温度时，尾液凝固成糊状物，其中含有少量的水分。图 8-12 也比较了强制蒸发和自然蒸发之间的蒸发速率，在盐田自然条件下蒸发 300h 蒸发率可以达到 45%，之后由于溶液浓度增加而导致蒸气压升高，蒸发速率的增加幅度开始逐渐减慢。在强制蒸发过程中，虽然也出现蒸发率增幅减缓的现象，但蒸发率仅用了 5h 就已经达到了 60% 以上，这样的蒸发速率比自然蒸发所需的 20~30 天快了近百倍。青藏高原夏季盐田自然蒸发的卤水温度一般在 15~25℃ 左右，运城盐湖等湖区在少数情况下会达到 30℃ 以上的水温。与之相对，强制蒸发的温度可达 40~100℃，因此配之以负压操作之后其蒸发强度可达自然蒸发的数十倍之多。

在这种不存在介稳现象的水盐体系中，相图对变温蒸发过程的指导作用主要是指明了该如何兑卤和调控相点迁移轨迹，以控制最终产品的化学组分。如图 8-11 的相图分析所示，因为进料卤水 $O$ 位于 NaCl 的结晶相区，所以蒸发过程中在任何初始温度下都会首先析出 NaCl 固相。继之，在随后的蒸发过程中，不同温度下盐分的沉淀规律就开始呈现出

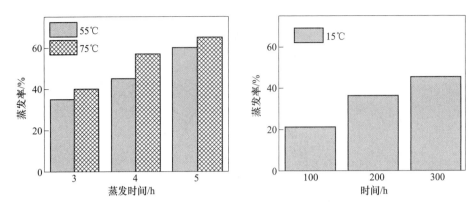

图 8-12　高温蒸发（55~75℃）与盐田自然蒸发（15℃）的对比

差异化现象。例如，在 75℃ 的蒸发温度下，液相的相点将由 $O$ 点移至 $E$ 点，到达光卤石沉淀区。然而，如果 $O$ 点卤水在 15℃ 的温度下蒸发，相图表明钾石盐（Sylvinite，以 KCl、NaCl 组分为主）的结晶区面积明显加大，此时钾石盐的沉淀量增加，而光卤石的沉淀量减少。考虑到盐湖矿区成熟的光卤石冷分解-浮选法制氯化钾工艺已经应用多年，因此在实际生产过程中可以尽可能地促进光卤石的结晶析出。图 8-11 表明，无论在哪一个蒸发温度下，进料卤水中 $MgCl_2/KCl$ 的含量比例都是决定钾盐或光卤石析出的直接因素。在 75℃ 的蒸发温度下，根据图 8-11 可算得 $MgCl_2/KCl$ 的初始比例应控制在 6 左右，此时的 $O$ 点卤水经浓缩后可以到达能够出现光卤石结晶的 $E$ 点。

在一些情况下，盐湖现场溶采固体钾矿时得到的卤水相点位于图 8-11 中 $O_0$ 点，$MgCl_2/KCl$ 比例为 4 左右。如果要结晶析出光卤石，则需要初始卤水的相点 $O_0$ 向 $MgCl_2$ 轴的方向移动，此时可以向初始卤水中兑入盐田蒸发的尾渣水氯镁石，以增加卤水的 $MgCl_2/KCl$ 比率。图 8-11 显示了添加不同量的水氯镁石时卤水相点的变化，例如可以调节卤水相点至 $O$ 点或 $O_1$ 点。根据相图杠杆规则的计算，在自然蒸发中 1 千升 $O_0$ 点卤水兑入 200kg 水氯镁石后，可以使 $MgCl_2/KCl$ 比值达到 9.84，即到达相图中的 $O_1$ 点，可以使后续蒸发环节中卤水相点抵达 $E_1$ 点，从而保证光卤石得以析出和分离；在 75℃ 强制蒸发过程中，只需向 1 千升初始卤水中添加 50kg 水氯镁石，就可以使卤水相点到达 $O$ 点，即 $MgCl_2/KCl$ 比例为 6，从而在结晶时制得光卤石固相。

### 8.2.2.2　变温过程的装置设计

与 8.2.1 节卤水提镁相似，卤水变温提取氯化钾的工艺设备在形式上并没有限制。与提镁有所不同的是，由于氯化钾不存在介稳现象，所以也不需要像提镁那样维持卤水的介稳状态，因此也就不需要顾虑卤水的流体力学状态问题。在这种情况下，结晶分离操作可以使用带有搅动和强化蒸发功能的各种蒸发结晶器来实现，这会有助于提高全流程的工艺效率。

图 8-13 示出了一种强制蒸发器/结晶器-太阳能集热器相结合的变温制盐系统[17]，其工作原理与图 8-6 相似，即使用太阳能集热器在蒸发过程中及时为卤水补充热量，所不同的是采用了强制蒸发器实现卤水的快速蒸发、浓缩与析盐，而不是采用盐池蒸发的方式。

盐湖卤水或地表固体钾矿溶采卤水的相点一般是位于图 8-11 的 $O_0$ 点附近，向卤水中

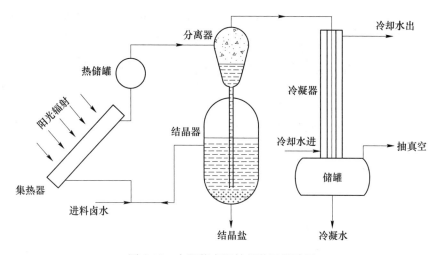

图 8-13 太阳能变温结晶装置设计图

掺兑水氯镁石（Bischofite，$MgCl_2 \cdot 6H_2O$）之后可以调节卤水体系相点的位置，例如将其调节到 $O$ 点或 $O_1$ 点，调节之后的卤水可以作为后续蒸发结晶过程的原料卤水。在白天，太阳能集热器和蒸发器连续运行，将热盐水引入与真空泵相连的蒸发器中进行闪蒸浓缩，蒸发产生的二次蒸汽在分离器（闪蒸器）中分离，然后在冷凝器中冷凝为可以回用的淡水。固相盐在蒸发器底部沉淀分离，蒸发器上部的上清液继续循环至太阳能集热器。在整个过程中，盐水不断循环蒸发和浓缩，直到达到一定浓度后排放。

高浓度盐水溶液的蒸发需要高密度热能，然而二次蒸汽的品位通常较低，因此二次蒸汽一般不会被重新用于驱动蒸发，这导致总体上的热利用效率较低。这些回收淡水的温度在40℃左右，其显热能够促进地表固体钾矿的溶解，因此可以回用于地表固体矿的溶采工序。

### 8.2.2.3 技术经济性分析

上述制盐过程的物料衡算可以依据水盐体系相图的杠杆规则等计算法则，然而也有另一种更为直接的算法可供选择。由于在图 8-11 中，在 A 的沉淀阶段，B 保留在液相中，因此可以将卤水中 B 浓度的变化作为衡量其余组分变化规律的基准指标，于是可以写出下述方程式：

$$w_O c_{B,O} = w_E c_{B,E} \tag{8-8}$$

$$w_A = w_O c_{A,O} - w_E c_{A,E} \tag{8-9}$$

$$w_{vapor,E} = w_O - w_E - w_A \tag{8-10}$$

式中，$w$ 代表盐水或盐的质量，所代表的物质具体取决于此符号的下标；下标 vapor 是指水的蒸发量；$c$ 代表盐水中某种盐分的质量百分比。

在光卤石沉淀阶段，$E$ 点的卤水最终会到达 $F$ 点，并分离出主要盐产品 $x\mathrm{B} \cdot y\mathrm{C} \cdot z\mathrm{H_2O}$ 和其他副产品盐，则适用以下公式：

$$\frac{w_E c_{B,E} - w_F c_{B,F}}{x M_B} = \frac{w_E c_{C,E} - w_F c_{C,F}}{y M_C} \tag{8-11}$$

式中，$M$ 表示分子量。

在以上方程式中，$W_O$、$C_{B,O}$、$w_E$、$c_{B,E}$、$c_{C,F}$、$c_{C,E}$ 可通过相图数据或实验数据来确定，然后就可以计算出 $x\mathrm{B} \cdot y\mathrm{C} \cdot z\mathrm{H_2O}(w_{BC})$ 和副产物盐（$w_{\text{by-producted},j}$）的质量：

$$w_{BC} = \frac{w_E c_{B,E} - w_F c_{B,F}}{x M_B}(x M_B + y M_C + z M_{\mathrm{H_2O}}) \tag{8-12}$$

$$w_{\text{by-product},j} = w_E c_{j,E} - w_F c_{j,F} \quad (j = 1, 2, 3, \cdots) \tag{8-13}$$

式中，$j$ 表示副产物盐组分，其相应的质量百分比可以通过相图数据或实验分析确定。解以上方程式，可以得到所有固相盐的质量和蒸发的水量：

$$w_{\text{salts}} = w_{BC} + \sum_{j=1}^{m} w_{\text{by-product},j} \tag{8-14}$$

$$W_{\text{vapor},F} = w_E - w_F - w_{\text{salts}} \tag{8-15}$$

此时，光卤石固相盐产品的品位可定义为 $w_{BC}/w_{\text{salt}} \times 100\%$。

令 $T$ 代表卤水温度，下标"in"和"out"分别代表闪蒸前后的卤水（即进入和离开闪蒸器的卤水），$r$ 表示水的汽化潜热。假设忽略热损失，闪蒸水量可估算为 $\frac{w_{\text{in}} c_p (T_{\text{in}} - T_{\text{out}})}{r}$，其中 $c_p$ 代表盐水的比热。此时，从盐水中所能析出盐的质量可以表示为 $\frac{w_{\text{in}} c_p (T_{\text{in}} - T_{\text{out}})}{r} \frac{w_{\text{salts}}}{W_{\text{vapor}}}$。通常盐水需要循环闪蒸，因此第二次闪蒸再循环中的卤水质量可以表示为 $w_{\text{in}} - \frac{w_{\text{in}} c_p (T_{\text{in}} - T_{\text{out}})}{r}\left(1 + \frac{w_{\text{salts}}}{W_{\text{vapor}}}\right)$，则第二次闪蒸的盐水与初始进料盐水的质量比为下式所示：

$$\varphi = 1 - \frac{c_p (T_{\text{in}} - T_{\text{out}})}{r}\left(1 + \frac{w_{\text{salts}}}{W_{\text{vapor}}}\right) \tag{8-16}$$

当闪蒸循环次数为 $n$ 时（可以试算），则有以下的等式：

$$\left(w_{\text{in}} \sum_{i=1}^{n} \varphi^{i-1}\right) c_p (T_{\text{in}} - T_{\text{out}}) = W_{\text{vapor}} r \tag{8-17}$$

如果近似地忽略析盐过程中释放的结晶热，则可以写出下式：

$$qA\eta = w_{\text{in}} c_p (T_{\text{in}} - T_{\text{out}}) \tag{8-18}$$

该式表示了单位集热器面积上的太阳能热量 $q$、太阳能集热器的面积 $A$、集热器工作效率 $\eta$（取 50% 的经验值）与盐水焓变的关系。与 8.2.1.3 节相同，对其经济性的衡量可以按照太阳能集热器单价 $a$（元/$\mathrm{m^2}$）计算，其总投资为 $Aa$ 元，在计算生产成本时该金额按折旧期 $F$（如 $F$ 为五年）进行折旧。太阳能集热器的平均单价约设为 1000 元/$\mathrm{m^2}$，视其性能高低，简约集热器的询价可低至约 525 元/$\mathrm{m^2}$。

在闪蒸过程中，单位时间产生的二次蒸汽体积可近似计算为 $\dfrac{W_{\text{vapor}}}{\rho_{\text{vapor}} t_{\text{work}}}$，其中 $\rho$ 代表密度，$t_{\text{work}}$ 代表蒸发器的运行时间。根据蒸汽量和真空度，可以参考市售真空喷射泵的类型来确定所需的功率 $N_{\text{vacuum}}$。根据经验和近似，当蒸汽量在 $20\mathrm{m^3/h}$ 和 $80\mathrm{m^3/h}$ 之间时，$N_{\text{vacuum}}$ 近似从 1.5kW 到 5.5kW 呈现线性增加；当蒸汽量在 $80\mathrm{m^3/h}$ 和 $500\mathrm{m^3/h}$ 之间时，

$N_{\text{vacuum}}$ 从 5.5kW 到 15kW 近似线性增加。盐水循环的平均流速约为 $\dfrac{w_{\text{in}} \displaystyle\sum_{i=1}^{n} \varphi^{i-1}}{t_{\text{work}}}$。根据这些数据，可以选择市售循环泵型号，并确定其功率 $N_{\text{pump}}$。电费与当地电价 $\Psi$ 有关，本节工业用电设为约 0.60 元/(kW·h)。

以上这些参数与 8.2.1.3 节基本相同，在计算时可以得到整个过程的总能耗如下：

$$W = w_{\text{in}} c_p (T_{\text{in}} - T_{\text{ambience}}) + W_{\text{vapor}} r + (N_{\text{vacuum}} + N_{\text{pump}}) t_{\text{work}} \tag{8-19}$$

式中，$T_{\text{ambience}}$ 表示环境温度。

假设 $w_{\text{vapor},15}$ 和 $r_{15}$ 分别为 15℃ 自然蒸发时的蒸发水量和蒸发潜热，由此上式可以对比自然蒸发与强制蒸发的能耗，并评估闪蒸与自然蒸发相比时的额外能耗是多少，如下式所示：

$$W/W_{\text{Natural}} = \frac{w_{\text{in}} c_p (T_{\text{in}} - T_{\text{ambience}}) + W_{\text{vapor}} r + (N_{\text{vacuum}} + N_{\text{pump}}) t_{\text{work}}}{W_{\text{vapor},15}\, r_{15}} \tag{8-20}$$

如果仅考虑集热器投资、能源消耗等与能源相关的成本，则单位吨盐生产的运行成本可估算如下。

$$J = \frac{Aa/(Ft_{\text{workdays}}) + \Psi(N_{\text{vacuum}} + N_{\text{pump}}) t_{\text{work/day}}}{w_{\text{salts/day}}} \tag{8-21}$$

式中，$t_{\text{workdays}}$ 是每年运行的日期数，在此计算中可以设为每年 270 天；$t_{\text{work/day}}$ 和 $w_{\text{salts/day}}$ 分别表示每天的工作小时数和产盐量。

#### 8.2.2.4　变温提取氯化钾的工艺案例

可以利用图 8-13 所示的装置验证变温提取氯化钾的工艺。与 8.2.1.3 节相同，假定平均太阳辐射强度约为 19557kJ/(m² · d)。太阳能强制蒸发过程的蒸发温度设定为约 75℃。对于图 8-11 中的 O 点进料卤水，如果以连续蒸发的形式考察其析出的固相盐中 KCl 含量变化情况，可以揭示钾的结晶规律，用以印证相图预测的准确性。图 8-14 示出了连续蒸发时固相结晶的钾含量变化，可见实验结果和相图计算结果是吻合的，说明图 8-11 的相图可以用于指导实际卤水的变温蒸发结晶工艺。在图 8-14 中，当卤水的蒸发率达到 58% 左右时，所析出固相盐中的 KCl 含量开始突然增加；当蒸发率为 62% 之后，KCl 含量逐渐减少。这种固相盐中 KCl 含量随蒸发而先升后降的原因在于 NaCl、含钾盐的光卤石和不含钾的光卤石相继析出，导致卤水之下累积的固相盐中 KCl 组分先被富集、后被稀释。从图 8-14 中固相盐含钾量的变化趋势上判断，当蒸发率在 58%~62% 之间时，卤水应该处于光卤石的分离区间，所以可以作为卤水固液分离的控制节点。

在实际的快速蒸发过程中，如果液相的扰动较大，盐的结晶进程会受到流体状态的影响，从而有可能脱离相图的预测路线。因此，可以采用 OSLO 结晶器等类型的结晶设备，即卤水的蒸发发生在其液相上方的表面，卤水下部的主体液相尽可能避免扰动，从而促使结晶过程不受干扰。需要说明的是，在卤水蒸发时，其上方的表面因为蒸发导致局部浓度过高，因此事实上固盐的结晶很多会发生在液相-空气的界面处，在此之后固盐晶块才会逐渐下沉到卤水底部。在卤水底部，固相晶体则会继续生长。

虽然卤水在蒸发浓缩过程中蒸发率可以达到 62%，但在深度蒸发方面也存在一些实际操作上的困难。图 8-15 表明，当初始卤水的蒸发率大于 50% 时，液体黏度随蒸发率的增加而升高，这并不利于蒸发器内的卤水蒸发与浓缩，说明强制蒸发事实上是难以彻底实现的。在这种情况下，当 NaCl 和光卤石被尽可能多地提取出来以后，含有大量 MgCl$_2$ 的剩余母液仍然需要排入普通的盐田继续进行自然蒸发。

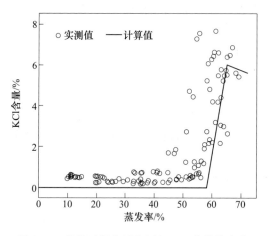

图 8-14　蒸发过程中析出固相 KCl 含量的变化

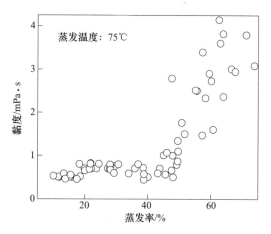

图 8-15　蒸发过程中卤水液相黏度的实时变化

图 8-13 的卤水在蒸发时，加热温度越高、闪蒸温度越低，蒸出的水量就应该越大。然而，该过程的技术经济性并不完全取决于蒸发环节，即技术经济性需要结合全局来考虑。根据式（8-8）~式（8-21）的计算，图 8-16 显示了在不同的进入闪蒸器水温 $T_{in}$ 和排出

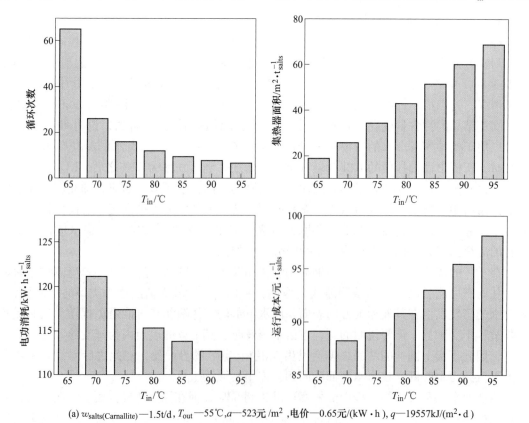

(a) $w_{salts(Carnallite)}$—1.5t/d，$T_{out}$—55℃，$a$—523元/m$^2$，电价—0.65元/(kW·h)，$q$—19557kJ/(m$^2$·d)

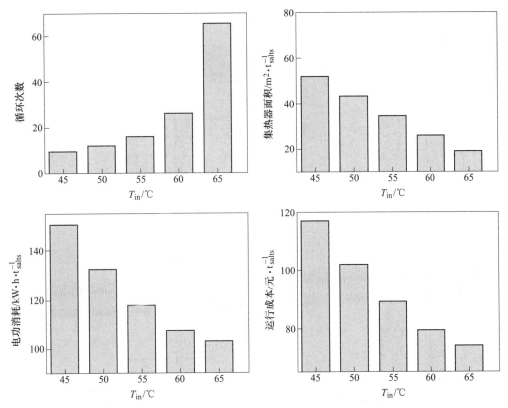

(b) $w_{salts(Carnallite)}$—1.5t/d, $T_{in}$—75℃, $a$—523元/$m^2$, 电价—0.65元/(kW·h), $q$—19557kJ/($m^2$·d)

图 8-16   太阳能集热蒸发过程的运行参数测算值

闪蒸器水温 $T_{out}$ 条件下，测算的太阳能集热蒸发过程中盐水循环蒸发次数 $n$、集热器面积 $A$、电功消耗（$N_{vacuum}+N_{pump}$）和运行成本 $J$。测算结果表明随着 $T_{in}$ 的升高，盐水循环次数 $n$ 呈现出减少的趋势，而集热器面积 $A$ 则需要增加；当 $T_{out}$ 升高时，盐水循环次数 $n$ 需要增加，而集热器面积 $A$ 则可以减少。另外，盐水温度的升高可以减轻循环泵的运转负荷，即电功消耗（$N_{vacuum}+N_{pump}$）在减小。综合性地分析运行成本的测算结果，推荐 $T_{in}$ 温度可以低于 75℃，而 $T_{out}$ 则可以调高一些，考虑到盐水的循环次数不宜太多，可以将 $T_{out}$ 控制在 55℃ 左右。

盐湖矿区在生产氯化钾时，成熟的工艺是盐田蒸发结晶制盐或者浮选，而不会首选设备蒸发的工艺，其原因在于设备蒸发技术需要使用蒸发器等设备，这导致了很高的设备成本，并且蒸发过程的能耗也很高。总之，强制蒸发与自然蒸发相比，在技术经济性方面并没有优势。图 8-13 所示的太阳能集热蒸发工艺除了蒸发器之外还需要使用太阳能集热器，这无形中更是增加了运行成本。

尽管如此，当全过程的生产效率提高或者产品质量提升时，仍然有可能实现利润化运行。众所周知，生产规模越大，强制蒸发技术的经济竞争力越明显。图 8-17 显示了不同生产规模状态下的工艺流程运行成本，这里假设集热器每天运行 8h、全工艺每年运行 9 个月，并且以盐湖提钾的中间产品光卤石为衡量标准。图 8-17 表明从热能消耗的角度分析，

138

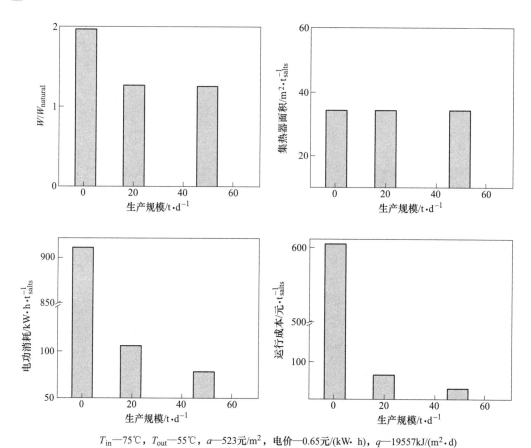

$T_{in}$—75℃，$T_{out}$—55℃，$a$—523元/m²，电价—0.65元/(kW·h)，$q$—19557kJ/(m²·d)

图 8-17　不同生产规模状态下的工艺参数

生产 1t 光卤石所需的太阳能集热器面积是恒定的，约为 34.27m²/t$_盐$。随着生产规模的扩大，单位盐产品的泵能耗将逐渐降低，因此总运行成本也会降低，这会使得强制蒸发的能耗逐渐接近于自然蒸发过程。图中的计算结果说明随着生产规模的加大，强制蒸发和自然蒸发的能耗比例 $w/w_{natural}$ 会不断下降，直至最终接近 1.25 左右。当光卤石的生产规模在每天 20t 以上时，运行成本可以达到一个较为稳定的值，此时的成本相当于 85 元/t$_盐$ 左右（约合 13 美元/t$_盐$）；当光卤石生产规模超过 50t/天时，运行成本可降低至 65 元/t$_盐$（10 美元/t$_盐$）。每吨优质光卤石的价格可以达到 420 元左右（65 美元/t$_盐$），与此同时考虑到设备投资经验值（蒸发器、储热罐等常用设备）通常相当于太阳能集热器投资的三分之二，综合比较后可知估算的运行成本 85 元/t$_盐$（13 美元/t$_盐$）是可以接受的。

太阳能集热蒸发过程的运行成本也受到能源或者动力源价格的影响。由于能源或动力源价格的波动性比较强，因此太阳能集热蒸发过程也会随之发生变化。图 8-18 结合能源情况对不同温度下运行成本进行了估算，间接地分析了集热器价格、电价、太阳辐射强度和闪蒸器入口（集热器出口）温度情况对太阳能集热蒸发过程运行成本的影响关系。如果电价增加，无论蒸发过程处于什么温度，运行成本都会增加。如果太阳能集热成本增加，无论是集热器价格上涨的原因，还是辐射强度降低导致集热器面积增加的原因，高温运行的成本增幅都要比低温运行的影响更为显著。可以认为，温度越高，运行成本的受外界因

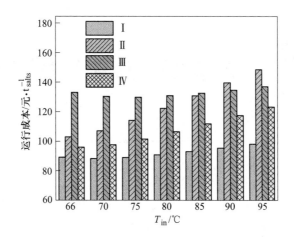

图 8-18 不同能源或动力源价格下运行成本随进料温度的变化情况

($T_{out}$—55℃, $w_{salts(Carnallite)}$—1.5t/d)

Ⅰ: $a$—523 元/m², 电价—0.65 元/(kW·h), $q$—19557kJ/(m²·d);

Ⅱ: $a$—523 元/m², 电价—0.65 元/(kW·h), $q$—9778.5kJ/(m²·d);

Ⅲ: $a$—1573 元/m², 电价—0.65 元/(kW·h), $q$—19557kJ/(m²·d);

Ⅳ: $a$—523 元/m², 电价—1.05 元/(kW·h), $q$—19557kJ/(m²·d)

素的影响就越大。因此，当电价或太阳能集热成本过高的情况下，宜将全过程控制在低温下运行。

---

## 本 章 小 结

除了等温过程之外，变温相转化过程是水盐体系相分离原理的另一类经典应用模式。

对于溶解度温度系数较大的可溶盐组分，当温度出现明显变化时会有固相盐析出或溶解，从而能够分离得到纯度较高的盐产品。不同盐组分之间如果存在溶解度温度系数差异较大的情况，也会有助于通过变温方法而强化组分之间的分离。

对于介稳态体系，当水盐体系在介稳态和稳态之间发生切换时，一些在介稳态下过饱和的盐组分会发生结晶析盐。

如上这些规律都基于水盐体系相分离的原理，这些规律的灵活运用有利于在无机盐生产过程中制备高纯度的盐产品。

## 习 题

8-1 试讨论什么类型的水盐体系适合于使用变温方法提取高纯度固相盐。

8-2 在 $Na^+$, $Mg^{2+}$//$Cl^-$, $SO_4^{2-}$-$H_2O$ 四元水盐体系中，除了结晶硫酸镁之外，是否可以提取高纯度的结晶氯化镁产品？试设计一条工艺路线。

8-3 除了 8.1.3 节介绍的案例之外，$NaCl$-$Na_2SO_4$-$H_2O$ 三元水盐体系还可以设计哪些变温分盐工艺？

# 9　强酸性水盐体系的相分离

**本章提要：**

（1）掌握强酸性水盐体系的相转化与相分离基本规律。

（2）了解含铝的盐酸浸取液的结晶分离工艺优化方法，了解相图计算的步骤。

（3）了解基于强酸性水盐体系相转化原理的结晶氯化铝生产技术。

酸性水盐体系相平衡和相图的研究主要面向湿法冶金过程中酸浸液中相平衡及相分离工艺优化的需求。例如，针对用活化酸浸法从煤矸石、粉煤灰等含铝废弃物中提取氧化铝等金属组分时，掌握明确的酸性水盐体系相平衡数据之后，有利于从含有钠、铁、钙等杂质的酸浸液中提取高纯氯化铝等产品。针对这些复杂的水盐体系，基本的数据包括溶解度曲线、密度图和相图等，这些数据对于从矿物中湿法提取有价金属有重要的参考价值。

以煤矸石酸浸液中的相平衡研究为例，在煤炭开采过程中，产生着大量的煤矸石，这些矸石一般都堆放在矿井周围，造成了严重的土地浪费和环境污染。很多煤矸石中含有20%以上的铝元素，是潜在的高铝资源，但这些铝元素均以惰性化合物的形式存在，需要活化、酸浸或碱浸之后才能使铝与其他元素分离开来。煤矸石提铝的案例之一是煤矸石活化后以盐酸浸取，再向酸浸液中通入氯化氢气体，促使氯化铝结晶析出，也有报道尝试了加入浓盐酸、蒸发浓缩结晶等方法引发结晶。另一个案例是粉煤灰酸浸液的相平衡，例如在碳酸钠活化后粉煤灰的酸浸液中，除了铁、钙等组分之外还含有大量的可溶性钠杂质。有报道采用了等温溶解法研究了 25℃ 和 35℃ 下 $AlCl_3$-$FeCl_3$-$H_2O$、$AlCl_3$-$CaCl_2$-$H_2O$、$CaCl_2$-$FeCl_3$-$H_2O$ 三元体系在中性条件下的相平衡[18,19]，由于这些体系属于粉煤灰酸浸液的子体系，因此可为粉煤灰酸浸液加工提供有价值的参考信息。另外，针对碳酸钠活化后粉煤灰的酸浸液中氯化钠的去除，通过测定三元体系 $AlCl_3$-$NaCl$-$H_2O$ 在三个不同温度下的相平衡数据，以及四元体系 $AlCl_3$-$NaCl$-$H_2O$+$CH_3CH_2OH$ 在不同酸度、不同温度下的相平衡数据[20]，所绘制的相关相图表明乙醇体系中氯化钠的溶解度出现了明显的降低，这给从粉煤灰酸浸液分离高纯结晶氯化铝提供了新的设计思路，即可以采用向原体系中加入工业废醇等基于萃取结晶原理的方法扩大铝钠的溶解度差异，从而分离这两种易溶盐。基于对酸性水盐体系 Al+Fe(Ⅱ)+Mg+Ca+K+Cl+$H_2O$ 中相平衡的研究得出，二价铁也能够有效地促进六水氯化铝的结晶析出。对于用硫酸酸浸粉煤灰提取氧化铝的研究，有案例利用十二水硫酸铝铵（$NH_4Al(SO_4)_2 \cdot 12H_2O$）晶体在低温的时候溶解度较小的特点，通过向酸性体系中加入硫酸铵来得到十二水硫酸铝铵晶体，从而使铝盐在复杂的酸性体系中得以分离。

其他酸性水盐体系中的相平衡方面，有研究曾根据摩洛哥南部的 Khemisset 盐矿先后研究了在 288.15K 下 $NaCl$-$FeCl_2$-$FeCl_3$-$H_2O$ 四元水盐体系及其子体系和 $KCl$-$FeCl_2$-$FeCl_3$-$H_2O$ 四元体系及其子体系，通过各个溶解度的测定和分析，为工业的实际应用提供依据。$NaCl$+$NH_4Cl$+$H_2O$、$KCl$+$NH_4Cl$+$H_2O$、$NaCl$+$LiCl$+$H_2O$、$KCl$+$LiCl$+$H_2O$、$NaCl$+$AlCl_3$+$H_2O$、$KCl$+$AlCl_3$+$H_2O$ 等三元体系[21]在 298～333K 下溶解度及相平衡也有详细的数据报道。富含钙的飞灰也有三元体系 $AlCl_3$-$CaCl_2$-$H_2O$ 的研究，这为从氯化钙溶液中回收氯化铝提供了热力学理论基础。

总体来说，目前对于水盐体系相平衡和相图的研究正在不断地发展和完善，对酸性水盐体系的研究也逐渐丰富。从相平衡数据和相图理论中解释结晶发生过程的原因，有利于寻找更加合理与优化的结晶方案，尤其是对于有相互影响的酸性水盐体系。通过相图理论，结合各组分之间的物理化学性质，能够制订出指导组分分离的结晶路线。

# 9.1 $AlCl_3$-$FeCl_3$-$H_2O$(-$HCl$) 体系

铝和铁的分离往往是矿物酸法提铝过程中的关键环节之一，这两种元素的分离是很困难的，并且依靠结晶手段难以实现彻底分离，但是结晶分离工艺的优化依然能够有效减轻吸附、萃取等各种后续分离工序的负担。针对酸性溶液中的铝铁结晶分离问题，以盐酸浸取液为对象，本节提供了不同酸度和温度条件下的 $AlCl_3$-$FeCl_3$-$H_2O$(-$HCl$) 体系相图密度-组成图。在酸浓度方面，本节选择了 1.3mol/L、4.0mol/L 和 11.5mol/L 等三个盐酸浓度。其中，$H^+$ 浓度为 1.3mol/L 是基于真实酸浸液浓度的选择；对于 $H^+$ 浓度为 4.0mol/L 和 11.5mol/L 的选择，主要是考虑到采用通入氯化氢气体等方法促使六水氯化铝结晶时酸浸液的酸浓度会有升高的现象，因此在更高酸浓度条件下测定该体系的相平衡数据，以作为酸法结晶工艺优化的参考。在相平衡数据的温度选择方面，本节选择了 20℃ 和 30℃ 等两个温度值，这主要是考虑到结晶出料温度约为室温（20～30℃）。在这个温度区间内，铁的结晶形式之一是六水氯化铁，而六水氯化铁的熔点比较低（37℃），所以在分离时得到的固相应该是六水氯化铝。然而，实际情况并非如此，由于铝铁的夹带很严重，所以六水氯化铝产品中会包含六水氯化铁杂质，故固相产品需要采用其他工艺予以再加工。

## 9.1.1 室温条件下的 $AlCl_3$-$FeCl_3$-$H_2O$ 体系

25℃、纯水（无外加 $H^+$）条件下 $AlCl_3$-$FeCl_3$-$H_2O$ 体系相图如图 9-1 所示，其中相关的文献数据[18]、Pitzer 模型计算值和实验数据的比较结果示于附录 3 中的表 A.5。需要指出，图 9-1 和附录 3 中表 A.5 中的平衡固相只是理想意义上预期的结果，当酸性较弱时由于很容易发生水解现象，实际得到的固相将是铝和铁的氢氧化物。

## 9.1.2 室温及不同酸浓度条件下的 $AlCl_3$-$FeCl_3$-$H_2O$(-$HCl$) 体系

### 9.1.2.1 25℃、$H^+$ = 1.3mol/L 条件下的相图

25℃、$H^+$ 浓度为 1.3mol/L 时，$AlCl_3$-$FeCl_3$-$H_2O$(-$HCl$) 体系的相图示于图 9-2，其溶解度数据如附录 3 中表 A.6 所示。

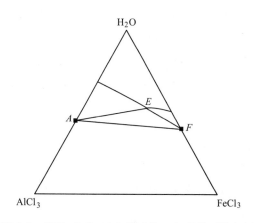

图 9-1　AlCl$_3$-FeCl$_3$-H$_2$O 体系在 25℃ 条件下的相图

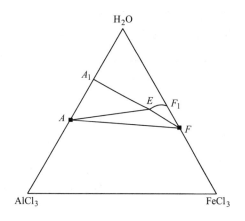

图 9-2　在 25℃、H$^+$ = 1.3mol/L 时
AlCl$_3$-FeCl$_3$-H$_2$O(-HCl) 三元体系相图

图 9-2 显示 H$^+$ 浓度为 1.3mol/L、25℃ 的条件下 AlCl$_3$-FeCl$_3$-H$_2$O(-HCl) 三元体系相图属于含有水合盐的、较为简单的类型，没有其他较为复杂的复盐产生。$E$ 点为体系的共饱和点，$A$ 点和 $F$ 点为纯 AlCl$_3$·6H$_2$O 和 FeCl$_3$·6H$_2$O 的组成点。溶解度曲线把相图划分为 5 个区域，分别为 AlCl$_3$·6H$_2$O 结晶区域（$A_1EAA_1$）FeCl$_3$·6H$_2$O 结晶区域（$F_1EFF_1$），以及未饱和区域、共饱和结晶区域和固相区域。从结晶区域可以看出，在 H$^+$ 浓度为 1.3mol/L、25℃ 的条件下 AlCl$_3$ 的溶解度总体上略小于 FeCl$_3$ 的溶解度。由附录 3 中表 A.6 的溶解度数据可以看出，由于同离子效应，Cl$^-$ 的增加促进了溶液中的 AlCl$_3$ 结晶析出。AlCl$_3$-FeCl$_3$-H$_2$O(-HCl) 三元体系平衡时共饱和点 $E$ 所对应固相的 XRD 分析结果如图 9-3 所示，表明此时体系确实达到了共饱和，并且只有 AlCl$_3$·6H$_2$O、FeCl$_3$·6H$_2$O 存在，无其他复盐产生。

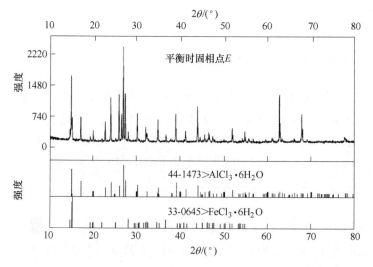

图 9-3　在 25℃、H$^+$ = 1.3mol/L 时 AlCl$_3$-FeCl$_3$-H$_2$O(-HCl) 三元体系平衡固相的 XRD 图

### 9.1.2.2　25℃、$H^+=4.0mol/L$ 和 $H^+=11.5mol/L$ 浓度条件下相图

在 25℃、$H^+=4.0mol/L$ 和 $H^+=11.5mol/L$ 条件下，$AlCl_3$-$FeCl_3$-$H_2O$(-HCl) 体系的溶解度数据分别如附录 3 中表 A.7 和表 A.8 所示，该体系的相图示于图 9-4。

由图 9-4 可知，在 25℃条件下，随着 $H^+$ 浓度的增大，$AlCl_3 \cdot 6H_2O$ 的结晶区域逐渐增大，意味着 $AlCl_3$ 的溶解度在逐渐下降。$H^+$ 浓度为 1.3mol/L、4.0mol/L 时对 $FeCl_3 \cdot 6H_2O$ 的结晶区影响较小，而当 $H^+$ 浓度达到 11.5mol/L 时 $FeCl_3 \cdot 6H_2O$ 的结晶区则有所缩小。从附录 3 中表 A.6～表 A.8 中可以看出，在 $H^+$ 浓度分别为 1.3mol/L、4.0mol/L 时，随着 $FeCl_3$ 浓度的增加，$AlCl_3$ 的溶解度明显降低，直至达到两种组分的共饱和；在这两种 $H^+$ 浓度下，体系分别达到共饱和时各个离子浓度的差异不大。当 $H^+$ 浓度达到 11.5mol/L 时，可溶性 $FeCl_3$ 和 $AlCl_3$ 组分的溶解量与较低酸浓度时有了很大不同，说明酸度对溶解度的抑制作用已经显现。这种现象可以参考单盐体系在不同浓度盐酸中的溶解度数据，例如六水氯化铝和六水氯化铁的单盐体系溶解度数据如附录 3 中表 A.9 所示，其溶解度趋势如图 9-5 所示。由图 9-4 和图 9-5 可以看出两个结果是相互验证的，$AlCl_3 \cdot 6H_2O$ 的溶解度随酸浓度的增加逐渐降低，$FeCl_3 \cdot 6H_2O$ 的溶解度几乎不随酸浓度的改变而改变。

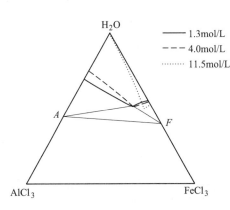

图 9-4　在 25℃、不同 $H^+$ 浓度条件下 $AlCl_3$-$FeCl_3$-$H_2O$(-HCl) 三元体系相图

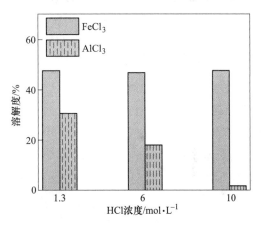

图 9-5　$FeCl_3 \cdot 6H_2O$ 和 $AlCl_3 \cdot 6H_2O$ 在 25℃不同盐酸溶液中的溶解度

总体上，酸浓度的变化对 $AlCl_3 \cdot 6H_2O$ 溶解度的影响较大，而 $FeCl_3 \cdot 6H_2O$ 溶解度受到的影响相对较小，其原因在于两种盐的溶解机理有所不同。两种盐在溶解时，溶质分子都是先吸热电离扩散到溶剂中，再与溶剂进行水合放热。在 $AlCl_3 \cdot 6H_2O$ 的溶解过程中，溶剂中存在大量的 $Cl^-$，由化学平衡原理可知，这会促使 $AlCl_3 \cdot 6H_2O$ 的溶解平衡存在向结晶方向移动的趋势。体系中盐酸浓度越大，$Cl^-$ 的浓度也就越大，$AlCl_3 \cdot 6H_2O$ 的溶解度也就越小。同理，在同一盐酸浓度条件下随着 $FeCl_3$ 浓度的增加，会引入大量的 $Cl^-$，也使得 $AlCl_3$ 的溶解度降低。与 $AlCl_3$ 的溶解过程不同，$FeCl_3 \cdot 6H_2O$ 在溶解时，Fe(Ⅲ) 可以与 Cl(Ⅰ) 形成 $[FeCl]^{2+}$、$[FeCl_2]^+$、$[FeCl_3]^0$、$[FeCl_4]^-$ 等系列的 Fe(Ⅲ)-Cl(Ⅰ) 络合物，这在一定程度上弱化了盐酸浓度对 $FeCl_3 \cdot 6H_2O$ 溶解过程的影响，因此从相图上看 $FeCl_3$ 的溶解度随盐酸浓度的变化相对不明显[22]。

### 9.1.2.3　AlCl₃-FeCl₃-H₂O(-HCl) 体系的密度-组成图

不同 $H^+$ 浓度条件下 AlCl₃-FeCl₃-H₂O(-HCl) 体系的密度组成如图 9-6 所示。由体系的密度-组成图可知，随着 FeCl₃ 浓度的增加、AlCl₃ 的溶解度逐渐下降，液相中 FeCl₃ 的占比逐渐增大，也使得溶液密度在逐步增加。在 FeCl₃ 含量相同时，$H^+$ 浓度越小，AlCl₃ 的溶解度也越大（可从图 9-4 中推测），这也使得水盐体系对应的液相密度越大。随着 FeCl₃ 含量的增加，不同 $H^+$ 浓度下体系的密度逐渐趋于相同。

## 9.1.3　$H^+$=1.3mol/L、不同温度条件下的 AlCl₃-FeCl₃-H₂O(-HCl) 体系

### 9.1.3.1　20℃ 和 30℃ 时 AlCl₃-FeCl₃-H₂O(-HCl) 体系相图

$H^+$ 浓度为 1.3mol/L、温度在 20℃ 和 30℃ 条件下 AlCl₃-FeCl₃-H₂O(-HCl) 体系的溶解度数据如附录 3 中表 A.10 所示，将其绘制相图如图 9-7 所示。由图 9-7 可知，不同温度和不同酸浓度条件下 AlCl₃-FeCl₃-H₂O(-HCl) 体系相图类型的相图，均属于含有水合盐的、较为简单的类型。当温度从 20℃ 升高到 30℃ 时，液相中 FeCl₃ 的质量百分比浓度由 43.59% 增大至 49.34%，AlCl₃ 的浓约在 30.70%。$E_1$ 点和 $E_2$ 点分别为体系在 20℃ 和 30℃ 时的共饱和点。20℃ 时 AlCl₃·6H₂O 的结晶区比 30℃ 略小，而 20℃ 时 FeCl₃·6H₂O 结晶区比 30℃ 大。图 9-7 中结晶区的相对大小表明温度对 AlCl₃ 的溶解度影响较小，而 FeCl₃ 的溶解度受温度的影响则较大一些。在工艺方面，可以认为温度越高，FeCl₃·6H₂O 的溶解度越大，这有利于酸浸液中 AlCl₃·6H₂O 固相产品的分离。

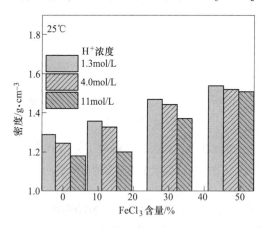

图 9-6　AlCl₃-FeCl₃-H₂O(-HCl)
体系饱和液的密度-组成图

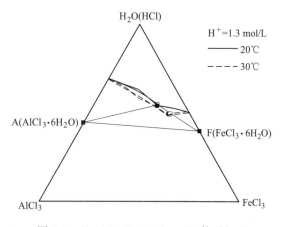

图 9-7　AlCl₃-FeCl₃-H₂O(-HCl) 体系相图

共饱和点 $E_1$ 所对应固相湿渣的 XRD 谱图如图 9-8 所示，与标准图谱比对后可推知固相湿渣中 AlCl₃·6H₂O 和 FeCl₃·6H₂O 同时存在，表明 $E_1$ 达到了共饱和，且无其他复盐产生。

### 9.1.3.2　20℃ 和 30℃ 时 AlCl₃-FeCl₃-H₂O(-HCl) 体系的密度-组成图

在 $H^+$=1.3mol/L、温度在 20℃ 和 30℃ 条件下，AlCl₃-FeCl₃ 体系饱和液密度随 FeCl₃ 浓度的变化关系如图 9-9 所示。可以看出，体系饱和溶液的密度随 FeCl₃ 浓度增加逐渐增大。在同一体系中 AlCl₃ 和 FeCl₃ 的浓度相对变化是联动的，随着 FeCl₃ 加入，同离子效应

使 $AlCl_3 \cdot 6H_2O$ 逐渐析出；$FeCl_3$ 的浓度增大，体系整体密度逐渐增大。达到共饱和后，30℃下体系的密度明显大于20℃下溶液的密度，这是因为 $FeCl_3 \cdot 6H_2O$ 的溶解度随温度增加较快，导致体系密度上升较大。

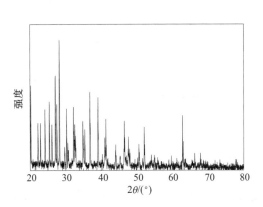

图 9-8　$AlCl_3$-$FeCl_3$-$H_2O$(-HCl) 体系共饱和点 $E_1$ 平衡固相的 XRD 谱图

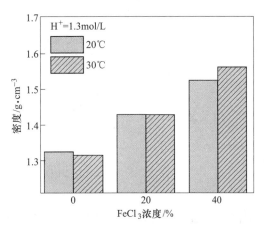

图 9-9　$AlCl_3$-$FeCl_3$-$H_2O$(-HCl)
体系饱和液的密度-组成图

## 9.2　$AlCl_3$-$CaCl_2$-$H_2O$(-HCl) 体系

$Ca^{2+}$ 是酸浸液中容易出现的杂质组分，尤其是粉煤灰等废弃物在盐酸浸取液中会溶入这一类组分。本小节从不同酸浓度和不同温度两个角度绘制铝-钙体系相平衡及相图，为从含钙酸浸液中结晶分离 $AlCl_3 \cdot 6H_2O$ 提供基础数据。

### 9.2.1　室温条件下的 $AlCl_3$-$CaCl_2$-$H_2O$ 体系

在25℃、纯水中 $AlCl_3$-$CaCl_2$-$H_2O$ 三元体系的溶解度数据如附录3中表 A.11 所示，其相图示于图 9-10。可以看出，$AlCl_3$ 的结晶区面积远大于 $CaCl_2$ 的结晶区，这意味着在结晶分离过程中 $AlCl_3$ 结晶的可能性最大，$CaCl_2$ 更多的是作为杂盐而存在于该体系中。

### 9.2.2　室温及不同酸浓度条件下 $AlCl_3$-$CaCl_2$-$H_2O$(-HCl) 体系

#### 9.2.2.1　25℃、不同 $H^+$ 浓度条件下的相图

在25℃、不同酸浓度（$H^+$ = 1.3、4.0、11.5mol/L）条件下 $AlCl_3$-$CaCl_2$-$H_2O$(-HCl) 三元体系的溶解度数据如附录3中表 A.12~表 A.14 所示，其相图示于图 9-11。

图 9-11 表明在25℃，不同盐酸浓度条件下 $AlCl_3$-$CaCl_2$-$H_2O$(-HCl) 三元体系相图属于含有水合盐的类型。$E$ 点为体系的共饱和点，$A$ 点和 $C$ 点为纯 $AlCl_3 \cdot 6H_2O$ 和 $CaCl_2 \cdot 6H_2O$ 的组成点。溶解度曲线同样把相图划分为 5 个区域，分别为 $AlCl_3 \cdot 6H_2O$ 结晶区域（$A_nEAA_n$）$CaCl_2 \cdot 6H_2O$ 结晶区域（$C_nECC_n$），以及未饱和区域（$WA_nEC_nW$）共饱和区域（$AECA$）和固相区域（$ABDCA$）。由于 $AlCl_3 \cdot 6H_2O$ 的结晶区比 $CaCl_2 \cdot 6H_2O$ 的结晶区大，说明在不同 $H^+$ 浓度、25℃的条件下 $CaCl_2$ 的溶解度均比 $AlCl_3$ 的溶解度大。另外，

由附录 3 中表 A.12~表 A.14 中还可以看出 $AlCl_3$ 的浓度会随着 $CaCl_2$ 浓度的增加而减小。

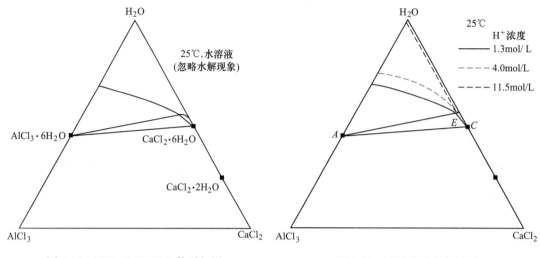

图 9-10　$AlCl_3$-$CaCl_2$-$H_2O$ 体系相图　　　图 9-11　不同酸浓度条件下
　　　　　　　　　　　　　　　　　　　　　　　　$AlCl_3$-$CaCl_2$-$H_2O$(-HCl) 三元体系相图

该体系的相图表明随着酸浓度的增加，$AlCl_3 \cdot 6H_2O$ 的结晶区域明显增大，而 $CaCl_2 \cdot 6H_2O$ 的结晶区域虽有所减小，但变化不大。$AlCl_3$ 的百分比浓度从盐酸浓度为 1.3mol/L 的 30.83%，减少到盐酸浓度为 11.5mol/L 的 0.51%，而 $CaCl_2$ 的百分比浓度仅从 43.4% 降到 31.38%，说明 $CaCl_2 \cdot 6H_2O$ 在高浓度的盐酸溶液中仍有一定的溶解性。这个现象表明，提高酸浓度更有利于 $AlCl_3 \cdot 6H_2O$ 的析出、得到铝盐产品。

### 9.2.2.2　$AlCl_3$-$CaCl_2$-$H_2O$(-HCl) 体系的密度-组成图

不同酸浓度条件下体系的密度随 $CaCl_2$ 和 $AlCl_3$ 的变化关系如图 9-12 所示。该密度-组成图表明，随着 $CaCl_2$ 浓度的增加，体系的密度逐渐增大。但是，$H^+$ 浓度为 11.5mol/L 的体系密度先增大，达到共饱和后再有所降低；根据附录 3 中表 A.14 的数据，可以推测这是 $AlCl_3$ 的浓度降低所致。另外，图 9-12 表明盐酸浓度越大，总体上看体系的密度也就越低，这归因于两种盐的溶解度均随着盐酸浓度的增加而降低。

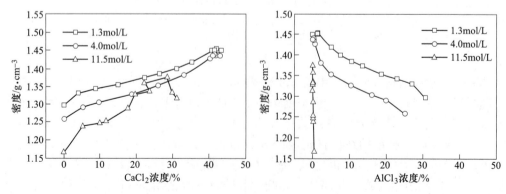

图 9-12　不同酸浓度条件下 $AlCl_3$-$CaCl_2$-$H_2O$(-HCl) 三元体系的密度组成图

### 9.2.3　在 H⁺ = 1.3mol/L、不同温度条件下的 AlCl₃-CaCl₂-H₂O(-HCl) 体系

#### 9.2.3.1　20℃ 和 30℃ 时 AlCl₃-CaCl₂-H₂O(-HCl) 体系相图

在 H⁺ = 1.3mol/L、20℃ 和 30℃ 条件下，AlCl₃-CaCl₂-H₂O(-HCl) 体系相平衡的溶解度数据如附录 3 中表 A.15 所示，结合 9.2.2 小节 H⁺ = 1.3mol/L、25℃ 和文献纯水体系 35℃ 条件下 AlCl₃-CaCl₂-H₂O(-HCl) 体系相平衡数据[19]，绘制直角三角形相图如图 9-13 所示。

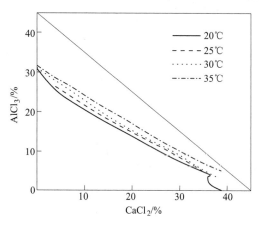

图 9-13　H⁺ = 1.3mol/L、不同温度条件下 AlCl₃-CaCl₂-H₂O(-HCl) 体系相图

图 9-13 表明不同温度条件下的 AlCl₃-CaCl₂-H₂O(-HCl) 体系相图类型相同，均属于含有水合盐的、较为简单的类型，AlCl₃ 的溶解度随温度变化不大，不同温度下的溶解度曲线在 AlCl₃ 饱和区段都比较接近；CaCl₂ 随温度变化较为明显，温度越高，CaCl₂ 的溶解度越大。

通过 AlCl₃-FeCl₃(-CaCl₂)-H₂O(-HCl) 体系相图可知，AlCl₃ 的溶解度随温度变化均不大，而 FeCl₃ 和 CaCl₂ 的溶解度随温度变化则比较大。例如，文献[23] 曾详细报道了 AlCl₃-CaCl₂-H₂O 体系相平衡随温度的变化情况，图 9-14 也据此做了相应的重复实验，验证了 AlCl₃ 和 CaCl₂ 溶解度随温度的变化趋势。图 9-14 表明温度从 5℃ 增加到 90℃ 时，AlCl₃ 的

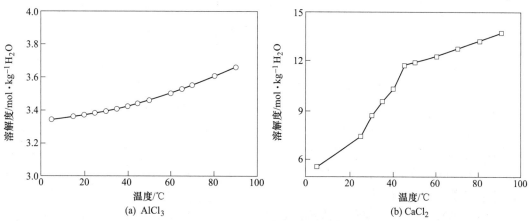

图 9-14　AlCl₃ 和 CaCl₂ 的溶解度随温度的变化关系

溶解度变化不大，而 $CaCl_2$ 的溶解度则增幅较大。根据这样的性质，在铝铁钙并存的酸浸液体系中，当温度降低时 $AlCl_3 \cdot 6H_2O$ 会首先从酸浸液中结晶出来的倾向是最大的，而铁钙杂盐的结晶量会比较少；因此，如果能避免夹裹、吸附等问题，铝盐的实际生产过程中就有可能减少铁钙杂质的掺杂。

### 9.2.3.2　$AlCl_3$-$CaCl_2$-$H_2O$(-HCl) 体系的密度-组成图

由于 $AlCl_3$-$CaCl_2$-$H_2O$(-HCl) 体系在温度稍高时就容易呈现出挥发等不稳定的现象，并且其挥发出的组分也有很强的腐蚀性，因此该体系在较高温度时的相图还有待于进一步测定和完善。在此情况下，本节没有测定其相平衡数据，而是测定了该体系的密度-组成图。在 $H^+$ = 1.3mol/L、温度在 20℃ 和 30℃ 条件下，$AlCl_3$-$CaCl_2$-$H_2O$(-HCl) 体系密度随 $CaCl_2$ 和 $AlCl_3$ 浓度的变化关系如图 9-15 所示。可以看出，体系饱和溶液的密度随 $CaCl_2$ 浓度增加逐渐增大。

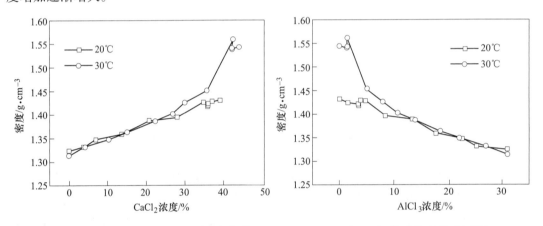

图 9-15　$H^+$ = 1.3mol/L、不同温度条件下 $AlCl_3$-$CaCl_2$-$H_2O$(-HCl) 体系的密度-组成图

## 9.3　NaCl-AlCl$_3$-H$_2$O(-HCl) 体系

### 9.3.1　不同酸浓度和温度条件下的 $AlCl_3$-NaCl-$H_2O$(-HCl) 体系

图 9-16 显示了温度和酸度对 $AlCl_3$-NaCl-$H_2O$ 体系液固相平衡的影响。以 $H^+$ 为 1.3mol/L、温度 60℃ 时为例，图 9-16 显示该体系中除了 $AlCl_3 \cdot 6H_2O$ 之外没有出现其他复盐，因此这是一个较为简单的水盐体系。体系存在一个水合盐的相点，即代表 $AlCl_3 \cdot 6H_2O$ 的 $D$ 点；另外还有两个固相点，即 NaCl 的 $A$ 点和 $AlCl_3$ 的 $B$ 点；$E_1$ 点为 $AlCl_3$ 和 NaCl 的共饱和液相点。体系存在三个结晶区，$\triangle BE_1K_1$ 为 $AlCl_3 \cdot 6H_2O$ 的结晶区、$\triangle AE_1K_2$ 为 NaCl 的结晶区、$\triangle ABE_1$ 为 $AlCl_3 \cdot 6H_2O$ 和 NaCl 的共结晶区。图 9-16 显示两种盐在各个温度和酸度下的溶解度曲线都呈现出相似的变化趋势，因此两种盐在不同条件下的相变特征都将是相似的。

在图 9-16 中，有三个现象是值得注意的。第一，温度对该体系相平衡的影响不大。图 9-16 显示出即便是温度从 25℃ 升到 60℃，每种盐的溶解度也并未明显增加。这意味着，

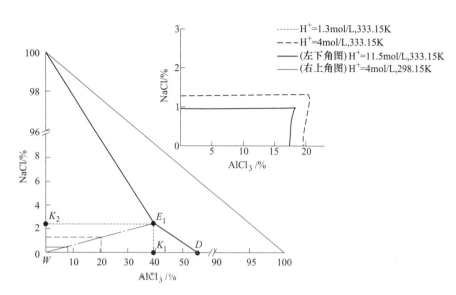

图 9-16 不同温度和酸度下 $AlCl_3$-$NaCl$-$H_2O$（-HCl）体系的相平衡

在实际生产中，蒸发、浓缩和结晶可以在任何温度下进行，操作温度对最终产品的质量影响都不大。这和其他大多数无机盐的生产过程不同，因为那些盐的结晶数量和纯度往往受到温度的显著影响。

第二，与温度相比，对体系的溶解度影响更大的是酸浓度，酸浓度的增大使得盐的溶解度大幅度降低，因此 $NaCl$ 和 $AlCl_3$ 的结晶区都在缩小。由此可见，相比于改变温度而言，通过添加盐酸或 HCl 气体来促使 $AlCl_3$ 和 $NaCl$ 的析出是更有效的做法。值得一提的是，图 9-16 中的溶解度比文献[21]中的数值要低，二者的区别在于图 9-16 为强酸性条件下的相图，文献[21]的相图则对应于中性条件，这两个相图的对比也能够验证酸性条件可以有效降低盐的溶解度。通过添加盐酸促使六水氯化铝析出，也是很多工艺过程所采用的技术方案。当然，在不同的酸度条件下，增大酸度对结晶的促进作用也是不同的。例如，$H^+$ 浓度从 1.3mol/L 增加到 4.0mol/L 时，就可以使每种盐的溶解度降低一半左右；但是 $H^+$ 浓度从 4.0mol/L 增加到 11.5mol/L 时，尽管酸浓度的增幅更大了，每种盐溶解度的降低趋势却不再有如此大的幅度。考虑到加入盐酸不仅增加了生产成本，也使得盐酸挥发损失的可能性加大，从而将增大操作过程的复杂程度，因此不建议采用无限地添加盐酸而增大产量的办法。

第三个值得注意的现象是在任何温度和酸度条件下，体系的共饱和点几乎都连接在同一条直线的方向上，即图 9-16 中的 $WE_1$ 线。这意味着不同酸度和温度条件下两种盐的共饱和点都具有相似的 $AlCl_3$/$NaCl$ 比例。这是一个有着工程意义的现象，印证了在共饱点处盐酸浓度对氯化钠和氯化铝溶解度的抑制效应是等同的，即在氯化铝溶解度被降低的同时氯化钠的溶解度也在降低，而且二者的降幅是等比例的。也就是说，向该水盐体系的共饱点中加入盐酸虽然可以促使氯化铝析出，但是氯化钠也会以一定比例伴随着氯化铝析出，因此氯化铝和氯化钠并不能在结晶过程中被区分开。如果想得到纯的氯化钠或氯化铝，还需要借助其他的办法。

### 9.3.2　$AlCl_3$-NaCl-$H_2O$(-HCl-$C_2H_5OH$)体系

向盐水溶液中加入有机萃取剂时,有可能产生萃取结晶效应,即萃取剂与水之间的互溶性能迫使盐组分结晶分离出来。这种方法能够有助于获得高纯度的盐产品,但同时也会增加过程成本,所以需要全面衡量产品价值和物能消耗之间的关系。本节以 NaCl-$AlCl_3$-$H_2O$(-HCl)体系的加醇萃取结晶为例,仅从工艺的角度讨论其分离过程的可行性,供实际研发时参考。

#### 9.3.2.1　萃取结晶及其相分离设想

水溶液中 $AlCl_3$ 和 NaCl 的分离在一些工艺过程中是必需的步骤,例如从粉煤灰等煤废渣的盐酸浸取液中提取结晶氯化铝等产品。在某些工艺条件下,酸浸液中除了 $AlCl_3$ 还会含有一定量的 NaCl,例如在酸浸前使用了 $Na_2CO_3$ 活化的情况下。由于 $AlCl_3$ 和 NaCl 都是易溶盐,因此不容易将二者相互分开。分离的不彻底性也限制了生产过程的经济性,因为得到的 $AlCl_3$ 结晶盐产品容易含有 NaCl 杂质,从而只能作为低价低值产品而售出。例如,超高纯的 $AlCl_3 \cdot 6H_2O$ 市价可达 12000~15000 元/t,食品级的 $AlCl_3 \cdot 6H_2O$ 售价则可达 4500 元/t 左右,而含量 95% 的工业级产品则可能会低于 2000 元/t。从相分离的角度而言,这两种易溶盐的分离在技术上一直是个难题。

酸浸液是一个事实上非常复杂的溶液体系,以粉煤灰的酸浸过程为例,钙是优先进入酸浸液的元素,铝和铁也都溶于酸浸液之中,因此酸浸液是多种元素的混合溶液,这使得随后的结晶过程中出现了各种盐混杂的现象。酸浸液在分离时不仅存在着 $AlCl_3$ 和 NaCl 相互分离的问题,还有如何分离去除 $CaCl_2$ 和 $FeCl_3$ 的问题,而 $FeCl_3$ 和 $AlCl_3$ 的分质是酸浸液分离过程中的难点之一。另外,在用盐酸浸取粉煤灰的过程中,很多微量元素发生了迁移和重新分布,其中相当一部分会进入到硅钙渣等副产品中,但也有一部分会和氯化铝产品等混杂在一起。除了盐酸之外,粉煤灰中的铝元素也可以使用硫酸来浸取,而在硫酸浸取过程中铁元素同样能够被浸出。尽管酸浸液组分太复杂,但是采取一些措施仍可以避免铁钙等元素与氯化铝同时结晶。例如,钙元素可以通过预浸出的方法而提前提取出来、从而避免和铝铁混杂在一起;而结晶氯化铁的熔点大约只有 37℃,理论上可以通过升高温度的办法避免或减轻它与氯化铝一起结晶出来。事实上,只有氯化钠和氯化铝的结晶特点非常相似,难以通过结晶方法而分开。

通过降低可溶盐的溶解性来促使其结晶和析出,是分离易溶盐的常用方法之一。例如,对于酸浸液来说,分盐措施之一是使用加入盐酸或者通入氯化氢气体的方法,从而使粉煤灰酸浸液中沉淀出 $AlCl_3 \cdot 6H_2O$ 固相,因为 $Cl^-$ 的同离子作用使得 $AlCl_3$ 的溶解度被降低了。但是,与此同时,NaCl 的溶解度也被降低了,所以得到的 $AlCl_3 \cdot 6H_2O$ 中不可避免地掺杂有 NaCl。总之,$AlCl_3$ 和 NaCl 不仅在水中的溶解度很相近,在酸性溶液中的溶解度也很相近,而且 NaCl、$AlCl_3$ 和其他盐组分在溶液中的溶解度是交互影响的,它们存在着共同结晶和析出的现象,这是它们不容易分离开来的一个原因。一般来说,这种情况下如果有相应的水盐体系相图,会有助于盐类结晶和分离问题的解决。有研究报道过 NaCl-$AlCl_3$-$H_2O$ 水盐体系的相平衡数据[21],这是一种中性的水盐体系,NaCl 和 $AlCl_3$ 存在着一个共饱和点。还有研究报道过室温下、HCl 质量浓度 28% 时的强酸性

NaCl-AlCl$_3$-HCl-H$_2$O 水盐体系的溶解度[24]，这种水盐体系有很大的 NaCl 结晶区。类似地，这些作者也研究了 AlCl$_3$-SrCl$_2$-HCl-H$_2$O 和 NaCl-SrCl$_2$-HCl-H$_2$O 体系的溶解度[25]。针对粉煤灰酸浸液中 AlCl$_3$、FeCl$_3$ 和 CaCl$_2$ 的分离，也有文献报道了 AlCl$_3$-CaCl$_2$-H$_2$O[23]、AlCl$_3$-FeCl$_3$-H$_2$O[18] 等相图数据。从这些相图上看，在特定的温度和酸度条件下 AlCl$_3$ 和其他杂盐几乎都存在着共饱和点，这意味着它们存在共同结晶和析出的可能性，因此彼此间的彻底分离是很困难的。

要想通过结晶来分离易溶盐，根本的解决措施是设法使它们溶解度产生较大的差异，也就是使 AlCl$_3$ 和 NaCl 的溶解度分别呈现出不同的增减趋势。在相图上，这会表现为两种盐组分共饱和点的位置向 NaCl 盐组分的方向更加靠近，使得 AlCl$_3$ 盐组分能获得更大的结晶区域，AlCl$_3$ 也就更容易地在 NaCl 不结晶的情况下独自析出，从而得到较纯的 AlCl$_3$ 晶体产品。如果两种盐组分共饱点向 AlCl$_3$ 方向靠近，所产生的工艺效果是类似的。在水盐体系中引入第三方溶剂，也许有助于实现这个设想。早在 20 世纪 80 年代，就有研究报道了有机溶剂可以很好地溶解 AlCl$_3$，但有机溶剂却往往不易溶解 NaCl。一般来说，无机盐是否易溶于小或有机溶剂，与盐的极性有关，即大多数情况下极性大的盐容易溶于水、而极性小的盐容易溶于有机溶剂。尽管这些报道中的水盐体系都是中性的，其数据也不适用于粉煤灰酸浸液体系，但这是一个很好的启发，因为揭示了有机溶剂也许能够区分开 AlCl$_3$ 和 NaCl 的溶解度。并且，一些有机溶剂也是很廉价的，例如主要组分为乙醇的工业酒精或工业废醇，它可以很便宜地应用在工业上，这意味着在工业上可能不需要耗费太大的资金投入就能够实现这个设想。

有鉴于此，可以对这个设想进行尝试，即针对粉煤灰酸浸液中 AlCl$_3$ 和 NaCl 的分离，使用乙醇等有机溶剂扩大二者溶解度的差异，并改变两种盐的共饱和点在相图上的位置，在有准确的相平衡数据的情况下优化二者的分离，得到纯的结晶 AlCl$_3$ 结晶产品。

### 9.3.2.2　AlCl$_3$-NaCl-H$_2$O(-HCl-C$_2$H$_5$OH) 体系相图的分析

图 9-17 显示了 AlCl$_3$-NaCl-H$_2$O(-HCl-C$_2$H$_5$OH) 体系的相图，可见在相同的酸性条件下，乙醇的加入能够显著增加 AlCl$_3$ 的溶解度，并且降低 NaCl 的溶解度，使得两种盐的溶

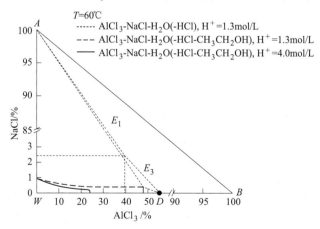

图 9-17　AlCl$_3$-NaCl-H$_2$O(-HCl-C$_2$H$_5$OH) 体系的相平衡

解度差异被增大。与不含乙醇的 AlCl$_3$-NaCl-H$_2$O(-HCl) 体系相比，很显然图 9-17 中 NaCl 的结晶区在增大，而 AlCl$_3$ 的结晶区在被压缩，这意味着酸浸液在蒸发和浓缩过程中将更容易除去 NaCl，从而使得留在母液中的 AlCl$_3$ 在结晶析出时能更少地受 NaCl 结晶混杂的干扰，这为通过深度浓缩结晶而得到高纯度的 AlCl$_3$·6H$_2$O 创造了条件。

例如，可以从图 9-17 中看出，加入乙醇以后体系的共饱和点 $E_3$ 与不含乙醇的体系的共饱和点 $E_1$ 相比，AlCl$_3$ 含量从 40% 上升到 48%，而 NaCl 含量则从 2.5% 锐减到 0.3%。在这种情况下，如果将共饱点 $E_3$ 的母液蒸干，将可能得到纯度超过 99% 的 AlCl$_3$·6H$_2$O 结晶盐。

加入乙醇还可以带来另一种结果，即两种盐的晶体粒径出现了差异。如图 9-18 所示，乙醇存在条件下得到的 NaCl 晶体颗粒明显要比 AlCl$_3$·6H$_2$O 小些，这与不含乙醇的体系中的晶体情况是不同的。这对于制备超纯 AlCl$_3$·6H$_2$O 是有利的，因为很容易通过水的洗涤将小颗粒 NaCl 快速溶解并脱除，从而保留较大的 AlCl$_3$·6H$_2$O 颗粒。

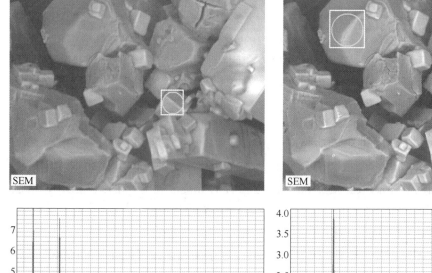

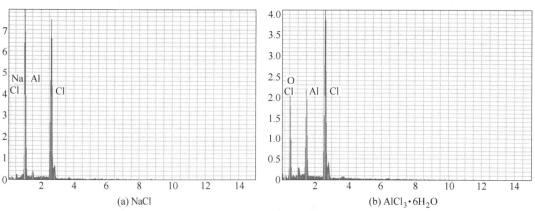

图 9-18　存在乙醇条件下结晶的 AlCl$_3$·6H$_2$O 和 NaCl 晶体（电镜和能谱图）

因此，向体系中加入乙醇之后，AlCl$_3$·6H$_2$O 和 NaCl 的溶解度和晶体粒径都出现了差异，这有利于把二者更彻底地分离。另外，如果体系中同时存在乙醇和盐酸，那么盐酸仍然会和图 9-16 显示的规律一样，即能够大幅度地压缩 AlCl$_3$ 和 NaCl 的溶解度。由图 9-18 可见，在盐酸浓度加大时，AlCl$_3$ 和 NaCl 的溶解度可以降低一半左右，显示出盐酸对两种盐溶解度的压缩效应是很明显的。单纯地从技术上分析，对于设法分离两种盐而言，向酸浸液中加入乙醇似乎更有助于两种盐的分离，因为乙醇对于两种盐溶解度的影响更有选择性，即乙醇能扩大两种盐溶解度的差异，从而使得两种盐更容易通过结晶来实现彼此的分离；加入盐酸在降低盐的溶解度方面则没有选择性，虽然使得两种盐都出现了溶解度降低的倾向，但是并没有扩大它们溶解度的差异。

### 9.3.2.3 高纯度 $AlCl_3 \cdot 6H_2O$ 萃取结晶工艺的相图分析

由于图 9-16 和图 9-17 显示了温度的变化对于每种盐溶解度的影响并不是显著的，因此不需要考虑利用温度变化的方法来改变每种盐的溶解度，并促进它们的析出。相比较而言，盐酸和乙醇的加入更有助于改变盐类的溶解度，这应该是得到超纯盐产品的可行途径之一。在这种情况下，图 9-19 和表 9-1 示出了不同结晶过程的各股物料在相图上的位置变化，本节总结了如下的典型结晶方案：

（1）酸浸液的直接蒸发。原始酸浸液位于图 9-19 的 $M_0$ 点，当蒸发开始时，酸浸液系统点将逐渐远离代表水的 $W$ 点。在这个过程中酸浸液的点会经过 NaCl 的结晶区，因此有 NaCl 固相结晶和析出，固相点出现在代表 NaCl 的 $A$ 点，而液相点将沿着溶解度曲线移向 NaCl-AlCl$_3$ 共饱点 $E_1$。当系统点移动到 $M_1$ 点时，是析出单一 NaCl 的蒸发极限，因为如果继续蒸发则系统点将进入 NaCl 和 $AlCl_3 \cdot 6H_2O$ 的共结晶区，所以将会析出两种盐的混合物。在这种情况下，此时应进行固液分离，从而得到在 $A$ 点的纯固相 NaCl 和在 $E_1$ 点的

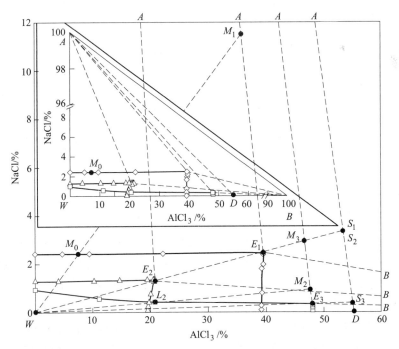

◇ AlCl$_3$-NaCl-H$_2$O(-HCl)，H$^+$=1.3mol/L，60℃
□ AlCl$_3$-NaCl-H$_2$O(-HCl-CH$_3$CH$_2$OH)，H$^+$=1.3mol/L，25℃
△ AlCl$_3$-NaCl-H$_2$O(-HCl-CH$_3$CH$_2$OH)，H$^+$=1.3mol/L，60℃

图 9-19　不同结晶过程的相图路线分析

表 9-1　不同结晶过程的相平衡情况

| 方法 | 阶段 | 系统点 | 固相点 | 液相点 | 析出固相 | NaCl 含量/% | $AlCl_3 \cdot 6H_2O$ 含量/% |
|---|---|---|---|---|---|---|---|
| (1) 直接蒸发 | 蒸发至共饱和点 | $M_0\text{-}M_1$ | A | $M_0\text{-}E_1$ | NaCl | 100 | 0 |
| | 固液分离 | | A | $E_1$ | | | |
| | 蒸干 | $E_1\text{-}S_1$ | S1 | $E_1$（消失） | NaCl+ $AlCl_3 \cdot 6H_2O$ | 3.35 | 96.65 |
| (2) 加酸结晶 | 蒸发至共饱和点 | $M_0\text{-}M_1$ | A | $M_0\text{-}E_1$ | NaCl | 100 | 0 |
| | 固液分离 | | A | $E_1$ | | | |
| | 加酸结晶 | $E_1$ | $S_2$ | $E_2$ | NaCl+ $AlCl_3 \cdot 6H_2O$ | 3.35 | 96.65 |
| (3) 萃取结晶 | 蒸发至共饱和点 | $M_0\text{-}M_1$ | A | $M_0\text{-}E_1$ | NaCl | 100 | 0 |
| | 固液分离 | | A | $E_1$ | | | |
| | 加溶剂 | $E_1\text{-}E_2$ | A | $E_1\text{-}L_2$ | NaCl | 100 | 0 |
| | 固液分离 | | A | $L_2$ | | | |
| | 蒸发至共饱和点 | $L_2\text{-}M_2$ | A | $L_2\text{-}E_3$ | NaCl | 100 | 0 |
| | 固液分离 | | A | $E_3$ | | | |
| | 蒸干 | $E_3\text{-}S_3$ | $S_3$ | $E_3$（消失） | NaCl+ $AlCl_3 \cdot 6H_2O$ | 0.39 | 99.61 |
| (4) 蒸发加溶剂 | 蒸发至共饱和点 | $M_0\text{-}M_1$ | A | $M_0\text{-}E_1$ | NaCl | 100 | 0 |
| | 固液分离 | | A | E1 | | | |
| | 蒸发超过共饱和点 | $E_1\text{-}M_3$ | $S_1$ | E1 | NaCl+ $AlCl_3 \cdot 6H_2O$ | 100 | 0 |
| | 加溶剂 | $M_3\text{-}M_4$ | A | $L_3$ | | | |
| | 固液分离 | | A | $L_3$ | | | |
| | 蒸发至共饱和点 | $L_3\text{-}M_5$ | A | $L_3\text{-}E_3$ | NaCl | | |
| | 固液分离 | | A | $E_3$ | | | |
| | 蒸干 | $E_3\text{-}S_3$ | $S_3$ | $E_3$（消失） | NaCl+ $AlCl_3 \cdot 6H_2O$ | 0.39 | 99.61 |

NaCl-$AlCl_3$ 共饱和液。$E_1$ 点的溶液继续蒸发时，系统点将向着背离水点 $W$ 的方向移动。由于 $E_1$ 点是两种盐的共饱和点，因此在蒸发过程中，直到蒸干时液相的组分也将保持不变；而固相点最终将位于 $S_1$ 点，即 NaCl 和 $AlCl_3 \cdot 6H_2O$ 的混合盐。根据 $E_1$ 点的组成可以推算出，此时得到的混合盐中 $AlCl_3 \cdot 6H_2O$ 的纯度应该在 96.65% 左右。

（2）向酸浸液体系中加入浓盐酸或氯化氢气体，促使体系中酸度增大、$AlCl_3 \cdot 6H_2O$ 和 NaCl 结晶析出，这也是现在很多工艺常用的方法。一般情况下，图 9-19 显示向 $M_0$ 点的原始酸浸液加入盐酸时，将会使酸浸液直接移入 NaCl 的结晶区，而随着结晶的进行，之后才会有 $AlCl_3 \cdot 6H_2O$ 固相析出。并且，这个方案的操作步骤是可以进一步优化的，例如仍然是先将系统点蒸发至 $M_1$ 点，此时得到共饱和点的溶液 $E_1$，固液分离后再向 $E_1$ 溶液中加入盐酸；随即，相图中的溶解度曲线就会发生改变，使得 $E_1$ 点直接落入 NaCl 和

$AlCl_3$ 的共结晶区，此时的液相点移到了 $E_2$ 共饱和点，根据相图的直线规则可知固相点应该在 $E_2E_1$ 的连线方向上，即图 9-19 中的 $S_2$ 点。根据 $S_2$ 点的坐标可知，固相盐的纯度理论值应该在 96.65% 左右。另外，图 9-19 中的 $S_2$ 点和 $S_1$ 点实际上应该是位置不同的，但是由于共饱和点 $E_1$、$E_2$ 和代表水的 $W$ 点几乎就在一条连线上，因此它们延伸出来的 $S_1$ 和 $S_2$ 点也相近到几乎重叠的程度；所以，无论是直接蒸发得到的 $S_1$ 点固相盐还是调酸度结晶得到的 $S_2$ 点固相盐，纯度都是接近于 96.65% 左右。

（3）利用乙醇来扩大 $AlCl_3$ 和 $NaCl$ 溶解度的差异，从而利用萃取结晶的方式辅助两种盐的分离。图 9-19 显示出，当 $E_1$ 点的共饱液加入乙醇之后，它的系统点将会向着 $W$ 点移动，因为此时的 $W$ 点相当于是 $H_2O$-$HCl$-$CH_3CH_2OH$ 的混合液相点，所以加入乙醇等同于向体系中新加入了液相。当加入的乙醇与 $E_1$ 点的共饱和液大致为等体积时，新的系统点将落在 $E_2$ 点附近。假设以新系统点在 $E_2$ 点的位置为例，在此之后，再经固液分离可得到 $L_2$ 点的溶液，将 $L_2$ 点溶液蒸发至系统点为 $M_2$ 点附近，然后再次固液分离得到 $E_3$ 点溶液，最后将 $E_3$ 点的溶液蒸干，得到 $S_3$ 点的固相盐，从图 9-19 上的坐标判断它将是纯度约 99.61% 的 $AlCl_3 \cdot 6H_2O$。

（4）如上的乙醇萃取结晶方案中，得到的固相盐已经是超纯的产品了，但是在实际生产中乙醇的消耗量会比较大，因此这条工艺路线还可以再优化。根据这种情况，可以提出第四种结晶方案，即得到 $E_1$ 点的共饱液之后，继续将它蒸发至系统点为 $M_3$ 点，然后再添加乙醇。在添加乙醇时并不进行固液分离，此时 $AlCl_3 \cdot 6H_2O$ 和 $NaCl$ 都已经析出了一些，加入乙醇以后会将其中的 $AlCl_3 \cdot 6H_2O$ 重新溶解。为了保证添加乙醇以后能将 $AlCl_3 \cdot 6H_2O$ 固相溶解完全，$E_1$ 点的共饱和液在蒸发浓缩时不能超越 $M_3$ 点，也就是不能进入含乙醇体系相图中的 $NaCl$ 和 $AlCl_3 \cdot 6H_2O$ 的共结晶区。添加了乙醇以后，同样经过蒸发、固液分离等步骤，可得到 $E_3$ 点的溶液，再经蒸干就能得到 $S_3$ 点的固相，即纯度约 99.61% 的固相 $AlCl_3 \cdot 6H_2O$。

尽管如此，仍然需要注意乙醇的大量使用在工业上并不是一个经济性的做法。萃取结晶的工艺如果投入使用，就需要配套乙醇的回收工序，并且优先使用工业废醇液以降低生产成本。

### 9.3.2.4  高纯度 $AlCl_3 \cdot 6H_2O$ 晶体的产出

根据图 9-19 和表 9-1 中结晶方法的分析，可知第四种结晶方案即先深度蒸发，再加入乙醇并溶解一部分固相盐，继而蒸发结晶的方法是比较适合制备高纯度 $AlCl_3 \cdot 6H_2O$ 晶体产品的。按照这个工艺路线，使用 $Na_2CO_3$ 活化粉煤灰的酸浸液（主要组分对应于图 9-19 的 $M_0$ 点）制备的固相产品的纯度情况如表 9-2 所示。总体来看，从酸浸液中直接结晶析出的 $NaCl$ 和 $AlCl_3 \cdot 6H_2O$ 的纯度分别达到了 99.14% 和 98.05%，这个纯度已经是高于非萃取结晶工艺产品的结果。这也验证了图 9-19 和表 9-1 中对不同工艺路线的测算，即非萃取结晶工艺是直接向酸浸液中添加浓盐酸或氯化氢气体，$AlCl_3 \cdot 6H_2O$ 在析出的同时也有很多 $NaCl$ 析出；而使用萃取结晶工艺时，由于两种盐的溶解度差异被加大，$NaCl$ 可以在 $AlCl_3 \cdot 6H_2O$ 结晶析出之前被除去一大部分，这就保证了后期 $AlCl_3 \cdot 6H_2O$ 结晶的纯度得以提高。

表 9-2　不同结晶过程的产品的纯度情况

| 项　目 | 样品中各组分含量/% | | | |
| --- | --- | --- | --- | --- |
| | $AlCl_3 \cdot 6H_2O$ | $FeCl_3 \cdot 6H_2O$ | $CaCl_2$ | $NaCl$ |
| NaCl | 0.0 | 0.0 | 0.8 | 99.1 |
| $AlCl_3 \cdot 6H_2O$ | 98.1 | 0.2 | 0.7 | 0.2 |

注：固相盐产品经过简单的淋洗。

需要重申的是，由于在制备过程中使用了乙醇，乙醇蒸汽在这个流程中应该通过冷凝、吸收等方法进行回收。

# 9.4　粉煤灰盐酸浸取液相分离的工艺设计

强酸性水盐体系相图的主要作用是为矿物酸浸液的相分离提供参考。本节以粉煤灰的盐酸浸取液为例，论述酸浸液相分离的工艺设计方法。本节介绍的工艺不是萃取结晶方法，而是常规的蒸发和反应结晶工艺。

粉煤灰酸浸液的相分离可以采用两种方法，即蒸发结晶或增加酸度强制结晶，其中酸度的增加可以向体系中通入氯化氢气体或者浓盐酸等方式。本节只介绍蒸发结晶的案例，变酸结晶的工艺设计也可以采用本章的相图为指导，设计方法与蒸发结晶是类似的，都是使用相图杠杆规则等，在此不做赘述。

## 9.4.1　$AlCl_3$-$FeCl_3$(-$CaCl_2$)-$H_2O$(-HCl) 体系相分离的应用

### 9.4.1.1　计算方法

粉煤灰盐酸浸取液相分离可以根据 $AlCl_3$-$FeCl_3$(-$CaCl_2$)-$H_2O$(-HCl) 体系相图，利用杠杆规则等运算法则求得相应的蒸发水量（溶剂）及晶体析出量，设计合适结晶路线，进行铝铁钙分离工艺的研究。

以 25℃、1.3mol/L 条件下 $AlCl_3$-$FeCl_3$-$H_2O$(-HCl) 体系相图为例进行计算。从图 9-20 可以看出，以共饱和点为界，溶解度曲线可以近似看成两条具有线性关系的直线，通过拟合可以得到直线 $A_1E$ 和 $F_1E$ 的线性方程式 (9-1)、式 (9-2)：

$$y = a_1 x + b_1 \tag{9-1}$$

$$y = a_2 x + b_2 \tag{9-2}$$

该体系在蒸发浓缩过程中，系统点会沿着 $WM_0$ 线向 $M_1$ 点移动。假设初始酸浸液的系统点为 $M_0(X_0, Y_0)$，质量为 $W_0$。在蒸发浓缩过程中，系统从 $M_0$ 点逐渐向 $M_1(X_1, Y_1)$ 点靠拢，经过 $M_1$ 点到达 $AlCl_3 \cdot 6H_2O$ 的结晶区。根据如上轨迹，可以得到系统点 $M_0$ 浓缩过程 $WM_0$ 的线性关系，如下式所示：

$$y = \frac{Y_0}{X_0} x \tag{9-3}$$

体系在从 $M_0 \rightarrow M_1$ 及 $M_1 \rightarrow E$ 点过程中，系统中 $FeCl_3$ 的总量不变。联立方程式 (9-1)、式 (9-2)，或者从图中可以得到 $E(X_2, Y_2)$。由杠杆定理可知，达到共饱和时溶液中

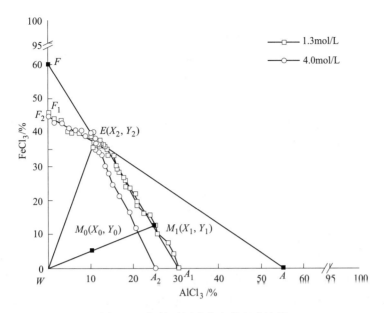

图 9-20 铝铁酸浸液分离的理论计算

$AlCl_3$ 的含量为 $\dfrac{X_2}{Y_2}Y_0W_0$，即总共析出 $AlCl_3 \cdot 6H_2O$ 的量为 $w_{Al} = \dfrac{241.43}{133.34}W_0\left(X_0 - \dfrac{X_2}{Y_2}Y_0\right)$，所以可得需要蒸发的水量的关系，如下式所示：

$$W_1 = W_0 - \frac{Y_0}{Y_1} \tag{9-4}$$

$$W_2 = W_0 - W_{Al} - \frac{Y_0}{Y_2} \tag{9-5}$$

式中，$W_0$ 表示物料的原始重量；$W_1$ 表示体系从初始物料点进入 $AlCl_3 \cdot 6H_2O$ 结晶区所需蒸发的水量；$W_2$ 表示体系到达共饱和点所需蒸发是水量；$W_{Al}$ 表示体系蒸发结晶过程中析出 $AlCl_3 \cdot 6H_2O$ 的量。当系统初始物料点落在 $WEF_1W$ 区域内，可以联立 $WM_0$ 和 $EF_1$ 求出相应的蒸发水量与晶体析出量。

利用相图还可以有另外的计算方法。以体系浓缩过程首先经过 $AlCl_3 \cdot 6H_2O$ 的结晶区为例，液相组成点会首先向溶解度曲线移动，然后沿着溶解度曲线向共饱和点移动。在此过程中只有 $AlCl_3 \cdot 6H_2O$ 析出，$Fe^{3+}$ 一直留在溶液当中，这是在计算中可以巧妙利用的一条规律。根据 $Fe^{3+}$ 总量不变的原则，可以得出下式：

$$W_0 C_{0,FeCl_3} = W_E C_{E,FeCl_3} \tag{9-6}$$

$$W_{AlCl_3} = W_0 C_{0,AlCl_3} - W_E C_{E,AlCl_3} \tag{9-7}$$

$$\eta_{Al} = \frac{W_{AlCl_3}}{W_0 C_{0,AlCl_3}} \tag{9-8}$$

$$W_{E,vapor} = W_0 - W_{E,AlCl_3 \cdot 6H_2O} - W_E \tag{9-9}$$

在 $AlCl_3$-$CaCl_2$-$H_2O$(-HCl) 体系相图中，同样可以根据 $AlCl_3 \cdot 6H_2O$ 首先结晶析出，$Ca^{2+}$ 一直留在溶液当中，其总量不变的原则，进行以下计算：

$$W_0 C_{0,\text{CaCl}_2} = W_E C_{E,\text{CaCl}_2} \tag{9-10}$$

$$W_{\text{AlCl}_3} = W_0 C_{0,\text{AlCl}_3} - W_E C_{E,\text{AlCl}_3} \tag{9-11}$$

$$\eta_{\text{Al}} = \frac{W_{\text{AlCl}_3}}{W_0 C_{0,\text{AlCl}_3}} \tag{9-12}$$

$$W_{E,\text{vapor}} = W_0 - W_{E,\text{AlCl}_3 \cdot 6\text{H}_2\text{O}} - W_E \tag{9-13}$$

式中，$W_0$、$C_0$ 表示初始物料的质量与浓度；$W_E$、$C_E$ 表示共饱和点物料的质量与浓度；$\eta_{\text{Al}}$ 表示 $\text{AlCl}_3 \cdot 6\text{H}_2\text{O}$ 的收率；$W_{E,\text{vapor}}$ 表示体系从初始点到共饱和点 $E$ 所需蒸发的水（溶剂）量。

### 9.4.1.2　基于蒸发结晶的相分离轨迹分析

以 25℃，$\text{H}^+$ 浓度为 1.3mol/L 条件下 $\text{AlCl}_3$-$\text{FeCl}_3$-$\text{H}_2\text{O}$(-HCl) 三元体系相图为例进行蒸发结晶的轨迹分析[26]。如图 9-21 所示，设原始物料点为 "1" 点，通过蒸发结晶，水相（$\text{H}_2\text{O}$ 和 HCl）逐渐减少，体系经由 "2" 点进入 $\text{AlCl}_3 \cdot 6\text{H}_2\text{O}$ 的结晶区；继续蒸发，液相点会沿着溶解度曲线，由 "2" 向共饱和点 "$E_1$" 移动，系统点由 "2" 点向 "3" 点移动，在此过程中只有 $\text{AlCl}_3 \cdot 6\text{H}_2\text{O}$ 析出；随着蒸发的继续进行，液相点到达了共饱和，此时如继续蒸发，$\text{AlCl}_3 \cdot 6\text{H}_2\text{O}$ 和 $\text{FeCl}_3 \cdot 6\text{H}_2\text{O}$ 会同时结晶析出。为了得到比较纯净的 $\text{AlCl}_3 \cdot 6\text{H}_2\text{O}$，应该在液相点到达共饱和点之前停止蒸发，分离析出的 $\text{AlCl}_3 \cdot 6\text{H}_2\text{O}$，可有望减少 $\text{FeCl}_3 \cdot 6\text{H}_2\text{O}$ 的析出和掺杂。具体蒸发路径如表 9-3 所示。

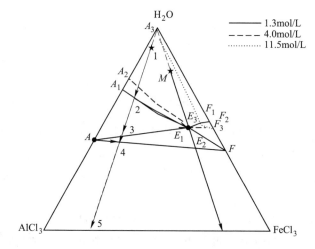

图 9-21　利用相图进行等温蒸发路径理论分析

**表 9-3　三元体系 $\text{AlCl}_3$-$\text{FeCl}_3$-$\text{H}_2\text{O}$(-HCl) 中 "1" 点的蒸发路径**

| 阶段 | 过程 | 系统点 | 液相点 | 固相点 |
|------|------|--------|--------|--------|
| 1 | 不饱和溶液浓缩 | 1→2 | 1→2 | 无 |
| 2 | 单固相结晶 | 2→3 | 2→$E_1$ | $\text{AlCl}_3 \cdot 6\text{H}_2\text{O}$ |
| 3 | 双固相共结晶 | 3→4 | $E_1$ | $\text{AlCl}_3 \cdot 6\text{H}_2\text{O}$→$\text{FeCl}_3 \cdot 6\text{H}_2\text{O}$ |
| 4 | 固相脱水 | 4→5 | 消失 | 4→5 |

注：$E_1$ 为共饱和点。

　　如果原始物料点在"$M$"点处，由于"$M$"点与顶点（纯 $H_2O$ 的相点）的连线经过共饱和点"$E$"，此时随着蒸发的进行，"$M$"点从未饱和区域直接进入共饱和区域，$AlCl_3 \cdot 6H_2O$ 和 $FeCl_3 \cdot 6H_2O$ 会同时结晶析出，无法通过蒸发结晶的方法将其分离。

### 9.4.1.3　基于变酸度反应结晶的相分离轨迹分析

　　利用不同 $H^+$ 浓度条件下 $AlCl_3$-$FeCl_3$-$H_2O$(-HCl) 三元体系相图，可以对酸浸液中的反应结晶过程进行分析。如图 9-22 所示，假设原始酸浸液的 $H^+$ 浓度为 1.3mol/L，此时原始物料点"1"点处于未饱和区，通过增加 $H^+$ 浓度（通入氯化氢气体等方法），使酸浸液的 $H^+$ 浓度提高到 11.5mol/L 左右时，原始物料点直接落在了 $AlCl_3 \cdot 6H_2O$ 的结晶区域内，酸浸液中铝离子因过饱和而结晶析出，可以通过杠杆规则在 $A_1OP$ 连线上计算出晶体析出量。采用同样的方法，也可以对 $AlCl_3$-$CaCl_2$-$H_2O$(-HCl) 体系相图进行同样的理论分析。

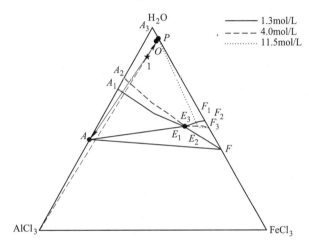

图 9-22　利用相图进行反应结晶路径分析

## 9.4.2　酸浸液中铝铁分离的工艺分析

　　采用蒸发结晶的方法对酸浸液中铝铁进行分离，如图 9-23 所示。因为已经证实温度对溶解度的影响较小，所以蒸发可以假定在 60℃ 以上的温度进行，以实现快速蒸发，蒸掉大部分水分，然后继续蒸发、浓缩与结晶，最后进行固液分离。分别对结晶产品的纯度和形貌进行测定，并计算其收率。针对产品中铁掺杂及收率低的问题，可以采用循环母液结晶和淋洗的方法来提高产品纯度和收率。

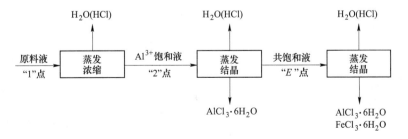

图 9-23　铝铁酸浸液蒸发结晶流程图

（依据表 9-3）

### 9.4.2.1　酸浸液的分离策略

以酸浸液的蒸发结晶为例，其中原始物料点的组分比例为 $AlCl_3$ ： $FeCl_3$ ： $H_2O$ （$HCl$）= 11.95：3.21：84.84，在相图上表示为图 9-21 中的"1"点。在实际的蒸发浓缩过程中，初始阶段由于 $H^+$ 浓度较低，水分的挥发速度大于氯化氢气体的挥发速度，导致体系的 $H^+$ 浓度逐渐增大，但是当 $H^+$ 达到一定浓度时 HCl 气体挥发速率也会增大，进而维持体系整体 $H^+$ 浓度基本恒定不变。下面提出三种可能的路线；路线一为体系在达到 $AlCl_3$ · $6H_2O$ 的结晶区时溶液的 $H^+$ 浓度不变，依旧为 1.3mol/L，体系将经过 1.3mol/L 的溶解度曲线进入 $AlCl_3$ · $6H_2O$ 的结晶区，此时蒸发率为 57.2%；路线二为体系在达到 $AlCl_3$ · $6H_2O$ 的结晶区时，随着水分的蒸发，$H^+$ 浓度增大至 4mol/L 左右，体系经过 4mol/L 的溶解度曲线进入 $AlCl_3$ · $6H_2O$ 的结晶区，此时蒸发率为 37.2%；路线三为体系在达到 $AlCl_3$ · $6H_2O$ 的结晶区时溶液的 $H^+$ 浓度处于 1.3mol/L 和 4mol/L 之间，体系的蒸发率应在 57.2% 和 37.2% 之间，才能进入 $AlCl_3$ · $6H_2O$ 的结晶区。整个蒸发过程采用先 60℃ 进行高温蒸发，待进入 $AlCl_3$ · $6H_2O$ 的结晶区时，再降温进行蒸发结晶。由于 $FeCl_3$ 的溶解度随 $H^+$ 浓度的变化很小，因此达到共饱和之前，理论上 $FeCl_3$ 不会结晶析出。根据对 $AlCl_3$ · $6H_2O$ 结晶的计算，求得总体蒸发率为 71.3% 左右时，蒸发结束。此时进行固液分离，固相为所得产品 $AlCl_3$ · $6H_2O$。

对上述分离路线可以进行实验验证，以论证相图分析的准确性，具体操作如以下案例所述。当体系进入 $AlCl_3$ · $6H_2O$ 的结晶区时其蒸发率大约为 53%，液相组成比例约为 $AlCl_3$ ： $FeCl_3$ ： $H_2O$（$HCl$）= 25.90：6.82：67.28，并且此时 $H^+$ 浓度为 2.0mol/L 左右，证明此体系蒸发过程与路线三相符。在蒸发率大于 65% 时，体系处于较为黏稠状态，为减少铁的析出和掺杂，此时进行固液分离。实验所得产品的 XRD 谱图如图 9-24 所示，从图中可以看出只有 $AlCl_3$ · $6H_2O$ 的峰，没有发现其他杂峰，表明所得产品 $AlCl_3$ · $6H_2O$ 是较为纯净的。为了进一步验证结晶产品的纯度，示出分析纯的 $AlCl_3$ · $6H_2O$、$FeCl_3$ · $6H_2O$ 和结晶产品的红外光谱如图 9-25 所示，对比发现结晶产品的峰位置和分析纯 $AlCl_3$ · $6H_2O$ 的峰位置可以对应，未出现其他杂峰。图 9-26 为结晶产品的 SEM 图，显示出结晶产品的形貌比较规整，多为六棱柱形。通过计算和 ICP-OES 测离子浓度可得，结晶产品的一次收率达 77% 以上，纯度为 96.5% 左右[26]。

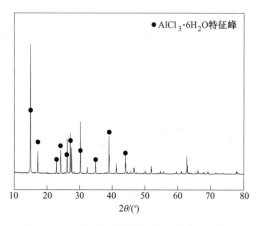

图 9-24　铝铁酸浸液结晶产品的 XRD 谱图

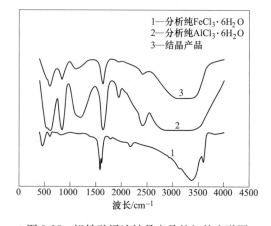

图 9-25　铝铁酸浸液结晶产品的红外光谱图

图 9-26　铝铁酸浸液结晶产品的 SEM 图

对不同含铁量的酸浸液进行蒸发结晶，产品纯度和酸浸液成分之间的关系如表 9-4 所示。可以看出，随液相样品中铁含量降低，结晶产品纯度逐渐增大，在液相样品中 $FeCl_3$ 的含量为 0.33% 时，直接结晶得到的产品 $AlCl_3 \cdot 6H_2O$ 含量达 99.61%。产品中出现 Fe 杂质的原因之一在于结晶过程中随液相蒸发，体系变黏稠，很容易出现夹带现象；并且铁含量越高，夹带几率越大，$AlCl_3 \cdot 6H_2O$ 产品纯度越低[27]。需要说明的是，在实际生产中获得低 $FeCl_3$ 的酸浸液是很困难的，但是通过结晶方法可以一定程度上降低液相中 Fe 的含量，减轻后续分离的工艺负担，为最终获得高纯的 $AlCl_3 \cdot 6H_2O$ 产品创造条件，这就是相分离工序所能起到的作用。

表 9-4　不同含铁量的结晶产品纯度

| 样品 | 含量/% | | 晶体产品纯度/% |
| --- | --- | --- | --- |
| | $AlCl_3$ | $FeCl_3$ | |
| a | 11.95 | 3.21 | 96.61 |
| b | 13.00 | 2.16 | 96.83 |
| c | 14.08 | 1.08 | 98.88 |
| d | 14.83 | 0.33 | 99.61 |

对不同铁含量的结晶产品进行形貌表征，结果如图 9-27 所示。可以看出，结晶产品均有六棱柱结构和块状结构的 $AlCl_3 \cdot 6H_2O$ 出现，但其形状不固定且较为杂乱，这可能与蒸发结晶过程中的搅拌有关。随机抽取产品（c）进行 EDS 表征，发现晶体无论何种形态，都只检测到 Al、O 和 Cl 元素（图 9-27（d）），表明结晶产品纯度较高[27]。

### 9.4.2.2　真实粉煤灰酸浸液的分离

对铝铁相图理论进行实验验证后，可以通过真实酸浸液的结晶工艺进行验证。首先，选用循环流化床（CFB）粉煤灰制备盐酸浸取液，由于该类型粉煤灰是炉内脱硫，因此其酸浸液中含有一部分硫酸钙。将该酸浸液静置一夜后进行过滤，可以除去部分硫酸钙，所得酸浸液的 $Al^{3+}$ 含量为 36.35g/L，$Fe^{3+}$ 含量为 10.85g/L，$Ca^{2+}$ 含量为 7.45g/L。然后，进行蒸发结晶，同样对结晶产品进行 XRD、SEM 和 ICP（电感耦合等离子体发射光谱）的

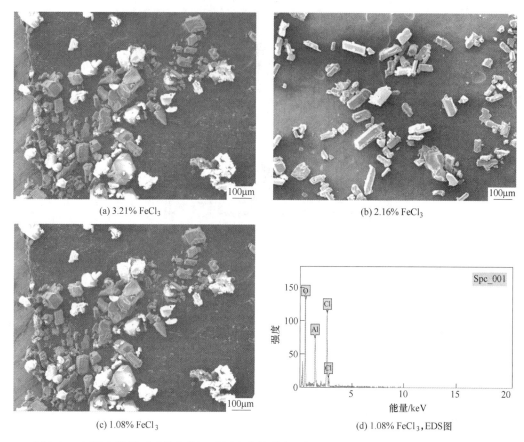

(a) 3.21% FeCl₃ $\quad$ (b) 2.16% FeCl₃

(c) 1.08% FeCl₃ $\quad$ (d) 1.08% FeCl₃,EDS图

图 9-27　不同含铁量（质量分数）酸浸液中结晶产品的 SEM 照片及产品（c）的 EDS 能谱

分析表征。结晶产品的 XRD 和 SEM 如图 9-28 和图 9-29 所示。所得结晶产品的收率为 63% 左右，产品中 $AlCl_3 \cdot 6H_2O$ 的含量约 97%。根据产品的纯度和晶型，可以确定蒸发结晶方法能够得到品位较高的 $AlCl_3 \cdot 6H_2O$ 产品。

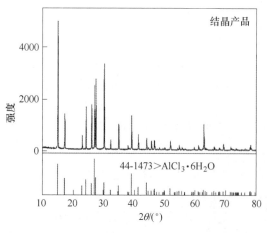

图 9-28　真实酸浸液结晶产品的 XRD 图 $\qquad$ 图 9-29　真实酸浸液结晶产品的 SEM 图

### 9.4.2.3　铝铁相分离的工艺优化

为了提高产品的收率，可以对酸浸液母液进行循环回用，同时采用结晶产品淋洗的方法提高产品纯度，本节利用实验予以验证。在母液循环工艺实验中，每次母液循环前后均测量其物料组成，在相图上进行标记。通过图 9-4 可知 $AlCl_3 \cdot 6H_2O$ 在浓盐酸中的溶解度很低，而 $FeCl_3 \cdot 6H_2O$ 的溶解度则受盐酸浓度的影响很小，因此用 6mol/L 的盐酸溶液为溶剂，配制饱和氯化铝溶液作为淋洗液。在母液循环中，结晶产品淋洗时的固液比为 2∶1，淋洗滤液可以用于前期原料矿样的溶出。

通过 10 次循环实验，每次循环时初始的物料点和终止时循环母液的物料组成在相图中的轨迹变化示于图 9-30，产品收率和纯度示于表 9-5。通过图 9-30 可以看出，随着循环次数的增加，每次循环时初始物料点和母液物料点中的 $Fe^{3+}$ 含量逐渐增多，最终母液物料点中的铝铁含量达到了共饱和，再次循环已经无法提高产品的收率，所以在母液点到达 $E$ 点之前停止循环。

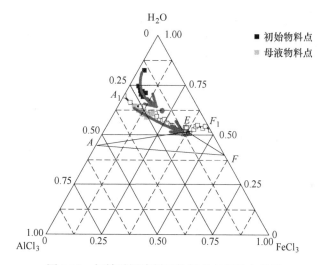

图 9-30　铝铁酸浸液循环物料点在相图中表示

**表 9-5　铝铁循环结晶实验结果**

| 次数 | 直接收率/% | 产品纯度/% | 淋洗后纯度/% | 最终铁去除率/% | 损失率/% |
|---|---|---|---|---|---|
| 1 | 47.38 | 97.52 | 99.46 | 95.41 | 1.54 |
| 2 | 82.15 | 97.54 | 99.43 | 95.11 | 1.36 |
| 3 | 85.54 | 95.92 | 99.20 | 93.17 | 1.11 |
| 4 | 91.69 | 95.32 | 99.08 | 92.16 | 2.99 |
| 5 | 102.77 | 94.48 | 98.83 | 90.06 | 2.56 |
| 6 | 59.45 | 96.24 | 99.43 | 95.16 | 3.02 |
| 7 | 112.22 | 94.53 | 98.66 | 88.56 | 3.51 |
| 8 | 76.62 | 94.95 | 98.98 | 91.34 | 2.58 |
| 9 | 101.85 | 94.75 | 98.77 | 89.53 | 4.56 |
| 10 | 114.95 | 95.16 | 98.63 | 88.36 | 2.42 |
| 平均 | 87.46 | 95.64 | 99.05 | 91.89 | 2.57 |

表 9-5 揭示出循环和淋洗的配合是有助于获得较高纯度的 $AlCl_3 \cdot 6H_2O$ 产品的。第一次循环时产品收率相对较低，是因为留存了一定量的母液，以用于后续的母液循环。淋洗后产品纯度有所增加，10 次循环以后产品的平均收率达到 87% 以上，平均纯度达 95% 以上，淋洗后纯度达 99% 以上，最终平均除铁率也达 91% 以上，工艺效果较好。

### 9.4.3 酸浸液中铝钙分离的工艺分析

与铁相比，钙对酸浸液中分离铝的影响相对较小，但仍然是干扰产品质量的重要因素之一。根据 $AlCl_3$-$CaCl_2$-$H_2O$(-HCl) 相图，可以采用与 9.4.2 节类似的方法进行酸浸液的分离，并分别对结晶产品的纯度和形貌进行测定和表征，针对产品中钙掺杂及收率低等问题也可以采用循环母液结晶和淋洗的方法来予以改善。

#### 9.4.3.1 酸浸液的分离策略

参考 9.4.2.2 节的酸浸液，配制 $Al^{3+}$ 含量为 36.35g/L、$Ca^{2+}$ 含量为 7.45g/L 的模拟盐酸浸取液，采用高温蒸发、降温结晶的工艺方案进行铝钙分离，具体工艺流程与图 9-23 类似。酸浸液中原始物料点的组分含量为 $AlCl_3$ : $CaCl_2$ : $H_2O$(HCl) = 14.87 : 1.71 : 83.42，在 $AlCl_3$-$CaCl_2$-$H_2O$(-HCl) 相图上定位为图 9-31 中的 "$M$" 点，该体系在结晶时的系统点移动轨迹如 $MQ$ 线所示。最终得到结晶产品的 XRD 和 SEM 如图 9-32 和图 9-33 所示。从结晶产品的 XRD 图可以看出，结晶产品中仅出现了 $AlCl_3 \cdot 6H_2O$ 的特征峰，SEM 图表明结晶产品为不规则的块状结构。化学分析结果表明结晶产品的一次收率达 75% 以上，纯度为 97% 左右。总体上看，蒸发结晶方案可以取得较好的铝钙分离效果。

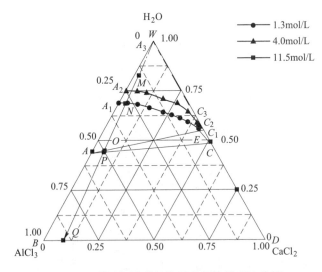

图 9-31　利用相图进行等温蒸发路径理论分析

#### 9.4.3.2 真实粉煤灰酸浸液的分离

按照 9.4.2.2 节的原料和操作条件制备粉煤灰酸浸液，静置一夜除去少量硫酸钙沉淀，测得酸浸液中 $Al^{3+}$ 含量为 35.42g/L，$Ca^{2+}$ 含量为 8.02g/L。将此酸浸液中的钙离子视同为氯化钙的存在形式，利用图 9-31 的 $AlCl_3$-$CaCl_2$-$H_2O$(-HCl) 相图指导蒸发结晶的控制节点，对结晶产品进行分析表征如图 9-34 所示。在该工艺中，真实酸浸液所得到的产品质量与 9.4.3.1 节相近，即产品纯度达 97% 左右，但是一次产品收率略低，为 65% 左右。

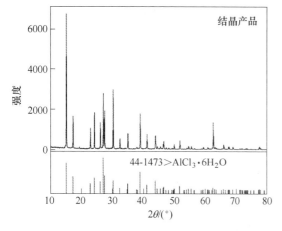

图 9-32　铝钙酸浸液结晶产品的 XRD 图

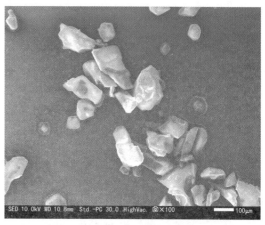

图 9-33　铝钙酸浸液结晶产品的 SEM 图

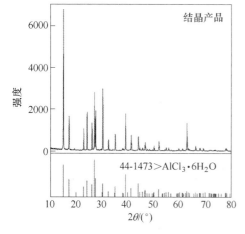

图 9-34　真实铝钙酸浸液结晶产品的 XRD 和 SEM 图

### 9.4.3.3　铝钙相分离的工艺优化

与图 9-30 所示的铝铁分离时母液循环工艺优化类似，铝钙分离也可以使用母液循环的方法提高过程收率。对母液进行 10 次循环回用，每次母液循环前后均测量其化学组成，并在相图上进行标记，如图 9-35 所示。为方便操作，淋洗过程中的固液比控制为 3∶2，淋洗液组成同 9.4.2.3 节。

通过 10 次循环实验，所得初始料和循环母液的物料组成在相图中表示如图 9-35 所示，具体产品收率和纯度如表 9-6 所示。图 9-35 表明随着循环次数的增加，在每次循环初始时的物料点和母液物料点中，$Ca^{2+}$ 含量逐渐增多，促使母液点逐渐沿着 $A_1E$ 线的方向朝 $E$ 点移动，最终母液中的铝钙含量达到了共饱和状态（$E$ 点），已经无法继续通过循环而提高产品的收率，所以在母液点到达 $E$ 点之前停止循环。

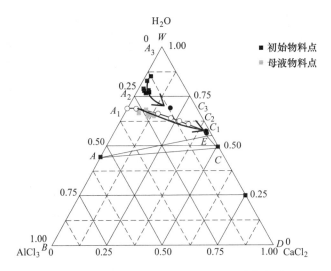

图 9-35　铝钙酸浸液循环物料点在相图中表示

**表 9-6　铝钙循环结晶实验结果**

| 次数 | 直接收率/% | 产品纯度/% | 淋洗后纯度/% | 最终钙去除率/% | 损失率/% |
|---|---|---|---|---|---|
| 1 | 41.60 | 98.18 | 99.34 | 94.08 | 3.58 |
| 2 | 74.29 | 97.61 | 99.16 | 92.46 | 0.11 |
| 3 | 112.41 | 95.85 | 98.41 | 85.71 | −3.17 |
| 4 | 93.72 | 96.84 | 98.74 | 88.71 | −0.41 |
| 5 | 88.00 | 96.14 | 98.85 | 89.69 | 0.09 |
| 6 | 91.57 | 94.71 | 98.45 | 86.09 | 0.17 |
| 7 | 109.70 | 94.60 | 98.60 | 87.45 | −2.73 |
| 8 | 105.20 | 94.79 | 98.58 | 87.26 | −0.54 |
| 9 | 89.97 | 93.32 | 98.17 | 83.61 | 0.04 |
| 10 | 88.22 | 91.98 | 98.01 | 82.18 | −0.22 |
| 平均 | 89.47 | 95.40 | 98.63 | 87.72 | −0.31 |

通过表 9-6 可以看出，随着循环次数的增加，溶液中的 $Ca^{2+}$ 含量逐渐增加，产品纯度逐渐降低；特别是循环五次之后，产品纯度一直低于 95%。淋洗后产品纯度明显增加，10次循环平均纯度达 98.6% 左右，平均收率达 89% 以上。表 9-6 中出现了一个奇怪的实验现象，即淋洗后结晶产品的整体质量反而增加了 0.31%，据推测应是因为淋洗液是饱和的氯化铝盐酸溶液，在淋洗过程中会有部分氯化铝析出，导致产品质量增加。

### 9.4.4　粉煤灰酸浸液铝铁钙分离的工艺简要设计

#### 9.4.4.1　分离策略的验证

以循环流化床（CFB）粉煤灰为例，通过分离工艺实验论证真实粉煤灰酸浸液铝铁钙分离的技术可行性。对粉煤灰进行盐酸浸取，得到酸浸液中 $Al^{3+}$ 含量为 36.84g/L，$Fe^{3+}$ 含量为 9.85g/L，$Ca^{2+}$含量为 6.96g/L。利用 $AlCl_3$-$FeCl_3$(-$CaCl_2$)-$H_2O$(-HCl) 相图设计酸浸液的循环蒸发结晶工艺参数，由于图 9-37 显示酸浸液蒸发浓缩时会首先进入 $CaCl_2$ 结晶区，因此以 $AlCl_3$-$CaCl_2$-$H_2O$(-HCl) 相图为主进行结晶分离工艺的计算。每次循环时的初始物料和循环母液在相图中的化学组成如图 9-36 所示，循环得到的产品如图 9-37 所示，结晶产品为淡黄色的粉末状。酸浸液第一次循环所得到结晶产品的 SEM-EDS 测试结果如图 9-38 所示，四次结晶产品的 XRD 结果如图 9-39 所示。

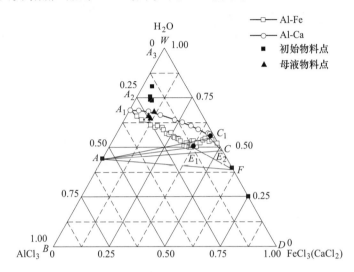

图 9-36　真实酸浸液循环物料点在相图中表示

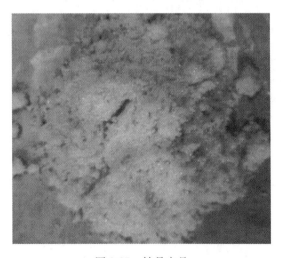

图 9-37　结晶产品

图 9-36 显示，蒸发结晶过程中的相点轨迹和 $AlCl_3$-$FeCl_3$(-$CaCl_2$)-$H_2O$(-HCl) 相图有所偏差，其原因在于酸浸液是一个复杂的混合体系，各种离子杂质以及结晶动力学因素都会对结晶过程产生交互性的影响。如果需要精确的工艺指导，就需要测定 $AlCl_3$-$FeCl_3$-$CaCl_2$-$H_2O$(-HCl) 水盐体系相图，而不是在相图中省略 $FeCl_3$ 或 $CaCl_2$ 组分。但是，从图 9-37~图 9-39 的产品质量测试结果上看，图 9-36 的相图对蒸发结晶工艺的指导仍然是有效

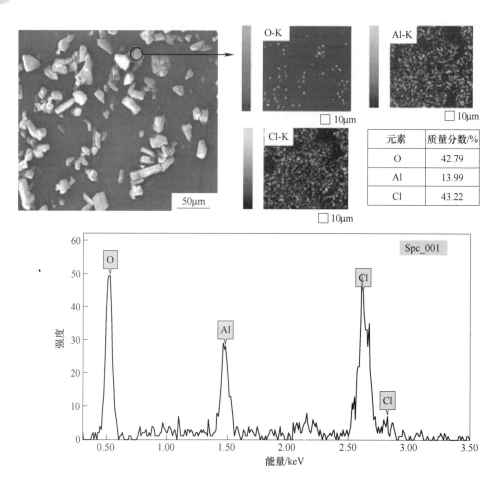

| 元素 | 质量分数/% |
|------|-----------|
| O | 42.79 |
| Al | 13.99 |
| Cl | 43.22 |

图 9-38　第一次结晶产品的 SEM-EDS 图

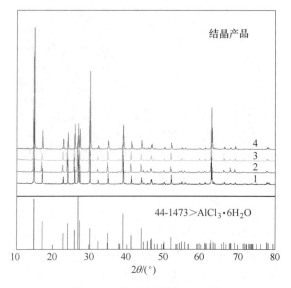

图 9-39　结晶产品的 XRD 图

和实用的。从 SEM 和 XRD 图中都没发现结晶产品中存在其他杂质，说明直接结晶的产品经淋洗后可以达到比较纯净的水平。这些产品中的微量杂质可以通过 ICP-OES 进行测量，具体产品收率和纯度如表 9-7 所示。

表 9-7　真实酸浸液循环结晶实验结果

| 次数 | 直接收率/% | 产品纯度/% | 一次淋洗纯度/% | 二次淋洗纯度/% | Fe 含量/% | Ca 含量/% | 损失率/% |
|---|---|---|---|---|---|---|---|
| 1 | 53.46 | 94.54 | 97.35 | 98.06 | 0.09 | 0.28 | 2.35 |
| 2 | 87.97 | 89.46 | 96.62 | 97.88 | 0.07 | 0.33 | 0.86 |
| 3 | 96.01 | 92.35 | 96.99 | 98.24 | 0.07 | 0.26 | 0.13 |
| 4 | 89.37 | 92.11 | 97.91 | 99.09 | 0.08 | 0.10 | 0.42 |
| 平均 | 81.70 | 92.11 | 97.22 | 98.32 | 0.08 | 0.24 | 0.94 |

四次母液循环之后，产品的平均收率在 81% 以上，直接产品平均纯度达 92% 以上，一次淋洗后纯度达 97% 以上，二次淋洗后纯度 98% 以上。最终产品中铁的含量为 0.08%，钙的含量为 0.24%，产品质量较好。表 9-7 显示铁的去除率比钙的去除率更高，这可能是由于 $FeCl_3 \cdot 6H_2O$ 在饱和氯化铝淋洗液中的溶解度大于 $CaCl_2 \cdot 6H_2O$ 的溶解度，从而使得 $FeCl_3 \cdot 6H_2O$ 更容易通过淋洗被去除；还可能因为结晶产品含有少量的硫酸钙，无法通过淋洗溶出。

酸浸和结晶是粉煤灰酸法提铝的两个关键过程，相关过程的工艺计算对工业生产有一定的参考价值。如下以粉煤灰处理量为 1 万吨/年的工艺流程为例，进行简要工艺计算。

#### 9.4.4.2　工艺流程的确定

针对粉煤灰酸浸液中铁钙杂质，对酸性条件下 $AlCl_3$-$FeCl_3$(-$CaCl_2$)-$H_2O$(-HCl) 体系相平衡进行衡算，以一次循环工艺为例，得出粉煤灰酸浸液中 $AlCl_3 \cdot 6H_2O$ 的分离工艺方案，具体流程如图 9-40 所示。

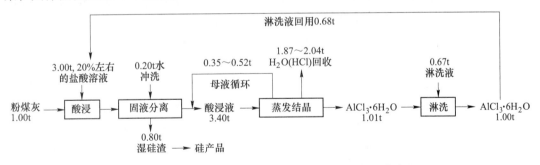

图 9-40　年处理万吨粉煤灰提取 $AlCl_3 \cdot 6H_2O$ 的工艺流程

#### 9.4.4.3　物料衡算

按照年消耗粉煤灰 10000t 进行物料衡算，一年按 300 天工作日计算，则日产量为 10000t/300d = 33.33t/d。每 1t 粉煤灰需要经验地加 3t，20% 左右的工业盐酸进行酸浸，而 3t，20% 的工业盐酸则大约需要 1.8t，25%~34% 的工业盐酸和 1.2t 水进行稀释，所以一年所用 25%~34% 的工业盐酸约为 1.8×10000 = 18000t，稀释用水量为 1.2×10000 = 12000t。

为了使浸出的 $Al^{3+}$ 更好地进入到酸浸液中，每吨原料大约需要 0.2t 水进行冲洗滤渣，每年则需要 2000t 的冲洗用水，最后每吨原料大约产生 0.8t 左右湿硅渣。酸浸渣可用于生产白炭黑等其他硅基产品，酸浸液则用于下一步的蒸发结晶。根据图 9-36 的相图，每次需要蒸发 55%~60% 的溶液，即 1.87~2.04t 的氯化氢和水蒸气，可通过回收塔进行回收利用。

粉煤灰中铝含量按照经验值设定为 18.4%，铝的溶出率按照经验值 75% 计，酸浸液结晶的直接收率按照表 9-7 的平均收率 81.7% 进行计算，则 1t 粉煤灰可以得到 $AlCl_3 \cdot 6H_2O$ 的量为 $1 \times 18.4\% \times 241.43/27 \times 75\% \times 81.7\% = 1.01t$，最后剩余 0.35~0.52t 母液进行循环利用，因此每年可生产出 $AlCl_3 \cdot 6H_2O$ 的产量为 $10000 \times 1.01 = 10100t$。最后，每吨粗产品需要 0.67t 的淋洗液进行淋洗，淋洗液循环过程中消耗酸和 $AlCl_3 \cdot 6H_2O$ 的量基本上可以与蒸发中酸回收和淋洗液循环所增加的产品量相抵消。按照表 9-7 的淋洗损失率为 0.94% 计算，每年最终产量为 $10100 \times (1-0.94\%) = 10005t$。具体物料衡算表如表 9-8 所示。

**表 9-8　年处理 10000t 粉煤灰提铝工艺物料衡算表**

| 物　料 | 日消耗/产出量/t | 年消耗/产出量/t |
|---|---|---|
| 粉煤灰 | 33.33 | 10000 |
| 25%~34%工业盐酸 | 60.00 | 18000 |
| 水 | 46.67 | 14000 |
| 酸浸渣 | 26.66 | 8000 |
| 酸浸液 | 113.32 | 34000 |
| 溶液蒸发量 | 62.33~68.00 | 18700~20400 |
| 结晶氯化铝产量 | 33.33 | 10005 |

### 9.4.4.4　热量衡算

整个工艺流程中，在忽略位差、泵的功耗、反应和结晶热等因素的条件下，主要是在酸浸和蒸发结晶过程产生了大量的能量交换，总热量衡算可简化为 $Q = \Delta H$，即总的外加热量等于整个工艺的焓变。下面根据 $Q = \Delta H$，对这两个步骤进行简要的计算。

查阅文献资料可知，水的比热容为 $c_{p水} = 4.2 \text{kJ}/(\text{kg} \cdot \text{℃})$，粉煤灰的比热容为 $c_{p灰} = 0.97 \text{kJ}/(\text{kg} \cdot \text{℃})$，20% 的盐酸溶液比热容为 $c_{p20\%HCl} = 2.99 \text{kJ}/(\text{kg} \cdot \text{℃})$，水蒸气的比热容为 $c_{p气} = 1.85 \text{kJ}/(\text{kg} \cdot \text{℃})$，80℃ 时水的潜热为 2308.9kJ/kg，酸浸液的比热容约等同于 25% 的氯化钠溶液 $c_{p酸浸液} = 3.29 \text{kJ}/(\text{kg} \cdot \text{℃})$，酸浸渣和结晶产品的比热容估计为 $c_p = 1.5 \text{kJ}/(\text{kg} \cdot \text{℃})$。为了方便计算，设 20℃ 为输入和输出的基准温度，酸浸段需要加热到沸腾（100℃），在蒸发结晶过程中，需要把酸浸液加热到 80℃ 左右，以反应 1t 粉煤灰为单位，由 $Q = cm\Delta T$ 进行以下的热量衡算。

酸浸升温阶段吸收的热量为 $q_1 = (c_{p灰} \times 1 + c_{p20\%HCl} \times 3) \times (100 - 20) \times 10^3 = (0.97 + 2.99 \times 3) \times 80 \times 10^3 = 795.2 \times 10^3 \text{kJ}$。

假设酸浸热量转化效率为 80%，则酸浸升温所需的热量为 $q_2 = q_1/0.8 = 994 \times 10^3 \text{kJ}$。

其中热量损失为 $q_3 = q_2 - q_1 = 198.8 \times 10^3 \text{kJ}$。

酸浸出料所释放的热量为 $q_4 = (c_{p酸浸渣} \times 0.8 + c_{p酸浸液} \times 3.2) \times (100 - 20) \times 10^3 = (1.5 \times 0.8 + 3.29 \times 3.2) \times 80 \times 10^3 = 938.24 \times 10^3 \text{kJ}$。

酸浸段物质转化的热量 $q_5 = q_4 - q_1 = 143.04 \times 10^3 kJ$。

针对蒸发结晶阶段进行计算时，设 $q_6$ 为蒸发结晶过程中酸浸液提升至80℃所需要的热量，即 $q_6 = c_{p酸浸液} \times 3.4 \times (80-20) \times 10^3 = 3.29 \times 3.4 \times 60 \times 10^3 = 671.16 \times 10^3 kJ$。

设 $q_7$ 为蒸发结晶过程中溶液在80℃蒸发至固液分离所需的热量，80℃水的潜热为 2308.9kJ/kg，则 $q_7 = \Delta H_{V水} = 1.87 \times 10^3 \times 2308.9 = 4317.64 \times 10^3 kJ$。

其中，热量转化效率仍按0.80进行计算，则热损为 $q_8 = (q_6 + q_7)/0.8 - (q_6 + q_7) = 1247.20 \times 10^3 kJ$。

所以，蒸发结晶段需要输入的热量为 $Q_1 = q_6 + q_7 + q_8 = 6236 \times 10^3 kJ$。1t 粉煤灰提铝工艺热量衡算表如表9-9所示。

表9-9　1t 粉煤灰提铝工艺热量衡算表

| 名　称 | 酸浸升温过程/kJ | 结晶过程/kJ |
|---|---|---|
| 物料所需热量 | $795.2 \times 10^3$ | $4988.8 \times 10^3$ |
| 热损耗 | $198.8 \times 10^3$ | $1247.20 \times 10^3$ |
| 总热量 | $994 \times 10^3$ | $6236 \times 10^3$ |

### 9.4.4.5　装置设备结构简要计算

为适应33.33t/d 的粉煤灰消耗量，即反应装置需要的容纳能力为133.32t/d，结合文献，可以选用2套直径为4m、高为4m的反应器，每个酸浸反应釜的容积为 $3.14 \times 2^2 \times 2 = 50.24 m^3$，每天进行两次反应，则每次反应的物料量为33.33t。根据酸浸液的预期产量113.32t/d 和每天工人的工作时间及工作准备时间等因素，蒸发浓缩器的流量选用20t/h，配套尾气回收装置的抽气量为3万立方米/h。每天需要干燥的湿产品约50t，则至少需要5t/h 的干燥机2台，封装设备约30s 能封装50kg 的产品，其生产能力约折合为6t/h。根据相应的生产要求，其他所需主要设备如表9-10所示，其中价格为估价。

表9-10　设备一览表

| 序号 | 设备名称 | 单价/万元 | 数量 | 容量/生产能力 |
|---|---|---|---|---|
| 1 | 浓盐酸储罐 | 2.00 | 2 | $250 m^3$ |
| 2 | 稀盐酸储罐 | 2.00 | 2 | $250 m^3$ |
| 3 | 进/出料泵 | 0.18 | 6 | 15t/h |
| 4 | 酸泵 | 0.22 | 3 | 35t/h |
| 5 | 酸浸反应装置 | 78.00 | 2 | $50.24 m^3$ |
| 6 | 压滤装置 | 47.00 | 1 | 50t/h |
| 7 | 蒸发浓缩器 | 360.00 | 1 | 20t/h |
| 8 | 尾气回收装置 | 230.00 | 1 | 抽气量3万立方米/h |
| 9 | 物料储存罐 | 2.00 | 5 | $100 m^3$ |
| 10 | 干燥设备 | 120.00 | 2 | 5t/h |
| 11 | 自动封装设备 | 30.00 | 1 | 6t/h |
| 12 | 配电及其他 | 200.00 | — | — |

#### 9.4.4.6　经济性概算

针对以上的生产工艺进行简要的经济性概算。其中粉煤灰加上运费约50元/t，24%～35%的工业盐酸约为200元/t，水费约为3.6元/t，工业级六水氯化铝市场价约为2000元/t，标煤的价格约为770元/t，所产生的热量为29271.2kJ/kg。根据预期的生产规模，所产生的六水氯化铝的价值为2000×10005＝2001万元。

根据物料衡算的物料量进行计算可知，每年粉煤灰消耗50×10000＝50万元；消耗24%～35%的工业盐酸200×18000＝360万元；用水主要包括工业用水和生活用水，每年按30000t计算，总计30000×3.6＝10.8万元；生产排污50元/t，总计50万元，酸浸渣用于生产硅基产品，暂不计入收支费用。根据热量衡算结果可知，每吨粉煤灰酸浸升温和结晶段消耗的能量折合标煤为（6236＋994）×10³/29271.2×10³＝0.247t，即相当于支出0.247×10000×770＝190.19万元，每年其他能耗估算约100万元。假设工人餐费为50元/（天·人），生产假设需要10人、每年工期300天，总计50×10×300＝15万元；工人工资假设按每月4000元计算，每年总工资为10×4000×12＝48万元。

设备价格见表9-10，设备费总计1282.74万元，设备安装费假设为设备费的10%，则总计128.27万元，设备折旧按折旧年限为10年，残值率为5%计算，由"年折旧额＝固定资产原值×（1－残值率）/折旧年限"，得年折旧额为1282.74×（1－5%）/10＝121.86万元，厂房基建费用大约为800万元，加上设备安装折合每年92.83万元。年处理万吨的粉煤灰提铝工艺每年大约收益962.32万元，具体费用收支如表9-11所示。因为每年市场价格不一，费用按弹性系数0.8～1.2进行二次估算，最终每年收益约为769.86万～1154.78万元。

**表9-11　费用收支表**

| 序号 | 费用名称 | 收支/万元 |
| --- | --- | --- |
| 1 | 粉煤灰 | −50 |
| 2 | 工业盐酸 | −360 |
| 3 | 水 | −10.8 |
| 4 | 生产排污 | −50 |
| 5 | 工人工资 | −48 |
| 6 | 工人生活 | −15 |
| 7 | 能耗 | −290.19 |
| 8 | 设备年折旧额 | −121.86 |
| 9 | 基建折合 | −92.83 |
| 10 | 六水氯化铝 | 2001 |
| 总计 | — | 962.32 |

此工艺再配套锂、镓等多金属协同提取工艺，结合湿渣制备硅基产品，可产生更大的经济效益。如若进一步推广至更大规模后，在产生较大经济效益的同时，也可带动相关产业经济的发展。该工艺的实施每年可节省粉煤灰堆存占用地近百亩，减少了粉煤灰对环境的污染以及对铝土矿等矿产的开采，具有显著的生态环境效益。

# 本 章 小 结

一些矿物在湿法冶金过程中会产生酸浸液，这种酸性水盐体系的化学组成及成盐规律直接影响着生产过程的效率和效益。本章以含铝矿物的盐酸溶浸为例，论述了 $AlCl_3$-$FeCl_3$-$H_2O$(-HCl)、$AlCl_3$-$CaCl_2$-$H_2O$(-HCl)、$NaCl$-$AlCl_3$-$H_2O$(-HCl) 等水盐体系的相图特征和析盐路线。综合来看，因为酸性过强，不利于水合盐的生成，因此除了 $AlCl_3 \cdot 6H_2O$、$FeCl_3 \cdot 6H_2O$ 等水合盐之外，酸浸液普遍不含有其他复杂形式的复盐，属于较为简单的水盐体系。

酸浸液体系仍然可以依据杠杆规则、过程向量等基本法则进行结晶路线的分析，进而进行工艺设计，但是需要注意在相分离过程中可能会因酸组分挥发等原因导致体系酸性发生改变，从而引起结晶相区发生变化、工艺路线发生偏离。

9-1 假设粉煤灰的盐酸浸取液化学组分如下表，试设计等温蒸发结晶法提取结晶氯化铝的工艺路线。

**粉煤灰盐酸浸取液中主要金属离子的质量浓度**

| 离子 | 质量浓度/$g \cdot t^{-1}$ |
| --- | --- |
| $Al^{3+}$ | 18.14 |
| $Na^+$ | 22.98 |
| $Fe^{3+}$ | 7.21 |
| $Ca^{2+}$ | 9.73 |

9-2 在习题9-1中，还可以把蒸发结晶和其他手段结合起来，即向系统中添加浓盐酸或 HCl 气体，通过增加系统酸性的方法强化结晶氯化铝的析出，试设计一条这样的工艺路线。

9-3 在习题9-1中，试设计一条变温蒸发提取结晶氯化铝产品的工艺路线，做出简要的物料衡算和经济概算。

# **10** 浮选分离中的水盐体系相图

**本章提要：**

（1）掌握利用水盐体系相图分析可溶盐浮选工艺过程的方法。

（2）掌握正浮选、反浮选、冷分解、冷结晶等可溶盐加工工艺中的相分离规律及其分离工艺。

（3）了解基于水盐体系相图分析的氯化钾浮选脱泥工艺优化方法。

相图的方法可以应用到浮选过程中。虽然这不属于相图的常规应用，但也不是一个新的用途。特别是在盐湖氯化钾的浮选等操作中，已经有过多年的应用。本章主要以青海盐湖矿区为例，论述相图在可溶盐浮选过程中的使用方法。

## 10.1 钾盐浮选相图分析与设计

### 10.1.1 钾盐冷分解-正浮选相图分析

青海盐湖群主要位于青海省柴达木盆地，海拔高度在 2500m 以上，地表大多因盐渍化而无植被覆盖，地形平坦、地势开阔，很多盐湖属于第四世纪以后逐渐形成的现代盐类沉积矿床，富含钠、钾、镁、锂等，卤水矿物资源以氯化钾为主。青海地区的盐湖提钾主要采用浮选法，包括浮出物为氯化钾的正浮选工艺和未浮物为氯化钾的反浮选工艺，相图在这两种浮选工艺中都可以应用。

在正浮选法氯化钾生产工艺中，大多以盐田晒制的含钠光卤石为原料，加水分解得到母液和固相盐，其中母液富含 $MgCl_2$，而固相盐主要是 NaCl 和 KCl 的混合物；然后利用脂肪胺盐酸盐等捕收剂在母液中对固相盐混合物进行浮选，将 KCl 固相浮出并作为产品。典型的含钠光卤石中除了少量 $CaSO_4$ 等杂质之外，其主要化学组分中一般会含有 25%～27% 的 NaCl、15%～17% 的 KCl、25%～27% 的 $MgCl_2$，其余组分主要是结晶水。

光卤石加水分解的形式有多种，以光卤石（carnalite，Car）加水完全分解为例进行分析，在 15℃ 时相图形式的工艺流程情况如图 10-1 所示。

图 10-1 中 $M(M_0)$ 点为盐田含钠光卤石的系统点，该体系的固相点位于 $R(R')$ 点，属于 Car 和 NaCl 的混合盐；从相图上看，该体系还含有少量的共饱液，液相点位于 $F(F')$ 点。这种盐田含钠光卤石的加水分解和浮选过程大致包括如下步骤：

（1）盐田光卤石的加水分解。$M(M_0)$ 点的盐田光卤石可以通过加水而完全分解为 NaCl 和 KCl 的固相，以及主要溶质组分为 $MgCl_2$ 的母液。水量的控制是 Car 得以完全分解

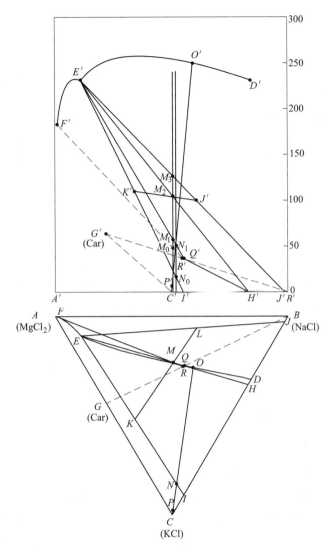

图 10-1　相图中的正浮选路线分析

的首要条件，即水量过多会导致 KCl 固相出现溶损，而水量过少又会导致 Car 分解不完全。Car 分解所需的水量可以通过相图进行预判。

在干基图上，$M(M_0)$ 点的盐田光卤石在加水分解时其固相点从 $R$ 点运行到 $Q$ 点，即其中的可溶性组分有少量溶解，被溶解的比例等同于盐田光卤石的化学组成；与此同时，该体系的液相点从 $F$ 点运行到 $E$ 点，即随着盐田光卤石的溶解，液相中可溶性 KCl 和 $MgCl_2$ 增多，相图中的液相点从 NaCl-Car-Bis 的共饱点转变为 NaCl-KCl-Car 共饱点，这实际上相当于盐田蒸发结晶工序的反向操作。此时，系统点在 $M$ 点不变。

继续加水，进入 Car 的分解步骤，此时 Car 在水中溶解，大量的 $MgCl_2$ 进入液相，而分解得到的 NaCl 和 KCl 主要留在固相中。从相图上分析，固相点从 $Q$ 点移动到 $H$ 点，液相点停留在 $E$ 点，系统点停留在 $M$ 点。在水图上，固相点从 $R'$ 点移动到 $Q'$ 点，液相点从 $F'$ 点移动到 $E'$ 点，系统点在 $M_0$ 点，之后固相点从 $Q'$ 点继续移动到 $H'$ 点，液相点停留在

$E'$ 点，系统点依次移动到 $M_1$ 点和 $M_2$ 点。

这一阶段为加水分解 Car 的工艺过程，通过相图的杠杆规则可以计算加水量，准确地使所加的水量能够分解 Car。

另外，通过以上分析，可以认为盐田光卤石的加水分解近似等同于盐田结晶的反向工艺，其不同之处在于盐田蒸发结晶时卤水含有很多其他可溶性组分，而加水分解时由于加入的是淡水，所以液相的变化相对更为简单。

（2）分解后固相盐的正浮选及其精矿/尾矿分离。盐田含钠光卤石加水分解后得到 NaCl 和 KCl 固相盐的混合物，以及 NaCl-KCl-MgCl$_2$ 的 $E(E')$ 点共饱液，该体系可以通过正浮选法进行分离，从而得到 KCl 固相盐产品，并且浮选过程可以在相图上做出标识。将 $E(E')$ 点母液作为浮选液相介质，正浮选之后干基图中 $H$ 点的 NaCl 和 KCl 固相盐混合物可以被分离为 $I$ 点粗钾和 $J$ 点尾盐。

以上的分析主要是针对干基固相盐混合物 $H$ 的分离情况，在实际浮选过程中浮出的 $I$ 点粗钾是混杂在泡沫中的，泡沫的主要组分是 $E(E')$ 点母液，所以浮选精矿实际上是粗钾和泡沫的混合体系。粗钾泡沫的相点为 $K(K')$，位于 $E(E')$ 点和 $I(I')$ 点的连线上，其具体位置可以根据实际浮选效果确定。同理，尾盐（尾矿）浆料也是浮选母液和尾盐 $J$ 的混合体系，并且浮选母液的主要组分也是 $E(E')$ 点母液，而尾盐浆料的相点 $L(L')$ 可由相图规则确定，例如在干基图上 $M$ 点为包括精矿与尾盐的总系统点，连线 $KM(K'M')$ 与 $EJ(E'J')$ 的交点即为尾盐浆料 $L(L')$ 点。浮选工序之后，粗钾泡沫 $K(K')$ 和尾矿浆料 $L(L')$ 实现了分离，此后的相图分析需要单独针对二者而展开。

在上述分析中，$I$ 点和 $J$ 点的具体位置与浮选工艺参数及浮选机效率有关，现阶段正浮选的浮选捕收剂主要是十八胺盐酸盐。

需要说明的是，各种固相盐在水中的溶解能力是有差异的，对于含钠光卤石的分解产物而言，其单盐组分的溶解倾向 MgCl$_2$>KCl$\geqslant$NaCl，这意味着如果继续采用加水分解、加水溶洗或淋洗方法处理该固盐混合物，最可能得到的产品将是 NaCl 固相盐；或者可以得到 KCl 和 NaCl 的混合盐，但是 KCl 会发生较多的溶损。以青海盐湖为例，当前盐湖工业化生产的产品主要是 KCl，所以对含钠光卤石继续加水溶解的操作会导致主产品的严重损耗，这显然是不可取的。在这种情况下，浮选工艺是分离含钠光卤石分解产物的首要选择之一。

（3）粗钾泡沫的分离。粗钾泡沫 $K(K')$ 分离后可以得到粗钾 $I(I')$ 与共饱液 $E(E')$，在盐湖企业一般使用真空过滤机等固液分离设备进行该操作。在实际分离过程中，由于过滤机效率不可能达到 100%，因此实际分离出的湿固渣点为 $N(N_0)$，这样就得到了滤饼 $N(N_0)$ 和母液 $E(E')$。在这个分离步骤中，系统点可视为 $K(K')$ 点，固相点视为 $N(N_0)$ 点，液相点为 $E(E')$ 点，固液相之间的物料量关系符合相图的杠杆规则。

（4）滤饼洗涤、分离与干燥。滤饼 $N(N_0)$ 中还含有杂盐组分，其中主要为 NaCl，需要通过洗涤除去。此时由于 NaCl 等杂盐含量已经较低，因此洗涤时会溶去 NaCl，留下 KCl 固相。

在图 10-1 中，滤饼 $N(N_0)$ 体系所对应的液相点位于 $E(E')$，通过相图中直线对应的规则可知滤饼体系的固相点位于 $I(I')$ 点。$E(E')$ 点代表了共饱液，$I(I')$ 点意味着该体系的固体组分由大量 KCl 和少量 NaCl 组成。

当向滤饼中加水洗涤时，对于系统点、固相点和液相点的确定是比较繁琐的。首先，根据加水量，可以在水图上确定系统点从 $N_0$ 点移动到 $N_1$ 点，而系统点在干基图上的位置仍保持 $N$ 点不变，即系统点从 $N(N_0)$ 点移动到 $N(N_1)$ 点。其次，在加水洗涤时，固相中的 NaCl 杂盐溶解后，固相点从 $I(I')$ 点移动至了 $C(C')$ 点。在这种情况下，当假设洗涤母液为饱和液时，可以在水图上通过延伸固相点和系统点的连线 $C'N_1'$ 至饱和线 $E'D'$，得到洗涤母液的相点为 $O'$ 点，即液相点从洗涤前的 $E(E')$ 点移动到了洗涤后的 $O(O')$ 点。

根据系统点 $N(N_1)$、固相点 $C(C')$ 和液相点 $O(O')$，可以计算出洗涤滤饼 $N(N_0)$ 的最佳加水量，即能溶洗尽滤饼 NaCl 杂质的最少加水量。在加水洗涤后，得到系统点 $N(N_1)$，即洗涤浆料。洗涤浆料 $N(N_1)$ 中的 KCl 固相 $C(C')$ 与共饱液 $O(O')$ 需要进行分离，该操作一般使用离心机进行，分别得到纯的 KCl 和共饱液。考虑到离心机的效率不会达到理论上的 100%，因此虽然实际得到的液相仍是共饱液 $O(O')$，但实际的固相却是 $P(P')$ 点的精钾。$P(P')$ 点的位置视离心机的分离效率而定，然后根据 $P(P')$、$N(N_1)$、$O(O')$ 三点的位置就可以确定分离后固液两种产物的量。

精钾 $P(P')$ 在干燥设备中除去水分后，即得到 KCl 产品。由含钠光卤石生产氯化钾的相图分析如表 10-1 所示。

表 10-1 由含钠光卤石生产氯化钾的相图分析（15℃）——"冷分解-正浮选-洗涤法"

| 阶段 | | 第一阶段 | 第二阶段 | | 第三阶段 | 第四阶段 | |
|---|---|---|---|---|---|---|---|
| 过程情况 | | 原矿分解 | 浮选 | | 真空过滤 | 洗涤<br>离心分离<br>干燥 | |
| 干基图 | 系统 | $M$ | $M$ | $M$ | $K$ | $N$ | $N$ |
| | 液相 | $F \to E \to E$ | $E$ | $L$（$E+J$）<br>尾盐浆料 | $E$<br>高镁母液 | $E \to O$ | $O$<br>精钾母液 |
| | 固相 | $R \to Q \to H$<br>$H$ 为钾石盐 | $H \to I+J$<br>$I$ 为粗钾<br>$J$ 为尾盐 | $K$（$E+I$）<br>粗钾泡沫 | $I \to N$（$E+I$）<br>$N$ 为滤饼 | $I \to B$<br>$B$ 为纯钾 | $B \to P$<br>$P$ 为精钾 |
| 湿基图 | 系统 | $M_0 \to M_1 \to M_2$ | $M_2$ | $M_2$ | $K$ | $N_0 \to N_2$ | $N_2$ |
| | 液相 | $F \to E' \to E$ | $E'$ | $L'$（$E'+J'$）<br>尾盐浆料 | $E'$<br>高镁母液 | $E' \to O'$ | $O'$<br>精钾母液 |
| | 固相 | $R' \to Q' \to H$<br>$H$ 为钾石盐 | $H' \to I'+J'$<br>$I'$ 为粗钾<br>$J'$ 为尾盐 | $K'$<br>（$E'+I'$）<br>粗钾泡沫 | $I' \to N_0$（$E'+I'$）<br>$N_0$ 为滤饼 | $I' \to B'$<br>$B'$ 为纯钾 | $B' \to P'$<br>$P'$ 为精钾 |

### 10.1.2 钾盐反浮选-冷结晶相图分析

利用盐湖含钠光卤石制取氯化钾的冷分解-正浮选法工艺适用于杂质含量高的原矿，当原矿品位较高时可以采用反浮选-冷结晶法制备氯化钾工艺，该工艺的优势在于产品的粒径更大、水分更低。氯化钾反浮选-冷结晶工艺的相图分析[28] 与冷分解-正浮选过程相反，基本的步骤包括先利用反浮选法分离含钠光卤石中的 NaCl，得到低钠光卤石后再通过冷分结晶方法制取 KCl 产品。

（1）盐田光卤石的调浆。与图 10-1 相似，图 10-2（a）中 $M(M_0)$ 点为盐田含钠光卤石的系统点。该体系含有少量的共饱液，液相点位于 $F(F')$ 点；固相点位于 $H(H')$ 点，属于 Car 和 NaCl 的混合盐。反浮选时首先要进行调浆，加入共饱液 $F(F')$。由于共饱液的加入，原来的含钠光卤石和少量共饱液的混合体系转变为含钠光卤石和大量共饱液的混合体系，但是液固相点并没有发生变化，即液相点仍为 $F(F')$、固相点仍为 $H(H')$。由于共饱液的量增加，所以系统点位置发生了移动，由 $M(M_0)$ 点移动到了 $N(N')$ 点。

（2）盐田光卤石浆料的反浮选。使用脂肪酰胺、十二烷基吗啉等捕收剂进行反浮选，去除含钠光卤石固相点 $H(H')$ 中的固相盐 NaCl，这会使图 10-2（a）中 $H(H')$ 点向着背离 A（NaCl）点的方向移动，即固相点移动到低钠光卤石点 $O(O')$。与此同时，被浮出的固相尾盐 NaCl 应该在相图中位于 $A$ 点，但是由于在真正的反浮选中 NaCl 还会含有一定量的泡沫，并且泡沫中也含有盐组分，所以浮出的尾盐实际应该位于 $P(P')$ 点。总之，在反浮选工序中，含钠光卤石固相 $H(H')$ 被分离为了低钠光卤石 $O(O')$ 和尾盐 $P(P')$，而 $O(O')$ 点和 $P(P')$ 点的具体位置根据浮选过程效率而定。需要说明的是，如上关于反浮选的分析所针对的其实是体系中固相组分的分离，对于总体的调浆体系而言，所发生的反浮选过程是浆料 $N(N')$ 被分为了尾盐泡沫 $I(I')$ 和低钠光卤石浆料 $Q(Q')$。

$I(I')$ 点由尾盐 $P(P')$ 和共饱液 $F(F')$ 组成，$Q(Q')$ 点由低钠光卤石 $O(O')$ 和共饱液 $F(F')$ 组成。测定低钠光卤石浆料中共饱液 F 的干盐量、低钠光卤石 O 的量，在干基图上可以确定低钠光卤石浆料 Q 点的位置。通过 $Q$ 点与浆料 $N$ 点的连线，可以在 $FP$ 线上确定尾盐泡沫干基点 $I$ 的位置。对于水图上各点的位置，可以通过与干基图位置相互对应的原则进行确定。

（3）低钠光卤石浆料的固液分离。对于低钠光卤石浆料 $Q(Q')$，使用转筒真空过滤机等分离设备进行固液分离，理论上可以将其分离为低钠光卤石 $O(O')$ 和共饱液 $F(F')$。由于固液分离设备的效率不会达到 100%，因此实际分离得到的将是共饱液 $F(F')$ 和含有少量液相的低钠光卤石湿物料 $S(S')$，而 $S(S')$ 点的位置则由固液分离设备的实际效率确定。

（4）低钠光卤石的冷分解。低钠光卤石浆料在固液分离后可以得到湿物料 $S(S')$，对其进行加水使其分解为母液和 KCl-NaCl 混合固盐，再加水使固盐中的 NaCl 溶解，洗涤后即可得到 KCl 产品。

在湿物料 $S(S')$ 加水分解阶段的相图如图 10-2（b）所示，其分析过程与 10.1.1.1 节类似。湿物料 $S(S')$ 加水后视为系统点，液相点由 $F(F')$ 点移动至分解母液 $E(E')$ 点，而固相点由 $O(O')$ 点移动至低钠光卤石 $T(T')$ 点。

继续加水，系统点仍为 $S(S')$，液相点停留在 $E(E')$ 点不变，而固相点则由 $T(T')$ 点移动至 $T_1(T_1')$ 点，即此过程相当于盐田蒸发析出光卤石的反向溶解，最后得到的 $T_1(T_1')$ 点固相为含有 NaCl 和 KCl 的钾石盐。

（5）钾石盐的洗涤脱钠与干燥。当系统点 $S(S')$ 继续加水时，可以溶去固相钾石盐 $T_1(T_1')$ 中的少量 NaCl，从而有助于后续步骤中得到高纯度的 KCl 产品。在这个过程中，系统点仍然为 $S(S')$；固相点由于溶去了 NaCl，从而由 $T_1(T_1')$ 点移动至了 $B(B')$ 点；根据固相点 $B(B')$ 和系统点 $S(S')$ 的位置，可以在水图的饱和线 $E'D'$ 上确定出新的液相点位

置 $U'$，也可以在干基图的饱和线投影 $ED$ 上确定液相点的干基位置 $U$。此时如果进行固液分离，液相是分解洗涤母液 $U(U')$，固相则在理论上为纯的 KCl 产品。由于固液分离的效率在实际上会低于 $100\%$，所以真正得到的将是分解洗涤母液 $U(U')$ 和固相精钾 $V(V')$，而 $V(V')$ 点位置则根据固液分离效率而定。

精钾 $V(V')$ 由纯 KCl 产品 $B(B')$ 与共饱液 $U(U')$ 组成，经干燥后即可作为钾盐产品。

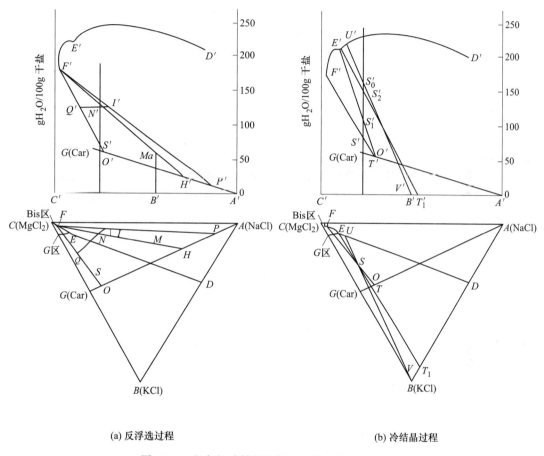

(a) 反浮选过程

(b) 冷结晶过程

图 10-2　反浮选-冷结晶法钾盐生产工艺的相图分析

# 10.2　氯化钾正浮选的类相图分析

## 10.2.1　类相图分析的可行性

### 10.2.1.1　浮选工艺预测的复杂性

以盐湖地区的氯化钾和氯化钠为主要组分的盐矿是生产钾肥的主要原料来源，其中浮选是从含钾的混合盐中提取氯化钾的主流技术之一。十二胺盐酸盐、十八胺盐酸盐、脂肪酰胺、十二烷基吗啉等都是利用浮选方法来分离 NaCl 和 KCl 混合盐的捕收剂，这些捕收剂在实验室规模的浮选分离中效果很好，但在工业生产时其浮选的选择性往往会降低。以正浮选为例，理论上胺类捕收剂主要对 KCl 有捕收效果，而对 NaCl 没有捕收效果或捕收效果较弱。但是在实际浮选时，NaCl 也会被浮出，导致 KCl 产品纯度降低。对于这种现象，一般认为是因为小粒径的氯化钠容易被气泡黏附或泡沫夹带。另外，不容忽视的事实是，即便在单盐溶液中十八胺盐酸盐对 NaCl 的浮选收率很低，但是在 KCl-NaCl 混合盐的共饱母液中真正浮选时依然会有大量的 NaCl 浮出，这意味着杂盐 NaCl 的浮出问题并不仅仅与捕收剂有关，其他操作因素的影响也不能忽视。总之，杂盐跟浮的现象可能还需要更进一步的探索和解释。在实际应用中，需要明确的是 NaCl 等杂盐对 KCl 主产品浮选收率的影响规律，以便于判断如何优化捕收剂的使用。

对于浮选过程[29]，一般认为"浮选是一个复杂的物理化学过程，实际矿石浮选除了物理化学因素外，还受机械和操作条件的影响。这些影响因素可概括分为四类：矿物的性质、化学条件、机械特性、操作控制。其他因素对浮选速率的影响，许多人曾进行过研究。但是由于所涉及的问题实际上十分复杂，所以还很难得出每一个因素对浮选速率影响的一致结果。矿粒向气泡附着是浮选过程的基本行为，将这一过程与化学反应相类比，矿粒与气泡的碰撞和黏附相当于化学反应过程中的分子、原子和离子等离子间的相互作用。当用化学反应过程中的一级反应方程式描述矿物浮选行为时，在窄粒级纯矿物浮选条件下是拟合良好的。令人失望的是，对于实际矿物的浮选过程，一般来说，均得不到满意的拟合结果。无疑，与相对比较均匀的分子、原子和离子间化学反应相比，浮选过程要复杂得多。"

与不溶物的浮选相比，可溶盐的浮选过程更显复杂，因为它受到了矿物组成、杂盐杂泥含量和操作参数的影响。如果矿质是复杂多变的，那么浮选收率也不会稳定。研究能适应多变矿质的浮选药剂并不容易，也许寻找一种灵活通用的药剂使用制度是解决矿质多变条件下如何稳定浮选问题的关键之一。

### 10.2.1.2　可溶盐浮选体系的复杂性

以中国柴达木地区的盐湖氯化钾生产工艺为例，光卤石或钾石盐的正浮选是主要的生产技术，十八胺盐酸盐是正浮选的主流捕收剂之一。这里的氯化钾产量占到了中国国内总产量的四分之三以上，但是生产过程容易受到矿质变化的干扰。中国盐湖化工所面临的情况在世界范围内颇为独特。加拿大、俄罗斯、巴西、以色列、约旦等主产钾国[30]的钾矿 $K_2O$ 含量大多达到 12%～30%，纯度较好。与之相比，中国国内的盐湖钾矿中，含泥的固体矿体较多，有的矿甚至含有一半的泥；这些盐矿除光卤石、钾石盐等组分及含钾的硫酸盐、硫酸钙、芒硝甚至白钠镁矾外，还含钾硅钙岩盐、云母、辉石等钙铝硅酸盐不溶物，并且这些杂质的种类和含量还会经常变化。操作条件、含量不稳定的硫酸钙及杂泥给正浮选的稳定性带来极大干扰，因此在生产中容易出现工艺稳定难、收率低、产品质量浮动大等问题，严重时浮选收率甚至会降至 10% 以下。但是，针对多变体系随时而准确地调整药剂制度，在工艺上尚无直接解决方案。

综合研究文献，可发现低品位钾盐浮选理论的复杂性之一体现在浮选母液、不溶杂质和浮选药剂的交互作用上。烷基脂肪胺和烷基磺酸钠已是钾盐正浮选的主流捕收剂。以加拿大和中国常用的十八胺盐酸盐为例，一般认为其浮选原理是疏水碳链端基和胺解端基分别附于气泡和盐粒，由此实现浮选，也有观点认为是捕收剂沉淀于盐粒且沉淀与盐晶表面电荷无关。一定程度上影响该过程的要素有两点：一是要确保胺解端基在吸附之前要先穿越氯化钾晶粒表面的水分子层；二是要确保在解离出的端基不再水合而变为分子状态，而这些显然受温度、浮选母液离子组成等的影响极大。此外，各操作条件对浮选的影响也显而易见。十二烷基胺、十四烷基胺、辛胺、辛酸、乙酸癸酯、月桂酸钠等也曾试用于钾盐浮选，所面临的科学问题是类似的。在这样的背景下，复配成了增强捕收剂使用效果的有效手段之一。碳链长度12~22的胺类捕收剂曾被复配，发现混合胺因沉淀形式或吸附密度改变，浮选效率能明显提高，并可适应10℃低温浮选环境。但是，在试用不同药剂浮选含钾混合盐时，也显现出药剂配方、原矿类型和杂质组成之间联动影响的复杂性。捕收剂的复配反映了各药剂组分之间的协同效应对药剂-矿粒相互作用的强化，但复配等于在体系中引入了新的研究变量，也增大了研究的复杂性。另一个不容忽视的因素是，起泡剂、抑制剂等辅助药剂的类型及投加次序对浮选效果也有影响，因其改变了脂肪胺的分散性，这实际上也引入了更多的研究变量。

还有，对于可溶盐浮选，捕收机理的研究是在母液的高离子强度和不溶物干扰下进行的。许多学者建立了模型来解释钾盐与捕收剂的作用机理，如离子交换模型、溶液热模型、表面水合模型、表面电荷模型、界面水结构模型等。这些研究从不同的角度表述了药-盐相互作用，但受高离子强度的影响，药剂、盐和不溶物之间的相互作用仍是化学理论研究中难度很大的课题，其关键在于低盐浓度下可求的物化参数在高离子强度下往往不易求解，更何况在盐晶体表面还存在着溶解-结晶的平衡。另外，不溶物及微溶的硫酸钙，或在捕收剂与钾盐之间形成竞争、或增大母液黏度以阻碍钾盐上浮，都恶化了浮选过程。况且，一些含胺有机物本身就是不溶物的捕收剂。更甚的是，盐离子不仅影响捕收剂的吸附，还可能增强不溶物杂质对浮选的干扰。

### 10.2.1.3 类相图应用于可溶盐浮选工艺优化的可行性

综上，可溶盐浮选研究均基于不同的视角深入讨论了浮选现象的某个特定方面。但是，针对药剂及其使用制度如何适应低品位钾矿浮选体系的多变性，在基础和应用研究方面仍是一个难题。盐田工艺和浮选分离都是钾盐生产的重要工序。早期的盐田工艺也曾面临研究体系（卤水）复杂的局面，然而水盐相图巧妙地避开了微观层次上复杂难解的物化问题（如活度系数、渗透系数、结晶热动力学参数等），它直接采用点、线、面、体等几何要素表征宏观的水盐平衡，时至今日已形成一套严谨的科学系统。有意思的类比是，在可溶盐的正浮选中，浮选药剂、可浮固盐和杂质固相构成了在抽象意义上至少是三元的虚拟药盐体系。当固盐确定时，浮选母液也能根据水盐相图随之确定，从而成为可以简化省略的因变量，余下的药盐泥混合物类比于相图中盐盐体系的概念：不同药剂、药-盐-泥之间的交互作用和浓度变化引起代表体系组成的相点的位置变化，当药剂量达到一定阈值，可浮盐便从固盐相"溶解"到药相之中，从而发生分离。

实际上，相图的理念在一定程度上是可以延伸的。油-海水微乳液便可用拟相图的研究方法。类似地，也有研究把相图与酸碱度等环境变量或浮选母液的分析结合起来。需要说明的是，直接涉及浮选本身的图形化研究方式已有报道的先例，但应用还不普遍，其原因主要在于浮选工艺过程的复杂性。尽管如此，借助相图的规则来归纳和总结浮选基础数据，寻求一种简捷描述复杂可溶盐体系浮选规律的方法，未尝不是解决可溶盐浮选工艺预测的途径之一。

## 10.2.2 氯化钾浮选的类相图分析法

类相图可以提供一种用于浮选氯化钾和氯化钠混合盐的图形调控方法，以正浮选为例，绘制方法包括以下步骤。首先，将粒径在 0.075~0.425mm 之间的氯化钾和氯化钠颗粒按照不同配比进行混合；其次，把某一配比的混合盐颗粒置于氯化钾和氯化钠的共饱和溶液中，使用不同用量的捕收剂进行浮选，分析浮出物中氯化钾和氯化钠的质量，记录氯化钾、氯化钠浮选收率各自为 0 和 100% 时的捕收剂用量；再次，重复上述氯化钾、氯化钠浮选的步骤，进行其他配比混合盐的浮选，并记录氯化钾、氯化钠浮选收率各自为 0 和 100% 时的捕收剂用量；最后，绘制用于调控正浮选氯化钾和氯化钠混合盐的图形，即以氯化钾在混合盐中的质量含量比例为横坐标、浮选收率为纵坐标，分别绘制氯化钾、氯化钠浮选收率为 0 和 100% 时的曲线。在氯化钾和氯化钠的正浮选中，捕收剂可以是碳链长度在 12~22 之间的正浮选胺类捕收剂，或者是它们的混合物，优选十二胺、十四胺和十八胺的盐酸盐中的一种或多种。

上述类相图可以用于正浮选氯化钾和氯化钠混合盐的图形调控，具体包括利用上述绘制的用于调控正浮选氯化钾和氯化钠混合盐的图形，采用以下步骤：分析将被浮选的氯化钾和氯化钠混合盐的组成；按照氯化钾在混合盐中的质量含量比例，在用于调控正浮选氯化钾和氯化钠混合盐的图形中确定横坐标；在所确定的用于调控正浮选氯化钾和氯化钠混合盐的图形中的横坐标上，如果在氯化钾收率 100% 的曲线之上存在氯化钠收率 100% 的曲线，则根据氯化钾收率 100% 时的纵坐标选择捕收剂用量，进行浮选，浮出的固相作为氯化钾精矿产品，未浮出的固相是氯化钠和氯化钾的混合盐；在所确定的用于调控正浮选氯化钾和氯化钠混合盐的图形中的横坐标上，如果在氯化钾收率 100% 的曲线之下存在氯化钠收率 100% 的曲线，则不进行浮选，此时的固相就是含有一定量氯化钠的氯化钾产品；或者按照氯化钠收率 100% 时的纵坐标选择捕收剂用量，按正浮选的方式进行浮选，但是收集未浮出的固相作为氯化钾精矿产品，浮出的固相是氯化钠和氯化钾的混合盐；另外，在所确定的用于调控正浮选氯化钾和氯化钠混合盐的图形中的横坐标上，如果存在氯化钾收率 100% 曲线和氯化钠收率 100% 曲线的交点，则不进行浮选，此时的固相就是含有一定量氯化钠的氯化钾产品。

这种工艺调控的优点和效果在于能够准确快速地利用绘制好的图形调节浮选过程中捕收剂的用量，使浮选操作更加准确；根据物料组成而选择不同的浮选操作方式，使浮选工艺更加灵活。图 10-3 为用于调控正浮选氯化钾和氯化钠混合盐的图形的示意图。

### 10.2.3  氯化钾浮选的类相图案例分析

图 10-4 示出了 ODA 对 NaCl 和 KCl 混合盐的浮选效果[31]。图 10-4 所示的研究方法在传统不可溶矿物的浮选中是一种经验的做法，本章将其移植到可溶盐浮选的论述中，由于它具备相图的形式，但还不是传统意义上的相图，因此将该图形定名为类相图。需要强调的是，类相图在可溶盐浮选中能够起到预测不同组分可浮性的作用，但是这种预测是有前提条件的，即进料粒度、不同盐颗粒组分的黏结程度、矿浆浓度、气泡量及其性质等参数都需要维持在一定范围内，否则会影响这种预测的准确性。尽管如此，考虑到可溶盐浮选的工业操作过程基本不会发生太大波动，因此这种类相图的方法还是能够在一定范围内应用的。

以混合进料为例，设定进料是不同比例的 NaCl 和 KCl 的混合盐。图 10-4 表明，进料固相中的 NaCl 影响了 KCl 的浮选收率，其原因可能是 NaCl 被泡沫夹带浮出。图 10-4 的作用在于给不同物料的浮选操作提供了一个启示，并且指出了捕收剂的最佳用量。捕收剂的最

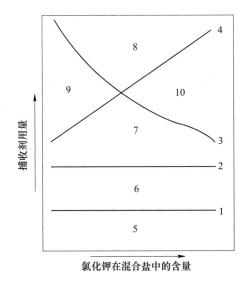

图 10-3  调控正浮选氯化钾和氯化钠混合盐的图形的示意图

1—氯化钾浮选收率为 0 时的捕收剂用量曲线；2—氯化钾浮选收率为 0 时的捕收剂用量曲线；

3—氯化钠浮选收率为 100%时的捕收剂用量曲线；4—氯化钾浮选收率为 100%时的捕收剂用量曲线；

5—氯化钠和氯化钾都不可浮出的区域；6—氯化钠不可浮而氯化钾部分可浮出的区域；

7—氯化钠和氯化钾均部分可浮出的区域；8—氯化钠和氯化钾均完全可浮出的区域；

9—氯化钠部分浮出而氯化钾全部浮出的区域；10—氯化钾部分浮出而氯化钠全部浮出的区域

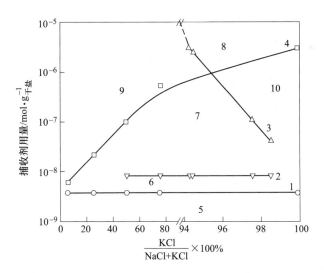

图 10-4  KCl-NaCl-ODA 体系浮选类相图

（特定的浆液浓度、温度条件；图中数字说明同图 10-3）

佳用量应该是恰好能并且只能全部浮出两种盐中的一种，从而使得两种盐发生分离的用量。

本节采用了试验案例来验证图 10-4 的可靠性。该图的绘制主要依赖于浮选收率的实测数据，首先将粒径 0.075mm 的 KCl 和 NaCl 颗粒按照不同配比进行混合，其配比分别为 KCl 占混合盐总质量的 5%、25%、50%、75%、94.29%、94.50%、97.50%、98.50%、100%。然后把配比为 KCl 占混合盐总质量 5%的混合盐颗粒置于 NaCl 和 KCl 的共饱和溶液中，使用捕收剂进行浮选，每次浮选中相对于 1g 混合干盐的捕收剂用量从 $8×10^{-9}$ mol 到 $3×10^{-6}$ mol 逐渐增多，分析浮出物中 NaCl 和 KCl 的质量，记录 NaCl 和 KCl 浮选收率各自为 0 和 100% 时的捕收剂用量。上述捕收剂为十八胺盐酸盐类的正浮选捕收剂。最后，重复浮选操作，进行其他配比混合盐的浮选，并记录 NaCl 和 KCl 浮选收率各自为 0 和 100% 时的捕收剂用量。此时，绘制用于调控正浮选 KCl 和 NaCl 混合盐的图形，即以 KCl 在混合盐中的质量含量比例为横坐标、浮选收率为纵坐标，分别绘制 KCl、NaCl 浮选收率为 0 和 100% 时的曲线，所绘制的图形即为图 10-4。

利用图 10-4，调控 KCl 和 NaCl 混合盐的正浮选，对生产过程进行优化。

案例一为 KCl 占混合盐总质量的 50%，此时按照 KCl 的质量含量在图 10-4 中确定横坐标为 50%。在图 10-4 中这个数值的横坐标上，在氯化钾收率 100% 的曲线之上存在氯化钠收率 100% 的曲线。这意味着在大部分 NaCl 不浮的情况下，理论上可以把 KCl 全部浮出，从而实现 KCl 和 NaCl 的分离；而此时最优的捕收剂用量应该能恰好使 KCl 收率达到 100%，浮出的固相就可以作为氯化钾精矿产品，未浮出的固相应该是氯化钠和氯化钾的混合盐。根据 KCl 收率 100% 时的纵坐标，选择了捕收剂用量为 $1×10^{-7}$ mol/g$_{干盐}$ 进行浮选。试验结果证实，浮选收率达到了 95.5%，与预期的 100% 较为吻合，最后得到的浮出固相中氯化钾的质量含量比例为 96.46%，纯度较高。

案例二为 KCl 在混合盐中的含量是 97.5%，这样的混合盐已经是 KCl 纯度很高的产品了，实际上不需要再进行浮选。但是，如果强制进行浮选，仍然可能使 KCl 和 NaCl 进一步分离开来。在图 10-4 中锁定横坐标为 97.5%，在这个数值的横坐标上，在 KCl 收率 100% 的曲线之下存在 NaCl 收率 100% 的曲线，这意味着 KCl 的一部分可能被浮出、NaCl 的全部都会被浮出，浮选之后的未浮固相是 KCl 精矿产品、浮出的固相应该是氯化钠和氯化钾的混合盐。按照 NaCl 收率 100% 时的纵坐标选择捕收剂用量为 $1.2×10^{-7}$ mol/g$_{干盐}$，按正浮选的方式进行浮选，预测结果与实验结果比较吻合，最后得到的未浮固相中 KCl 的质量含量为 99.81%，纯度较高。

案例三为 KCl 在混合盐中的含量达到 95.8%，此时的浮选操作揭示了一个有意思的现象，当 KCl 在混合盐中的含量达到该数值时，浮选对其没有分离效果。在图 10-4 中，当横坐标位于 95.8% 时，存在氯化钾收率 100% 曲线和氯化钠收率 100% 曲线的交点。在这样的状态下，如果采用交点处的捕收剂用量，那么浮出物的组成是不变的，仍然是 KCl 含 95.8%。对于捕收剂浓度降低，那么 KCl 和 NaCl 的收率可以按照杠杆规则进行计算。所以，无论如何浮选，KCl 和 NaCl 都不能被彻底分离开来。从某种意义上讲，这个阈值也可以被视为正浮选和反浮选的分界点。

案例四为 KCl 占混合盐总质量的 75%，可以按照 KCl 的质量含量在图 10-4 中确定横坐标为 75%。在图 10-4 中这个数值的横坐标上，在 KCl 收率 100% 的曲线之上存在 NaCl 收率 100% 的曲线。此时最优的捕收剂用量应该是恰好使 KCl 收率达到 100% 时的用量。实验结果证实，浮选收率与预期的数值较为吻合，最后得到的浮出固相中氯化钾的质量含量比例为 96.5%，纯度较高。

另外，在图 10-4 中浮选曲线基本上是按照线性处理的直线，所以图 10-4 中的浮选收率与药剂量差值的关系也应该符合杠杆规则。在某特定捕收剂用量下可以对不同的进料进行浮选，在图 10-4 中利用杠杆规则计算浮出物的量，从而计算收率。但是值得指出的是，按照线性规则截取浮选收率与药剂量的曲线区间，是图 10-4 可以使用杠杆规则计算浮选回收率的主要原因。如果浮选收率与药剂量的关系曲线不是线性的，那么很显然杠杆规则对回收率的计算就会失去准确性。

图 10-5 为另一药剂制度及操作条件下的类相图，与图 10-4 不同但结构很相似，说明这种方法在应用中有一定的普遍性，可在实际生产中予以参考。

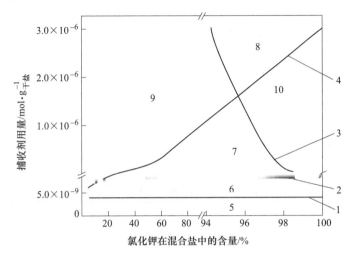

图 10-5　KCl-NaCl-ODA 体系浮选类相图

1—氯化钾浮选收率为 0 时的捕收剂用量曲线；2—氯化钠浮选收率为 0 时的捕收剂用量曲线；
3—氯化钠浮选收率为 100% 时的捕收剂用量曲线；4—氯化钾浮选收率为 100% 时的捕收剂用量曲线；
5—氯化钠和氯化钾都不可浮出的区域；6—氯化钠不可浮而氯化钾部分可浮出的区域；
7—氯化钠和氯化钾均部分可浮出的区域；8—氯化钠和氯化钾均完全可浮出的区域；
9—氯化钠部分浮出而氯化钾全部浮出的区域；10—氯化钾部分浮出而氯化钠全部浮出的区域

## 10.3　低品位钾矿中杂泥对浮钾的影响

盐湖氯化钾是农业生产中的重要钾肥来源，以盐酸十八胺为捕收剂的正浮选法是我国生产氯化钾的主要方法。随着钾矿的开采过程中，大量低品位含泥钾矿不断产生，矿泥对氯化钾的生产效率有严重的影响。矿泥吸附在氯化钾表面阻止了氯化钾与盐酸十八胺的结合导致生产过程消耗大量药剂，且矿泥会与氯化钾一起浮出来导致氯化钾产品的纯度降低。本节针对矿泥对氯化钾正浮选生产的影响，以矿泥主要成分为研究对象，论述矿泥单独浮选、矿泥对钾矿浮出的影响规律、矿泥浮选的动力学与相图表征。

众所周知，浮选的动力学因素对于母液中的颗粒是否能浮出有着直接的影响，而矿泥的浮出与否显然也受这种因素的干扰。矿泥的表面性质、捕收剂的作用机理在研究中受关注较多，而矿泥浮出及其浮出行为对钾盐浮选的动力学影响规律还有待于继续细化。在这种情况下，半理论半经验的相图方法可以起到表征脱泥状态的作用，而相图表征的基础之一是浮选动力学因素的确定。

### 10.3.1　矿泥浮出的动力学研究

浮选动力学是研究随时间的变化各种因素的变化规律，对研究浮选机理有重要作用，同时对选择工艺参数、模拟与控制浮选设备具有指导意义。浮选动力学可以以化学反应与浮选机理的相似性为基础进行研究，认为浮选动力学与化学反应动力学相似。有研究认为浮选动力学模型符合一级浮选速率模型，经过对一级动力学不断验证与研究后，还可以将一级浮选动力学修正为 $n$（$n$ 值为 0~6）级浮选动力学。本节尝试用一级浮选动力学与二级浮选动力学对矿泥的浮动力学进行分析。与此同时，鉴于水盐体系相图的形象和直观的表达形式，本节也借此来表示矿泥浮出的过程特征，即从矿泥的浮选动力学与矿泥对氯化钾浮选影响的相图表征来表示脱泥过程的分离状态。

表 10-2 示出了不同矿泥在不同时间的回收率数据，以此为例进行动力学分析。其中，浮选实验在 20℃下进行，试验使用原矿量为 90g，浮选槽体积为 500mL。先将捕收剂与浮选母液放入浮选槽中搅拌 5min，然后加入原矿搅拌 5min。浮选环节全程控温进行，浮选机叶轮转速设为 1800r/min，气流量为 0.1m$^3$/h，浮选时间分别为 0.5min、1min、2min、4min、6min。结束浮选流程后，将精矿、尾矿产品分别放置在烧杯中，然后去除水分称重，计算不同作用时间下矿泥的回收率。

表 10-2　矿泥回收率随时间变化

| 时间/min | 矿泥回收率/% | | | |
|---|---|---|---|---|
| | 石英 | 钾长石 | 钠长石 | 高岭土 |
| 0.5 | 1.04 | 3.95 | 16.58 | 0.79 |
| 1 | 16.98 | 3.07 | 36.28 | 1.29 |
| 2 | 35.27 | 7.39 | 39.44 | 2.14 |
| 4 | 37.21 | 15.45 | 49.98 | 2.91 |
| 6 | 43.50 | 16.81 | 50.75 | 4.56 |

为了分析十八胺盐酸盐浮选矿泥的浮选动力学，考察不同时间矿泥的回收率，并用一级动力学模型[32]与二级动力学模型[33]对实验数据进行模拟，可以使用如下的动力学方程：

$$\varepsilon_t = \varepsilon_e(1 - e^{-k_1 t}) \tag{10-1}$$

$$\varepsilon_t = \frac{k_2 \varepsilon_e^2 t}{1 + k_2 \varepsilon_e t} \tag{10-2}$$

式中，$k_1$、$k_2$ 分别为一级动力学与二级动力学浮选速率常数，min$^{-1}$；$\varepsilon_e$ 与 $\varepsilon_t$ 分别为矿泥的最大回收率与在 $t$ 时刻的回收率。根据回收率与时间的对应关系可得出每种矿泥对应的浮选速率常数与最大回收率，矿泥的浮选动力学结果见表 10-3。

表 10-3　矿泥的浮选动力学分析

| 矿泥 | 一级动力学 | | | 二级动力学 | | |
|---|---|---|---|---|---|---|
| | $\varepsilon_e$/% | $k_1$ | $R^2$ | $\varepsilon_e$/% | $k_2$ | $R^2$ |
| 石英 | 46.52 | 0.47 | 0.8592 | 65.36 | 0.56 | 0.8407 |
| 钾长石 | 27.58 | 0.17 | 0.9310 | 41.49 | 0.30 | 0.9274 |
| 钠长石 | 49.21 | 1.03 | 0.7911 | 58.82 | 2.06 | 0.8038 |
| 高岭土 | 6.32 | 0.18 | 0.9421 | 9.90 | 1.30 | 0.9475 |

根据表中数据可得到各矿泥的一级浮选动力学与二级浮选动力学公式，将时间代入各公式中，可计算出矿泥在不同时间的回收率，计算得到的模拟曲线与实验结果曲线比较如图 10-6 所示。

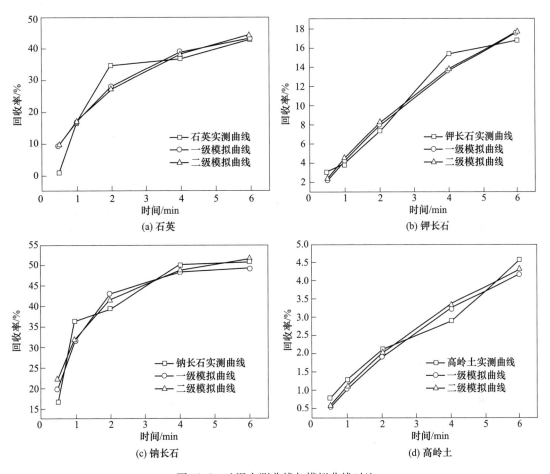

图 10-6　矿泥实测曲线与模拟曲线对比

由表 10-3 可看出不同的矿泥浮选速率常数不同，一级动力学与二级动力学模拟中均是钠长石浮选速率常数最高，钾长石浮选速率最低。根据动力学模型计算出的各矿泥的最大回收率中，石英的最大回收率最高，其次是钾长石与钠长石，高岭土的最大回收率最低，这是由矿泥本身的结构性质决定的，同时此结果也与前文中各矿泥的浮选收率曲线相符。根据拟合的相关系数比较结果可看出，石英与钾长石的浮选动力学更符合一级动力学模型，钠长石与高岭土的浮选动力学更符合二级动力学。图 10-6 中各矿泥的实验曲线与模拟曲线相比，石英与钠长石实验曲线与模拟曲线在前 2min 时误差较大，2min 后实验曲线与模拟曲线渐渐吻合，推测可能是这两种矿泥浮选速率常数大，在浮选短时间内泡沫丰富，气泡速度快导致浮选收率不稳定。高岭土与钾长石均在浮选时间为 4min 时实验数据与模拟数据有较大误差，钾长石与高岭土在前期浮选速率快后期浮选速率慢，浮选 4min 时为快慢速率交替时间，此时易出现实验收率高于模拟收率（图 10-6（b）中钾长石收率）与实验收率低于模拟收率（图 10-6（d）中高岭土收率）的情况。

　　动力学模型中的浮选速率常数即为单位时间浮出的矿泥物料量，为研究浮选速率常数与矿泥回收率的关系，以一级动力学为例，将矿泥浮选动力学模型中的浮选速率常数扩大为原来的两倍，比较矿泥回收率的变化，比较结果如图 10-7 所示。由图可看出，浮选动力学中浮选速率常数的增大意味着矿泥回收率会增大。在浮选操作中，通气量的增大、起泡剂的增加、温度的升高等均会导致浮选速率的增加，因此在保证氯化钾回收率的前提下，要使矿泥浮选速率尽可能降低才能避免矿泥的浮出。

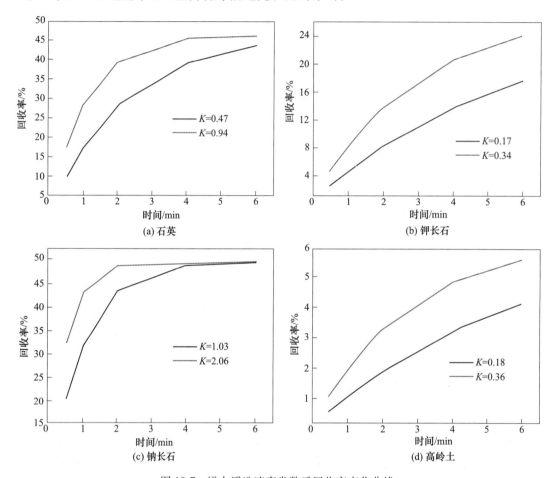

图 10-7　增大浮选速率常数后回收率变化曲线

　　应该指出的是，上述浮选动力学的研究方法主要还是基于非溶性矿物的浮选规律，而可溶盐浮选母液与非溶性矿物浮选母液差异很大，二者的很多物化性质是不一样的。例如可溶盐浮选体系的离子强度非常高、体系黏度也极大等，这导致可溶盐浮选母液体系过于复杂，因此浮选动力学的研究也存在一定难度。尤其是在可溶盐体系的浮选动力学研究方面，除了一些 NaCl 反浮选[34] 等方面的报道之外，该体系的复杂性对动力学影响规律的研究是产生了很大限制的。对于石英、高岭土等矿物在可溶盐浮选母液中的浮出动力学行为，相应的研究同样遇到了体系复杂性的问题。本节对该体系中的动力学行为做了一次尝试和探索，其目的在于为相关的研究提供有一定参考价值的基础数据和信息，以便在实践中探求更加有效可靠的浮选动力学机理。

### 10.3.2 矿泥浮出的类相图表征

借鉴使用相图表征可溶盐浮选过程的成功经验[28]，使用同样的方法可以分析矿泥浮出及其对盐类浮出的影响规律。以含石英质量分数为10%的氯化钾为例论述相图表征的具体方法，在图10-8所示的KCl-H$_2$O体系相图中分析其浮选过程。

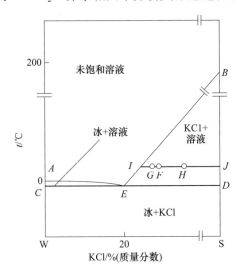

图 10-8　KCl-H$_2$O 二元体系相图

图 10-8 仅示出了水、盐两类物质组成的相图，不包括泥和不溶物，因此在图上不能直接反映出矿泥浮出的情况。尽管如此，如果在一定矿泥含量条件下进行浮选，图 10-8 可以展示出该矿泥含量时的可溶盐浮出率，从而间接地表示矿泥对可溶盐浮选的影响规律。以 20℃ 的 KCl 浮选室内实验为例，在此温度下物料与氯化钾饱和液构成的系统点为 F 点，F 点由饱和液液相点 I 与固相点 J 组成。浮选过程之后，理论上可以得到 J 点精矿与 I 点尾矿，但由于矿泥干扰、实际效率低于 100% 等因素，仅可得到精矿 H 点与尾矿 G 点。

杠杆原理在图 10-8 中仍然可以使用，例如由杠杆原理可得出固液相的比例关系，系统点、精矿点和尾矿点的固体质量与总体质量之比分别为 FI：IJ、HI：IJ 和 GI：IJ。通过以上分析，可以对含泥氯化钾浮选体系的相图进行比较和分析，在 20℃ 条件下将图 10-8 的纵坐标设为矿泥含量，并将不同矿泥含量下的系统点、精矿点和尾矿点连线，即可得到在不同矿泥含量下的氯化钾浮选体系的类相图，如图 10-9 所示。

图 10-9 中，由于浮选过程中加入的氯化钾物料是相同的，因此各矿泥相图中系统线相同。不同种类及含量的矿泥对氯化钾的回收率影响不同，因此在相图中表现为不同的精矿线与尾矿线。精矿点与尾矿点距离系统点越远，则表示精矿越多，尾矿越少，氯化钾回收率越大，同时也表示矿泥对氯化钾收率的影响较小。根据系统线、精矿线与尾矿线收敛程度的不同，能判断出矿泥对氯化钾收率影响的强弱。高岭土对钾盐浮选的影响最明显，随着矿泥含量的增加，精矿线与尾矿线迅速靠近系统线后趋于平行；钾长石与钠长石的影响次之，其收敛程度弱于高岭土，精矿线与尾矿线最终趋于相交；钾长石与钠长石收敛程

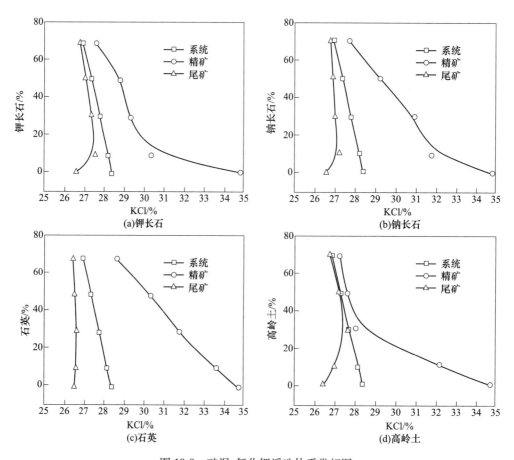

图 10-9　矿泥-氯化钾浮选体系类相图

度相比，钠长石较弱，表明其影响弱于钾长石；石英影响最弱，其精矿线与尾矿线呈线性接近系统线，表明氯化钾回收率降低趋势较缓且幅度不大。

综上所述，在一级动力学与二级动力学的浮选模拟中，石英与钾长石的浮选动力学更符合一级动力学模型，钠长石与高岭土的浮选动力学更符合二级动力学。从图 10-7 中的矿泥模拟曲线中的曲率上看，浮选速率显示出先升高后减小的趋势，可以认为在实际生产脱泥工艺中浮选较短时间即可将大部分矿泥脱除。对盐泥混合浮选与相图表征结果表明，KCl-H$_2$O 体系相图纵坐标设置为矿泥变量并结合杠杆原理，可表示出高岭土对氯化钾回收率影响最明显，精矿和尾矿的曲线收敛最突出；钾长石与钠长石次之，浮出性稍弱，精尾矿曲线在相图中表现为小幅收敛的线形；石英最弱，精尾矿曲线在相图中收敛最小。

## ——— 本 章 小 结 ———

可溶盐的浮选可以借用相图的形式进行工艺过程的分析。本章以盐湖钾盐的浮选生产为例，论述了正浮选、反浮选过程中氯化钾的分选路线，并且介绍了冷分解、冷结晶的相变规律及其对浮选过程的影响。浮选过程的效率还可以使用类相图的方式进行预测和判断，与此同时矿泥对氯化钾浮选的影响也可以使用类似的分析方法。需要说明的是，在这些应用案例中，相图模式的分析方法只是一种移植式的近似使用，并不意味着这些过程中确实存在着严格意义上的相平衡关系，尽管杠杆规则等计算法则仍然适用。

## 习　　题

10-1 如果忽略其他杂质，假设光卤石的化学组成如下表，试设计一条光卤石的冷分解-正浮选工艺路线，并进行物料衡算。

光卤石的化学组成（质量分数,%）

| NaCl | KCl | $MgCl_2$ | $H_2O$ |
|------|------|------|------|
| 26.55 | 15.02 | 26.23 | 32.20 |

10-2 如果忽略其他杂质，假设光卤石的化学组成如下表，试设计一条光卤石的反浮选-冷结晶工艺路线，并进行物料衡算。

光卤石的化学组成（质量分数,%）

| NaCl | KCl | $MgCl_2$ | $H_2O$ |
|------|------|------|------|
| 26.69 | 14.35 | 26.31 | 32.65 |

# 11 盐类的介稳态溶解

**本章提要：**

（1）针对干盐矿在静水溶采过程中的近似稳定现象，了解该状态下溶解量、相分离特征及水盐体系相图表达形式。

（2）了解氯化物型、硫酸盐型盐矿的静水溶采介稳态溶解相分离规律。

（3）了解盐矿溶采及含铝矿物溶浸过程的相图分析和工艺优化方法。

无机盐的溶解存在于很多工业过程中，例如固体盐矿（或蒸发岩矿物）的水溶开采、含盐废弃物的溶浸，以及粉煤灰等无机盐矿物的酸浸或碱浸等。这些处于溶解状态的无机盐矿物既包括了钾石盐、光卤石等常见的可溶性盐矿，也包括了地下深层杂卤石等难溶性盐矿，而铝土矿、粉煤灰等矿物在活化-溶浸时也具有类似的特点。无机盐矿物在溶解时，除了在工业设备中的溶解过程可以使用搅拌等强化途径以外，地表及地下盐矿的溶采都具有静水溶采的特征，这种溶采过程所得到的卤水一般是不饱和的，或者说达到饱和需要理论上的无限溶解时间。难溶性盐的溶解过程也是类似的，即获得饱和溶采卤水所需的时间是理论无限的。在一定的时间内，溶采卤水可以缓慢地达到一种组分含量变化很小的状态，即卤水组分随时间的变化很小，这类似于传统意义上的介稳态卤水。

众所周知的是，饱和卤水中各种可溶性盐组分之间存在着交互的影响，而各种组分的溶解度也是相互牵制的。在盐矿的水溶开采过程中，虽然获得的往往是不饱和卤水，但是该过程中卤水各组分的含量也是存在动态的交互影响的，这已经被杂卤石等无机盐矿的溶采过程所证实。从这个角度上分析，相图的理念也可以应用于表征不饱和的溶采卤水。可以预见的是，不饱和溶采卤水相图与饱和的常规水盐体系相图必然有着不同之处——而这种不同之处是什么，则是值得探讨的话题之一。本章将对此展开讨论，并将这种相图称为介稳态溶解相图。

## 11.1 可溶盐溶解相分离

### 11.1.1 可溶性盐矿的静水溶解模型

以可溶性盐为例，其静水溶解过程具有介稳性特点，即随着溶解过程的进行，溶采卤水的组分渐趋于拟平衡的状态。图 11-1 示出了若干种结晶盐在水溶过程中不同水相高度上的溶质浓度[35]，表明溶解时间达到 720h 以后溶质溶度的增加仍在持续，但其增幅已经在明显减缓。这种现象意味着可溶盐的溶解虽然没有达到理论上的溶解度，但是在一定时间内也可以被视为一个近似稳定的数值，因此其溶采卤水可以在水盐体系相图上做出标记。这与常规的溶解度测试实验不同，原因在于静水溶解没有搅拌，因此不会发生对流传质，溶质浓度的增加仅通过扩散传质实现。当发生扩散传质时，由于传质速率相对较慢、局部浓度梯度也比较小，因此溶质浓度增幅比较慢。

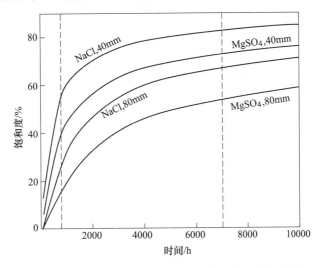

图 11-1    可溶盐溶解时水相中不同高度处溶质浓度的变化

可溶性无机盐矿在液相中的溶解与扩散可以采用实验室测试和中试测试进行分析，例如采用图 11-2[35,36] 所示的方式。图 11-2 的实验选取了部分海水型水盐体系的代表性无机盐矿样，包括石盐（NaCl）、钾石盐（KCl）、水氯镁石（$MgCl_2 \cdot 6H_2O$）、芒硝（$Na_2SO_4 \cdot 10H_2O$）和泻利盐（$MgSO_4 \cdot 7H_2O$）等单盐型地表矿，光卤石（$KCl \cdot MgCl_2 \cdot 6H_2O$）、白钠镁矾（$Na_2SO_4 \cdot MgSO_4 \cdot 4H_2O$）等复盐型矿物也可以采用相同的实验方法。在测试可溶盐的静水溶解时，方法之一是在恒温空调室中放置量筒作为溶盐容器，将非交联聚乙烯闭孔泡沫棉和冰块依次放置在盐层上方，使冰块融水在非常缓慢的准静态状态下浸泡盐层，以此确保溶解和扩散过程不会受到对流传质的干扰。在该实验中，可以将实际电解质浓度与其标准溶解度数值之比定义为饱和度，用于表征该电解质的介稳性溶解能力。

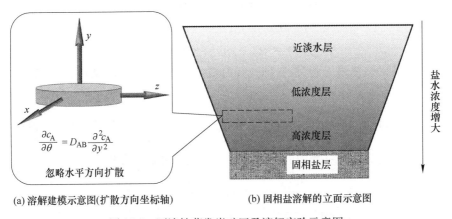

(a) 溶解建模示意图(扩散方向坐标轴)　　　(b) 固相盐溶解的立面示意图

图 11-2    可溶性蒸发岩矿区及溶解实验示意图

为建立蒸发岩的溶解模型，假设盐水界面处的两相接触是充分的。当固相为复盐或混合盐时，假设在盐水界面处每种单盐和水之间的接触面积正比于干基单盐的摩尔分数。假定溶液是理想状态下的，即溶质的迁移仅基于浓度梯度下的扩散和电子转移。由于实际的扩散非常缓慢，因此盐和水之间传质的界面阻力被忽略，仅考虑本体溶液中的扩散过程，此时溶质的迁移是本体液相不流动状态下的非稳态扩散传质过程。如图 11-3 所示[36]，根据菲克第二定律（Fick's second law），传质方程为：

$$\frac{\partial c_A}{\partial \theta} = D_{AB}\left(\frac{\partial^2 c_A}{\partial x^2} + \frac{\partial^2 c_A}{\partial y^2} + \frac{\partial^2 c_A}{\partial z^2}\right) \tag{11-1}$$

式中，$\theta$ 为扩散时间；$x$、$y$ 和 $z$ 分别为扩散方向；$c_A$ 为液相中的盐溶质浓度；$D_{AB}$ 为盐分在水中的扩散系数。假设扩散方向是一维的，即扩散仅在竖直的 $y$ 方向上发生，并且在 $x$ 和 $z$ 方向上没有浓度梯度和扩散，则式（11-1）可以简化为：

$$\frac{\partial c_A}{\partial \theta} = D_{AB}\frac{\partial^2 c_A}{\partial y^2} \tag{11-2}$$

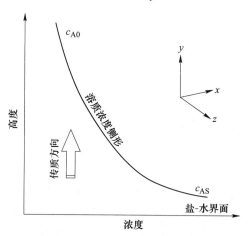

图 11-3　蒸发岩溶解扩散建模示意图

式（11-2）的初始条件和边界条件为：

$$\theta = 0, c_A = c_{A0} \qquad （任意 y） \tag{11-3}$$

$$y = 0, c_A = c_{AS} \qquad （\theta > 0） \tag{11-4}$$

$$y \to \infty, c_A = c_{A0} \qquad （\theta > 0） \tag{11-5}$$

式中，$c_{A0}$ 为液相初始浓度，设定为 0；$c_{AS}$ 为盐水界面处浓度，设定为单盐的饱和溶解度值。

求解式（11-2）时，可以使用合成变量方法，即以 $\dfrac{y}{\sqrt{4D_{AB}\theta}}$ 为变量并将 $y$ 和 $\theta$ 的偏导数代入式（11-2），将式（11-2）中的偏微分方程转换为常微分方程：

$$\frac{\mathrm{d}^2 c_A}{\mathrm{d}\left(\dfrac{y}{\sqrt{4D_{AB}\theta}}\right)^2} + 2\eta\,\frac{\mathrm{d}c_A}{\mathrm{d}\left(\dfrac{y}{\sqrt{4D_{AB}\theta}}\right)} = 0 \tag{11-6}$$

同时建立新的边界条件：

$$\frac{y}{\sqrt{4D_{AB}\theta}} = \infty \,, c_A = c_{A0} \tag{11-7}$$

$$\frac{y}{\sqrt{4D_{AB}\theta}} = 0 \,, c_A = c_{AS} \tag{11-8}$$

式（11-6）两次积分后可得：

$$\frac{c_A - c_{AS}}{c_{A0} - c_{AS}} = \mathrm{erf}\left(\frac{y}{\sqrt{4D_{AB}\theta}}\right) \tag{11-9}$$

式中，$\mathrm{erf}\left(\dfrac{y}{\sqrt{4D_{AB}\theta}}\right)$ 为高斯误差函数。至此，式（11-9）成为了扩散传质时间、局部位置和局部盐浓度之间的关系式，其中扩散传质系数 $D_{AB}$ 根据如下的 Stokes-Einstein 公式[37]估算：

$$D_{AB} = \frac{\kappa T}{6\pi\eta_0 r_A} \tag{11-10}$$

式中，$\kappa$ 为玻耳兹曼常数（$\kappa = 1.380649 \times 10^{-23}$ J/K）；$T$ 为热力学温度；$r_A$ 为溶质 A 的分子半径。$r_A$ 可以经验地选择水合离子的 Born 有效半径或裸离子 Pauling 半径，多数情况下在膜分离等过程的模拟中 Stokes-Einstein 半径的计算结果也与相应的实验数据是一致的。由于 Stokes-Einstein 半径的算法是基于低雷诺数的条件，这与式（11-10）的计算条件相近，因此可以作为式（11-10）的计算基础，并且 $r_A$ 代表的溶质分子半径可以被视为各个离子 Stokes-Einstein 半径[38,39]的加和。$\eta_0$ 是溶剂 B 的动态黏度（mPa·s），在式（11-10）中将 $\eta_0$ 设定为不包括目标溶质的溶液的动力学黏度[40]。在溶浸过程中如果溶质浓度较低，$\eta_0$ 也可以视同于水的黏度。对于式（11-10）而言，经过在 Einstein 方程、Jones-Dole 方程、Thomas 方程、Onsager-Fuoss 方程等之间的验算和比选，可以选择 Thomas 方程用于计算高浓度范围内盐溶液的黏度 $\eta_0$，其二阶方程类型如下式所示。

$$\frac{\eta}{\eta_0} = 1 + 2.5cV_e + 10.05c^2V_e^2 \tag{11-11}$$

式中，$\eta$ 为溶液的黏度；$cV_e$ 为颗粒或溶质的体积分数；$c$ 为溶质的摩尔浓度；$V_e$ 为溶质 $i$ 的有效刚性摩尔体积，可以利用 Jones-Dole 方程的 $B$ 系数[41]进行估算，如式（11-12）和式（11-13）所示：

对于阴阳离子等价态的盐
$$\overline{V}_{e,i} = \frac{B_i + 0.018}{2.90} \tag{11-12}$$

对于阴阳离子异价态的盐
$$\overline{V}_{e,i} = \frac{B_i + 0.041}{6.06} \tag{11-13}$$

假设根据分数贡献或离子贡献来估算 $V_e$，则可以写出式（11-14）：

$$cV_e = \sum_{i=1}^{n} c_i \overline{V}_{e,i} \tag{11-14}$$

Jones-Dole $B$ 系数是基于摩尔分数的电解质或离子的单独贡献而相加的。每种离子对 $B$ 系数都有不同的贡献，例如 $Na^+$、$Mg^{2+}$、$Cl^-$ 和 $SO_4^{2-}$ 等常见离子[42]的贡献值分别为

0.0863、0.3852、-0.0070 和 0.2085。对于单一电解质水溶液，当加和其组成离子的各个贡献时，可以如式（11-15）计算出溶质的 $B$ 系数：

$$B = z_+ B_- + z_- B_+ \tag{11-15}$$

式中，$z_\pm$ 为离子价态；$B_\pm$ 为与离子黏度贡献相关的 $B$ 参数。

对于混合电解质溶液，认为 $B$ 系数是可加和的，如式（11-16）所示：

$$B = x_1B_1 + x_2B_2 \tag{11-16}$$

式中，$x_1$ 或 $x_2$ 混合体系中单一电解质 1 或 2 的摩尔分数。

上述式（11-1）~式（11-16）可以被用于模拟计算各类可溶性蒸发岩（无机盐矿）的静水溶解规律，包括各类单盐、水合盐和复盐等无机盐矿，其计算结果对于静水溶采过程的预测能够达到工程上可接受的准确程度。

### 11.1.2　氯化物型/硫酸镁亚型体系盐矿的介稳态溶解规律

氯化物型/硫酸镁亚型盐矿是我国典型的盐湖矿产之一，包括了各种氯化物型和硫酸镁亚型卤水体系的平衡固相，其代表性案例如青海和新疆的盐湖矿产体系。11.1.1 节的计算模型可以用于表征这类固相盐矿的介稳态溶解规律。

当盐层被浸入水中时，由于溶解和扩散过程非常缓慢，因此可以合理地假设在固液界面处保持着无机盐的饱和溶解度，从而可以忽略被浸泡的固体颗粒粒径大小的影响。盐湖矿区的盐矿属于混合矿物，包括了钾石盐、石盐、芒硝等多种无机盐矿物，因此在模型计算时需要根据其主要矿物组分做出一些假设性的选择。对于钾石盐等盐湖矿区的矿物而言，由于钾石盐的溶解行为与石盐很接近，且钾石盐含量往往远低于石盐，因此在实际混合矿样的溶解达到平衡或接近平衡状态时，其中的钾石盐组分已接近全部溶解，在这种情况下可以忽略钾石盐的溶解动力学因素，从而着重研究其他大量组分对溶采效果的影响规律。在模型计算中，还可以忽略海水型水盐体系中一些含量相对较低的平衡固相组分，例如含碳酸盐的蒸发岩矿物。

单一组分盐矿的溶解和扩散特性如图 11-1、图 11-4 和图 11-5 所示，显示了在完全溶解之前的不同时间内溶解在水中的各种盐分的即时浓度。根据固液界面处溶质浓度等于其饱和溶解度的假设，固液界面层的浓度是恒定的，在此情况下各种盐分的扩散很慢，但是也能够呈现出持续而不停止的现象。在各种阳离子的扩散过程中，由于其较高的原子量、较大的原子半径、较高的化合价以及其水化行为，$Mg^{2+}$ 往往具有较大的扩散阻力，因此其扩散速率比 $Na^+$ 等离子更慢。同理，以 $Cl^-$ 为阴离子的盐应该比以 $SO_4^{2-}$ 为阴离子的盐扩散得稍快。图 11-4 中的模型计算示出了这一推测，例如随着扩散传质时间的增加，表示更高 NaCl 浓度的深色区域增加得最快，表明其扩散传质也是最快的。图 11-5 的实验结果验证了这一推测结果，其扩散速度情况符合图 11-4 的预测，即根据这种传质模式，NaCl 扩散速度最快，而 $MgSO_4$ 扩散速度最慢。

图 11-1 和图 11-4 显示的是距固液界面不同距离处的溶质浓度随时间的变化，根据该图可以将静态扩散过程大致分为三个阶段。第一阶段大约需要 720h，大约相当于 30 天，在这个溶解和扩散过程中，溶质浓度发生了线性变化，表明传质基本上处于稳定状态。第二阶段约为 720~7000h，该扩散过程中的浓度变化是非线性的对数函数形式，扩散逐渐减慢，表明传质正在进入不稳定状态。第三阶段在 7000h 之后开始，扩散速率进一步降低。

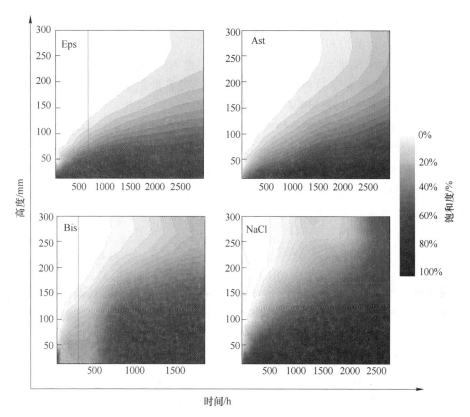

图 11-4　不同时间内溶质浓度的计算示意图

Eps—$MgSO_4 \cdot 7H_2O$；Ast—$Na_2SO_4 \cdot 10H_2O$；Bis—$MgCl_2 \cdot 6H_2O$

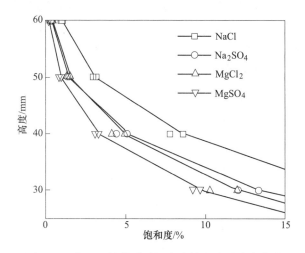

图 11-5　在 72h 的传质时间内计算的溶质浓度曲线

尽管尚未达到饱和，但是浓度的变化（即传质过程）已经进入缓慢的拟稳态，并最终能够达到浓度稳定的阶段。在溶解和扩散的三个阶段中，第一阶段对于矿物溶采过程最为重要。在此阶段结束时，各种盐的扩散速率略有不同，其中 NaCl 扩散得最快，在距固液界面 20mm 处能够达到其饱和浓度的 75.86%，而 $MgSO_4$ 仅达到其饱和浓度的 60%。这相当于在相同的扩散时间内，NaCl 达到的饱和度约为 MgSO$_4$ 的 1.26 倍。同时，NaCl 的饱和度分别是 NaSO$_4$ 和 MgCl$_2$ 的饱和度的 1.07 倍和 1.28 倍。在 60 mm 的溶采卤水高度上（近似等于普通盐田中的盐水深度），NaCl 的饱和度分别是 Na$_2$SO$_4$、MgCl$_2$ 和 MgSO$_4$ 饱和度的 1.23 倍、1.50 倍和 1.58 倍。这些现象表明当第一阶段扩散结束时，盐组分之间的扩散速率差异已经很明显，甚至已经使溶采卤水的各个组分发生了分化。

图 11-1、图 11-4 和图 11-5 所示的现象[35,36]类似于盐池和太阳池局部浓度梯度的建立过程，也从侧面反映了溶质在静态水相中的扩散是非稳态、非线性的。另外，图 11-1、图 11-4 和图 11-5 所示的扩散发生在中性条件下，但是 pH 值对扩散的影响仍然值得讨论。尽管出于经济原因，酸性或碱性试剂通常不会实际用于海水型蒸发岩的浸出，但它们广泛用于其他类型金属矿石或含金属矿物的浸出中，例如铝土矿、高铝粉煤灰等[20]。可以假设溶质在非中性溶剂中的扩散会在一定程度上减速，因为溶解和传质过程会受到酸性（或碱性）阴离子的阻碍，但由于酸通常会促进矿物的分解或解离，因此从该角度上分析溶质的溶解又可能会增强。一些研究表明，pH 值的适当降低会增加无机盐浸出过程中的溶解速率，例如 pH 值小于 6 时某些矿样的溶解量是中性条件下的 2 倍，而盐在 pH 值较大时甚至几乎不溶解。由于实际矿样的酸浸或碱浸过程往往在专用设备中进行，因此一般不属于本节介绍的静水溶解过程，大多以解离和溶解因素来评价其溶出情况。

图 11-6 和图 11-7 显示了扩散过程中溶采卤水的局部传质系数和局部黏度[35,36]。每种盐组分的局部黏度和局部传质系数在扩散过程中都是不同的，并且它们的变化范围与幅度都不相等，这反映出不同盐组分的扩散速率与浓度变化存在差异的内在原因。图 11-6 示出了无机盐矿物在溶采过程中浓度变化的一般模式，即黏度随着液相浓度的增加而增加，从而使得传质系数减小。这种现象的原因在于高离子强度电解质溶液中的不同离子之间存在较大的交互作用力，并且高盐浓度会强化这种效应，从而增加黏度并降低扩散系数。

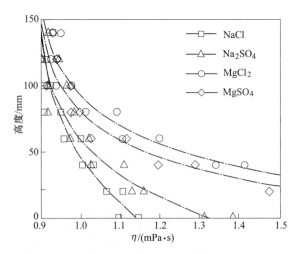

图 11-6　扩散 720h 的局部黏度 $\eta$

在各种盐组分中，MgSO$_4$ 和 MgCl$_2$ 对局部黏度分布的影响是最明显的，即当体系中镁盐的含量增加时，水盐体系黏度的增加幅度也是相对较大的。Mg$^{2+}$ 是"水结构致密"或"水结构制造"离子，在溶液中具有很强的水合能力，可以增强体系的内部交联，从而显

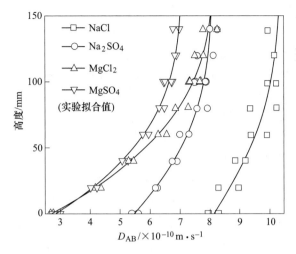

图 11-7  扩散 720h 的局部传质系数 $D_{AB}$

著提高黏度。图 11-7 表明，NaCl 的传质系数最高，而与之对应的是 MgSO$_4$ 最大程度地阻碍了盐组分的扩散，这是因为 Mg$^{2+}$ 和 SO$_4^{2-}$ 均为二价离子，与含一价盐离子的 NaCl 盐组分相比更加难以扩散。根据图 11-7 所示的数据，NaCl 的最大局部传质系数分别为 Na$_2$SO$_4$、MgCl$_2$ 和 MgSO$_4$ 的约 1.28 倍、1.27 倍和 1.47 倍。在饱和的无机盐-水界面处，该比率可以分别达到 1.48、3.01 和 2.85。图 11-7 中的传质系数曲线表明，由于溶液浓度低且黏度小，所以距离盐-水界面越远，传递阻力越小、扩散系数越大。

图 11-5 和图 11-7 中的结果与盐池、盐梯度太阳池中溶质局部扩散的观察结果一致，即水相上层或远离固液界面的水层中溶质浓度相对较低，但是水相上层中溶质的自扩散传质系数更高。尽管上层局部传质系数较高，但是这并不意味着局部传质通量较大，因为此处的浓度梯度其实更小，从而使传质的驱动力较低，图 11-4 的浓度曲线间接地揭示了这种情况。实际上，图 11-8 的计算结果也表明越接近饱和的盐水界面，局部传质通量就越

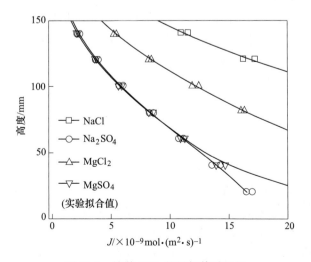

图 11-8  扩散 720h 的局部传质通量

大[35]，而距离盐水界面越远时溶质的传质通量就越小。与此同时，值得指出的是在液相上层处，当扩散传质时间达到一定限度时，不同组分之间的浓度差异变得更加明显，即溶质之间可以出现浓度分化的现象。

考虑到实际溶采时浸出时间通常为 72～120h，因此可以利用 120h 混合盐的溶采中试作为溶采工艺优化的指导依据。图 11-9 表明溶采卤水的深度越浅，$Na^+$ 和 $Mg^{2+}$ 的浓度差异越大[35]，尤其是当扩散路径在 90mm 以内时 $Na^+$ 和 $Mg^{2+}$ 离子的浓度存在相对显著的差异，这意味着从传质角度可以解释溶采卤水组分受到空间因素的影响。此外，溶采卤水组分也受时间因素的影响，如图 11-9 的结果可以定量地解释溶采混合盐矿时的组分波动现象，即浸出时间不同、卤水的组分也会不同。一些混合盐会恰好出现各组分扩散速率大致相等的现象，例如摩尔比为 $(NaCl)_2$：$MgSO_4 = 1:3$ 的混合盐。通过控制溶采卤深和时间，可以得到富集了 $Na^+$ 或 $Mg^{2+}$ 的卤水，即理论上在溶采阶段就能够实现卤水不同组分的有限分离。

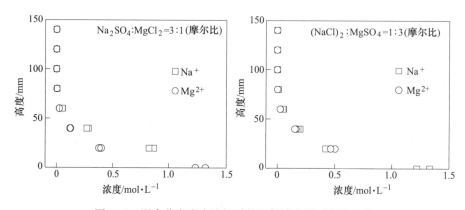

图 11-9　混合蒸发岩在溶解时的局部浓度随时间的变化

### 11.1.3　硫酸钠亚型体系蒸发岩的介稳态溶解规律

除了氯化物型和硫酸镁亚型水盐体系，硫酸钠亚型水盐体系属于另一种常见的盐湖卤水类型，其代表性案例之一是山西省运城盐湖的卤水。以运城盐湖卤水的平衡固相为参照，可以分析硫酸钠亚型体系平衡干盐矿的介稳态溶解规律。该盐湖矿区中典型矿物的组成包括硫酸钾、硫酸镁、硫酸钠等组分的结晶盐，由于钾镁盐已在 11.1.2 节硫酸镁亚型体系中进行了考察，因此本节以钠镁结晶盐的分析为主，其特征固相样品选择了白钠镁矾。

以 120h 的溶采时间为例，在静水溶采时白钠镁矾饱和度的局部分布如图 11-10 和图 11-11 所示[36]。硫酸钠亚型体系干盐矿的溶解过程与硫酸镁亚型体系有所不同，即硫酸镁亚型体系各矿样的溶解与扩散传质能力有一定差异，但硫酸钠亚型体系各矿样（主要指硫酸镁、硫酸钠等）虽然也存在差异，但是其差异更小一些。图 11-10 表明 $Na_2SO_4$ 和 $MgSO_4$ 在水中的扩散能力接近，因此两者的局部饱和度与原始矿石的实际组成有关，具体表现是两种溶质在水中的浓度比例大致等于原始矿石中 $Na_2SO_4$ 和 $MgSO_4$ 的摩尔比。尽管如此，两者的饱和度或浓度分布之间仍然存在一定的差异，具体表现为 $Na^+$ 的扩散速率比 $Mg^{2+}$ 的扩散速率稍快。这种情况下，可以合理地预测当溶解和扩散达到足够的时间以后，水层上方的 Na₂SO₄ 和 MgSO₄ 浓度之间的差异将会足够显著，以至于在静水溶采的同时就可实现工程分离。当然，通过静水溶采来分化盐组分的做法也仅仅近似适用于冬季蓄水、春夏制卤等跨季溶采过程，常规的工程溶采因考虑到技术经济性问题而不会过多地耗费时间。

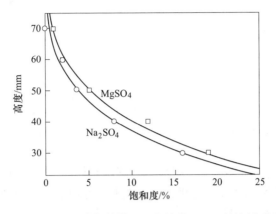

图 11-10  白钠镁矾溶解扩散过程中扩散 120h 后的局部饱和度

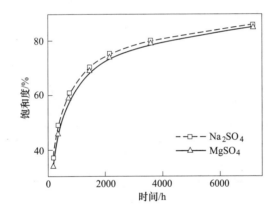

图 11-11  白钠镁矾溶解过程中在 20mm 扩散高度上的局部浓度

图 11-9 所示的交互式水盐体系（1-1 型盐与 2-2 型盐并存）中的溶解现象表明，在短期溶解过程中，底层水中各种溶质的浓度会略有不同；如果无限增加溶解时间，则上层盐水的溶质浓度会有较大的差异。在这种交互式体系中，尤其是在"1-1+2-2"类型的混合水盐体系（如"NaCl+MgSO₄"的混合盐）中，两种溶质的传质速率差异较为明显；这使得在一定的扩散时间后，从一定水深处抽卤时就可能实现两种盐的分离。然而，当使用 Na₂SO₄ 和 MgSO₄ 的混合盐时，两种盐均为"2-2"型，并且它们的传质速率差别不大，因此除非溶解和扩散时间长达一年左右，否则在溶采过程中难以直接实现分离。图 11-12 显示了溶采所得卤水的平均浓度与不同溶采深度之间的定量关系：当水浸深度增加时，由于水量的增加，溶解的溶质总量也在增加，但是所得卤水的浓度在总体上却降低了。这种情况下，考虑到溶解总量和溶质浓度等因素，优化的溶采深度可以为 20~40mm 左右。

白钠镁矾溶解时的局部传质系数分布如图 11-13 所示，这种 $m\text{Na}_2\text{SO}_4 \cdot n\text{MgSO}_4 \cdot x\text{H}_2\text{O}$

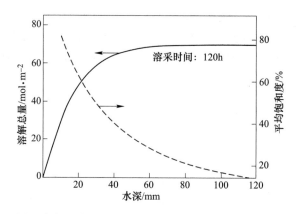

图 11-12　不同水深条件下溶采白钠镁矾时所得卤水的平均饱和度及溶质溶解总量

形式复盐与 $Na_2SO_4$、$MgSO_4$ 单盐在溶解扩散时的区别如图 11-14 所示。图 11-14 显示混合电解质水盐体系的传质系数小于单电解质系统的传质系数,据推测这反映了 $Na^+$ 和 $Mg^{2+}$ 之间的传质差异对扩散速率的相互作用影响,其原因可能在于离子的扩散是相互牵制的,所以多个离子的存在对扩散过程的动力学会产生一定的影响。

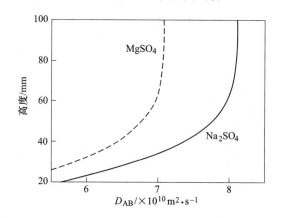

图 11-13　白钠镁矾溶采至 120h 后的局部传质系数分布

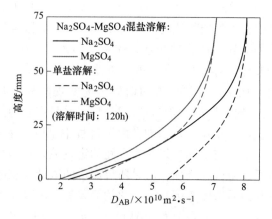

图 11-14　复盐(白钠镁矾)溶解时和单盐溶解时的传质系数比较

### 11.1.4　可溶性盐矿溶解的相分离

可溶性盐矿溶解过程的相分离分析在形式上与经典相图分析是相似的，即在经典相图上标注不同时间条件下动态的溶解量曲线或相点移动轨迹，具体以下例予以说明。

如图 11-15 的相图[35]所示，对于石盐（NaCl）和泻利盐（$MgSO_4 \cdot 7H_2O$）的混合盐矿，当溶采水层高度为 20mm 时，$Na^+$ 和 $Mg^{2+}$ 的浓度比例随时间逐渐降低，并且这种降低幅度不是恒速的。相图的溶采卤水移动轨迹表明，在溶采的初始阶段可以获得具有较高 $Na^+$ 含量的盐水，而溶采后期盐水中的 $Mg^{2+}$ 含量会逐渐变得更高。与之相反的是，在芒硝

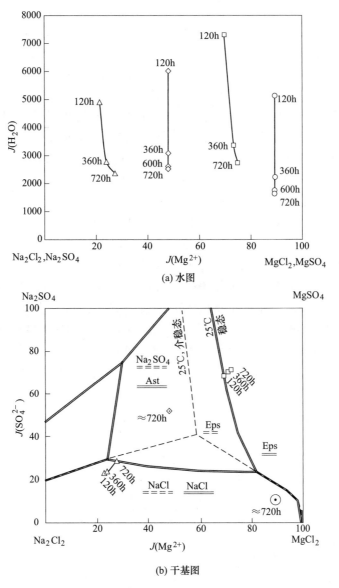

(a) 水图

(b) 干基图

图 11-15　$Na^+$，$Mg^{2+}/\!/Cl^-$，$SO_4^{2-}$-$H_2O$ 水盐体系相图中混合蒸发岩的水溶相点

盐矿摩尔比：△—$(NaCl)_2 : MgSO_4 \cdot 7H_2O = 3 : 1$；□—$(NaCl)_2 : MgSO_4 \cdot 7H_2O = 1 : 3$；

◇—$Na_2SO_4 \cdot 10H_2O : MgCl_2 \cdot 6H_2O = 3 : 1$；○—$Na_2SO_4 \cdot 10H_2O : MgCl_2 \cdot 6H_2O = 1 : 3$

和水氯镁石混合盐矿的开采过程中，浸出盐水中 $Na^+$ 和 $Mg^{2+}$ 的浓度比不会随时间变化，尽管水含量会以不均匀的速率下降。在这两种不同现象的溶解过程中，只发生着可溶盐的扩散传质，说明不同盐组分传质能力的差别对盐矿的水溶开采效果是存在影响的。

图 11-15 的结果[35] 表明，每种盐组分在水相中扩散速率的变化是溶采卤水化学组成复杂多变的原因之一。由于盐矿溶采卤水的后期分离大多是通过蒸发结晶实现的，而溶采卤水化学组成的多变性必然会极大地影响蒸发工艺的操作参数，因此溶采过程的有效调控就显得较为重要了。例如，根据卤水组分随时间和空间变化的现象，当固矿中溶解和扩散相对较快的 NaCl 含量过高时，可以采用分步溶采的方案设计：在溶采前期较短的时间内首先将 $Na^+$ 浸出，得到富钠卤水；然后再进行第二轮注水溶采，得到富含其他盐分的卤水。

在静水溶采过程中，溶解发生在静态的环境中，由于不存在搅动，所以获得的扩散传质系数是每种组分的自扩散系数。这种情况下，例如在图 11-2 所示的溶采中试中，现场溶采的静置状态应该需要得到尽可能完善的维护。但是，这种理想的条件在实际溶采过程中是很少见的，因为盐层上方的卤水会受到气流和水流的扰动，所以盐分的扩散必然会受到流体动力因素的影响。通常，当发生大幅搅动时盐分的扩散会得到强化，促使盐-水界面附近的离子加速离开界面，因此界面处的浓度梯度将增大，从而进一步加强盐矿的解离，但是卤水中不同盐组分的分化效应也会被削弱。从该意义上分析，11.1.1 节所示的模型能够为弱对流环境中的溶采工程提供一定的借鉴信息，而强对流环境中的溶采需要参考常规的盐矿溶解实验结论。在多数情况下，盐湖地区地表干盐矿的溶采会采用漫灌溶采方式，此时的气流和水流的扰动效应不是很明显，因而可以使用 11.1.1 节的模型予以工艺指导。

根据地表矿化学组成的不同，可以选择 $Na^+$，$K^+$，$Mg^{2+}$，$Ca^{2+}/\!/Cl^-$，$SO_4^{2-}$-$H_2O$ 水盐体系的子体系进行溶采工艺的相图分析。以白钠镁矾为例，在溶采分析时可以选择图 11-16 所示的 $Na^+$，$Mg^{2+}/\!/SO_4^{2-}$-$H_2O$ 水盐体系相图，可以看出含有 $Na_2SO_4$ 和 $MgSO_4$ 的可溶盐基本遵循"2-2"型盐的溶解规律，即液相中的溶质组成与固体矿石组成一致。$Na_2SO_4$ 和 $MgSO_4$ 从白钠镁矾中缓慢而不完全地溶解，导致不同时间的溶质浓度在水相的不同高度处逐渐增加，而增幅则逐渐减缓。因此，随着溶采卤水浓度增幅逐步减缓，卤水相点的移动也在图 11-16 的特定区域内缓慢地停滞下来，并且所得溶采卤水并未达到相图中的饱和溶

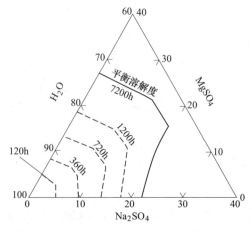

图 11-16　白钠镁矾溶解过程中溶采卤水的组成情况

（溶采水深 40mm，虚线为不同溶采时间条件下的溶采卤水化学组成曲线）

解度线，这意味着卤水并没有达到饱和，其与溶采现场的实际操作规律是一致的。

静水溶采模型预测较为准确的情况主要是在跨季溶采中的应用。以白钠镁矾的秋冬季跨季溶采为例，当排除冬季冻结时间之后，实际的溶采时间约为 2160h；在不计冻硝（$Na_2SO_4$ 结晶盐）产生的情况下，当溶采水的深度为 100mm 时，溶质浓度可以达到标准饱和值的一半左右。除了季节性温度变化的影响外，这种现象实际上与图 11-16 所示的预测值是一致的[36]。

另外，对于可溶性地表矿的实际溶采过程，图 11-16 还提供了另一种参考性的实际操作思路：在水源足够时，可以在 720h 后停止溶采，并且在固液分离后再次引入新的淡水以进行第二轮溶采。这是因为，当溶采时间达到 720h 以后，所得卤水的浓度增幅已经开始减缓，继续溶采的实际效果开始减弱。但是，这种溶采方案的缺点是后续的蒸发和结晶过程将消耗更多的蒸发水量，该情况下相应的结晶工艺优化策略在 11.1.5 节详述。

### 11.1.5 溶采的操作优化分析及预处理

根据图 11-16 介稳态溶解相图的分析，溶采水深和溶采时间影响着后续的蒸发制盐工艺效果，其中溶采水深的优化值为 40mm、溶采时间的优化值为 720h。参照 8.2.1 节式（8-2）等方法，以白钠镁矾溶采为例，图 11-17 计算了将溶采卤水浓缩至饱和状态时所需蒸发的水量。之所以使用浓缩至饱和所需蒸发水量作为评价溶采工艺的标准之一，是因为在不同溶解时间和水深的条件下能够得到不同化学组分的溶采卤水，因此其从蒸发浓缩至开始沉淀盐结晶产物的制卤过程中所需的最低蒸发水量也各不相同，而蒸发水量的多少将直接影响溶采-蒸发制卤-制盐的全工艺能耗和技术经济性。

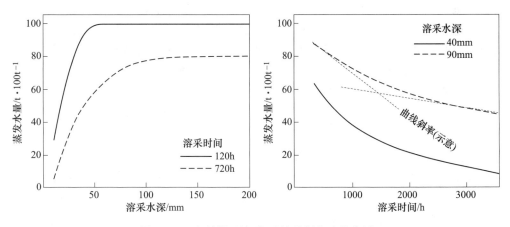

图 11-17 白钠镁矾溶采-重结晶制盐过程分析

（蒸发水量为单位质量溶采卤水在制盐时所需的蒸发水量，t/100t = 需要蒸发的水量/每 100t 溶采卤水）

以图 11-17（b）为例，该图表明随着溶采水深的增加，在随后的蒸发制卤过程中所需蒸发的水量也增加。又如，当最佳水深度为 40mm 时，在最初的 720h 内，制卤所需的蒸发水量随溶采时间大致呈线性下降趋势；当溶解时间大于 720h 后，蒸发水量对溶采时间的曲线趋于另一个较小的斜率值，这表明就工艺优化而言更多的溶采时间已经是没有实际意义的。如果溶采过程需要持续较多的时间，例如从秋季到春季的跨季溶采，图

11-17（b）表明最好将溶采时间控制在 2160h 左右，因为即使进一步延长溶解时间也不会显著地减少制卤所需的蒸发水量。

## 11.2　非可溶性盐的溶解相分离

### 11.2.1　溶浸的动力学模型

微溶盐和难溶盐的溶解问题与可溶盐有所不同。对于可溶性盐矿，固液界面处能够较快地形成溶质浓度达到溶解度值的饱和溶液层，因此主体水相中缓慢的溶质扩散是溶采过程的控制步骤。对于微溶或难溶的非可溶性盐而言，大多数情况下固相盐的解离都很缓慢，因此固相盐的解离也是溶采的控速步骤之一，甚至可能是主要的控速步骤。在这种情况下，非可溶性无机盐的固液平衡及溶解动力学就成为了溶采过程的重要研究内容。

本节以典型的难溶性杂卤石水溶开采为例，杂卤石在水中存在如下溶解平衡：

$$K_2SO_4 \cdot MgSO_4 \cdot 2CaSO_4 \cdot 2H_2O \Longleftrightarrow 2K^+ + Mg^{2+} + 2Ca^{2+} + 4SO_4^{2-} + 2H_2O$$

（11-17）

上述杂卤石的溶浸过程可以用缩核模型（shrinkage core model，SCM）来描述，该模型广泛用于描述固体颗粒的溶解、浸取或反应过程等。固体颗粒的溶解是由外表面向内核逐步推进的过程，颗粒内部被视为一个由未溶物组成的、不断缩小的核心，直至溶解结束。溶解以后的一部分固态产物层会附着在固态未溶物上，其形状和体积的变化可忽略不计，而剩余的未溶解物在继续溶解时，释放出的溶质需要扩散并穿透固态产物层才能进入液相主体。对于杂卤石而言，除了短暂的初期溶采阶段以外，溶采卤水中的 $Ca^{2+}$ 和 $SO_4^{2-}$ 会在杂卤石矿颗粒表面上生成固体硫酸钙层，新溶出的溶质必须穿过硫酸钙层才能进入主体水相，并且这公认的是阻碍溶解的主要因素，因此适合使用缩核模型来描述溶解过程。另外，硫酸钙的自范性生长特征对矿物溶浸的影响也是常见的现象。这种情况下，该溶解反应可视为产物层的固膜扩散控制。这样的溶解反应可根据下式建立动力学方程[43]：

$$1 - 3(1 - X)^{\frac{2}{3}} + 2(1 - X) = \frac{6bDc}{\rho r_0^2}t \qquad (11-18)$$

式中，$X$ 指杂卤石的反应率，可以认为是溶出率；$b$ 为式（11-17）中 $Ca^{2+}$ 的计量系数，需要说明的是这属于式（11-17）、式（11-18）在计算过程中的一个重要假设：之所以计量系数要按照 $Ca^{2+}$ 来近似计算，是因为杂卤石各组分是按比例溶出的，而溶出的 $Ca^{2+}$ 在过量时会很快二次沉淀为溶解度很低的 $CaSO_4$，因此 $Ca^{2+}$ 的浓度会很快趋于稳定，这使得它成为了一个比较容易量化的指标，因此适宜作为计算的衡量标准；$c$ 为溶液主体中 $Ca^{2+}$ 的浓度，可以按照一定溶采阶段中的时均浓度做近似计算；$\rho$ 为杂卤石的摩尔密度；$r_0$ 为颗粒粒径；$t$ 为溶采时间；$D$ 为 $Ca^{2+}$ 的有效扩散系数[35]，可以利用 Stokes-Einstein[37] 方程估算，如 11.1.1 节的式（11-10）所示。

### 11.2.2　相平衡热力学模型

无机盐的溶解和传质过程受到水相中不饱和程度的影响，即实际溶解量和理论溶解度值的差值为溶解扩散提供了驱动力。从这个角度分析，可以说溶浸动力学和溶解平衡存在着一定意义上的关联[44]。盐的溶解平衡可以借助于 Pitzer 电解质溶液模型来计算，一般是通过溶解平衡常数 $K$、组分之间相互作用参数来计算求得各组分的活度系数 $\gamma$，进而求得平衡状态下的溶解度。对于杂卤石而言，其溶采大多发生在温度和压力都比较高的地层中，因此固液平衡的计算也需要考虑高温高压的环境；但是，除了 25℃之外，其他温度条件下各组分之间的相互作用参数鲜见报道，因此在用该方法进行理论计算时有一定的难度。这种情况下，根据化学平衡原理[45]，固、液相达到溶解平衡时，各组分在两相的化学势 $\mu$ 相等，而又因为各组分的化学势是其浓度的函数，即可用平衡状态时的化学势来表征平衡常数。若已知与某复盐相对应的各单盐在不同温度下的化学势，即可利用化学势加合方法近似推导得不同温度下的复盐化学势，从而求得平衡常数。这样的推导虽然是近似的，但是对于工程应用来说，在计算难溶盐的溶度积时也是基本准确的，其步骤如下例所示。

当式（11-17）达到相平衡时，从化学势 $\mu$ 的角度，可以认为式（11-19）是合理的。

$$\mu_{K_2SO_4 \cdot MgSO_4 \cdot 2CaSO_4 \cdot 2H_2O}$$
$$= 2\mu_{K^+} + \mu_{Mg^{2+}} + 2\mu_{Ca^{2+}} + 4\mu_{SO_4^{2-}} + 2\mu_{H_2O} \tag{11-19}$$

这意味着对于溶解时的固液平衡常数 $K$，可以写出如下的式（11-20）：

$$K_{K_2SO_4 \cdot MgSO_4 \cdot 2CaSO_4 \cdot 2H_2O}$$
$$= e^{\frac{\mu^\phi_{K_2SO_4 \cdot MgSO_4 \cdot 2CaSO_4 \cdot 2H_2O} - 2\mu^\phi_{K^+} + -\mu^\phi_{Mg^{2+}} + -2\mu^\phi_{Ca^{2+}} + -4\mu^\phi_{SO_4^{2-}} - 2\mu^\phi_{H_2O}}{RT}} \tag{11-20}$$

式中，$R$ 为理想气体常数；$T$ 为温度。不同温度下的化学势是该离子的活度 $\gamma$ 的函数，活度和活度系数可以通过 Pitzer 电解质溶液模型计算[44]，具体计算模型如 6.2.4 节所示。与此同时，根据平衡常数的定义，可以得到式（11-21）：

$$K_{K_2SO_4 \cdot MgSO_4 \cdot 2CaSO_4 \cdot 2H_2O}$$
$$= (m_{K^+}^2 \, m_{Mg^{2+}} \, m_{Ca^{2+}}^2 \, m_{SO_4^{2-}}^4)(\gamma_{K^+}^2 \, \gamma_{Mg^{2+}} \, \gamma_{Ca^{2+}}^2 \, \gamma_{SO_4^{2-}}^4) \, a_W^2 \tag{11-21}$$

式中，$m$ 为浓度；$a_W$ 为水的活度。利用式（11-21），理论上可以近似地求得各组分的浓度或固液平衡常数。需要说明的是，$Ca^{2+}$ 可以假定为 0.015 mol/kg$_{H_2O}$ 的恒定值，这是杂卤石在水溶时生成硫酸钙后的液相平衡浓度。

对于存在化学反应的溶采过程，例如当使用 $CaCl_2$ 溶液做溶浸剂时，$Ca^{2+}$ 会和溶出的 $SO_4^{2-}$ 生成硫酸钙沉淀，从而使得溶采卤水中的 $Ca^{2+}$ 呈现持续的浓度降低趋势，这会拉动式（11-17）的反应不断地向着溶解方向移动，从而增强杂卤石的溶解。这种情况下，当做出水相中 $Ca^{2+}$ 平衡浓度为 0.015 mol/kg$_{H_2O}$ 的假设之后，可再假设液相中额外溶出的 $Ca^{2+}$ 在生成碳酸钙反应中被消耗掉，然后继续推导出水相中 $K^+$ 和 $Mg^{2+}$ 的浓度，并且基于 Pitzer 模型、采用迭代逼近法重新试算得到各个离子的活度和浓度。对于不存在化学反应的溶浸过程，例如当使用 NaCl 溶液做溶浸剂时，视水相整体地视为溶剂，在式（11-20）中将水的化学势代以 NaCl 化学势和水化学势的加和值，就可得到盐水溶浸时杂卤石的溶解平衡常数。需要指出的是，这样的近似处理方法是基于混合物组分的化学势与它各组分的偏摩尔吉布斯自由能相关的原则，即理想溶液组分的偏摩尔吉布斯自由能应该等于摩尔分数乘以各组分的偏摩尔吉布斯自由能之和。对于本例中的杂卤石而言，计算过程中所需要的标准化学势数据[46]示于表11-1。

表11-1 25℃和101.325kPa时的标准化学势

| 项　目 | 分子式 | 化学势 ($\mu^{\ominus}/RT$) |
|---|---|---|
| 水 | $H_2O$ | $-95.6635$ |
| 钠离子 | $Na^+$ | $-105.6510$ |
| 钾离子 | $K^+$ | $-113.9570$ |
| 镁离子 | $Mg^{2+}$ | $-183.4680$ |
| 钙离子 | $Ca^{2+}$ | $-223.3000$ |
| 氯离子 | $Cl^-$ | $-52.9550$ |
| 硫酸根 | $SO_4^{2-}$ | $-300.3860$ |
| 硫酸钙 | $CaSO_4$ | $-533.7300$ |
| 杂卤石 | $K_2SO_4 \cdot MgSO_4 \cdot 2CaSO_4 \cdot 2H_2O$ | $-2282.5000$[47] |

根据求得的溶解度，绘制水盐体系相图，并且利用这种相图来分析杂卤石的溶采规律。由于$Ca^{2+}$的浓度较低而且比较恒定，并且在后续日晒析盐过程中是首先析出的，因此当对产品品质影响不大时，在绘制相图时可以忽略该组分。这样的话，绘制的相图将近似属于$K^+$，$Mg^{2+}$//$SO_4^{2-}$-$H_2O$体系。当溶采卤水中不存在其他能够发生复分解反应的离子，并且杂质离子浓度低时，这种简化相图有利于使过程分析更加简单。

### 11.2.3　溶解过程的相图表征

以杂卤石颗粒在固液比1:1的水中的溶浸为例，图11-18示出了不同粒度条件下杂卤石的溶出率曲线，该模拟计算结果和文献[48]实验结果相互吻合。矿物溶采时粒度越小，溶解速率越快。从图11-18上看，当把杂卤石破碎到粒径为3mm以下时，杂卤石的溶解过程大致需要40h左右能够达到平衡，杂卤石中各组分的溶解量会逐渐稳定在一个特定数值上，该数值可以被近似地理解为它的实际溶解度。在工程操作中，有一些杂卤石是埋藏在地下的，此时需要采用原位溶采方法，而此时如果矿物颗粒的粒径较大，则静态溶解的平衡时间可达到72h以上，如图11-18所示。

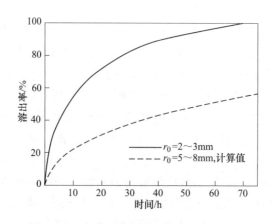

图11-18　杂卤石溶解过程中溶出率的变化

　　需要指出的是，图 11-18 的拟合结果只适合于粒度大于 1mm 颗粒的溶浸实验结果，这和普通的现场原位溶采或柱浸实验的结果是吻合的；当杂卤石的粒度更小的时候，式（11-18）的结果会出现很大的偏差，据推测是由于粒度小，形成硫酸钙固体壳层并全部包裹住颗粒之后原来的杂卤石颗粒就已经全部溶解了，因此基于固体层扩散控制机理的式（11-18）就不再适用。尽管如此，图 11-18 仍然提供了有价值的信息，即溶解时间在40h 以上时可以认为原位溶采杂卤石是能够逼近或达到实际意义上的平衡的。

　　根据式（11-20）和 Pitzer 活度系数模型，图 11-19 计算并示出了不同温度下杂卤石在水中的溶解度曲线，其中零自由度的 $E$、$E'$、$E''$等共饱点计算值代表了杂卤石溶解时真实的溶解度，这些数据接近于文献数值[49,50]。Pitzer 模型的计算通常会得到两条溶解度曲线，这两条溶解度曲线的交点属于共饱点，例如曲线 $CE$ 和 $DE$ 相交于 $E$ 点就属于这样的情况；但是，这种算法对于杂卤石而言却并不适用，因为杂卤石溶解时其 $K_2SO_4 \cdot MgSO_4 \cdot 2CaSO_4 \cdot 2H_2O$ 结构将按化学组成比例分解并释放到水相中，因此溶质中的 $Mg^{2+}/K^+$摩尔比例能够基本维持在 0.5 左右，这意味着实际溶采时并不会出现 $CE$ 和 $DE$ 等溶解度曲线，只有共饱点 $E$、$E'$、$E''$及它们连线才代表了真实的杂卤石溶解度。Pitzer 模型在用于计算杂卤石的溶解平衡时，这种情况与其他可溶盐的计算有所不同。

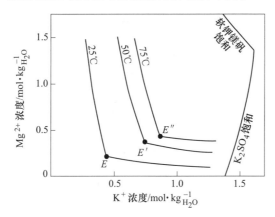

图 11-19　不同温度下相图中的杂卤石溶解度

　　尽管如此，图 11-19 的共饱点连线也定量地提供了一些溶采杂卤石时的有用信息。由于平衡常数随着温度升高而增大，因此温度越高、杂卤石的溶解度也就越大。但是随着温度升高到 50~75℃ 之后，杂卤石溶解度的增幅也逐渐变得缓慢了，因此溶采时可以考虑将该温度区间作为优化操作参数的参考值。需要说明的是，这个结论是基于常压溶采的，并没有考虑地下原位溶采时的高温高压环境。

　　杂卤石等难溶性盐矿的溶采与可溶盐还存在另一个不同之处，即可溶性盐矿的溶采和结晶是一个互逆的过程，盐矿溶采卤水经浓缩结晶以后还可以得到固相结晶盐，而杂卤石等难溶盐的溶解则不一定是可逆的。杂卤石被溶解之后，当溶采卤水被浓缩和重结晶时，不会再次生成杂卤石，而是析出含有硫酸钾和硫酸镁的可溶性混合盐。从图 11-19 上看，杂卤石在水中溶解时卤水相点会逐渐背离浓度为零的原点，这样的溶采卤水将一直朝向$K_2SO_4$ 的饱和线移动，因此杂卤石的溶采卤水在后期的蒸发结晶过程中将首先落入硫酸钾的结晶区，继续蒸发时水相会逐渐演变为硫酸钾和软钾镁矾的共饱和液相，最后会得到硫酸钾和软钾镁矾的混合盐。

另一方面，即便是杂卤石在溶解时接近了溶解平衡，其溶采卤水中各种离子的浓度也远低于相应盐组分的溶解度。以如下案例解释该现象，例如在真实的 298.15K 饱和卤水中 $K_2SO_4$ 和 $MgSO_4$ 的重摩尔浓度可以分别达到 $0.69mol/kg_{H_2O}$ 和 $3.11mol/kg_{H_2O}$，但杂卤石溶解后两种溶质的浓度只能分别达到约 $0.2453mol/kg_{H_2O}$ 和 $0.2969mol/kg_{H_2O}$。从相律上分析，这种不饱和的性质使得杂卤石溶采卤水的自由度较大，其组成并不会符合常规的多元水盐体系相平衡规律，即当温度或水质变化时它的化学组分可以是复杂多变的。

### 11.2.4　非可溶性盐的溶解平衡

图 11-19 示出了杂卤石的水溶相图，除此之外，在溶采工程中往往使用含 $Ca^{2+}$ 的水溶液作为溶浸剂。如式（11-17）所示，由于含 $Ca^{2+}$ 的溶浸剂能够通过重结晶沉淀反应来促使杂卤石的固液平衡向着溶解的方向迁移，因此杂卤石在这种条件下的溶解度会明显增大。总之，能与杂卤石发生反应的溶浸剂，也能够促进其溶解。图 11-20 利用相图的形式示出了当溶浸剂含 $Ca^{2+}$ 时杂卤石溶解度的计算结果，可见杂卤石的溶解度随着 $Ca^{2+}$ 浓度的增加而增大，并且计算值与实验值相吻合。

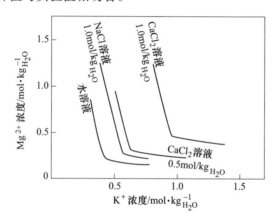

图 11-20　利用不同溶液作为溶浸剂时杂卤石的溶解度

溶浸剂中的 $Ca^{2+}$ 在强化了杂卤石的溶解之后，会和溶出的 $SO_4^{2-}$ 形成硫酸钙固相沉淀，因此溶采卤水中的 $Ca^{2+}$ 浓度会基本稳定在 $0.015mol/kg_{H_2O}$ 左右。这在实际溶采过程中能够体现出很大的优势，因为这样的溶浸剂不会产生影响后续镁盐和钾盐的提取。然而，需要指出的是不是所有的含钙水溶液都有增强溶采的效果，例如在溶浸剂中加入 $CaSO_4$ 时就不会产生强化杂卤石的溶解，因为这种溶浸剂不会引发任何化学反应。另外，在溶浸剂中加入 $CaCl_2$ 时，$CaCl_2$ 最大浓度往往也不宜超出 $1.0010mol/kg_{H_2O}$（约 10%），因为 $CaCl_2$ 溶液在室温时会引发水盐体系的凝固。

事实上，与杂卤石无化学反应的含盐溶浸剂也并非不能强化溶采，有些溶浸剂可以通过影响化学势等物理化学效应而起到促进盐矿溶解的作用。图 11-20 表明，在水相中加入 NaCl 盐分能使得杂卤石的溶解度有所升高，如果依据 11.2.2 节所述，在式（11-19）~式（11-21）的计算中将 NaCl 化学势代入水相的计算中，就可以发现溶解度的计算结果恰好可以吻合实验值。因此，可以有理由地推测在含 $Na^+$ 和水的溶浸剂中，液相平衡势在增大，从而使得溶解平衡常数得以提高，这在一定程度上可以解释含盐溶浸剂促进杂卤石溶采的原因。

值得注意的是，在上述案例分析中，无论是基于化学反应还是基于溶浸剂化学势变化的增溶过程，随着杂卤石溶解度的增大，所溶出 Mg/K 的实际比例都是基本不变的。因此，在水相中加入非反应性盐分或者钙组分虽然能影响溶解度，但是对最终制盐产品品质的实际影响并不大。

与之相对的是，在使用含有 $K^+$ 或 $Mg^{2+}$ 的含盐溶浸剂时，杂卤石的溶解度在改变的同时，其溶采卤水的 Mg/K 比例也已经被改变了。这意味着，此类溶采卤水在后续蒸发结晶时其产品会有别于普通溶浸-重结晶时的产品。从图 11-21 上分析，当溶浸剂中 $Mg^{2+}$ 含量增大时，最终溶采卤水的 Mg/K 比例也在显著增大，并且 $K^+$ 的浓度有所减小，这使得溶采卤水在蒸发结晶时倾向于更多地获得软钾镁矾产品，可以推测是 $Mg^{2+}$ 的盐效应在一定程度上限制了杂卤石的溶解。同样地，含 $K^+$ 的溶浸剂对溶采卤水的 Mg/K 比例也有一定的影响，但是不如含 Mg 溶浸剂的影响显著，而这种溶浸剂使得溶采卤水在蒸发结晶时更有利于得到 $K_2SO_4$ 产品。溶浸剂中 $Mg^{2+}$ 和 $K^+$ 增溶效应的区别在水盐体系中是常见的现象。水相中的 $Mg^{2+}$ 属于强缔合性组分，极化能力比较强、价态较高，水合倾向也比较大，在溶采-结晶过程中容易形成 $[Mg(H_2O)_6]^{2+}$ 形态的微观团簇，因此对水盐体系性质的影响也是比较大的。相比之下，$K^+$ 的微观结构更加简单一些，因此对溶采过程的影响也更小些。与此类似地，$SO_4^{2-}$ 也是强缔合性组分，容易形成 $[SO_4(H_2O)]^{2-}$ 等形式的水合团簇，因此当 $SO_4^{2-}$ 和 $Mg^{2+}$ 共存时容易形成多种形式离子的介稳态卤水，对杂卤石溶解的影响也是最显著的。

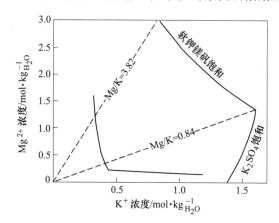

图 11-21  $K^+$、$Mg^{2+}$ 盐水条件下相图中的杂卤石溶解度

在图 11-21 中，当溶采卤水中 Mg/K 摩尔比例达到 0.84 左右时，相图中淡水与该溶采卤水相点的连线将延伸到硫酸钾与软钾镁矾的液相共饱点上，意味着该溶采卤水在蒸发结晶时将析出软钾镁矾和硫酸钾的混合盐。根据溶采实验结果以及式（11-19）~式（11-21）的迭代试算，此时对应溶浸剂中 $Mg^{2+}$ 初始浓度值约为 $0.1177mol/kg_{H_2O}$，因此当以硫酸钾结晶盐为目标产品时，溶浸剂中 $Mg^{2+}$ 浓度应低于 $0.1177mol/kg_{H_2O}$，这可以作为实际溶采杂卤石时的一个控制节点。相同的原理，当溶采卤水中 Mg/K 摩尔比高于 3.82 时，淡水相点与溶采卤水连线会延伸至软钾镁矾和泻利盐（Eps，$MgSO_4 \cdot 7H_2O$）的液相共饱点，

因此该溶采卤水在蒸发结晶时将析出软钾镁矾和泻利盐的混合盐。考虑到实际溶采工程中的水质情况，溶采卤水中 Mg/K 摩尔比高于 3.82 的现象在实际溶采时基本不会出现，因此这只是理论上的一种假设分析。

### 11.2.5 非可溶性盐的溶采-重结晶过程的技术经济性分析

根据图 11-19~图 11-21 的数据，依据杠杆规则等相图计算方法，图 11-22 示出了当采用盐组分含量不同的溶浸剂、在不同温度下得到杂卤石溶采卤水时，这种卤水在重结晶过程中的饱和前预蒸发率、$K^+$ 的净收率。其中，定义饱和前预蒸发率为溶采卤水蒸发至饱和状态时所需要蒸发掉的水量比例，即溶采卤水蒸发至饱和态时蒸出水量和原始水量之比，因为这部分蒸发水量的潜热代表了析盐开始前的净能耗，所以它可以部分性地作为全套工艺的技术经济性衡量指标之一。预蒸发率越高，意味着在开始出盐之前就需要耗费更多的能量用于浓缩卤水，这等于说全工艺流程的经济性越低。另外，虽然析盐开始之后也需要进行蒸发及耗费潜热能量，但是这部分能耗可以换来结晶盐产品的产出，而且这部分能量也远少于饱和前预蒸发过程的热量需求，因此相比之下仍使用饱和前预蒸发率作为技术经济性的衡量指标。与此同时，预蒸发率也代表了盐产品在产出前的物料消耗情况。$K^+$ 的净收率是基于所析出盐中的纯 $K_2SO_4$ 量而算得的，即最终析出的 $K^+$ 和溶采卤水中总 $K^+$ 量之比。

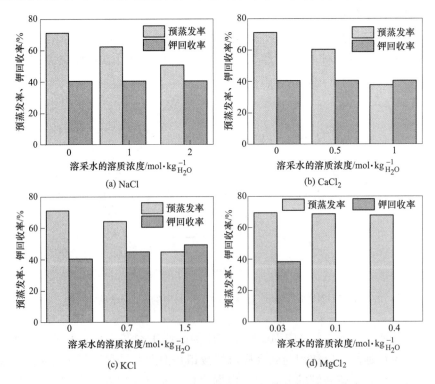

图 11-22 不同溶剂浓度和温度下的预蒸发率、钾回收率

图 11-22 表明从蒸发水量上看，在室温下使用纯水溶采杂卤石的技术经济性是比较差的，因为预蒸发率较高。当提高溶采温度时，可以在一定程度上减少后续浓缩环节的预蒸发率，因此蒸发潜热的净消耗将减少，从浓缩制卤的角度上分析，高温溶采是值得的。需要提及的

是，很多情况下提高溶采温度往往不需要人为地使用外加热源，因为杂卤石处于被埋藏于地下的高温高压环境中，受到地热的影响其溶采环境很自然地处于高温状态。

　　使用淡盐水来促进杂卤石的溶采，在提高技术经济性方面是有效的。图 11-22 表明由于淡盐水强化了杂卤石的溶解，浓缩制卤过程的蒸发水量得以大幅度减少，从而有效降低了能耗。但是，在使用淡盐水强化溶采时也存在另一个问题，即引入了新的杂质或者改变了重结晶的工艺路线。基于图 11-22（a）中曲线的趋势而分析，使用含 NaCl 的溶剂来溶浸杂卤石，当 NaCl 浓度低于 1.90mol/$kg_{H_2O}$ 时，根据图 11-21 的溶解度数据可算得当 $K_2SO_4$ 开始析出时 NaCl 并未达到饱和，因此对产品品质产生影响的可能性较小；但是，当 NaCl 初始浓度高于 1.90mol/$kg_{H_2O}$ 时，从溶解度数据及过程的蒸发浓缩倍率上可推测当溶采卤水开始析出 $K_2SO_4$ 或软钾镁矾时，NaCl 也会达到接近饱和的状态，这就使得溶采卤水不得不被视为 $Na^+$，$K^+$，$Mg^{2+}$∥$Cl^-$，$SO_4^{2-}$-$H_2O$ 体系，而不再是可以简化的 $K^+$，$Mg^{2+}$∥$SO_4^{2-}$-$H_2O$ 体系。此时，卤水的相平衡状态就会更加复杂，NaCl 混杂进入 $K_2SO_4$ 或软钾镁矾产品的可能性加大，因此不推荐使用 NaCl 初始浓度过高的溶浸剂。使用含 $K^+$ 或 $Mg^{2+}$ 的溶浸剂时，情况会更简单些，因为体系的组分数并没有显著增加。当溶浸剂中含有 $K^+$ 时，会有利于提高 $K_2SO_4$ 收率，也会降低 Mg 和 K 的相对比例，图 11-22 显示预蒸发率降低，因此能耗也在降低。含 $Mg^{2+}$ 的溶浸剂会增加最终产品中软钾镁矾的析出概率，可以认为溶浸剂中的 $Mg^{2+}$ 对溶采-重结晶产品类型的影响要大于 $K^+$。当溶浸剂中含有 $CaSO_4$ 时，溶采卤水的 Mg/K 比例并没有发生改变，因此对于产品类型没有明显的影响。与之相对应的是，溶浸剂中的 $CaCl_2$ 也没有改变产品类型，但是因为提高了溶采卤水浓度而能够降低预蒸发率。

　　总体来看，不同的溶浸剂对于从杂卤石中提取 $K_2SO_4$ 或者软钾镁矾等产品有不同的影响。在这种情况下，图 11-22 的这种定量关系可以为实际的杂卤石溶采提供借鉴和参考。综合图 11-19~图 11-22 来看，借助于 11.2.2 节的模型，可以认为当考虑 $K_2SO_4$ 为主要的产品时，低于 1.90mol/$kg_{H_2O}$ 的 NaCl、$CaCl_2$ 溶浸剂都适合杂卤石的常压溶采，含 $Mg^{2+}$ 在 0.1177mol/$kg_{H_2O}$ 之内的溶浸剂也是可以使用的，这些措施都可以降低溶采卤水后续蒸发浓缩时的蒸发水量和蒸发潜热的消耗。如果考虑软钾镁矾为主要产品，那么可以使用含 $Mg^{2+}$ 在 0.1177mol/$kg_{H_2O}$ 以上的溶浸剂。需要指出的是，这些讨论是建立在杂卤石溶浸的基础上的，而蒸发结晶过程需要考虑实际溶浸剂的水质的影响，因此仍需依赖 $Na^+$，$K^+$，$Mg^{2+}$∥$Cl^-$，$SO_4^{2-}$-$H_2O$ 体系相图的计算。

　　综上所述，非可溶性盐矿的溶采卤水不处于饱和状态，因此为了使杂卤石等非可溶性盐的溶采有定量的参考依据，以及能够从相图的角度探索杂卤石溶解平衡的热力学机理，有必要考察温度和可溶盐组分对杂卤石溶采的影响，该过程所使用的模型包括溶浸动力学缩核模型和 Pitzer 相平衡热力学模型。例如，Pitzer 模型计算结果表明利用淡水来溶采杂卤石时，杂卤石的溶解量会随着温度升高而增大，但当温度高于 50℃ 之后增幅会放缓。Pitzer 模型能够粗略地适用于描述含 NaCl 和 $CaCl_2$ 的溶浸剂对杂卤石溶采的强化效果，其原理主要是基于液相平衡势的改变和化学沉淀反应等两种机制，含这两种盐组分的溶浸剂不会对后续蒸发结晶过程产品种类和数量产生影响。含有 $K^+$ 或 $Mg^{2+}$ 的溶浸剂会影响溶采卤水蒸发结晶产品的类型和数量，并且强缔合组分 $Mg^{2+}$ 对杂卤石溶解平衡的影响尤为显著。基于技术经济性的观点，如果考虑 $K_2SO_4$ 为主要的产品，可以认为 50℃ 以下的温度，以及不超过 1.90mol/kg$_{H_2O}$的 NaCl、CaCl$_2$ 溶浸剂适合杂卤石的常压溶采和重结晶，含 Mg$^{2+}$ 在 0.1177mol/kg$_{H_2O}$之内的溶浸剂也是可以使用的。如果考虑软钾镁矾为主要产品，则可推荐使用含 Mg$^{2+}$ 在 0.1177mol/kg$_{H_2O}$以上的溶浸剂。

## 11.3　酸浸液体系的介稳态溶解

第 9 章所述的强酸性水盐体系也有可以用于描述介稳态溶解现象的相图形式，这种强酸性介稳态溶解相图主要是指非饱和条件下的 AlCl$_3$-NaCl-H$_2$O(HCl) 体系相图。在无机盐矿物的酸浸溶出过程中，当流体处于静置、低速流动或层流状态时，部分无机盐矿物在溶解时达不到事实上的饱和态；虽然仍然属于非平衡意义上的热力学体系，且仍然具有继续消纳新溶质的余地，但是无机盐矿物已经不再有明显的溶解增量。

由于体系不饱和，因此中性水盐体系的溶采或溶浸过程不算严格意义上的高离子强度体系；但是酸浸液则不同，因为酸浸液中含有大量的 H$^+$，这种液相已经属于高离子强度的水盐体系了。高离子强度水盐体系中的微观水结构与中性不同，静电排斥作用、水合作用都发生了变化，因此对酸浸液物化现象的解释也需要做出一些改变。对于无机盐的酸浸，溶解增量滞缓的现象大多发生在含有高价阳离子的无机盐的溶解过程中，其原因尚且还依据于一些推测，例如可能的原因之一在于尽管处于高离子强度体系中，高价阳离子较强的水合能力仍然还在起作用，固液界面附近的传质可能会受到阻碍，导致溶解不彻底、实际溶解量低于理论溶解度值。之所以做出这样的推测，是因为一些现象可以反向地验证这一点。水合过程是可逆的，受介质极性和体系温度等因素的影响，当非饱和、介稳态溶液的流体状态、温度等条件发生变化时，例如采用强制搅拌、加热等措施以后，原来没有彻底溶解的无机盐还是会继续产生新的溶解，非饱和、介稳性的拟平衡状态很容易被打破。在这种情况下，可以谨慎地推测酸性体系中的非饱和溶解现象与高价阳离子的水合特性存在着可能的关联。

作为实际溶解过程中可能会遇到的一类现象，这种非饱和、介稳性水盐体系有尝试开展相图研究的价值和意义。本节以 AlCl$_3$-NaCl-H$_2$O(-HCl) 体系相图及其应用为例，阐述此类酸性体系的相图特征和规律。需要重申的是，由于此类介稳态相图中所表达的溶解量并没有达到理论上的溶解度，因此其体系实际上是不稳定的，环境改变时其溶解量会发生变化，并且溶解反应条件不同时所得到的拟平衡相图也不尽相同。总之，这种介稳态的相图可以作为实际工艺设计与优化的参考，也可以用于实际生产与理论预测发生偏差时进行必要的机理解释，但不能被视为一种工艺性的指导依据。

### 11.3.1　AlCl$_3$-NaCl-H$_2$O(-HCl) 体系介稳态溶解

H$^+$浓度 11.5mol/L、298.15K 条件下 AlCl$_3$-NaCl-H$_2$O 体系的介稳态溶解度数据见附录 3 表 A.16，相图如图 11-23 所示。图 11-23 同时示出了 H$^+$浓度为 4.0mol/L 和 1.3mol/L 的溶解度曲线，其溶解度数据分别示于附录 3 的表 A.17 和表 A.18。以 H$^+$浓度 11.5mol/L 的相图为例，可见该条件下的 AlCl$_3$-NaCl-H$_2$O 三元体系相图属于含有水合盐的、较为简单的类型，即体系中除了 AlCl$_3$·6H$_2$O 之外无其他更为复杂的复盐生成。假设忽略结晶相区很小的水合盐区域，那么该相图可视为由 1 个共饱点、2 条溶解度单变量曲线和 2 个固相结晶相区组成，$E$ 为两种盐的共饱和点，$AWE$ 区域为 NaCl 结晶区，$BEF$ 区域为 $AlCl_3$ 结晶区，$AEB$ 区域为两种盐的共结晶区。与热力学平衡态下的溶解度相比，图 11-23 中介稳态溶解状态下 $AlCl_3$ 和 NaCl 的溶解度都非常小，据推测原因在于盐酸中的 $Cl^-$ 与这两种盐有较强的同离子效应，导致两种盐在盐酸浓度较高时溶解度降低。另外，通过三个不同酸浓度条件下相图的比较，可见特定酸浓度下的溶解度趋势线虽然是一致的，但是酸浓度对溶解度的影响很大，酸浓度越高，NaCl 和 $AlCl_3$ 的溶解度就越低。

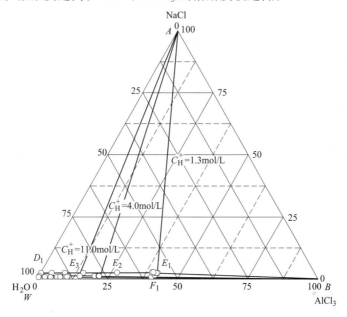

图 11-23　298.15K 条件下三元体系 $AlCl_3$-NaCl-$H_2O$ 的相图

$H^+$ 浓度为 11.5mol/L、4.0mol/L 和 1.3mol/L，温度 333.15K 时的 $AlCl_3$-NaCl-$H_2O$ 体系的溶解度数据见附录 3 表 A.19～表 A.21，其相图如图 11-24 所示。通过图 11-24 与图 11-23 的对比，可见 333.15K 温度下各盐组分的溶解量比 298.15K 时更高。另外，在不同酸浓度的条件下该水盐体系均属于较为简单的类型，如果忽略在溶解时很少出现的 $AlCl_3 \cdot 6H_2O$，则每个酸浓度下的相图由 1 个共饱点、2 条溶解度单变量曲线和 2 个固相结晶相区组成。随着 HCl 浓度的增加，两种盐的溶解度都在逐渐减小。不同酸浓度下的溶解度变化趋势是相似的，并且不同酸浓度下均没有复盐生成。

$H^+$ 浓度为 4.0mol/L 和 1.3mol/L，353.15K 条件下 $AlCl_3$-NaCl-$H_2O$ 体系的溶解度数据见附录 3 表 A.22 和表 A.23。需要说明的是，由于 353.15K 时 HCl 挥发严重，当 $H^+$ 浓度过高时体系出现不稳定现象，因此在 353.15K 的相图中未测绘 $H^+$ 浓度为 13.5mol/L 时的数据。$H^+$ 浓度为 4.0mol/L 和 1.3mol/L 时，温度为 353.15K 的 $AlCl_3$-NaCl-$H_2O$ 体系相图如图 11-25，其中 $E_1$ 和 $E_2$ 分别为 $H^+$ 浓度为 1.3mol/L 和 4mol/L 时 NaCl 和 $AlCl_3$ 的共饱点，$ADE$ 区域为纯的 NaCl 的结晶区，$BEF$ 区域为纯的 $AlCl_3$ 的结晶区，$AEB$ 区域为两种盐的共结晶区。可以看出，与图 11-24 和图 11-23 中两个较低温度条件下的相图相比，图 11-25 中 353.15K 时两种盐的溶解度均有所上升，但是 $AlCl_3$ 溶解度的增加幅度比 NaCl 较小。

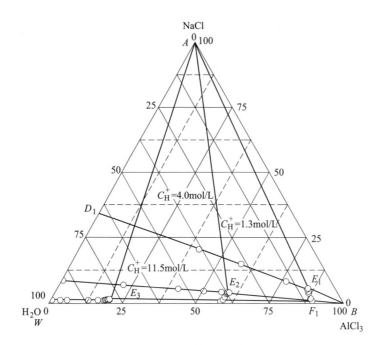

图 11-24　AlCl₃-NaCl-H₂O 三元体系在 333.15K 温度下的相图

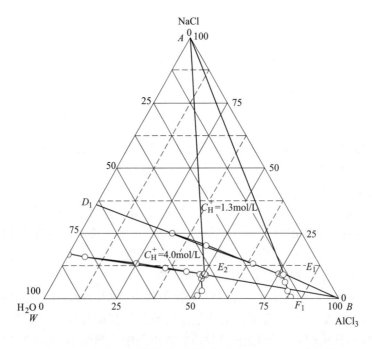

图 11-25　353.15K 条件下三元体系 AlCl₃-NaCl-H₂O 的相图

## 11.3.2　AlCl₃-NaCl-H₂O(-HCl-CH₃CH₂OH) 体系介稳态溶解

对于 AlCl₃-NaCl-H₂O 体系而言，很多醇类溶剂都能够起到萃取结晶的作用，醇类溶剂促使某种盐组分溶解度降低而强化其析出。因此，本节以乙醇为例，用含醇的水盐体系相图分析萃取结晶现象。

向 $AlCl_3$-NaCl-$H_2O$（HCl）体系中加入乙醇，并使乙醇组分占到总体系质量的一半，此时该体系变换为 $AlCl_3$-NaCl-$H_2O$(-HCl-$CH_3CH_2OH$)水盐体系。$H^+$浓度为 4.0mol/L 和 1.3mol/L，298.15K 条件下 $AlCl_3$-NaCl-$H_2O$(-HCl-$CH_3CH_2OH$)体系的溶解度数据见附录 3 表 A.24、表 A.25，相图见图 11-26，在此案例中将溶剂水和乙醇视为一相。

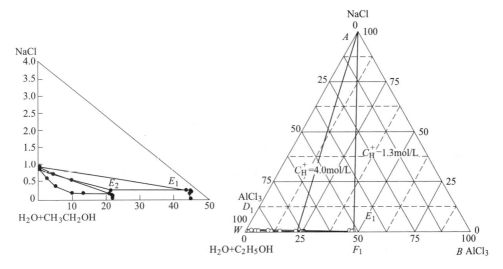

图 11-26　298.15K 条件下 $AlCl_3$-NaCl-$H_2O$(-HCl-$CH_3CH_2OH$)的相图（左图为其局部放大图）

图 11-26 中 $E_1$ 和 $E_2$ 分别为 $H^+$ 浓度为 1.3mol/L 和 4mol/L 时两种盐的共饱点。与图 11-23 相比，图 11-26 表明添加乙醇的溶液体系中 NaCl 的溶解度减小，接近于难溶物；而对于 $AlCl_3$ 组分，加入乙醇后结晶氯化铝的溶解度不但没有减少，甚至有小幅升高。含有 $CH_3CH_2OH$ 的图 11-26 与不含 $CH_3CH_2OH$ 的图 11-23 之间还存在一个共同点，即酸浓度对于 $AlCl_3$ 的溶解度仍然有较大的影响，而对 NaCl 溶解度的影响不大。此外，除了 $AlCl_3 \cdot 6H_2O$ 之外，$AlCl_3$-NaCl-$H_2O$(-HCl-$CH_3CH_2OH$)体系在不同酸浓度下都没有很复杂的复盐和固溶体生成，属于较为简单的体系。

因此，在加入了乙醇之后的 $AlCl_3$-NaCl-$H_2O$(-HCl-$CH_3CH_2OH$)体系中，最明显的变化是 NaCl 的溶解度大幅降低了，这意味着 NaCl 的结晶倾向得到了增强，有助于强化其与 $AlCl_3$ 组分的分离。这也反映了萃取结晶在该体系中应用的可能性，但前提是寻找一种价廉易得的醇类溶剂以保证分离过程的经济性，而工业废醇则是可能的选择之一。

另外，考虑到温度对各种盐组分溶解度存在较大的影响，因此有必要考察不同温度条件下的相图。基于这一点，333.15K 条件下 $H^+$ 浓度为 4.0mol/L 和 1.5mol/L 时 $AlCl_3$-NaCl-$H_2O$(-HCl-$CH_3CH_2OH$)体系的溶解度数据见附录 3 表 A.26、表 A.27，相图如图 11-27 所示。图 11-27 与温度为 298.15K 时的相图相似，即在 333.15K 温度下 NaCl 的溶解度很小，NaCl 已经变为了一种难溶盐，所以温度对其溶解度的影响在事实上已经不再突出，并且酸浓度对其溶解度的影响也已经不再显著。与 NaCl 有所不同，$AlCl_3$ 溶解度并没有受到醇溶剂的影响，并且相对而言其溶解度受酸浓度的影响更明显一些。温度对 $AlCl_3$ 溶解度的影响较小，这与图 9-7、图 9-13 所示的不含醇的相图情况是相同的。

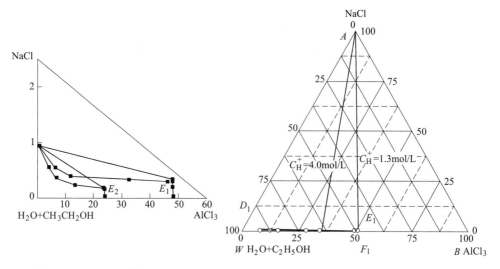

图 11-27　333.15K 条件下 AlCl$_3$-NaCl-H$_2$O+CH$_3$CH$_2$OH 的相图（左图为其局部放大图）

### 11.3.3　基于介稳态溶解相图的酸浸液状态分析

AlCl$_3$-NaCl-H$_2$O(-HCl)体系的介稳态溶解相图可以用于解释铝土矿、粉煤灰等含铝矿物的溶浸现象，并且这样的介稳态溶解溶浸过程主要是发生在搅拌强度低、溶浸不充分的场合中。从这个角度来看，介稳态溶解相图中的溶解度没有达到饱和状态，是不能用于指导溶浸液的结晶工艺的。可以通过一个简单的案例说明该问题，如图 11-28 所示，实际操

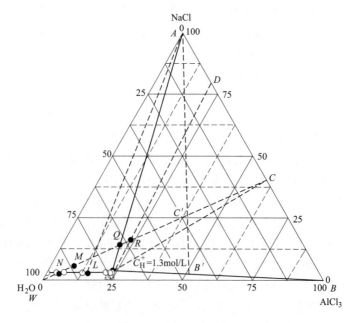

图 11-28　353.15K 时 NaCl-AlCl$_3$-H$_2$O 在 H$^+$ 浓度为 1.3mol/L 时的相图

作时在强制搅拌状态下可以得到相点位于 $M$ 点的含铝粉煤灰酸浸液，但是事实上 $M$ 点在该相图中已经位于 NaCl 的结晶相区了；这意味着如果将图 11-28 作为参照相图，那么粉煤灰酸浸液在未经任何浓缩或反应结晶的情况下已经对 NaCl 过饱和，可以直接析出 NaCl 结晶盐了。显然，这并不是一个会在现实中出现的现象，说明介稳态溶解相图对酸浸液结晶分离工艺的预测并不可信。

尽管如此，需要说明的是介稳态溶解相图对于溶浸过程的预测还是可信的，尤其是在静态或准静态的溶浸条件下。

——— 本 章 小 结 ———

干盐矿在实际静水溶采过程中往往会出现溶解不彻底的现象，即呈现出干盐溶解量近似达到稳定的假象，此时的溶解量也可以借用水盐体系相图的表达形式。本章将这种形式的相图定义为介稳态溶解相图，并绘制了氯化物型、硫酸盐型盐矿在静水溶采过程中的介稳态溶解相图，对溶采过程进行了相图分析和工艺优化。对于一些微溶或难溶的无机盐，其溶解度曲线也可以在相图上予以标绘，并用于对工艺过程的优化。

本章还以含铝矿物的慢速溶解为例，总结了此类矿物在静水溶解时的介稳态溶解相图特征，其溶解相图除了能够提供浸取液的化学组成数据之外，还可以用作后续结晶过程预测及工艺优化的依据。

习　　题

11-1 试讨论基于静水溶解模型的介稳态溶解相图可以适用于哪些溶采工艺。

11-2 针对溶解的介稳态是本书提出的一个概念，试讨论它与过饱和介稳态的区别。

11-3 试讨论打破溶解介稳态的方法。

# 12 凝聚沉降中的相分离

**本章提要：**

（1）掌握 Pitzer 模型等相分离计算模型与 DLVO 模型、结晶动力学方程等理论的结合方法。

（2）了解基于水盐体系相分离原理指导凝聚沉降工艺优化的方法。

含泥的污水一般需要沉降处理，必要时还需要向其中添加絮凝剂等促进泥质颗粒的沉降。但是，当污水中悬浮的泥质颗粒很细小时，例如粒径仅为几个微米，那么泥质颗粒的沉降将会很慢，有时甚至絮凝剂也很难有效地起到作用。

有一些无机盐可以和水中悬浮的颗粒物产生共沉效应，例如水中的硫酸钙类等微溶无机盐颗粒和悬浮的细粒矿泥之间就存在共同沉降的现象，该现象可以被用来调控并强化污水的净化，本章将其称之为凝聚沉降或凝聚（coagulation）。但是，这种泥钙共沉积的机理比较复杂，涉及相平衡、晶体转化与生长等热力学和动力学的多个方面，工艺优化需要首先明确其共沉积的规律特点。本章拟以强化泥与钙盐杂质的共沉积为例，分析此类体系中的相平衡问题。

## 12.1 凝聚过程中相分离计算模型

首先，建立模型以考察硫酸钙颗粒和矿泥（主要是高岭土）的微观作用力，讨论微观作用力对钙盐和细泥沉降的相平衡特征，以此分析二者共沉积的可能性。

根据扩展的 DLVO 理论，总势能 $V_T$ 控制粒子之间的凝结或分散，包括范德华相互作用能 $V_W$、静电能 $V_E$ 和粒子之间的极化能 $V_H$。粒子的排斥和分散由正 $V_T$ 值表示，反之亦然。对于半径为 $R_1$ 和 $R_2$ 的球形粒子：

$$V_W = -\frac{A_{132}}{6H}\frac{R_1 R_2}{(R_1 + R_2)} \tag{12-1}$$

$$V_E = \frac{\pi \varepsilon_a R_1 R_2}{R_1 + R_2}(\psi_{01}^2 + \psi_{02}^2)\left(\frac{2\psi_{01}\psi_{02}}{\psi_{01}^2 + \psi_{02}^2}p + q\right) \tag{12-2}$$

$$V_H = \frac{2\pi R_1 R_2}{R_1 + R_2}h_0 V_H^0 \exp\left(\frac{H_0 - H}{h_0}\right) \tag{12-3}$$

式中，$H$ 和 $H_0$ 分别为两个粒子的粒子间距和表面距离；$A_{132}$ 为介质 3 中粒子 1 和粒子 2 之间相互作用的 Hamaker 常数；参数 $p = \ln\left[\dfrac{1 + \exp(-\kappa H)}{1 - \exp(-\kappa H)}\right]$，$q = \ln[1 - \exp(-2\kappa H)]$；$\psi_{01}$

和 $\psi_{02}$ 分别为粒子 1 和 2 的表面电位，可以用 $\zeta$ 电位代替（$\zeta$ 电位又称电动电位或电动电势，是连续相与分散粒子表面流体稳定层之间发生相对移动时的电势差）；$\varepsilon_a$ 表示分散介质的绝对介电常数；$\kappa^{-1}$ 为德拜长度的倒数；$h_0$ 为衰减长度；$V_H^0$ 为界面极性相互作用的能量常数。一些参数可以基于接触角测量计算。

当石膏颗粒置于水中时，颗粒会以方程（12-4）中提到的溶解速率发生溶解，直到离子浓度接近平衡状态。

$$\frac{\mathrm{d}c}{\mathrm{d}t} = k_D \phi^{2/3} (c_s - c)^{1.37} \tag{12-4}$$

式中，$c$ 为由于颗粒溶解而产生的浓度；$k_D$ 为溶解速率常数，$1.10\mathrm{s}^{-1}$；$\phi$ 为悬浮液中石膏颗粒的体积分数；$c_s$ 为石膏的理论溶解度。

同时，水相中释放出 $Ca^{2+}$、$H^+$、$CaOH^+$、$HSO_4^-$、$SO_4^{2-}$、$OH^-$ 离子以及 $CaSO_4^0$ 离子对，其浓度可根据式（12-5）~式（12-8）计算：

$$H_2O \rightleftharpoons H^+ + OH^- \qquad \lg K = -13.997 \tag{12-5}$$

$$Ca^{2+} + SO_4^{2-} \rightleftharpoons CaSO_4^0(\leftrightarrow CaSO_4^{solid}) \qquad \lg K - 2.310 \tag{12-6}$$

$$H^+ + SO_4^{2-} \rightleftharpoons HSO_4^- \qquad \lg K = 1.990 \tag{12-7}$$

$$Ca^{2+} + OH^- \rightleftharpoons CaOH^+ \qquad \lg K = 1.300 \tag{12-8}$$

式中，$K$ 为化学平衡常数。上述方程的计算可以使用 6.2.4 节介绍的 Pitzer 模型，此处不再赘述。在计算过程中，可以重新设定一些参数的量纲，例如对于组分 $i$，$m_i$ 为摩尔浓度，mol/L；钙组分的总溶解度 $c_\infty$ 可以设定为 $m_{Ca^{2+}}$、$m_{CaOH^+}$ 和 $m_{CaSO_4^0}$ 的总和；利用 $\gamma_i m_i$ 表示活度 $a_i$，其中 $\gamma_i$ 是使用 Debye-Hückel 方程计算的活度系数。

石膏颗粒溶解后即开始熟化过程。根据奥斯特瓦尔德熟化定律（the law of Ostwald ripening），石膏粒度可由式（12-9）计算：

$$<r_t>^3 - <r_0>^3 = \frac{8\gamma_s c_\infty v^2 D}{9R_g T} t \tag{12-9}$$

式中，$<r_t>$ 和 $<r_0>$ 分别为时刻 $t$ 和开始时刻粒子的平均半径；$\gamma_s$ 为石膏颗粒的表面能，$15.9\mathrm{mJ/m^2}$；$v$ 为溶液中钙组分的摩尔体积；$R_g$ 为理想气体常数；$T$ 为绝对温度；$D$ 为石膏在溶液中的扩散系数，约为 $1\times10^{-9}\mathrm{m^2/s}$。

式（12-2）在计算时可能会使用到 $\zeta$ 电位，可以通过电泳迁移率计算。带电粒子的电泳迁移率 $\mu$ 为：

$$\mu = \frac{q_t}{6\pi r_t \eta} \tag{12-10}$$

式中，$r_t$ 为时刻 $t$ 时的粒子半径；$\eta$ 为液相的黏度；$\mu$ 可以借助 $\zeta$ 电位仪确定。$r_t$ 由粒度分析仪测定，借此可以计算电泳中的表面电荷量 $q_t$，同时需要假设 $q_t$ 与颗粒的比表面积 $S_t$（取决于 $r_t$）成正比。

在上述方程中，$c_\infty$ 可以根据式（12-5）~式（12-8）计算，$<r_t>$ 根据式（12-4）和式（12-9）测算。基于方程（12-10）和亨利方程（Henry equation）确定 $q_t$、$\mu$ 和 $\zeta$ 电位。最后，可以使用式（12-1）~式（12-3）来评估尺寸变化粒子之间的相互作用势。另外，在水中形成的石膏颗粒呈柱状，因此计算粒径时应考虑使用形状因子或等效直径进行修正。在大多数情况下，粒度分析仪测得的平均直径可以近似地视为等效直径。

## 12. 2　凝聚过程中液相的时变性质

颗粒粒径和 $\xi$ 电位的动态变化既是溶液化学组分影响下的结果，也是影响溶液化学组分的重要因素。

可根据式（12-5）~式（12-8）计算随 pH 值变化的无水石膏或半水石膏溶液离子浓度，结果如图 12-1 所示。当 pH 值在 6~7 之间时，$Ca^{2+}$、$SO_4^{2-}$ 和 $CaSO_4^0$ 的浓度保持基本稳定。$Ca^{2+}$ 在 pH=7 时约为 0.0150mol/L，这是石膏溶解度的理论值。同时，总钙含量 $c_\infty$ 计算值为 0.0520mol/L。

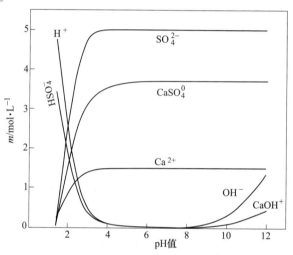

图 12-1　不同 pH 值下的离子浓度
（J. Taiwan Inst. Chem. E. 2017，71：253）

根据式（12-1）~式（12-10）可以计算出石膏颗粒投入到水中之后动态的平均粒径和 $\xi$ 电位。图 12-2 表明计算结果与实验结果是一致的。将无水石膏颗粒加入水中后，可以观察到四个阶段的变化。在第 1 阶段，由于溶解在水中，颗粒的平均粒径减小，导致比表面积增加，$\xi$ 电势的绝对值也在增加。图 12-2 显示溶解过程可能持续大约 6min。在第 2 阶段，颗粒粒度随着时间增加而线性增长，推测表明反应生成的二水石膏晶体逐渐成熟。在这个过程中，表面能的动态再平衡倾向会自发地驱动颗粒进一步生长，发生类似于熟化的现象，导致粒子之间产生质量交换。小颗粒表面发生溶解，溶质从高界面曲率的小颗粒转移到低界面曲率的大颗粒，导致较大颗粒的继续生长和较小颗粒的尺寸减小。与平均粒径的增加相对应，颗粒总的比表面积有所减小，相对地导致总的表面电荷减少，因此 $\xi$ 电位的绝对值也在减小。在第 3 阶段，颗粒的平均粒径（约 120μm）和 $\xi$ 电位的绝对值保持不变，这意味着晶体生长逐渐减慢。在第 4 阶段，$\xi$ 电位保持不变，粒径减小。可以据此推测，此时的悬浮液正在沉降，大颗粒数量的减少应该是平均粒径减小的原因。类似的现象在其他体系的研究中也有发现。

图 12-2 中的石膏粒度和 $\xi$ 势可以用于计算式（12-1）~式（12-3）的 DLVO 模型中的相互作用，其中一些表面参数（例如 Hamaker 常数等）由文献[51]提供。结果如图 12-3 所示。对于石膏-高岭石颗粒的相互作用，$V_w$ 为正值，并且随时间增加，是提高悬浮液分散

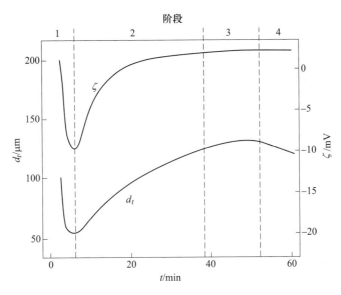

图 12-2　石膏颗粒投入到水中之后动态的平均粒径 $d_t$ 和 $\zeta$ 电位

性的一个因素。然而，$V_W$ 的绝对值比 $V_E$ 小三个数量级，因此与 $V_W$ 相比，$V_E$ 是决定颗粒沉降的控制因素。$V_E$ 随时间减小、增大然后减小，使悬浮液分散具有相同的趋势。$V_H$ 值总是随时间降低，当粒子之间的距离小于 15nm 时，$V_H$ 值低于 $V_E$，因此与 $V_H$ 值有关的极化作用是破坏颗粒分散性的主要因素。但是，当粒子之间的距离大于 15nm 时，$V_H$ 的绝对值会变小，直到极化作用对颗粒分散的影响不再明显。值得一提的是，颗粒间距小于 15nm 时，$V_T$ 随时间大幅降低，但颗粒间距大于 15nm 时，$V_T$ 在第 6~7min 出现最低值。在 $V_T$ 最低点时，石膏颗粒大小约为 53μm，$\xi$ 电位为 -10mV，如图 12-3 所示。这种现象清楚地反映了 $V_E$ 对 $V_T$ 的显著影响。增大的尺寸一方面有助于颗粒加强颗粒之间的相互作用，另一方面由于溶解和再结晶导致颗粒数量减少，从而颗粒间距增大。由于颗粒的比表面积减小，导致表面电荷减少，从而使得悬浮系统中的总净电荷和 $\xi$ 电位降低，这无助于增强颗粒之间的排斥相互作用。这两个相互冲突的因素分别增强和削弱了式（12-2）中的 $V_E$，综合结果是 $V_E$ 和 $V_T$ 呈现出了非单调的增减趋势。这种现象表明石膏颗粒的最佳凝结能力不是在初始阶段，而是在放入水中后的第 6~7min，并且根据图 12-2 和图 12-3 可知直到浸水时间达到 30min 以上时，石膏颗粒的凝聚能力逐渐达到稳定。

## 12.3　相平衡影响凝聚过程的验证

测定浊度的方法可以用于验证图 12-3 的结果，结果如图 12-4 所示。石膏与细高岭石颗粒发生明显的共沉淀，用石膏处理后的浊度最低可降至 270NTU 左右，比不加石膏的浊度（350NTU）低 80NTU。当在悬浊液中加入石膏时，可以看到浊度急剧下降，但奇怪的是在第 9~10min 开始轻微反弹，然后继续下降。这种现象的原因在于石膏和高岭石颗粒在水中一般表现出相似的电负性，因此推测二者之间的聚集机理是凝聚。浊度的时变性最初是由于与粒径相关的沉降速度。然而，图 12-2 表明由于熟化作用，石膏粒径总是随着其表面性质的变化而变化，从而综合影响颗粒的凝聚和沉降趋势。因此，基于 DLVO 理论可

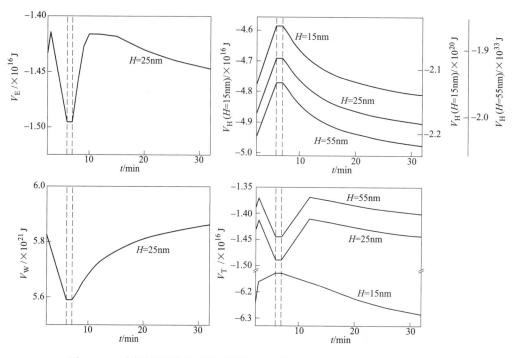

图 12-3　不同时间石膏与高岭石颗粒之间的 DLVO 作用能变化趋势示意图

以在所有因素之间建立间接关系，包括颗粒尺寸、表面参数、颗粒间电位和浊度变化，理论上表明颗粒的凝聚趋势在第 9~10min 出现减弱（即 $V_T$ 的绝对值下降），这种现象均体现在图 12-2~图 12-4 中，三图中浊度降低的反弹趋势近似一致。如果浊度测量的滞后效应被考虑在内，则可以进一步验证熟化效应对沉降的间接影响。此外，根据图 12-3，沉降至少需要 30min 才能达到稳定状态，而图 12-4 也明显符合这一点。

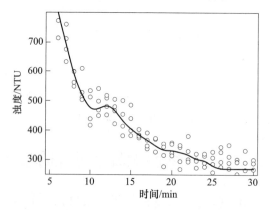

图 12-4　悬浊液中投入无水石膏后的浊度变化值
（高岭石（土）20g/L，石膏粉末 5g/L）

实际的水净化过程中，凝聚的原因之一在于石膏晶须生长的网络结构，如图 12-5 所示。石膏的晶体学研究表明，石膏晶体在（010）晶面上具有完美的解理，因此石膏具有沿一个方向结晶的趋势，这就是网络结构形成的原因。图 12-5 表明石膏颗粒在熟化过程中倾向于在不溶性颗粒周围生长并形成网状结构，这揭示了沉淀过程中的絮凝机制以及混凝作用。网络结构在石膏与细黏土颗粒之间的相互作用中可以发挥重要作用，这类似于图12-5 所示的现象。石膏具有亚稳态过饱和的能力，因此即使达到过饱和状态也不会沉淀。一些典型的晶种，如二氧化硅，可以显著加速石膏的沉淀，因此石膏容易在不溶性颗粒上生长。此外，图 12-6 显示了混有石膏的泥浆废水的净化速率很快，可见石膏能够促使废水更加清澈。

(a) 硫酸钙晶簇

(b) 硫酸钙晶簇与不溶物的共沉物

(c) 棒状硫酸钙晶体在钟长石和二氧化硅颗粒上的生长

图 12-5　石膏颗粒在悬浊液中重结晶后的网状结构

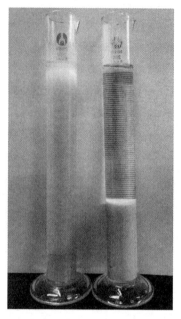

图 12-6　含颗粒污水投入无水石膏后的澄清效果

左：污水自然沉降；右：投入无水石膏后污水的沉降

## ——— 本 章 小 结 ———

通过与 DLVO 模型、结晶动力学方程等理论的结合，水盐体系相分离原理可以用于指导凝聚沉降的工艺优化。在相分离原理的运用中，具体的方法为利用相平衡模型或相图预测液相中的化学组成情况，然后结合晶体生长模型、DLVO 模型测算不溶物颗粒间的相互作用势能及其变化规律，从中寻找适合凝聚沉降的控制点。这种方式的相分离原理应用模式实际上是作为结晶动力学计算和凝聚工艺优化的基础，将相平衡规律的应用广度做了一定的拓展。

## 习　　题

12-1　水盐体系相平衡性质在凝聚沉降过程中起到了什么作用？

12-2　试讨论界面化学性质在凝聚沉降过程中起到了什么作用。

# 13　水盐体系相分离发展历程

**本章提要：**

（1）回顾国内盐湖化工领域水盐体系相分离的研究简史。

（2）回顾盐湖化工领域水盐体系相平衡及盐化工的理论探索、教学与科研、出版物及部分行业的发展历程。

水盐体系相平衡的研究主要是针对无机盐的相分离问题。意大利学者乌齐里奥（J. Usiglio）于 19 世纪中叶曾对海水进行过等温蒸发试验，探讨了海水的蒸发析盐规律。19 世纪末，范特霍夫（J. H. Van′t-Hoff）以德国某盐矿为对象，研究了 $Na^+$，$K^+$，$Mg^{2+}/\!/$ $Cl^-$，$SO_4^{2-}$-$H_2O$ 等多元体系的相平衡数据，测定了 25℃及 83℃等温度下的溶解度，开辟了多组分水盐体系研究的领域。此后，各国学者对多组分体系的研究工作不断展开。20 世纪 40 年代以后，基于联合制碱法生产、电渗析法海水浓缩及制盐等需要，相平衡化学的研究开始关注 $Na^+$，$NH_4^+/\!/Cl^-$，$OH^-$，$HCO_3^-$-$H_2O$、$Na^+$，$K^+$，$Mg^{2+}$，$Ca^{2+}/\!/Cl^-$-$H_2O$ 等面向工业过程的水盐体系，介稳水盐体系、盐水界面化学、工业结晶等方面的研究也逐渐发展起来。尤其地，在多组分水盐体系相平衡规律的图形表示法方面，范特霍夫、耶涅克、丹斯等科学家都作出了很大的贡献。

我国对水盐体系的研究需求主要来自盐业工程的发展，海湖井矿盐等自然资源的普查勘探与开发利用也对水盐体系相平衡的研究起到了积极的促进作用。

作为水盐体系相平衡的回顾，本章着重介绍该学科的发展历程。

## 13.1　国内水盐体系相平衡发展史

水盐体系相平衡的发展基本是从新中国成立以后开始的，属于社会基本需求驱动下的盐化工、盐湖化工学科的起步。受海盐、井矿盐的生产需求，在古代已经有了制卤和制盐的技术范式，对于盐化学的理论有了经验性的总结。新中国成立以后，随着盐化生产工业化水平的提升，尤其是提取钾肥及各种有价元素的盐湖生产过程急需理论指导，进一步催生了水盐体系相平衡的成熟和应用。本节主要从盐湖化工的角度梳理水盐体系相平衡的发展历程，揭示相平衡领域内重大科学事件背后的科学问题和解决思路。

### 13.1.1　盐湖化学化工理论的完善

#### 13.1.1.1　盐湖化学与化工理论的开端

新中国成立之初，伴随着稳定人民生活和农业生产的实际需求，以氯化钠、硫酸钠、氯化钾为主要产品的盐化工开始在全国布局。与此同时，工业生产对纯碱、烧碱、元明粉等各种基础化工原料也产生了量和质的需求。在这种形势的驱动下，盐湖中所储藏的丰富钠钾镁盐开始被纳入工业开发的视野。在这一时期中，社会经济发展需求引导了地球化学、盐湖成盐机理、水盐相转化规律等科学问题的研究，盐湖化学化工理论体系逐步建立起来，反过来也指导了盐湖化工技术的起步。

20世纪50年代，国家开始系统性组织盐湖资源勘探和盐湖地质学研究活动。1951年，兰州大学教授戈福祥上书政务院，建议重视柴达木盆地盐湖资源的科学研究和开发，当时政务院副总理李富春批转给中国科学院。1954年，青海省交通厅公路局修筑敦格公路，在哈萨克族老人哈吉的帮助下发现了察尔汗盐湖。1955年，中国科学院化学研究所根据戈福祥教授的建议组建了由柳大纲教授领导的物化分析组。同年，西北地质局632队二分队勘察了察尔汗盐湖，初步指出察尔汗含有储量巨大的无机盐。1956年，孙殿卿、关佐蜀、朱夏等学者发现察尔汗的盐层含有0.4%的硼[52]。1957年，柳大纲、袁见齐、韩沉石会同地质、水文、石油、化工、盐业、轻工等行业的科技工作者，以及两位苏联顾问组成了中国盐湖史上著名的中国盐湖科学调查队，以骆驼队的方式重点勘察了青海省的大柴旦湖、察尔汗湖、茫崖湖、尕斯库勒湖和昆特衣湖等盐湖。柳大纲、郑锦平等指出察尔汗卤水含有高浓度的钾，这给后期青海盐湖的大规模开发积累了地质学数据基础。察尔汗盐湖矿产的发现和持续勘探还有一个当时的国际背景，即中国需要偿还国际债务，而硼矿是偿还债务的一个重要资源。在找硼的过程中发现了察尔汗盐湖富含钾资源，该发现从此成为中国湖钾工业的起点。作为一个内陆盐湖，察尔汗盐湖钾的发现还具有更为重要的理论意义，打破了当时盐湖领域内普遍持有的内陆盐湖不可能形成钾盐矿床的论断。在这种情况下，国家次年即开始对察尔汗盐湖展开进一步的勘探。

1958年，青海省盐务局和茶卡盐厂以镐、铁锹等生产工具对察尔汗盐湖进行资源开采，并且使用汽油桶和铁锅熬制光卤石，在艰苦的自然条件下提取了10余千克的氯化钾，首次从盐湖化工的角度证明了钾肥生产的可行性。同年，建成了青海钾肥厂，开挖"英雄运河"、采用"汽车拉火车"运输矿石，采用人工土法的方式生产了900余吨钾肥，揭开了盐湖化工的序幕。迄今为止，作为察尔汗盐湖开发主体的青海盐湖工业股份有限公司，从青海钾肥厂一步步走来，已经成为拥有光卤石晒矿、水采船、反浮选冷结晶等多项盐湖化工知识产权的大型企业。

值得一提的是，1957年的中国盐湖科学调查队汇集了当时中国盐湖先驱中的精英，也培养了大批后续的领军人才。在随后的几十年中，从中国盐湖科学调查队中涌现了多位院士及国内化工研究院所的掌舵人，而且后续还培养了一大批盐湖化工研究的有生力量，其中包括柳大纲学部委员（院士）、袁见齐学部委员（院士）、高世杨院士、郑绵平院士，以及陈镜清、曹兆汉等无机化工前辈。

在察尔汗盐湖勘探的同时，山西运城盐湖、内蒙古吉兰泰盐湖也都开始了勘探和试开发的工作部署，推动了盐湖化学学科的进一步成熟。20世纪50年代，中国科学院盐湖科学调查队以及有关单位的盐湖勘探范围涵盖了青海、甘肃、宁夏、内蒙古、西藏、新疆等各个省、自治区，勘探的结论是我国盐湖资源呈现出多、大、富、全等特点。其中，"多"是指盐湖数量多、稀有元素多，"大"是指盐湖面积大、储量大，"富"指部分元素资源的品位富，盐湖卤水的浓度比海水高出数十倍，因此更适合工业开发，而"全"则指盐湖类型很全。1960 年，召开了全国第一次盐湖盐矿学术会议，柳大纲做了《盐湖化学任务》的大会报告，提出在无机化学学科之内设置盐湖化学学科，标志着盐湖化学开始呈现雏形，并进一步为盐湖化工打好了理论基础。柳大纲指出盐湖化学的重要性类似于海洋化学，并且盐湖化学研究应该承担十大任务，涵盖了盐湖地球化学、水化学、矿物学、物理化学、成盐元素化学、化学工艺学、同位素化学、稀有元素化学、盐卤分析化学以及工程设备等方面。柳大纲还提出中国发展盐湖化学的规划，包括研究基础水盐体系中相关系、利用天然能源分离大量盐类等，以及开发微量稀散元素及重水的提取新技术，指出盐湖开发需要兼顾青海、西藏、新疆等地区的盐湖调查与研究、建立现场实验基地等。1963 年，国家科委成立了盐湖专业组，开始制订盐湖科学的十年规划，柳大纲提出了统筹钾、钠、硼、锂工业布局的设想，尤其是为青海盐湖的开发指明了方向，也孕育了后来成立的中国科学院青海盐湖研究所。凭借着这些扎实的工作，柳大纲先生在盐湖研究领域内被认为是中国盐湖化学的奠基人。

### 13.1.1.2　盐湖水化学类型研究的深入

盐湖水化学类型的研究是盐湖化工的一项理论基础和指导工具，作为基本而核心的科学问题之一，盐湖水化学类型研究受到了盐湖化工行业的重视。20 世纪 50 年代和 60 年代，盐湖水化学类型的研究趋于完善，从而相应的盐湖元素资源的开采与加工模式也基本确定。

1956 年，柳大纲针对青海茶卡盐湖，选择了物化分析（相平衡）方向开始对盐湖水盐体系物相分析进行系统性的研究工作。柳大纲通过观察青海大柴旦盐湖底部的钻探样品，确认了湖底固相中含有柱硼镁石，根据地球化学和物理化学原理确定了大柴旦湖为我国大型硼矿矿床之一，并在此基础上开创了硼酸盐综合利用的研究工作。在察尔汗盐湖，当发现了光卤石及富钾卤水资源后，根据物化原理预测出察尔汗湖约有 2 亿吨氯化钾，是一座大型可溶性钾盐的矿床，这一预测很快经普查得以确认。

1960～1962 年的"三年自然灾害"期间，很多科研部门撤离了柴达木盆地，但是柳大纲领导的化学研究所盐湖组仍然在湖区坚守，期间制订了盐湖化学的发展规划。该规划中的很多内容成为了后来盐湖化工的理论基础，包括提出了应该发展含硼体系、含盐酸体系、介稳体系等区域资源性突出的水盐体系相分离研究，以及综合提取钾、镁、硼、锂等重点组分与钠、溴、碘、铷、铯、铀、钍、重水和有关同位素等有价资源。自然能技术、电渗析、离子交换和萃取等方法也出现在该规划中，并且在盐湖的范围上提出除青海外还需要考虑西藏、新疆等地的资源情况。可以说，这份规划在事实上预测甚至布局了随后半个多世纪的中国盐湖化工领域的研究方向。

1959 年，袁见齐先生提出"陆相成盐成钾"理论，发表了《中国内陆盐湖钾盐沉积的若干问题》的学术论文，这对盐湖化工生产起了重要的指导作用。早在 1943～1944 年，袁见齐已经开始了西北盐湖与盐矿的调查工作，这也是中国历史上首次有针对性的盐湖地质调查。袁见齐随后出版了《西北盐产调查实录》的专著，把盐湖的成因归结为"盐质之来源""地形之影响""气候条件"等环境条件的影响，提出"滩盐"属于砂砾间潜水蒸发后形成的固相，从而区分了与盐池卤水蒸发的沉积盐层，认识到盐湖地形变迁与卤水析盐分异作用之间的联系。

与此同时，张彭熹先生在 20 世纪 50 年代末期编制了《柴达木盆地 1：500000 盐湖水化学图》，预测了柴达木盐湖区域中钾、镁、硼、锂等资源的分布情况，对各种资源的储量前景也做了预测，为我国后期建立锂、硼等生产企业提供了依据。在此基础上，20 世纪 60 年代中期，达布逊盐湖东北湾光卤石沉积带晶间卤水再生光卤石的生产试验获得成功，随后各个钾肥生产厂广泛采用了该技术路线，在这一时期的钾盐生产方面起到了重要的作用。

到 20 世纪 80 年代，对青海和西藏的盐湖水化学研究已经取得了丰硕的成果。1989 年，郑绵平、向军出版了《青藏高原盐湖》，对盐湖水化学特征、青海盐湖成矿带等资源性问题做了系统性的梳理和总结，在归纳与总结氯化物型、硫酸盐型（硫酸钠亚型和硫酸镁亚型）、碳酸盐型水化学类型的基础上，对青藏高原各个盐湖进行了分类，同时也提出了在盐湖研究中需要考虑嗜盐生物和生物成矿等非矿物学的因素。

### 13.1.1.3　盐湖溶液化学等理论逐渐丰富完善

20 世纪 50 年代，随着盐类普查勘探和制盐工业在全国范围内的布局，水盐体系相转化的科学问题成为了技术发展的基石，由此水盐体系相平衡的实验研究开始发展，积累了丰富的相分离基础数据。值得一提的是，在青海盐湖结晶工艺研发方面，水盐体系相转化科学问题的研究还为突破国外技术封锁奠定了理论基础。

轻工业部、中科院化学所和盐湖所、天津轻工业学院等工业部委、科研院所、高等院校先后组织和开展了水盐体系相平衡的研究。20 世纪 60 年代以后，金作美、宋彭生等开始对介稳体系相平衡展开研究，自此介稳相图开始在盐湖资源生产中逐步起到重要作用，推动了盐田生产硫酸钾工艺等技术的试验成功。四川大学金作美等利用合成卤水的等温蒸发实验，测定了 25℃温度下 $K^+$，$Na^+$，$Mg^{2+}//Cl^-$，$SO_4^{2-}-H_2O$ 五元体系的介稳相图。随后，15～35℃温度区间内的介稳平衡数据也得到了测定。青海盐湖所宋彭生等采取 Pitzer 电解质溶液理论计算了介稳相平衡数据，并解释了介稳溶解度与过饱和度之间的关系，根据体系自由能最小化原理预测了介稳平衡条件下不同盐类的析出顺序。$K^+$，$Na^+$，$Mg^{2+}//Cl^-$，$SO_4^{2-}-H_2O$ 五元体系的相图是海盐化工、盐湖化工最直接的相分离数据来源，迄今 0～100℃的稳定相图、介稳相图都已经被绘制出来。介稳体系相分离研究的主要贡献在于明确了实际盐湖化工生产时软钾镁矾、钾钠芒硝等各种复盐的真实结晶相区，为后来复杂水盐体系的相分离技术研发提供了第一手的参考资料。

伴随着水盐体系溶液化学研究方法的起步和日臻完善，各类水盐体系相平衡的研究也全面展开，青海盐湖所、中国地质科学院矿产资源研究所、天津轻工业学院盐业工程系（天津科技大学）、青海大学、四川大学、成都理工大学、山西大学、华东理工大学、天津大学、江西理工大学、湖南大学等多家科研院所投入了研究力量。由于水盐体系相平衡的研究属于基础研究，因此研究机构以高校为主，这一阶段的研究呈现出渐进式的进展。20 世纪 50～80 年代，含有 $Li^+$、$CO_3^{2-}$、$B_4O_7^{2-}$ 等微量/战略元素体系的水盐体系稳定相平衡的研究逐渐成熟，为西藏盐湖、青海盐湖中的微量元素或战略元素开发奠定了基础。20 世纪 80 年代以后相平衡热力学理论研究进一步成熟，Pitzer 模型等热力学模型研究方法被逐渐引入国内，该模型不仅被用于模拟稳定态体系的相平衡数据，经过发展后还被用于介稳态、变温体系的溶解度计算，在盐湖形成与演化的地球化学模拟方面也有应用。20 世纪 90 年代以后，E-NRTL、E-UNIQUAC 等热力学模型也被用于水盐体系相平衡的研究之中，盐湖溶液化学方向的研究工具更加完善。2000 年之后，介稳态、非平衡态、非稳态水盐体系相平衡理论研究相继发展起来，尽管这些机理研究还存在实验重复性等方面的学术争议，但已经在实际应用中显示出对生产的促进作用，例如利用非平衡态相图数据优化硫酸镁等结晶盐的生产工艺，得到高纯度盐产品。总体来看，水盐体系相平衡热力学研究是在学用结合的交替中，渐渐发展成为一个系统化的学科，迄今为止从实验方案、基础数据、热力学计算到工程应用都形成了成熟的研究方法。

在 20 世纪 80 年代前后，很多研究者开始注重水盐体系相平衡、相图的课程教学和理论总结，促进了这一学科的发展及其在工业界的普及。在当时隶属于轻工业部的天津轻工业学院盐业工程系（天津科技大学），梁保民等人利用铁丝自制教学模具，摸索出了一套系统的教学方法，同时结合分离工程、盐化工工艺的本科课程，于 1986 年出版了相应的教材《水盐体系相图原理及运用》。盐业工程系的相图教学对全国盐化工系统都产生了深远的影响，轻工业部其他的轻工学院和盐业学校都采用了该教学模式。水盐体系相图和盐化工工艺后来成为盐化工、盐湖化工在制盐方面的必修课程，对盐业发展的影响和促进作用很大。例如，1995 年天津轻工业学院孙之南出版了《加碘盐技术与管理》，这是在制盐方面对相平衡与化工分离的一次实践性归纳。

水盐体系相平衡热力学或盐湖溶液化学研究在盐湖化工中的目的是提供化工分离限度的依据，而分离所依赖的手段是工业结晶，这是盐湖化工行业中的另一个重要学科方向。结晶动力学、结晶方法与设备等方面的认识都属于工业结晶的范畴，其学科发源之一也与盐湖密切相关。20 世纪 70 年代以后，随着盐湖研究由资源勘探和水化学分析向化工生产迈进，相分离和工业结晶的研究工作开始推进，天津大学的张远谋教授在这一方面做了大量扎实的工作。张远谋是西南联合大学化工系的 1943 届毕业生，后赴美国衣阿华州立农工学院研究院留学，获得硕士学位后主动放弃国外待遇回到祖国，担任天津大学教授，主持化工系统工程研究室的工作。作为工业结晶理论在盐湖化工领域的重要应用，张远谋在"六五"期间代表天津大学承担了国家"六五"01 号科技攻关项目"青海盐湖钾盐生产的系统工程研究"。经过五年的艰苦攻关，项目组开发出了自光卤石提取氯化钾的系统工程技术，形成了自主创新、国际先进的工业结晶成果，获得了国家教委科技进步二等奖。该项目令人瞩目之处在于，在研发过程中锻炼了一支工业结晶研发的国家级队伍，其中包括后来工业结晶界领军者的王静康院士，而天津大学化工系统工程研究室也发展为现在的国家工业结晶工程技术研究中心暨医药结晶工程研究中心、国家工业结晶技术研究推广中心。

### 13.1.2　盐湖化工教学与研究体系的建立与发展

盐湖化工的教学和科研是该学科发展过程中的重要支撑力量，一些代表性的高等学校、研究机构和出版单位牵引了该学科的孕育和壮大。盐湖化工研究与产业建设的早期组织者是当时的国家各部委，其中除了中科院及地质、化工、盐业、轻工等行业部门之外，各地的盐务局也起到了很大的作用。20 世纪 50 年代，我国处于社会主义改造时期，无机盐是重要的战略物资和工业命脉。为了支撑制盐与盐业化学工程的工业发展，1958 年北京轻工业学院设立了盐化专业，在此之前的 1953 年轻工业部在天津市塘沽区还模仿苏联的模式及建筑物图纸，创建了国家盐务总局干部培训学校，两地院校后期合并成立了天津轻工业学院盐业化学工程系。在 20 世纪 50~90 年代，盐业化学工程系的海卤水综合利用技术研发工作为我国盐化工行业技术发展做出了的贡献，例如 80 年代加碘盐在全国推广时从研发到生产都有盐化系研发团队的支撑。与此同时，1958 年在天津轻工业学院盐业化学工程系的前身设立时，在轻工业部组织下全国范围内还设立了一批盐化工中等专业院校，形成了盐化工的中等和高等教育系统。

在卤水化工，尤其是相平衡热力学研究方面，国内开展研究较早的单位还有四川大学化工学院、成都理工大学材料与化学化工学院等。与盐化工相比，作为更专业和更权威的盐湖研究机构，当数 1965 年创建的中国科学院青海盐湖研究所，正式启动了盐湖化工研究的发端。在盐湖化工的系统性教学和科研方面，高教系统的青海大学、清华大学、天津大学、华东理工大学、山西大学、中国地质大学、中国矿业大学、湖南大学、中南大学、河北工业大学、江西理工大学等院校，以及中国科学院过程工程研究所、中国科学院化学所、中国地质科学院矿产资源研究所等研究单位也都做出了很大的贡献。在盐湖战略性新兴产业和区域经济资源循环方面，北京化工大学、华东理工大学着眼于青海盐湖巨量镁资源的消纳和锂资源的分离等问题，提出了很多新的思路，开辟了盐湖镁锂下游产品深加工的新途径。

除了青海、新疆、西藏、内蒙古等地的盐湖资源开发以外，我国盐湖的另一个代表性开发地点位于山西省的运城盐湖，该盐湖与国内其他盐湖的不同之处在于其属于典型的硫酸钠亚型盐湖，已经被开发了五千年。在山西省当地，省内百年学府山西大学在新中国成立之初已经初步发展了化学学科，1985 年部分研究力量进行整合并成立环境与资源学院，2010 年山西大学在环境与资源学院内部成立资源与环境工程研究所，力图发展低品位资源、工业废弃资源的综合利用研究，其中对于山西省和青海省低品位盐湖钾矿、盐湖镁锂资源的深度提取与下游产品开发是重要的研究方向，形成了水盐体系相平衡、浮选溶液化学的教学和研究基点。

在盐湖化学工程的发展过程当中，国家自然科学基金委一直对于盐湖相关领域，诸如溶液化学、相平衡等给予很大支持。有标志性的事件，自 2014 年起，国家自然科学基金委员会和青海省人民政府共同设立了"柴达木盐湖化工科学研究联合基金"（简称"盐湖联合基金"）[53]。盐湖联合基金的设立旨在进一步提升盐湖化工的基础研究水平，推动关键技术突破，助力盐湖化工产业升级，实现盐湖化工产业集群发展。该联合基金最显著的作用在于将盐湖研究力量拢聚在了一起，把分布在地质、矿业、化学、化工等各个行业的人才集中在区域性基金引导的框架之内，形成了一股聚焦点明确的研究力量，而盐湖化工也逐渐呈现出一体化、专业化学科的发展倾向。盐湖联合基金引导国内研究机构在盐湖化工范围内重点攻关，包括盐湖相平衡及其基础数据、盐湖资源高效分离的新技术与新方法、盐湖资源高值化利用及新材料研究、盐湖资源成盐化学及水盐动态研究等多个科学方向。

很多国际研究机构和友人也在交流中促进了国内盐湖化工学科的发展。例如，美国犹他大学地处盐湖城，紧邻著名的大盐湖，犹他大学矿物与地球科学学院在可溶盐浮选、盐湖溶液化学、湿法冶金等方面有数十年的学术积累，与中国昆明理工大学、山西大学、青海大学等院校保持着校际的合作，尤其在盐湖钾盐生产方面与国内一起开展过多年的科技攻关。在犹他大学，美国工程院院士 Jan D. Miller 教授是矿业领域的资深专家，多年来 Miller 院士致力于推动盐湖化工科技的国际合作，并于 2018 年获得中国的国家国际合作奖。

### 13.1.3 盐湖化工代表性出版物

在盐湖化工的发展历程中，领域内相关的著作和学术期刊对学科发展起到了显著的牵引作用，进一步推动了盐湖资源理论和应用的研究。

学术期刊方面，1960年，无机盐行业内的核心杂志《无机盐工业》创刊，该刊至今也是盐湖化工方向上的重要源刊之一。1965年，中国科学院青海盐湖研究所设立，培养出了一批盐湖利用的领军专家，盐湖研究开始系统化。随后在1972年，青海盐湖研究所创办了《盐湖研究》，这是盐湖地质、盐湖矿物、盐湖化工等领域内的综合性期刊，在盐湖资源的研究历程中起到了极为重要的引领作用。同样在1972年，中盐制盐工程技术研究院主办的《海湖盐与化工》创刊，后依次更名为《盐业与化工》和《盐科学与化工》，该刊以制盐系统内的盐业化工、盐田生物、盐业机械等内容为报道方向，在一定历史时期内也与盐湖化工联系紧密，促进了盐湖资源和盐湖化工的研究发展。

掌握盐湖资源的赋存状态、地理分布、储量情况、开发技术可行性是开展盐湖化工的前提之一。盐湖资源的论著方面，1989年郑绵平、向军出版了《青藏高原盐湖》，该著作对青海和西藏的盐湖群做了总结，尤其是对于不同盐湖的水化学类型进行了归纳，为后来的盐湖化工开发提供了一手资料。1992年和1995年，郑喜玉分别出版了《内蒙古盐湖》和《新疆盐湖》，系统介绍了内蒙古和新疆盐湖的特点及开发情况。1999年，张彭熹出版了《中国盐湖自然资源及其开发利用》，详细而全面地介绍了我国盐湖资源特点和开发利用情况。2002年，郑喜玉出版了《中国盐湖志》，其论著内容涉及了我国盐湖资源特点、湖盆成因、盐湖资源及其开发利用等。

作为盐湖化工的基础资料之一，水盐体系相分离是结晶分离的研发保障。1986年，天津轻工业学院梁保民出版了《水盐体系相图原理及运用》，从基本原理、实验研究及基础数据的角度初步总结了水盐体系相分离的研究成果。该著作的特点在于借鉴早期研究成果，从相图组分数的角度对复杂的水盐体系相分离问题做了分类，这种分类方法也为后续出版物所沿用。2003年，牛自得、程芳琴出版了《水盐体系相图及其应用》，从基础数据、实验方法和相平衡热力学理论多个方面做出总结。该专著全面总结了水盐体系相平衡研究领域的基本原理、基础数据、热力学模型、应用方法，其应用范围还辐射到了铝土矿、粉煤灰等低品位矿产资源湿法冶金方向。2013年，邓天龙版《水盐体系相图及应用》出版，在程版著作的基础上增加了非平衡态理论、相平衡模型等国内外最新的研究成果。

在盐化学工程方面，包括盐化分析、盐化工程以及综合性的盐湖化工论著都有影响力较大的出版物。1988年，翟宗玺《卤水和盐的分析方法》出版，全面地介绍了盐湖卤水及盐组成的分析方法。1985年中国轻工协会盐学会提出组织撰写盐化工技术全编，1994年《制盐工业手册》出版，总结了各类盐化工技术，其中包括海盐、湖盐、井矿盐的生产方法，涵盖了盐田制卤、制盐采盐、盐产品后期加工、盐化分析、盐田生物、盐田构建等各个方面的内容，是极为全面的盐化工技术著作。该书的编写得到了盐学会、盐务总局、中国盐业总公司、各地盐业部门、地方盐场，以及中国科学院青海盐湖研究所等多个部门的支持，编写工作持续近十年，等到出版时王乃星、李源、毕世楷、黄康吉等当时盐化界老专家已经离世，为盐化技术的系统性总结做出了极大的贡献。另外，《无机盐工业手册》中普遍使用的版本于1999年出版，涵盖了各种无机盐化工产品和生产技术。2009年，于升松《察尔汗盐湖资源可持续利用研究》出版，系统地论述了察尔汗盐湖概况、察尔汗盐湖资源地球化学、资源加工工艺、察尔汗盐湖资源开发利用的可持续发展等内容。2012年，程芳琴版《盐湖化工基础及应用》出版，首次将可溶盐浮选、结晶分离理论进行了总结，并全面地总结了盐湖矿产资源开发过程中的相平衡、结晶、浮选的国际前沿研究进展。值得一提的是，2010年，段雪版《青海盐湖资源综合利用》战略咨询项目报告出版，系统性地从化工角度阐述了盐湖资源利用问题，成为盐湖化工的方向性著作。

### 13.1.4　盐湖化工行业的发展历程

对于水盐体系相分离的发展而言，盐湖钾盐的技术改造是相分离发展的重要推动力之一。关于钾盐生产方面，文献资料很多，因此本书不再赘述。本书主要从钠盐技术发展的角度，补充性地论述水盐体系相分离的一些发展实例。

本节主要论述中北地区的盐湖化工生产实例，主要指山西和内蒙古，具体指山西的运城盐湖和内蒙古的吉兰泰盐湖矿区，二者分属硫酸钠亚型和钠-镁硫酸盐亚型盐湖[54]。从生产规模上看，运城盐湖和吉兰泰盐湖矿区并不是盐湖化工的主要板块，但是在盐湖化工发展进程中，两处盐湖的化工发展轨迹极具代表性。这两处盐湖的资源变迁模式在国内外都具有典型参考价值，并且在国家盐湖工业建设中发挥过独特的先导性作用，一是为后续盐湖钾镁锂资源的大规模开发提供了基本经验、技术及人员储备，二是在20世纪50~60年代中为国家内地工业布局大战略给予了重要的支撑。从科学问题上分析，这两处盐湖都在盐湖化工发展过程中盐湖水化学特征多次历经变迁，设计盐湖化工-相平衡发展，其开发技术也几经升级改造，特别涉及盐湖化工与环境化工的独特关系日益紧密，而这些发展动态也正是青海、西藏、新疆等地盐湖矿区可以借鉴的。

#### 13.1.4.1　硫酸钠亚型盐湖化学特征和盐湖化工技术的历史变迁——运城盐湖

运城盐湖的开发史是硫酸钠亚型盐湖化学工业可持续发展和工业转型的缩影之一，也是盐湖化工理论发展历程中水盐体系相图指导工业实践的代表性案例，在盐湖化工技术变迁过程中的科学问题始终以水盐体系相平衡为核心。基于水盐体系相图等学科原理，运城盐湖的卤水变迁和分离提取问题得到了明确，促使新中国成立以后走过了生产食用盐、单品工业盐、多元化工业盐、盐化工技术群、环境化工协同发展等各个历史时期。基于运城盐湖卤水变迁规律的科学问题研究，20世纪80年代依次发展出硫化碱、工业无水芒硝等各类重要无机工业化学品生产技术，运城盐湖开始从历经四千年的食用盐开采转向多种工业盐的综合开发，形成了代表性的世界硫酸钠亚型盐湖工业开发技术群；2000年之后，基于盐湖化学与化工开发的动态关系研究，硫酸钠型盐湖卤水平衡开发与综合利用问题得到重视，运城盐湖的工业开发减缓，2018年之后开始逐渐发展黑泥资源开发及旅游等新的方向。

运城盐湖的重要贡献在于为新中国中部地区无机盐工业布局的关键一环，成为了晋南、甚至华北地区盐化工的盐化基地之一，辐射并带动了周边盐业工程技术的发展。在中华人民共和国成立之前的数千年中，运城盐湖的主要产品都是人工晒制的食用盐，号称潞盐。由于地处中华文明的发源地区，运城盐湖的食用盐生产对华夏民族的起源、发展、壮大都至关重要。1948年设置了山西运城盐化局，运城盐湖开始实行工业化统一管理，食盐也从手工生产进入了工业化生产时期。后来设立了南风化工集团股份有限公司，成为运城盐湖的开发主体，2012年划转并重组为"山西焦煤运城盐化集团有限责任公司"，为国内元明粉、硫化碱、沉淀硫酸钡和硫酸镁等无机盐产品的生产基地，其中元明粉产品产销量世界第一，硫化碱、沉淀硫酸钡、硫酸镁产销量和市场占有率均为国内第一。在20世纪80年代，集团公司上市、奇强洗衣粉、元明粉出口、盐化钾肥、中国死海、盐化医院等有着很强的历史印记。

在这一时期，涉及盐湖水化学、水盐体系相平衡的研究开始在国内兴起，在运城盐湖中发现除了食用盐之外还存在硫酸钠、硫酸钾等工业盐的开采价值。经过全面的预研和盐湖化工学科理论上的准备，尤其是对水盐体系相图的分析和论证，1985年运城盐湖由千年潞盐生产逐步转为综合性地生产芒硝、元明粉、硫化碱、硫酸钡以及硫酸镁等产品，基于硫酸钠亚型盐湖的化学工业技术群开始形成，在这个时期也提出了盐硝联产工艺。

在盐湖化工理论指导工业实践产生了技术突破的同时，运城盐化的转型也反过来带到了盐湖化工研究的发展，1985~2000年前后，面向运城盐湖的硫酸钠亚型盐湖化学与相平衡研究报道很多，甚至吸引了盐湖生物研究者的注意，盐湖微藻、嗜盐菌、对虾养殖、生物资源提取等方面的盐湖生物学、盐湖生物化工研究开始启动。2000年以后，尤其是2010年以后，基于盐湖资源持续开发的考虑，运城盐湖卤水变迁问题开始得到重视，研究者开始关注盐湖化学与化工开发的动态关系，运城盐湖化工进入了盐湖卤水平衡开发与综合利用时期。2018年，根据硫酸钠亚型盐湖卤水的化学变迁规律，运城盐湖开始逐渐发展黑泥资源开发及盐湖旅游等新方向。盐湖黑泥被认为是可以与以色列"死海"相媲美的天然美容稀缺资源，与河东大盐一起被评为国家地理标志保护产品。

### 13.1.4.2　盐湖水化学演变的缩影和盐湖资源与环境化工的发展——吉兰泰盐湖

吉兰泰盐湖地处内蒙古自治区。与运城盐湖类似，吉兰泰盐湖也属于中等规模的盐湖，但是在新中国成立以后内蒙古的盐湖化工生产中起到了先导性的示范作用。吉兰泰盐湖在盐湖化工生产方面的科学问题也是围绕着水盐体系相平衡基础数据和工业结晶理论而展开，其后期发展还融合了盐田生物化工、环境化工的研究成果。

吉兰泰盐湖的早期面积120平方千米，钾、镁和其他稀有贵重化学元素的勘探储量达1.14亿吨。盐湖是内蒙古的盐矿生产基地之一，产出的食用盐颗粒大、味道浓、晶莹透明、杂质少，每年出产优质湖盐60多万吨。2000多年前的先秦时期，吉兰泰盐湖已有采盐食用，但大规模生产还是在新中国成立以后。在1966年5月，为了综合利用内蒙古地区的盐业资源，吉兰泰盐湖的开发被提上日程，轻工业部组织了吉兰泰盐场生产的研讨会。由于盐湖提取的石盐含有大量结晶硫酸钙，呈机翼形片状，当时称之为"飞机石"。针对硫酸钙的去除问题，在研讨会上，国内各地赶来的专家提出了两套方案，一是焙烧法，即焙烧后硫酸钙变为粉末，从而便于与大颗粒的食用盐分开；二是重介质分选法，并配合旋流器，利用主盐和杂盐的密度差异实现分选。经现场试验后，最后确定采用焙烧工艺路线。20世纪50~70年代，吉兰泰盐湖处于工业化开采时期，到了80年代开始机械化捞采，促进了盐化工机械的发展。随着时代的发展，湖区建设了铁路专线，生产技术不断升级，利用当地丰富的电力资源，又发展了电解生产金属钠等生产技术。在当时，吉兰泰盐湖的盐业是一个综合生产技术群的典范。随后一段时期，吉兰泰盐湖又发展了卤虫、杜氏盐藻的养殖技术，以及从微生物中提取β-胡萝卜素技术，并且在全国一度是最大的生产基地。

吉兰泰盐湖呈现出了明显的阶段性演化特征。在全新世的地质年代时期，盐湖经历了咸水湖、硫酸盐型盐湖、硫酸盐-氯化物型盐湖、氯化物型盐湖的转变。20 世纪 80 年代中期至 2010 年前后，盐湖资源进入综合开采和环境化工研究阶段，随后对吉兰泰盐湖的研究逐渐形成了盐湖化工、环境化工、生态修复综合一体的格局，这种多学科之间的协同研发对于我国西部盐湖化工未来的发展也是有借鉴意义的。

## 13.2　水盐体系相平衡理论展望

水盐体系相平衡理论的应用不仅局限于本书的叙述内容，还可以广泛应用于诸多新颖的应用场合。例如，有研究将水盐体系相图应用于鉴别火星地表的结晶硫酸镁或其他盐类[55]，通过相图分析证明地表有七水硫酸镁[56]而间接地验证火星上曾经存在液态水，因为七水硫酸镁只能在有水的条件下才能生成。又如，$H_2O$-$NaCl$-$CO_2$ 三元混合流体[57]广泛见于岩浆和热液系统中，在成岩和成矿的研究之中需要该体系的相平衡和热力学性质的基础数据，相关研究可以为矿床形成机制以及成矿过程提供机理解释。利用水盐体系相平衡原理还可以对施肥时土壤颗粒周围的组分溶解情况进行预测，或者帮助调配卤水并用于盐田生物群落的培养等。

总之，水盐体系相平衡理论的应用是多元化的，其应用途径很多，在实际应用中可以充分挖掘其潜力。

—————— 本 章 小 结 ——————

水盐体系相分离发展至今，除了借鉴国际上的研究经验之外，国内的研究者自新中国成立以来也做出了很大的贡献。从工程科学角度来看，国内的水盐体系相分离研究受到了海湖井矿盐生产的驱动，其研究成果也对无机盐生产起到了积极的指导作用。对于国内水盐体系相分离的研究，本章从化学化工理论、教学与科研、出版物及部分行业的发展历程方面做了一些粗浅的介绍，并主要聚焦于相平衡问题；但是由于水盐体系相分离的应用辐射面广，而作者的视野和经历有限、本书主题范围受限，因此很多前辈的工作仍然没有得以详细的呈现，在此表示歉意。

习 题

13-1 除了传统的相分离应用之外，试从工程技术角度讨论水盐体系相平衡及相图还可以应用于哪些方面。

# 附　　录

## 附录1　矿物盐的名称（部分）

| 化学式 | 中文名称 | 英文名称 | 符号 |
|---|---|---|---|
| LiCl | 氯化锂 | lithium chloride | |
| NaCl | 石盐、岩盐 | halit rock salt | Ha |
| KCl | 钾石盐 | sylvite | Sy |
| $NH_4Cl$ | 氯化铵 | ammonium chloride | |
| $MgCl_2$ | 氯镁石 | chloromagnesitc | |
| $Na_2SO_4$ | 无水芒硝 | thenardite | T, Th |
| $K_2SO_4$ | 硫钾石 | arcanite | Ar |
| $(NH_4)_2SO_4$ | 硫胺 | ammonium sulfate | |
| $CaSO_4$ | 硬石膏 | anhydrite | An |
| $Na_2CO_3$ | 碳酸钠 | soda | |
| $NaHCO_3$ | 小苏打 | nahcolite SODI | |
| $CaCO_3$ | 方解石 | calcite | |
| $NaNO_3$ | 钠硝石 | nitratine | |
| $KNO_3$ | 钾硝石 | niter | |
| $LiSO_4$ | 硫酸锂 | lithium sulfate | |
| $H_3BO_3$ | 硼酸 | sassolite | San |
| $NaCl \cdot 2H_2O$ | 水石盐 冰盐 | hydrohalite | |
| $Na_2SO_4 \cdot 10H_2O$ | 芒硝 | Mirabilite | $S_{10}$, Mir, Mi |
| $Na_2CO_3 \cdot H_2O$ | 水碱 | thermonatrite | C, Tn |
| $Na_2CO_3 \cdot 7H_2O$ | 七水碳酸钠 | heptahydrate | $C_7$, He |
| $NaCl \cdot 10H_2O$ | 苏打，泡碱 | soda, natron | $C_{10}$, Nal |
| $CaSO_4 \cdot 0.5H_2O$ | 烧石膏 | bassanite | |
| $CaSO_4 \cdot 2H_2O$ | 硬石膏 | gypsum | G, Gips, Gy |
| $CaCl_2 \cdot 6H_2O$ | 南极石 | antarcticite | Ant |
| $MgCl_2 \cdot 6H_2O$ | 水氯镁石 | bischofite | Bis |
| $MgCl_2 \cdot 8H_2O$ | 氯镁石 | chloromagnesite | |
| $MgSO_4 \cdot H_2O$ | 硫镁矾 | kieserite | Kie, Mi |
| $MgSO_4 \cdot 2H_2O$ | 二水泻盐 | sanderite | San, $M_2$ |
| $MgSO_4 \cdot 4H_2O$ | 四水泻盐 | tetrahydrate | Tet, $M_4$ |

续附录 1

| 化学式 | 中文名称 | 英文名称 | 符号 |
|---|---|---|---|
| $MgSO_4 \cdot 5H_2O$ | 五水泻盐 | pentahydri | Pen, $M_5$ |
| $MgSO_4 \cdot 6H_2O$ | 六水泻盐 | hexahydrit | Hex, $M_6$ |
| $MgSO_4 \cdot 7H_2O$ | 泻利盐 | epsomite | Eps, $M_7$ |
| $Na_2B_4O_7 \cdot 10H_2O$ | 硼砂 | borax | |
| $2Na_2SO_4 \cdot Na_2CO_3$ | 碱芒硝，碳酸钠矾 | burkeite | Bur |
| $Na_2SO_4 \cdot NaNO_3 \cdot H_2O$ | 钠硝矾 | darapshite | |
| $Na_2SO_4 \cdot 3K_2SO_4$ | 钾芒硝，硫酸钾石 | glaserite | Gla, Ap |
| $3Na_2SO_4 \cdot MgSO_4$ | 无水钠镁矾 | vanthoffite | Van |
| $6Na_2SO_4 \cdot 7MgSO_4 \cdot 15H_2O$ | 钠镁矾 | loeweite | Loe |
| $Na_2SO_4 \cdot MgSO_4 \cdot 4H_2O$ | 白钠镁矾 | astrakhanite | Ast, BI |
| $Na_2SO_4 \cdot CaSO_4$ | 钙芒硝 | glauberite | Glit, GI |
| $NaHCO_3 \cdot Na_2CO_3 \cdot 2H_2O$ | 天然碱，倍半碱 | trona | Tro |
| $Na_2CO_3 \cdot 2CaCO_3$ | 碳酸钠钙石 | shortite | |
| $Na_2CO_3 \cdot CaCO_3 \cdot 2H_2O$ | 钙水碱 | pirssonite | |
| $Na_2CO_3 \cdot CaCO_3 \cdot 5H_2O$ | 针碳酸钠钙石 | gaylussite | |
| $Mg(OH)_2(CO_3) \cdot 3H_2O$ | 纤水碳镁石 | artinite | |
| $KCl \cdot MgCl_2 \cdot 6H_2O$ | 光卤石 | carnallite | Car |
| $KCl \cdot MgCl_2 \cdot 2.75H_2O$ | 钾盐镁矾 | kainite | Kai |
| $KCl \cdot CaCl_2$ | 氯钾钙石 | clorocalcite | Chle |
| $K_2SO_4 \cdot 2MgSO_4$ | 无水钾镁矾 | langbeinite | Lan |
| $K_2SO_4 \cdot MgSO_4 . 4H_2O$ | 钾镁矾 | leonite | Leo |
| $K_2SO_4 \cdot MgSO_4 . 6H_2O$ | 软钾镁矾 | schoenite | Pie, Pi |
| $K_2SO_4 \cdot MgSO_4 . 7H_2O$ | 七水钾镁矾 | schvenite | Sehv, Sv |
| $K_2SO_4 \cdot CaSO_4 . 6H_2O$ | 钾石膏 | syngenite | Syn, Sg |
| $K_2SO_4 \cdot 5CaSO_4 . H_2O$ | 斜水钙钾矾 | potassium | Pc |
| $2MgCl_2 \cdot CaCl \cdot 12H_2O$ | 溢晶石 | tachyhydrite | Tac |
| $3NaCl \cdot 9Na_2SO_4 \cdot MgSO_4$ | 盐镁芒硝，丹斯石 | dansite | Dan |
| $9Na_2SO_4 \cdot 2Na_2CO_3 \cdot KCl$ | 碳酸芒硝，黄方石 | hanksite | Han |
| $K_2SO_4 \cdot MgSO_4 \cdot 2CaSO_4 \cdot 2H_2O$ | 杂卤石 | polyhalite | Po |
| $K_2SO_4 \cdot MgSO_4 \cdot 4CaSO_4 \cdot 2H_2O$ | 镁钾钙矾 | krugite | Kr |
| $Na_7K_3Mg_2(SO_4)_6(NO_3)_2 \cdot 6H_2O$ | 水硝碱镁矾 | humberstonite | |
| $KNO_3 \cdot K_2SO_4 \cdot H_2O$ | 钾硝矾 | nitenite | |
| $NaNO_3 \cdot K_2SO_4 \cdot H_2O$ | 钠硝矾 | darapskite | |
| $K_2SO_4 \cdot 2MgSO_4 \cdot Mg(OH)_2 \cdot 2H_2O$ | NS-B 盐 | | |
| $Na_2SO_4 \cdot 2MgSO_4 \cdot Mg(OH)_2 \cdot 2H_2O$ | NS-A 盐 | | |
| $NaCaB_5O_9 \cdot 8H_2O$ | 钠硼解石 | ulexite | |
| $MgB_2O_4 \cdot 3H_2O$ | 柱硼镁石 | pinnoite | |
| $MgHBO_3$ | 硼镁石 | szaibelyite | |
| $NaBO_2 \cdot NaCl \cdot 2H_2O$ | 氯硼钠石 | teepleite | Te |

# 附录 2　Na$^+$、K$^+$、Li$^+$、Mg$^+$//Cl$^-$、CO$_3^{2-}$-H$_2$O 六元体系相图数据程序

```
    program main
dimension x(3,2),xx(3)
    common/pro/s1,s2,s3,s4,s5,s6,s7,s8,s9
    common/ail/ai,aw,fphi
    common/ca/cm(4),am(2)
    common/fix/a,b
    call nlmd1(1.0e-6,iter)
    write(*,905)iter
905   format (1x,'Iteration=',i5)
    write (*,15) cm(1),cm(3),am(1),am(2)
15    format(10x,'Na=',f8.4,'  Li=',f8.4,'  Cl=',f8.4,
  $ ' CO3=',f8.4)
    write(*,20) fphi,aw,ai
20    format (10x,'phai=',f12.8,1x,'aw=',f12.8,1x,'AI=',f12.8)
    write(*,50) s1,s2
50    format(10x,'NaCl=       ',f12.8,3x,'Li2CO3=        ',f12.8)
    write(*,505) s3,s4
505   format(10x,'LiCl.H2O=',f12.5,3x,'Na2CO3.10H2O=',f12.5)
c   write(*,55) s5,s6,s7,s8
c   55      format(10x,'s5=',f12.8,3x,'s6=',f12.8,3x,'s7=',f12.8,
c   $   3x,'s8=',f12.8)
c      stop
    end



    subroutine nlmd1(ftol,iter)
    parameter(nmax=20,alpha=1.0,beta=0.5,gamma=2.0,
  $ itmax=500)
    dimension p(4,3),y(4),pr(nmax),prr(nmax),temp(3),
  $ pbar(nmax),x(3)
    ndim=3
    np=3
    mp=4
    mpts=ndim+1
```

```
      iter=0
      write( * ,'(a)') ' input concentration of Na'
      read( * , * )temp(1)
      write( * ,'(a)') ' input concentration of Li'
      read( * , * )temp(2)
      write( * ,'(a)') ' input concentration of Cl'
      read( * , * )temp(3)
      write( * ,'(a)')' K,Li,Cl='
      write( * , * )temp(1),temp(2),temp(3)
      do 9099 i=1,mp
        do 9096 j=1,np
        p(i,j)=temp(j)
        if( (i-j).eq.1 ) p(i,j)=1.1 * p(i,j)
9096  continue
9099  continue
      write( * ,'(a)')' P(4,3)='
      do 9898 i=1,mp
      write( * , * )(p(i,j),j=1,np)
9898  continue
91    ilo=1
      do 9012 i=1,mp
      do 9011 j=1,np
      x(j)=p(i,j)
9011  continue
      y(i)=funk(x)
9012  continue
      if(y(1).gt.y(2)) then
        ihi=1
        inhi=2
      else
        ini=2
        inhi=1
      endif
      do 912 i=1,mpts
        if(y(i).lt.y(ilo))ilo=i
        if(y(i).gt.y(ihi)) then
          inhi=ihi
          ihi=i
        else if(y(i).gt.y(inhi)) then
```

```
            if（i. ne. ihi）inhi = i
        endif
912   continue
      if（（abs（y（ihi））+abs（y（ilo）））. eq. 0. 0 ） then
      write（ * ,'（a）'）' can not be converged'
      write（ * ,'（a）'）' Funk = '
      write（ * , * ）y（1）,y（2）,y（3）,y（4）
      return
      endif
      rtol = 2. 0 * abs（y（ihi）-y（ilo））/（abs（y（ihi））+abs（y（ilo）））
c       write（ * , * ）9999,rtol
      if（rtol. lt. ftol） return
      if（iter. eq. itmax） then
        write（ * ,'（a）'）' Amoeba excccding maximum iterations. '
        write（ * ,'（a）'）' Funk = '
        write（ * , * ）y（1）,y（2）,y（3）,y（4）
        return
      endif
      iter = iter+1
      do 9912 j = 1,ndim
        pbar（j）= 0. 0
9912  continue
      do 914 i = 1,mpts
        if（i. ne. ihi） then
          do 913 j = 1,ndim
            pbar（j）= pbar（j）+p（i,j）
913         continue
        endif
914   continue
      do 915 j = 1,ndim
        pbar（j）= pbar（j）/ndim
        pr（j）= （1. 0+alpha）* pbar（j）-alpha * p（ihi,j）
915   continue
      ypr = funk（pr）
      if（ypr. le. y（ilo）） then
        do 916 j = 1,ndim
        prr（j）= gamma * pr（j）+（1. 0-gamma）* pbar（j）
916     continue
        yprr = funk（prr）
```

```fortran
          if( yprr. lt. y( ilo) ) then
            do 917 j = 1 , ndim
            p( ihi , j) = prr( j)
917       continue
          y( ihi) = yprr
          else
          do 9928 j = 1 , ndim
          p( ihi , j) = pr( j)
9928      continue
          y( ihi) = ypr
          endif
        else if ( ypr. ge. y( inhi) ) then
          if( ypr. lt. y( ihi) ) then
          do 919 j = 1 , ndim
          p( ihi , j) = pr( j)
919       continue
          y( ihi) = ypr
          endif
          do 921 j = 1 , ndim
            prr( j) = beta * p( ihi , j) +( 1. 0-beta) * pbar( j)
921       continue
          yprr = funk( prr)
          if( yprr. lt. y( ihi) ) then
            do 922 j = 1 , ndim
            p( ihi , j) = prr( j)
922       continue
          y( ihi) = yprr
          else
          do 924 i = 1 , mpts
          if( i. ne. ilo) then
          do 923 j = 1 , ndim
          pr( j) = 0. 5 * ( p( i , j) +p( ilo , j) )
          p( i , j) = pr( j)
923       continue
          y( i) = funk( pr)
          endif
924       continue
          endif
        else
```

```
        do 925 j=1,ndim
          p(ihi,j)=pr(j)
925       continue
        y(ihi)=ypr
      endif
      goto 91
      end




      function funk(xx)
      dimension xx(3)
      common/pro/s1,s2,s3,s4,s5,s6,s7,s8,s9
      common/ca/cm(4),am(2)
      cm(1)=xx(1)
      cm(2)=0.0
      cm(3)=xx(2)
      cm(4)=0.0
      am(1)=xx(3)
      am(2)=(xx(1)+xx(2)-xx(3))/2.0
c     write(*,*)999,cm(1),cm(2),cm(3),cm(4),am(1),am(2),xx(1),
c    $  xx(2),xx(3)
      call acv1(4,2,cm,am)
c     s1-NaCl,s2-Li2CO3,s3-LiCL.H2O,s4-Na2CO3.10H2O
c     funk=(abs(s1-7.9928))**2+((abs(s2-0.025))*319.0)**2
      funk=(abs(s1-38.5390))**2
     $  +((abs(s2-0.00012807))*300911.27)**2
     $  +0.0*((abs(s3-1.01696))*37.90)**2
     $  +0.0*((abs(s4-21.4258899))*1.79871)**2
c     funk=(abs(s1-38.5390))**2
c    $  +0.0*((abs(s2-1.280743e-4))*300911.27)**2
c    $  +((abs(s3-95082.48))/2467.18)**2
c    $  +0.0*((abs(s4-1078.418))/27.98)**2
      end




      subroutine acv1(m,k,cm,am)
C     This subprogram calculates activity coefficient of ion and water
      dimension aclg(4),aalg(2),wctc(4,4),zc(4),za(2),cm(4),am(2),
     *  ba(4,2),bb(4,2),bcaf(4,2),cca(4,2),w2ct(4,4),w1at(2,2),
```

```
     *  f1si(4,4),fcfi(4,4),f2si(2,2),fafi(2,2),wata(2,2),
     *  sxb(4),s1p(4),svf(4),ska(4),smf(4),
     *  syb(2),s2p(2),suf(2),s1c(2),scf(2),
     *  b0t(4,2),b1t(4,2),b2t(4,2),cfai(4,2),
     *  tcth(4,4),tath(2,2),pca(4,4,2),pac(2,2,4)
        common/cac/gcma(4),gama(2)
        common/wc/wwc(4),gga(2)
        common/ai1/ai,aw,fphi
        common/pro/s1,s2,s3,s4,s5,s6,s7,s8,s9
        data zc/1.0,1.0,1.0,2.0/
        data za/1.0,2.0/
        data a1f,a2f,a3f,af/2.0,1.4,12.0,0.3920/
        data b0t/0.0765,0.04835,0.1575,0.35235,0.0399,0.1488,
     $  -1.2355,0.0/
c    $  -0.389335,0.0/

        data b1t/.2664,0.2122,.2811,1.6815,1.389,1.43,-2.6546,0.0/
c       data b1t/.2664,0.2122,.2811,1.6815,1.389,1.43,-2.72267,0.0/

        data b2t/0.,0.,0.,0.,0.,0.,0.,0.0/
        data cfai/0.00127,-0.00084,0.00359,0.00519,0.0044,-0.0015,
     $  -0.0046607,0.0/
c    $  -0.162859,0.0/
        data tcth/0.,-0.012,0.01612,.07,-0.012,0.,.01297,0.,0.01612,
     *  .01297,0.,.10656,.07,0.,.10656,0./
        data tath/0.,-0.02,-0.02,0./
        data pca/0.,-0.0018,-0.005473,-0.012,-0.0018,0.,-0.02101,-0.022,
     *  -0.005473,-0.02101,0.,-0.01573,-0.012,-0.022,-0.01573,
     *  0.,0.,0.003,-0.06391,0.0,0.003,0.,-0.064876,0.0,
     *  -0.06391,-0.064876,0.,-0.02426,0.0,0.0,-0.02426,0./
        data pac/0.,.0085,.0085,0.,0.,0.004,0.004,0.,0.,-0.135066,
     $  -0.135066,0.0,
     $  0.0,0.0,0.0,0.0/
        fna(x,y)=(1.0-(1.0+x*sqrt(y))*exp(-x*sqrt(y)))/(x*x*y)
        fnb(x,y)=(-1.0+(1.0+x*sqrt(y)+0.5*x*x*y)*exp(-x*sqrt(y)))
     *  /(x*x*y)
c       In the following z-zc or za,u-ionic strength
        fnc(i,j,u)=2.352*zc(i)*zc(j)*sqrt(u)
        fnd(i,j,u)=2.352*za(i)*za(j)*sqrt(u)
```

```
      fne(x)=4.0+4.581*x**(-0.7237)*exp(-0.012*x**0.528)
      fnf(x)=x/fne(x)
      fng(x)=(3.31527*x**(-0.7237)+0.0290252*x**(-0.1957))*exp(
     *    -0.012*x**0.528)
      fnh(x)=1.0/fne(x)+fng(x)/(fne(x)**2)
      fni(i,j,u)=zc(i)*zc(j)/(4.0*u)*(fnf(fnc(i,j,u))-0.5*
     *  (fnf(fnc(i,i,u))+fnf(fnc(j,j,u))))
      fnj(i,j,u)=za(i)*za(j)/(4.0*u)*(fnf(fnd(i,j,u))-0.5*
     *  (fnf(fnd(i,i,u))+fnf(fnd(j,j,u))))
      fnk(i,j,u)=zc(i)*zc(j)/(8.0*u*u)*(fnc(i,j,u)*fnh(fnc(i,j,u))
     *  -0.5*(fnc(i,i,u)*fnh(fnc(i,i,u))+fnc(j,j,u)*fnh(fnc(j,j,u))))
     *  -fni(i,j,u)/u
      fn1(i,j,u)=za(i)*za(j)/(8.0*u*u)*(fnd(i,j,u)*fnh(fnd(i,j,u))
     *  -0.5*(fnd(i,i,u)*fnh(fnd(i,i,u))+fnd(j,j,u)*fnh(fnd(j,j,u))))
     *  -fnj(i,j,u)/u
c     fna-fn1 are correct
c     write(*,*)9999,cm(1),cm(2),cm(3),cm(4),am(1),am(2)
c     calculation of ionic strength ai
      ai=0.0
      do 3 i=1,m
3     ai=ai+0.5*cm(i)*zc(i)*zc(i)
      do 13 i=1,k
13    ai=ai+0.5*am(i)*za(i)*za(i)
      xz=0.0
      xaz=0.0
      xcz=0.0
      zs=0.0
      do 23 i=1,m
23    xcz=xcz+cm(i)*zc(i)
      do 33 i=1,k
33    xaz=xaz+am(i)*za(i)
      xz=abs(xcz-xaz)
      if(xz.ge.0.0001) goto 2010
      zs=xcz+xaz
      if(ai.lt.0.0)then
      write(*,'(a)') ' AI<0,err. '
      return
      endif
      yi=sqrt(ai)
```

```
        aj=2. 0 * yi
        yf=1. 0+1. 2 * yi
        f=-af * ( yi/yf+alog( yf)/0. 6)
        goto 2020
2010    write( * ,25)
25      format( 5x,'electricity is not balance stop')
        stop 2
2020    do 43 i=1,m
        do 43 j=1,k
        ba( i,j)= 0. 0
        bb( i,j)= 0. 0
        bcaf( i,j)= 0. 0
        cca( i,j)= 0. 0
        cca( i,j)= cfai( i,j)/( 2. 0 * sqrt( zc( i) * za( j)))
        if( ( zc( i). ge. 2. 0). and. ( za( j). ge. 2. 0)) goto 2050
c       write( * , * )919191,b0t( i,j),b1t( i,j),a1f,ai,cm( 1)
        ba( i,j)= b0t( i,j)+2. 0 * b1t( i,j) * fna( a1f,ai)
        bb( i,j)= b1t( i,j) * 2. 0 * fnb( a1f,ai)/ai
        bcaf( i,j)= b0t( i,j)+b1t( i,j) * exp( -a1f * yi)
        goto 43
2050    ba( i,j)= b0t( i,j)+2. 0 * b1t( i,j) * fna( a2f,ai)+2. 0 * b2t( i,j)
     *  * fna( a3f,ai)
        bb( i,j)= 2. 0 * ( b1t( i,j) * fnb( a2f,ai)+b2t( i,j) * fnb( a3f,ai))/ai
        bcaf( i,j)= b0t( i,j)+b1t( i,j) * exp( -a2f * yi)+b2t( i,j) * exp( -a3f * yi)
43      continue
c       calculation of F for all ions
545     xb1=0. 0
        do 53 i=1,m
        do 53 j=1,k
        xb1=xb1+cm( i) * am( j) * bb( i,j)
53      continue
        x1f=0. 0
        do 63 i=1,m-1
        do 63 j=i+1,m
        w2ct( i,j)= 0. 0
        w2ct( i,j)= fnk( i,j,ai)
        x1f=x1f+cm( i) * cm( j) * w2ct( i,j)
63      continue
        x2f=0. 0
```

```
      do 73 i=1,k-1
      do 73 j=i+1,k
      w1at(i,j)=0.0
      w1at(i,j)=fn1(i,j,ai)
      x2f=x2f+am(i)*am(j)*w1at(i,j)
73    continue
      ftac=f+xb1+x1f+x2f
c        calculation for cations
      do 83 i=1,m
      sxb(i)=0.0
      do 83 j=1,k
      sxb(i)=sxb(i)+am(j)*(2.0*ba(i,j)+zs*cca(i,j))
83    continue
      do 93 l=1,m
      s1p(i)=0.0
      do 103 j=1,m
c     if(j.eq.i) goto 103
      do 113 n=1,k
c     pca(j,i,n)=pca(i,j,n)
113   s1p(i)=s1p(i)+cm(j)*am(n)*pca(i,j,n)
103   continue
93    continue

      do 123 i=1,m
      smf(i)=0.0
      do 133 j=1,m
      wctc(i,j)=0.0
      wctc(i,j)=fni(i,j,ai)
c     if(j.eq.i) goto 133
c     tcth(j,i)=tcth(i,j)
      smf(i)=smf(i)+cm(j)*2.0*(tcth(i,j)+wctc(i,j))
133   continue
123   continue

      do 143 i=1,m
      svf(i)=0.0
143   svf(i)=smf(i)+s1p(i)

      do 153 i=1,m
      ska(i)=0.0
```

```
       do 153 j=1,k-1
       do 153 n=j+1,k
       ska(i)=ska(i)+am(j) * am(n) * pac(j,n,i)
153    continue

       x3c=0.0
       do 163 i=1,m
       do 163 j=1,k
       x3c=x3c+cm(i) * am(j) * cca(i,j)
163    continue
       do 173 i=1,m
       aclg(i)=0.0
       gcma(i)=0.0
       aclg(i)=ftac * zc(i) * zc(i)+sxb(i)+svf(i)+ska(i)+zc(i) * x3c
173    gcma(i)=exp(aclg(i))
c       calculation for anions
       do 183 i=1,k
       syb(i)=0.0
       do 183 j=1,m
       syb(i)=syb(i)+cm(j) * (2.0 * ba(j,i)+zs * cca(j,i))
183    continue

       do 193 i=1,k
       s2p(i)=0.0
       do 203 j=1,k
c      if(j. eq. i) goto 203
       do 213 n=1,m
c      pac(j,i,n)=pac(i,j,n)
213    s2p(i)=s2p(i)+am(j) * cm(n) * pac(i,j,n)
203    continue
193    continue

       do 223 i=1,k
       scf(i)=0.0
       do 233,j=1,k
       wata(i,j)=0.0
       wata(i,j)=fnj(i,j,ai)
c      if(j. eq. i) goto 233
c      tath(j,i)=tath(i,j)
         scf(i)=scf(i)+am(j) * 2.0 * (tath(i,j)+wata(i,j))
```

```
233    continue
223    continue


       do 243 i=1,k
       suf(i)=0.0
243    suf(i)=s2p(i)+scf(i)


       do 253 i=1,k
       s1c(i)=0.0
       do 253 j=1,m-1
       do 253 n=j+1,m
       s1c(i)=s1c(i)+cm(j)*cm(n)*pca(j,n,i)
253    continue


       do 263 j=1,k
       aalg(j)=0.0
       gama(j)=0.0
       aalg(j)=ftac*za(j)*za(j)+syb(j)+suf(j)+s1c(j)+za(j)*x3c
263    gama(j)=exp(aalg(j))


       do 273 i=1,m
       wwc(i)=0.0
273    wwc(i)=cm(i)*gcma(i)
       do 283 j=1,k
       gga(j)=0.0
283    gga(j)=am(j)*gama(j)


c      calculation for osmotic coefficient
       ff=-af*ai*yi/yf
       fwca=0.0
       do 293 i=1,m
       do 293 j=1,k
       fwca=fwca+cm(i)*am(j)*(bcaf(i,j)+zs*cca(i,j))
293    continue


       do 303 i=1,m-1
       do 303 j=i+1,m
       f1si(i,j)=0.0
       do 303 n=1,k
       f1si(i,j)=f1si(i,j)+am(n)*pca(i,j,n)
```

```
303    continue

       fycc = 0. 0
       do 313 i = 1 , m-1
       do 313 j = i+1 , m
       fcfi( i,j) = 0. 0
       fcfi( i,j) = tcth( i,j) +wctc( i,j) +ai * w2ct( i,j)
       fycc = fycc+cm( i) * cm( j) * ( fcfi( i,j) +f1si( i,j) )
313    continue

       do 323 i = 1 , k-1
       do 323 j = i+1 , k
       f2si( i,j) = 0. 0
       do 323 n = 1 , m
       f2si( i,j) = f2si( i,j) +cm( n) * pac( i,j,n)
323    continue

       fxaa = 0. 0
       do 333 i = 1 , k-1
       do 333 j = i+1 , k
       fafi( i,j) = 0. 0
       fafi( i,j) = tath( i,j) +wata( i,j) +ai * w1at( i,j)
       fxaa = fxaa+am( i) * am( j) * ( fafi( i,j) +f2si( i,j) )
333    continue

       xm = 0. 0
       do 343 i = 1 , m
343    xm = xm+cm( i)
       do 353 i = 1 , k
353    xm = xm+am( i)

       fphi = 2. 0 * ( ff+fwca+fycc+fxaa) /xm+1. 0
       ahm = -fphi * xm/55. 508
       aw = exp( ahm)
       s1 = wwc( 1) * gga( 1)
       s2 = ( wwc( 3) * wwc( 3) ) * gga( 2)
       s3 = wwc( 3) * gga( 1) * aw
       s4 = wwc( 1) * wwc( 1) * gga( 2) * ( ( abs( aw) ) * * ( 10) )
       return
       end
```

# 附录3 水盐体系相图数据（部分）

### 表 A.1 Na⁺，K⁺，Mg²⁺，Ca²⁺∥Cl⁻-H₂O 体系 35℃数据

| 正文中的相点代号 | 液相 g/（KCl+MgCl₂+CaCl₂=100g） | | | | 固相 |
|---|---|---|---|---|---|
| | KCl | MgCl₂ | NaCl | H₂O | |
| F | 12.0 | 0 | 0.58 | 76.4 | NaCl+ KCl+ CaCl₂·4H₂O |
| E | 11.1 | 2.4 | 0.57 | 76.6 | NaCl+ KCl+ CaCl₂·4H₂O+Car |
| H | 1.9 | 11.9 | 0.54 | 92.3 | NaCl+ Car+ Tac+ CaCl₂·4H₂O |
| R | 0.5 | 39.0 | 0.58 | 122.5 | NaCl+ Car+ Tac+Bis |
| Q | 0 | 41.1 | 0.71 | 122 | NaCl+ Bis+ Tac |
| P | 0 | 12.7 | 0.55 | 94.8 | NaCl+ CaCl₂·4H₂O+Tac |
| G | 12.8 | 87.2 | 6.16 | 223 | NaCl+ KCl+ Car |
| K | 0.25 | 99.75 | 0.92 | 177.5 | NaCl+ Car+ Bis |

### 表 A.2 Na⁺，Mg²⁺∥Cl⁻，SO₄²⁻-H₂O 体系 25℃数据

| 液相耶涅克指数 | | | 固相 |
|---|---|---|---|
| Na⁺ | SO₄²⁻ | H₂O | |
| 100 | 0 | 1808 | NaCl |
| 100 | 19.9 | 1590 | NaCl+Na₂SO₄ |
| 90 | 23.2 | 1565 | NaCl+Na₂SO₄ |
| 75.7 | 29.0 | 1505 | NaCl+Na₂SO₄+Ast |
| 60 | 25.3 | 1545 | NaCl+Ast |
| 40 | 23.1 | 1515 | NaCl+Ast |
| 20 | 22.6 | 1410 | NaCl+Ast |
| 15.8 | 22.6 | 1380 | NaCl+Ast+Eps |
| 10 | 17.8 | 1305 | NaCl+Eps |
| 5.1 | 13.7 | 1205 | NaCl+Eps+Hex |

### 表 A.3 Na⁺，K⁺∥Cl⁻，SO₄²⁻，NO₃⁻-H₂O 体系 75℃数据

| 液相 mol/100mol 总盐量 | | | | | 固相 |
|---|---|---|---|---|---|
| Na₂²⁺ | K₂²⁺ | SO₄²⁻ | (NO₃)₂²⁻ | Cl₂²⁻ | |
| 100 | 0 | 0 | 82.1 | 17.9 | Na₂(NO₃)₂ + Na₂Cl₂ |
| 100 | 0 | 12.9 | 0 | 87.1 | Na₂SO₄ + Na₂Cl₂ |
| 82.0 | 18.0 | 100 | 0 | 0 | Na₂SO₄ + Gla |
| 30.0 | 70.0 | 100 | 0 | 0 | K₂SO₄ + Gla |

续表 A. 3

| 液相 mol/100mol 总盐量 | | | | | 固　相 |
|---|---|---|---|---|---|
| $Na_2^{2+}$ | $K_2^{2+}$ | $SO_4^{2-}$ | $(NO_3)_2^{2-}$ | $Cl_2^{2-}$ | |
| 0 | 100 | 3.6 | 0 | 96.4 | $K_2SO_4 + K_2Cl_2$ |
| 0 | 100 | 0 | 67.5 | 32.5 | $K_2(NO_3)_2 + K_2Cl_2$ |
| 0 | 100 | 2.5 | 97.5 | 0 | $K_2(NO_3)_2 + K_2SO_4$ |
| 100 | 0 | 3.7 | 96.3 | 0 | $Na_2(NO_3)_2 + Na_2SO_4$ |
| 55.0 | 45.0 | 0 | 0 | 100 | $Na_2Cl_2 + K_2Cl_2$ |
| 53.8 | 46.2 | 0 | 100 | 0 | $Na_2(NO_3)_2 + K_2(NO_3)_2$ |
| 100 | 0 | 3.0 | 80.0 | 17.0 | $Na_2(NO_3)_2 + Na_2SO_4 + Na_2Cl_2$ |
| 0 | 100 | 1.3 | 66.6 | 32.1 | $K_2(NO_3)_2 + K_2SO_4 + K_2Cl_2$ |
| 53.5 | 46.5 | 0 | 92.0 | 8.0 | $Na_2(NO_3)_2 + K_2(NO_3)_2 + Na_2Cl_2$ |
| 37.8 | 62.2 | 0 | 72.7 | 27.3 | $K_2(NO_3)_2 + Na_2Cl_2 + K_2Cl_2$ |
| 74.0 | 26.0 | 15.0 | 0 | 85.0 | $Na_2SO_4 + Na_2Cl_2 + Gla$ |
| 55.0 | 45.0 | 5.0 | 0 | 95.0 | $Na_2Cl_2 + K_2Cl_2 + Gla$ |
| 14.0 | 86.0 | 5.0 | 0 | 95.0 | $K_2Cl_2 + K_2SO_4 + Gla$ |
| 52.8 | 47.2 | 2.0 | 98.0 | 0 | $Na_2(NO_3)_2 + K_2(NO_3)_2 + Na_2SO_4$ |
| 49.2 | 50.8 | 2.8 | 97.2 | 0 | $Na_2SO_4 + K_2(NO_3)_2 + Gla$ |
| 10.3 | 89.7 | 3.3 | 96.7 | 0 | $K_2(NO_3)_2 + K_2SO_4 + Gla$ |
| 53.7 | 46.3 | 1.8 | 90.4 | 7.8 | $Na_2(NO_3)_2 + K_2(NO_3)_2 + Na_2Cl_2 + Na_2SO_4$ |
| 50.4 | 49.6 | 2.4 | 86.3 | 11.3 | $K_2(NO_3)_2 + Na_2Cl_2 + Na_2SO_4 + Gla$ |
| 37.0 | 63.0 | 1.7 | 71.4 | 26.9 | $K_2(NO_3)_2 + Na_2Cl_2 + K_2Cl_2 + Gla$ |
| 13.3 | 86.7 | 1.7 | 67.3 | 31.0 | $K_2(NO_3)_2 + K_2Cl_2 + K_2SO_4 + Gla$ |

### 表 A.4 $Na^+$，$K^+$，$Mg^{2+}$∥$Cl^-$，$SO_4^{2-}$-$H_2O$ 体系 25℃数据（对 $Na_2Cl_2$ 饱和）

| 符号 | 液相 J′ | | | | 固　相 |
|---|---|---|---|---|---|
| | $K_2^{2+}$ | $Mg^{2+}$ | $Na_2^{2+}$ | $H_2O$ | |
| A | 81.9 | 0 | 196 | 4070 | $Na_2Cl_2 + Gla + K_2Cl_2$ |
| | 65 | 17.3 | 142.4 | 3310 | $Na_2Cl_2 + Gla + K_2Cl_2$ |
| | 50 | 32.4 | 101.6 | 2670 | $Na_2Cl_2 + Gla + K_2Cl_2$ |
| | 35 | 46.1 | 64.4 | 2050 | $Na_2Cl_2 + Gla + K_2Cl_2$ |
| B | 22.6 | 55.6 | 36.2 | 1510 | $Na_2Cl_2 + Gla + K_2Cl_2 + Pic$ |
| C | 20.5 | 58.6 | 28.2 | 1450 | $Na_2Cl_2 + K_2Cl_2 + Leo + Pic$ |
| | 15 | 66.5 | 16.9 | 1300 | $Na_2Cl_2 + K_2Cl_2 + Leo$ |
| D | 11.3 | 72.3 | 11.3 | 1200 | $Na_2Cl_2 + K_2Cl_2 + Leo + Kai$ |
| | 9 | 79.6 | 8.0 | 1196 | $Na_2Cl_2 + K_2Cl_2 + Kai$ |
| E | 6.6 | 88.0 | 3.6 | 1190 | $Na_2Cl_2 + K_2Cl_2 + Kai + Car$ |

续表 A.4

| 符号 | 液相 J′ | | | | 固　相 |
|---|---|---|---|---|---|
| | $K_2^{2+}$ | $Mg^{2+}$ | $Na_2^{2+}$ | $H_2O$ | |
| Z | 7.7 | 92.3 | 5.4 | 1300 | $Na_2Cl_2 + K_2Cl_2 + Car$ |
| F | 41.45 | 0 | 238.5 | 4090 | $Na_2Cl_2 + Na_2SO_4 + Gla$ |
| G | 17.8 | 33.6 | 104.1 | 2170 | $Na_2Cl_2 + Na_2SO_4 + Gla + Ast$ |
| H | 0 | 45.6 | 142 | 2826 | $Na_2Cl_2 + Na_2SO_4 + Ast$ |
| I | 16.2 | 54.8 | 43.4 | 1560 | $Na_2Cl_2 + Gla + Ast + Pic$ |
| J | 15.0 | 56.4 | 39.0 | 1480 | $Na_2Cl_2 + Ast + Leo + Pic$ |
| K | 8.9 | 69.4 | 12.0 | 1140 | $Na_2Cl_2 + Ast + Leo + Eps$ |
| L | 0 | 78.6 | 15.9 | 1306 | $Na_2Cl_2 + Ast + Eps$ |
| N | 7.7 | 71.0 | 10.0 | 1080 | $Na_2Cl_2 + Kai + Leo + Eps$ |
| O | 5.4 | 81.0 | 4.7 | 1060 | $Na_2Cl_2 + Kai + Eps + Hex$ |
| P | 0 | 87.4 | 4.7 | 1060 | $Na_2Cl_2 + Eps + Hex$ |
| Q | 2.0 | 88.4 | 1.5 | 980 | $Na_2Cl_2 + Kai + Hex + Pen$ |
| R | 0 | 91.1 | 1.6 | 982 | $Na_2Cl_2 + Hex + Pen$ |
| S | 1.3 | 90.6 | 1.3 | 950 | $Na_2Cl_2 + Kai + Pen + Tet$ |
| T | 0 | 92.35 | 1.1 | 954 | $Na_2Cl_2 + Pen + Tet$ |
| U | 1.1 | 91.5 | 1.2 | 940 | $Na_2Cl_2 + Car + Kai + Tet$ |
| V | 0.3 | 94.7 | 0.3 | 886 | $Na_2Cl_2 + Car + Bis + Tet$ |
| X | 0.2 | 99.8 | 0.75 | 958 | $Na_2Cl_2 + Car + Bis$ |
| Y | 0 | 95.3 | 0.7 | 888 | $Na_2Cl_2 + Bis + Tet$ |

### 表 A.5　$AlCl_3$-$FeCl_3$-$H_2O$ 体系在 25 ℃条件下的溶解度

| 液相组成/%（质量分数） | | | 平衡固相 |
|---|---|---|---|
| $AlCl_3$ | $FeCl_3$ | $H_2O$ | |
| 0 | 68.8 | 31.2 | A |
| 8.75 | 64.28 | 26.98 | A |
| 20.31 | 58.24 | 21.44 | A |
| 27.78 | 55.64 | 16.58 | A |
| 31.15 | 54.31 | 14.55 | A |
| 32.41 | 53.55 | 14.05 | A |
| 34.72 | 51.44 | 13.84 | A |
| 38.32 | 51.04 | 10.64 | A+ F |
| 41.85 | 52.73 | 5.42 | F |
| 50.29 | 49.71 | 0 | F |

表 A.6　AlCl₃-FeCl₃-H₂O(-HCl)　三元体系在 25℃、H⁺浓度为 1.3mol/L 时的溶解度

| 液相组成/%(质量分数) | | | 平衡固相 | 饱和液体的密度 |
|---|---|---|---|---|
| $AlCl_3$ | $FeCl_3$ | $H_2O$（HCl） | | $\rho/g \cdot cm^{-3}$ |
| 30.58 | 0 | 69.42 | A | 1.2886 |
| 29.5 | 4.24 | 66.26 | A | 1.297 |
| 28.16 | 7.53 | 64.31 | A | 1.3237 |
| 25.65 | 10.07 | 64.28 | A | 1.3409 |
| 25.38 | 12.7 | 61.91 | A | 1.3575 |
| 23.9 | 15.67 | 60.44 | A | 1.3686 |
| 22.49 | 16.17 | 61.34 | A | 1.3803 |
| 20.84 | 18.53 | 60.63 | A | 1.3865 |
| 20.88 | 19.77 | 59.35 | A | 1.3918 |
| 20.59 | 22.03 | 57.37 | A | 1.4087 |
| 19.35 | 23.56 | 57.09 | A | 1.4191 |
| 18.22 | 23.94 | 57.84 | A | 1.4268 |
| 18.11 | 25.92 | 55.97 | A | 1.4346 |
| 17.83 | 26.67 | 55.5 | A | 1.4403 |
| 16.72 | 28.28 | 55 | A | 1.4583 |
| 16.25 | 29.05 | 54.7 | A | 1.4635 |
| 16.1 | 30.21 | 53.69 | A | 1.4691 |
| 15.49 | 33.14 | 51.37 | A | 1.485 |
| 14.11 | 33.31 | 52.58 | A | 1.49 |
| 13.96 | 35.05 | 50.99 | A | 1.5 |
| 12.19 | 36.48 | 51.33 | A+F | 1.5355 |
| 10.21 | 35.96 | 53.84 | F | 1.5397 |
| 10.18 | 38.95 | 50.87 | F | 1.508 |
| 7.34 | 39.86 | 52.8 | F | 1.5165 |
| 5.68 | 40.01 | 54.31 | F | 1.5418 |
| 4.7 | 40.35 | 54.95 | F | 1.5385 |
| 3.1 | 43.51 | 53.39 | F | 1.5445 |
| 1.5 | 44.01 | 54.49 | F | 1.5537 |
| 0 | 47.52 | 52.48 | F | 1.5394 |

表 A.7　AlCl₃-FeCl₃-H₂O(-HCl)　体系在 25℃、H⁺浓度为 4.0mol/L 时的溶解度

| 液相组成/%(质量分数) | | | 平衡固相 | 饱和液体的密度 |
|---|---|---|---|---|
| $AlCl_3$ | $FeCl_3$ | $H_2O$（HCl） | | $\rho/g \cdot cm^{-3}$ |
| 25.16 | 0 | 74.84 | A | 1.2446 |
| 20.61 | 11.73 | 67.66 | A | 1.3275 |

| 液相组成/%（质量分数） | | | 平衡固相 | 饱和液体的密度 |
|---|---|---|---|---|
| AlCl_3 | FeCl_3 | H_2O （HCl） | | $\rho/g \cdot cm^{-3}$ |
| 19. 13 | 16. 51 | 64. 36 | A | 1. 359 |
| 16. 69 | 21. 25 | 62. 06 | A | 1. 372 |
| 15. 22 | 24. 56 | 60. 22 | A | 1. 403 |
| 14. 32 | 27. 96 | 57. 72 | A | 1. 4288 |
| 13. 49 | 30. 06 | 56. 46 | A | 1. 4425 |
| 12. 65 | 33. 24 | 54. 11 | A | 1. 4579 |
| 11. 98 | 34. 07 | 53. 96 | A | 1. 4782 |
| 11. 25 | 34. 99 | 53. 76 | A | 1. 4903 |
| 10. 77 | 38. 68 | 50. 55 | A+F | 1. 5207 |
| 8. 72 | 38. 93 | 52. 35 | F | 1. 5175 |
| 7. 93 | 40. 51 | 51. 55 | F | 1. 5097 |
| 6. 49 | 40. 67 | 52. 84 | F | 1. 5183 |
| 4. 92 | 41. 25 | 53. 83 | F | 1. 5242 |
| 3. 31 | 42. 66 | 54. 03 | F | 1. 528 |
| 1. 63 | 42. 65 | 55. 73 | F | 1. 5286 |
| 0 | 48. 46 | 51. 54 | F | 1. 5211 |

### 表 A. 8　$AlCl_3$-$FeCl_3$-$H_2O$(-HCl) 体系在 25℃、$H^+$ 浓度为 11. 5mol/L 时的溶解度

| 液相组成/%（质量分数） | | | 平衡固相 | 饱和液体的密度 |
|---|---|---|---|---|
| AlCl_3 | FeCl_3 | H_2O （HCl） | | $\rho/g \cdot cm^{-3}$ |
| 0. 51 | 0 | 99. 65 | A | 1. 18 |
| 1. 04 | 17. 74 | 84. 72 | A | 1. 2635 |
| 1. 84 | 27. 32 | 76. 07 | A | 1. 323 |
| 2. 45 | 30. 88 | 70. 16 | A | 1. 3713 |
| 2. 46 | 33. 26 | 68. 3 | A | 1. 3941 |
| 3. 13 | 35 | 66. 29 | A | 1. 4035 |
| 3. 46 | 35. 93 | 63. 41 | A | 1. 4293 |
| 3. 89 | 37. 69 | 61. 83 | A | 1. 452 |
| 4. 38 | 40. 25 | 60. 24 | A | 1. 4675 |
| 4. 41 | 40. 78 | 60. 28 | A | 1. 4852 |
| 4. 6 | 42. 44 | 58. 09 | A | 1. 4992 |
| 4. 55 | 41. 37 | 56. 16 | A | 1. 4934 |
| 5. 25 | 45. 39 | 54. 38 | A+F | 1. 5399 |
| 3. 13 | 47. 94 | 53. 22 | F | 1. 5391 |
| 2. 59 | 47. 6 | 53. 43 | F | 1. 537 |
| 2. 17 | 47. 88 | 54. 46 | F | 1. 5362 |
| 1. 48 | 48. 46 | 55. 01 | F | 1. 5327 |
| 0 | 48. 01 | 51. 99 | F | 1. 5095 |

**表 A. 9　AlCl₃ · 6H₂O 和 FeCl₃ · 6H₂O 在不同浓度盐酸溶液中的溶解度**

| 盐酸浓度/mol · L⁻¹ | AlCl₃ | FeCl₃ |
|---|---|---|
| 0 | 31. 2 | 48. 93 |
| 1. 3 | 30. 58 | 47. 52 |
| 4 | 25. 16 | 48. 46 |
| 6 | 17. 98 | 46. 71 |
| 8 | 9. 36 | 46. 7 |
| 10 | 1. 78 | 47. 58 |
| 11. 5 | 0. 51 | 48. 01 |
| 12 | 0. 13 | 47. 8 |

**表 A. 10　AlCl₃-FeCl₃-H₂O( -HCl) 体系在 H⁺ =1. 3mol/L、20℃和30℃时的溶解度及密度**

| 温度/℃ | 液相组成/% （质量分数） | | | 平衡固相 | 饱和液体的密度 $\rho / g \cdot cm^{-3}$ |
|---|---|---|---|---|---|
| | AlCl₃ | FeCl₃ | H₂O （HCl） | | |
| 20 | 30. 67 | 0. 00 | 69. 33 | A | 1. 3243 |
| | 24. 58 | 9. 39 | 66. 03 | A | 1. 3650 |
| | 18. 94 | 17. 81 | 63. 25 | A | 1. 4281 |
| | 15. 32 | 27. 64 | 57. 04 | A | 1. 4800 |
| | 13. 87 | 31. 80 | 54. 34 | A | 1. 5173 |
| | 14. 02 | 31. 92 | 54. 06 | A+ F | 1. 5220 |
| | 10. 12 | 33. 47 | 56. 40 | F | 1. 5011 |
| | 4. 54 | 40. 78 | 54. 67 | F | 1. 5228 |
| | 0. 00 | 43. 59 | 56. 41 | F | 1. 531 |
| 30 | 30. 72 | 0. 00 | 69. 28 | A | 1. 3148 |
| | 25. 24 | 9. 82 | 64. 95 | A | 1. 3616 |
| | 21. 19 | 20. 37 | 58. 44 | A | 1. 4276 |
| | 15. 49 | 30. 00 | 54. 51 | A | 1. 4787 |
| | 13. 66 | 35. 50 | 50. 84 | A | 1. 5168 |
| | 11. 05 | 39. 59 | 49. 35 | A | 1. 5552 |
| | 10. 07 | 40. 57 | 49. 36 | A+ F | 1. 5602 |
| | 8. 16 | 41. 93 | 49. 92 | F | 1. 5811 |
| | 0. 00 | 49. 34 | 50. 66 | F | 1. 5895 |

**表 A. 11　AlCl₃-CaCl₂-H₂O 体系在 25℃条件下的溶解度数据**

| 液相组成/% （质量分数） | | | 平衡固相 |
|---|---|---|---|
| AlCl₃ | CaCl₂ | H₂O | |
| 30. 83 | 0. 00 | 69. 17 | A |
| 29. 36 | 3. 57 | 67. 07 | A |
| 26. 70 | 7. 05 | 66. 25 | A |

| 液相组成/%（质量分数） | | | 平衡固相 |
|---|---|---|---|
| AlCl$_3$ | CaCl$_2$ | H$_2$O | |
| 21.59 | 13.22 | 65.19 | A |
| 17.14 | 20.00 | 62.86 | A |
| 11.99 | 26.81 | 61.20 | A |
| 5.50 | 37.68 | 56.83 | A |
| 3.87 | 40.02 | 56.12 | A |
| 2.66 | 42.27 | 55.07 | A |
| 2.88 | 41.10 | 56.02 | A |
| 2.06 | 42.38 | 55.56 | A+C |
| 0.00 | 45.20 | 54.80 | C |

表 A.12 AlCl$_3$-CaCl$_2$-H$_2$O(-HCl) 体系在 25℃、H$^+$浓度为 1.3mol/L 时的溶解度

| 液相组成/%（质量分数） | | | 平衡固相 | 饱和液体的密度 |
|---|---|---|---|---|
| AlCl$_3$ | CaCl$_2$ | H$_2$O（HCl） | | $\rho/\text{g} \cdot \text{cm}^{-3}$ |
| 30.83 | 0.00 | 69.17 | A | 1.2970 |
| 27.12 | 3.93 | 68.95 | A | 1.3303 |
| 22.97 | 8.85 | 68.17 | A | 1.3428 |
| 18.58 | 14.98 | 66.43 | A | 1.3541 |
| 13.52 | 22.33 | 64.15 | A | 1.3738 |
| 10.60 | 26.60 | 62.79 | A | 1.3845 |
| 7.47 | 31.12 | 61.41 | A | 1.3988 |
| 5.00 | 35.59 | 59.42 | A | 1.4171 |
| 1.41 | 42.17 | 56.41 | A | 1.4536 |
| 1.42 | 41.00 | 57.58 | A+C | 1.4492 |
| 1.33 | 41.64 | 57.03 | C | 1.4507 |
| 0.00 | 43.40 | 56.60 | C | 1.4495 |

表 A.13 AlCl$_3$-CaCl$_2$-H$_2$O(-HCl) 体系在 25℃、H$^+$浓度为 4.0mol/L 时的溶解度

| 液相组成/%（质量分数） | | | 平衡固相 | 饱和液体的密度 |
|---|---|---|---|---|
| AlCl$_3$ | CaCl$_2$ | H$_2$O（HCl） | | $\rho/\text{g} \cdot \text{cm}^{-3}$ |
| 25.17 | 0.00 | 74.83 | A | 1.2586 |
| 20.03 | 5.30 | 74.67 | A | 1.2916 |
| 16.23 | 9.68 | 74.08 | A | 1.3038 |
| 10.47 | 18.90 | 70.63 | A | 1.3272 |
| 4.99 | 26.23 | 68.78 | A | 1.3534 |
| 2.31 | 33.19 | 64.51 | A | 1.3807 |
| 0.67 | 40.43 | 58.90 | A | 1.4266 |

| 液相组成/%（质量分数） | | | 平衡固相 | 饱和液体的密度 |
|---|---|---|---|---|
| $AlCl_3$ | $CaCl_2$ | $H_2O$（HCl） | | $\rho/\mathrm{g \cdot cm^{-3}}$ |
| 0. 43 | 42. 54 | 57. 03 | A | 1. 4385 |
| 0. 37 | 41. 90 | 57. 72 | A+C | 1. 4354 |
| 0. 35 | 41. 41 | 58. 24 | C | 1. 4394 |
| 0. 35 | 43. 13 | 56. 52 | C | 1. 4351 |
| 0. 00 | 41. 13 | 58. 87 | C | 1. 4362 |

### 表 A. 14　$AlCl_3$-$CaCl_2$-$H_2O$(-HCl)体系在 25℃、$H^+$ 浓度为 11. 5mol/L 时的溶解度

| 液相组成/%（质量分数） | | | 平衡固相 | 饱和液体的密度 |
|---|---|---|---|---|
| $AlCl_3$ | $CaCl_2$ | $H_2O$（HCl） | | $\rho/\mathrm{g \cdot cm^{-3}}$ |
| 0. 51 | 0. 00 | 99. 49 | A | 1. 1655 |
| 0. 16 | 5. 25 | 94. 59 | A | 1. 2387 |
| 0. 12 | 9. 99 | 89. 89 | A | 1. 2463 |
| 0. 07 | 11. 71 | 88. 22 | A | 1. 2522 |
| 0. 07 | 17. 74 | 82. 18 | A | 1. 2863 |
| 0. 05 | 19. 74 | 80. 21 | A | 1. 3278 |
| 0. 06 | 23. 72 | 76. 22 | A | 1. 3352 |
| 0. 04 | 22. 23 | 77. 73 | A | 1. 3582 |
| 0. 04 | 28. 56 | 71. 39 | A | 1. 3751 |
| 0. 03 | 29. 96 | 70. 01 | A+C | 1. 3326 |
| 0. 04 | 29. 82 | 70. 14 | C | 1. 3311 |
| 0. 00 | 31. 38 | 68. 62 | C | 1. 3143 |

### 表 A. 15　$AlCl_3$-$CaCl_2$-$H_2O$(-HCl)体系在 $H^+$ =1. 3mol/L、20℃和30℃时的溶解度及密度

| 温度/℃ | 液相组成/%（质量分数） | | | 平衡固相 | 饱和液体的密度 |
|---|---|---|---|---|---|
| | $AlCl_3$ | $CaCl_2$ | $H_2O$（HCl） | | $\rho/\mathrm{g \cdot cm^{-3}}$ |
| | 30. 83 | 0. 00 | 69. 17 | A | 1. 3243 |
| | 25. 21 | 3. 67 | 71. 13 | A | 1. 3327 |
| | 22. 62 | 6. 98 | 70. 41 | A | 1. 3475 |
| | 17. 73 | 13. 62 | 68. 65 | A | 1. 3591 |
| | 13. 37 | 20. 71 | 65. 92 | A | 1. 3888 |
| 20 | 8. 26 | 27. 97 | 63. 78 | A | 1. 3958 |
| | 4. 77 | 34. 77 | 60. 45 | A | 1. 4282 |
| | 3. 89 | 36. 95 | 59. 16 | A | 1. 4290 |
| | 3. 53 | 35. 91 | 60. 56 | A | 1. 4184 |
| | 3. 40 | 35. 99 | 60. 61 | A+C | 1. 4213 |
| | 1. 54 | 35. 95 | 62. 51 | C | 1. 4244 |
| | 0. 00 | 38. 91 | 61. 09 | C | 1. 4314 |

续表 A.15

| 温度/℃ | 液相组成/%（质量分数） | | | 平衡固相 | 饱和液体的密度 $\rho/g \cdot cm^{-3}$ |
|---|---|---|---|---|---|
| | $AlCl_3$ | $CaCl_2$ | $H_2O$（HCl） | | |
| 30 | 31.08 | 0.00 | 68.92 | A | 1.3148 |
| | 27.12 | 4.58 | 68.3 | A | 1.3326 |
| | 24.56 | 8.02 | 67.43 | A | 1.3490 |
| | 18.53 | 14.88 | 66.59 | A | 1.3629 |
| | 13.10 | 23.16 | 63.74 | A | 1.3870 |
| | 9.26 | 29.84 | 60.90 | A | 1.4025 |
| | 6.25 | 33.17 | 60.58 | A | 1.4263 |
| | 3.50 | 37.69 | 58.81 | A | 1.4530 |
| | 0.36 | 46.85 | 52.79 | A | 1.5611 |
| | 0.34 | 47.17 | 52.49 | A+C | 1.5401 |
| | 0.37 | 49.09 | 50.54 | C | 1.5425 |
| | 0.00 | 47.47 | 52.53 | C | 1.5441 |

### 表 A.16 $H^+$ 浓度 11.5mol/L、298.15K 条件下 $AlCl_3$-NaCl-$H_2O$ 体系的溶解度（介稳）

| 液相组成/%（质量分数） | | | 湿渣组成/%（质量分数） | | 固 相 |
|---|---|---|---|---|---|
| $AlCl_3$ | NaCl | $H_2O$ | $AlCl_3 \cdot 6H_2O$ | NaCl | |
| 5.24 | 0.00 | 58.37 | 100.08 | 2.62 | $AlCl_3 \cdot 6H_2O$ |
| 5.29 | 0.18 | 57.73 | 100.11 | 2.60 | $AlCl_3 \cdot 6H_2O$ |
| 5.26 | 0.28 | 58.18 | 99.76 | 2.62 | $AlCl_3 \cdot 6H_2O$ |
| 5.65 | 0.35 | 57.38 | 99.01 | 2.77 | $AlCl_3 \cdot 6H_2O$+ NaCl |
| 6.07 | 0.40 | 58.69 | 96.85 | 3.11 | $AlCl_3 \cdot 6H_2O$+ NaCl |
| 6.11 | 0.40 | 57.32 | 90.11 | 3.02 | $AlCl_3 \cdot 6H_2O$+ NaCl |
| 6.16 | 0.40 | 57.39 | 88.33 | 3.05 | $AlCl_3 \cdot 6H_2O$+ NaCl |
| 6.61 | 0.40 | 57.73 | 77.03 | 3.34 | $AlCl_3 \cdot 6H_2O$+ NaCl |
| 0.00 | 0.42 | 63.51 | 0.00 | 0.00 | NaCl |
| 1.45 | 0.42 | 62.21 | 0.00 | 0.74 | NaCl |
| 2.76 | 0.43 | 61.36 | 0.00 | 1.41 | NaCl |
| 4.25 | 0.44 | 60.15 | 0.57 | 2.18 | $AlCl_3 \cdot 6H_2O$+ NaCl |
| 5.09 | 0.46 | 59.43 | 5.26 | 2.61 | $AlCl_3 \cdot 6H_2O$+ NaCl |
| 5.19 | 0.45 | 60.73 | 10.44 | 2.76 | $AlCl_3 \cdot 6H_2O$+ NaCl |
| 5.26 | 0.48 | 60.68 | 17.54 | 2.80 | $AlCl_3 \cdot 6H_2O$+ NaCl |
| 5.18 | 0.51 | 61.55 | 25.42 | 2.82 | $AlCl_3 \cdot 6H_2O$+ NaCl |

### 表 A.17 $H^+$ 浓度 4.0mol/L、298.15K 条件下 $AlCl_3$-NaCl-$H_2O$ 体系的溶解度（介稳）

| 液相组成/%（质量分数） | | | 湿渣组成/%（质量分数） | | 固 相 |
|---|---|---|---|---|---|
| $AlCl_3$ | NaCl | $H_2O$ | $AlCl_3 \cdot 6H_2O$ | NaCl | |
| 17.35 | 0.00 | 68.99 | 98.98 | 0 | $AlCl_3 \cdot 6H_2O$ |
| 17.45 | 0.18 | 69.10 | 99.66 | 0 | $AlCl_3 \cdot 6H_2O$ |

| 液相组成/%（质量分数） | | | 湿渣组成/%（质量分数） | | 固 相 |
|---|---|---|---|---|---|
| $AlCl_3$ | NaCl | $H_2O$ | $AlCl_3 \cdot 6H_2O$ | NaCl | |
| 17. 52 | 0. 39 | 68. 76 | 99. 47 | 0 | $AlCl_3 \cdot 6H_2O$ |
| 17. 59 | 0. 67 | 68. 47 | 98. 85 | 0. 05 | $AlCl_3 \cdot 6H_2O+$ NaCl |
| 18. 16 | 0. 96 | 67. 74 | 96. 35 | 0. 88 | $AlCl_3 \cdot 6H_2O+$ NaCl |
| 18. 16 | 0. 97 | 67. 76 | 90. 79 | 8. 83 | $AlCl_3 \cdot 6H_2O+$ NaCl |
| 18. 54 | 0. 99 | 67. 46 | 83. 07 | 15. 92 | $AlCl_3 \cdot 6H_2O+$ NaCl |
| 18. 68 | 0. 98 | 67. 48 | 78. 91 | 21. 08 | $AlCl_3 \cdot 6H_2O+$ NaCl |
| 0. 00 | 0. 96 | 85. 34 | 0. 00 | 99. 93 | NaCl |
| 2. 13 | 0. 95 | 83. 50 | 0. 00 | 99. 86 | NaCl |
| 9. 06 | 0. 96 | 76. 67 | 0. 00 | 99. 57 | NaCl |
| 12. 50 | 0. 97 | 73. 18 | 0. 39 | 98. 86 | $AlCl_3 \cdot 6H_2O+$ NaCl |
| 17. 12 | 0. 97 | 68. 71 | 1. 20 | 97. 45 | $AlCl_3 \cdot 6H_2O+$ NaCl |
| 18. 52 | 0. 99 | 67. 53 | 4. 33 | 95. 89 | $AlCl_3 \cdot 6H_2O+$ NaCl |
| 18. 38 | 1. 00 | 67. 91 | 9. 08 | 90. 40 | $AlCl_3 \cdot 6H_2O+$ NaCl |
| 18. 54 | 0. 99 | 67. 67 | 12. 08 | 87. 64 | $AlCl_3 \cdot 6H_2O+$ NaCl |

### 表 A. 18  $H^+$浓度 1. 3mol/L、298. 15K 条件下 $AlCl_3$-NaCl-$H_2O$ 体系的溶解度 （介稳）

| 液相组成/%（质量分数） | | | 湿渣组成/%（质量分数） | | 固 相 |
|---|---|---|---|---|---|
| $AlCl_3$ | NaCl | $H_2O$ | $AlCl_3 \cdot 6H_2O$ | NaCl | |
| 38. 03 | 0. 00 | 57. 35 | 99. 75 | 0. 00 | $AlCl_3 \cdot 6H_2O$ |
| 38. 52 | 0. 13 | 56. 88 | 100. 17 | 0. 00 | $AlCl_3 \cdot 6H_2O$ |
| 38. 36 | 0. 68 | 56. 42 | 98. 96 | 0. 02 | $AlCl_3 \cdot 6H_2O+$ NaCl |
| 39. 25 | 1. 37 | 54. 96 | 98. 01 | 1. 07 | $AlCl_3 \cdot 6H_2O+$ NaCl |
| 39. 44 | 2. 19 | 53. 97 | 97. 15 | 2. 58 | $AlCl_3 \cdot 6H_2O+$ NaCl |
| 39. 73 | 2. 21 | 53. 64 | 92. 36 | 8. 18 | $AlCl_3 \cdot 6H_2O+$ NaCl |
| 38. 98 | 2. 20 | 54. 43 | 90. 73 | 10. 10 | $AlCl_3 \cdot 6H_2O+$ NaCl |
| 39. 43 | 2. 21 | 54. 01 | 86. 95 | 12. 89 | $AlCl_3 \cdot 6H_2O+$ NaCl |
| 0. 00 | 2. 28 | 93. 27 | 0. 00 | 99. 65 | NaCl |
| 3. 63 | 2. 29 | 89. 65 | 0. 00 | 99. 79 | NaCl |
| 8. 18 | 2. 31 | 85. 20 | 0. 00 | 98. 05 | NaCl |
| 14. 35 | 2. 30 | 79. 02 | 0. 07 | 99. 01 | $AlCl_3 \cdot 6H_2O+$ NaCl |
| 25. 86 | 2. 41 | 67. 31 | 1. 01 | 98. 71 | $AlCl_3 \cdot 6H_2O+$ NaCl |
| 37. 76 | 2. 40 | 55. 43 | 9. 17 | 91. 09 | $AlCl_3 \cdot 6H_2O+$ NaCl |
| 38. 36 | 2. 48 | 54. 92 | 14. 66 | 85. 53 | $AlCl_3 \cdot 6H_2O+$ NaCl |
| 38. 30 | 2. 50 | 55. 00 | 19. 71 | 80. 04 | $AlCl_3 \cdot 6H_2O+$ NaCl |

**表 A. 19  H⁺ 浓度 11. 5mol/L、333. 15K 条件下 AlCl₃-NaCl-H₂O 体系的溶解度（介稳）**

| 液相组成/%（质量分数） | | | 湿渣组成/%（质量分数） | | 固　相 |
|---|---|---|---|---|---|
| AlCl₃ | NaCl | H₂O | AlCl₃ · 6H₂O | NaCl | |
| 7. 94 | 0. 00 | 36. 33 | 100. 08 | 2. 62 | AlCl₃ · 6H₂O |
| 7. 98 | 0. 16 | 36. 22 | 100. 11 | 2. 60 | AlCl₃ · 6H₂O |
| 8. 00 | 0. 26 | 36. 27 | 99. 76 | 2. 62 | AlCl₃ · 6H₂O |
| 7. 88 | 0. 36 | 35. 63 | 99. 01 | 2. 77 | AlCl₃ · 6H₂O+ NaCl |
| 8. 20 | 0. 44 | 35. 39 | 96. 85 | 3. 11 | AlCl₃ · 6H₂O+ NaCl |
| 8. 44 | 0. 44 | 35. 33 | 90. 11 | 3. 02 | AlCl₃ · 6H₂O+ NaCl |
| 8. 61 | 0. 44 | 34. 81 | 88. 33 | 3. 05 | AlCl₃ · 6H₂O+ NaCl |
| 8. 78 | 0. 44 | 34. 66 | 77. 03 | 3. 34 | AlCl₃ · 6H₂O+ NaCl |
| 0. 00 | 0. 44 | 36. 25 | 0. 00 | 0. 00 | NaCl |
| 1. 09 | 0. 43 | 36. 17 | 0. 00 | 0. 74 | NaCl |
| 1. 98 | 0. 45 | 35. 77 | 0. 00 | 1. 41 | NaCl |
| 5. 15 | 0. 46 | 35. 39 | 0. 57 | 2. 18 | AlCl₃ · 6H₂O+ NaCl |
| 6. 84 | 0. 46 | 35. 23 | 5. 26 | 2. 61 | AlCl₃ · 6H₂O+ NaCl |
| 8. 48 | 0. 47 | 34. 51 | 10. 44 | 2. 76 | AlCl₃ · 6H₂O+ NaCl |
| 8. 44 | 0. 49 | 34. 54 | 17. 54 | 2. 80 | AlCl₃ · 6H₂O+ NaCl |
| 8. 57 | 0. 52 | 34. 02 | 25. 42 | 2. 82 | AlCl₃ · 6H₂O+ NaCl |

**表 A. 20  H⁺ 浓度 4. 0mol/L、333. 15K 条件下 AlCl₃-NaCl-H₂O 体系的溶解度（介稳）**

| 液相组成/%（质量分数） | | | 湿渣组成/%（质量分数） | | 固　相 |
|---|---|---|---|---|---|
| AlCl₃ | NaCl | H₂O | AlCl₃ · 6H₂O | NaCl | |
| 19. 47 | 0. 00 | 13. 73 | 98. 98 | 0 | AlCl₃ · 6H₂O |
| 19. 44 | 0. 16 | 13. 66 | 99. 66 | 0 | AlCl₃ · 6H₂O |
| 19. 75 | 0. 40 | 13. 41 | 99. 47 | 0 | AlCl₃ · 6H₂O |
| 19. 98 | 0. 72 | 13. 23 | 98. 85 | 0. 05 | AlCl₃ · 6H₂O+ NaCl |
| 20. 52 | 1. 15 | 13. 15 | 96. 35 | 0. 88 | AlCl₃ · 6H₂O+ NaCl |
| 20. 78 | 1. 29 | 13. 01 | 90. 79 | 8. 83 | AlCl₃ · 6H₂O+ NaCl |
| 20. 53 | 1. 28 | 13. 04 | 83. 07 | 15. 92 | AlCl₃ · 6H₂O+ NaCl |
| 20. 76 | 1. 30 | 12. 95 | 78. 91 | 21. 08 | AlCl₃ · 6H₂O+ NaCl |
| 0. 00 | 1. 28 | 13. 67 | 0. 00 | 99. 93 | NaCl |
| 4. 19 | 1. 27 | 13. 51 | 0. 00 | 99. 86 | NaCl |
| 10. 26 | 1. 31 | 13. 21 | 0. 00 | 99. 57 | NaCl |
| 14. 74 | 1. 30 | 13. 22 | 0. 39 | 98. 86 | AlCl₃ · 6H₂O+ NaCl |
| 18. 93 | 1. 33 | 13. 02 | 1. 20 | 97. 45 | AlCl₃ · 6H₂O+ NaCl |
| 20. 30 | 1. 32 | 12. 84 | 4. 33 | 95. 89 | AlCl₃ · 6H₂O+ NaCl |
| 20. 39 | 1. 34 | 12. 95 | 9. 08 | 90. 40 | AlCl₃ · 6H₂O+ NaCl |
| 20. 35 | 1. 33 | 12. 67 | 12. 08 | 87. 64 | AlCl₃ · 6H₂O+ NaCl |

表 A. 21　H⁺浓度 1. 3mol/L、333. 15K 条件下 AlCl₃-NaCl-H₂O 体系的溶解度（介稳）

| 液相组成/%（质量分数） | | | 湿渣组成/%（质量分数） | | 固　相 |
|---|---|---|---|---|---|
| $AlCl_3$ | NaCl | $H_2O$ | $AlCl_3 \cdot 6H_2O$ | NaCl | |
| 39. 21 | 0. 00 | 4. 58 | 99. 75 | 0. 00 | $AlCl_3 \cdot 6H_2O$ |
| 39. 15 | 0. 27 | 4. 48 | 100. 17 | 0. 00 | $AlCl_3 \cdot 6H_2O$ |
| 39. 27 | 0. 79 | 4. 52 | 98. 96 | 0. 02 | $AlCl_3 \cdot 6H_2O$+ NaCl |
| 39. 21 | 1. 65 | 4. 42 | 98. 01 | 1. 07 | $AlCl_3 \cdot 6H_2O$+ NaCl |
| 39. 50 | 1. 95 | 4. 32 | 97. 15 | 2. 58 | $AlCl_3 \cdot 6H_2O$+ NaCl |
| 39. 48 | 2. 39 | 4. 33 | 92. 36 | 8. 18 | $AlCl_3 \cdot 6H_2O$+ NaCl |
| 39. 66 | 2. 42 | 4. 31 | 90. 73 | 10. 10 | $AlCl_3 \cdot 6H_2O$+ NaCl |
| 39. 62 | 2. 41 | 4. 28 | 86. 95 | 12. 89 | $AlCl_3 \cdot 6H_2O$+ NaCl |
| 4. 77 | 2. 42 | 4. 57 | 0. 00 | 99. 65 | NaCl |
| 9. 45 | 2. 41 | 4. 40 | 0. 00 | 99. 79 | NaCl |
| 22. 16 | 2. 42 | 4. 37 | 0. 00 | 98. 05 | NaCl |
| 39. 39 | 2. 42 | 4. 31 | 0. 07 | 99. 01 | $AlCl_3 \cdot 6H_2O$+ NaCl |
| 39. 36 | 2. 48 | 4. 24 | 1. 01 | 98. 71 | $AlCl_3 \cdot 6H_2O$+ NaCl |
| 39. 47 | 2. 50 | 4. 25 | 9. 17 | 91. 09 | $AlCl_3 \cdot 6H_2O$+ NaCl |
| 39. 78 | 2. 52 | 4. 23 | 14. 66 | 85. 53 | $AlCl_3 \cdot 6H_2O$+ NaCl |
| 39. 21 | 0. 00 | 4. 58 | 19. 71 | 80. 04 | $AlCl_3 \cdot 6H_2O$+ NaCl |

表 A. 22　H⁺浓度 4. 0mol/L、353. 15K 条件下 AlCl₃-NaCl-H₂O 体系的溶解度（介稳）

| 液相组成/%（质量分数） | | | 湿渣组成/%（质量分数） | | 固　相 |
|---|---|---|---|---|---|
| $AlCl_3$ | NaCl | $H_2O$ | $AlCl_3 \cdot 6H_2O$ | NaCl | |
| 14. 64 | 0. 00 | 13. 69 | 98. 98 | 0 | $AlCl_3 \cdot 6H_2O$ |
| 14. 69 | 0. 33 | 13. 36 | 99. 66 | 0 | $AlCl_3 \cdot 6H_2O$ |
| 15. 18 | 0. 88 | 12. 84 | 99. 47 | 0 | $AlCl_3 \cdot 6H_2O$ |
| 15. 37 | 2. 37 | 12. 97 | 98. 85 | 0. 05 | $AlCl_3 \cdot 6H_2O$+ NaCl |
| 14. 94 | 2. 82 | 12. 83 | 96. 35 | 0. 88 | $AlCl_3 \cdot 6H_2O$+ NaCl |
| 15. 71 | 2. 84 | 12. 80 | 90. 79 | 8. 83 | $AlCl_3 \cdot 6H_2O$+ NaCl |
| 15. 65 | 2. 83 | 12. 43 | 83. 07 | 15. 92 | $AlCl_3 \cdot 6H_2O$+ NaCl |
| 15. 67 | 2. 83 | 12. 45 | 78. 91 | 21. 08 | $AlCl_3 \cdot 6H_2O$+ NaCl |
| 0. 00 | 2. 80 | 13. 66 | 0. 00 | 99. 93 | NaCl |
| 1. 01 | 2. 78 | 13. 49 | 0. 00 | 99. 86 | NaCl |
| 5. 17 | 2. 83 | 12. 73 | 0. 00 | 99. 57 | NaCl |
| 8. 62 | 2. 85 | 12. 75 | 0. 39 | 98. 86 | $AlCl_3 \cdot 6H_2O$+ NaCl |
| 11. 94 | 2. 84 | 12. 60 | 1. 20 | 97. 45 | $AlCl_3 \cdot 6H_2O$+ NaCl |
| 15. 37 | 2. 86 | 12. 53 | 4. 33 | 95. 89 | $AlCl_3 \cdot 6H_2O$+ NaCl |
| 15. 38 | 2. 87 | 12. 42 | 9. 08 | 90. 40 | $AlCl_3 \cdot 6H_2O$+ NaCl |
| 15. 46 | 2. 88 | 12. 40 | 12. 08 | 87. 64 | $AlCl_3 \cdot 6H_2O$+ NaCl |

**表 A. 23　H$^+$浓度 1. 3mol/L、353. 15K 条件下 AlCl$_3$-NaCl-H$_2$O 体系的溶解度（介稳）**

| 液相组成/%（质量分数） | | | 湿渣组成/%（质量分数） | | 固　相 |
|---|---|---|---|---|---|
| AlCl$_3$ | NaCl | H$_2$O | AlCl$_3$·6H$_2$O | NaCl | |
| 22. 37 | 0. 00 | 4. 43 | 99. 75 | 0. 00 | AlCl$_3$·6H$_2$O |
| 23. 22 | 0. 17 | 4. 39 | 100. 17 | 0. 00 | AlCl$_3$·6H$_2$O |
| 22. 44 | 0. 78 | 4. 33 | 98. 96 | 0. 02 | AlCl$_3$·6H$_2$O+ NaCl |
| 22. 51 | 1. 77 | 4. 33 | 98. 01 | 1. 07 | AlCl$_3$·6H$_2$O+ NaCl |
| 22. 60 | 2. 66 | 4. 24 | 97. 15 | 2. 58 | AlCl$_3$·6H$_2$O+ NaCl |
| 22. 53 | 2. 67 | 4. 22 | 92. 36 | 8. 18 | AlCl$_3$·6H$_2$O+ NaCl |
| 22. 51 | 2. 68 | 4. 17 | 90. 73 | 10. 10 | AlCl$_3$·6H$_2$O+ NaCl |
| 22. 57 | 2. 65 | 4. 16 | 86. 95 | 12. 89 | AlCl$_3$·6H$_2$O+ NaCl |
| 0. 00 | 2. 49 | 4. 46 | 0. 00 | 99. 65 | NaCl |
| 3. 14 | 2. 51 | 4. 40 | 0. 00 | 99. 79 | NaCl |
| 5. 67 | 2. 58 | 4. 33 | 0. 00 | 98. 05 | NaCl |
| 12. 26 | 2. 55 | 4. 24 | 0. 07 | 99. 01 | AlCl$_3$·6H$_2$O+ NaCl |
| 20. 44 | 2. 61 | 4. 19 | 1. 01 | 98. 71 | AlCl$_3$·6H$_2$O+ NaCl |
| 22. 06 | 2. 60 | 4. 15 | 9. 17 | 91. 09 | AlCl$_3$·6H$_2$O+ NaCl |
| 22. 02 | 2. 62 | 4. 01 | 14. 66 | 85. 53 | AlCl$_3$·6H$_2$O+ NaCl |
| 22. 08 | 2. 61 | 4. 03 | 19. 71 | 80. 04 | AlCl$_3$·6H$_2$O+ NaCl |

**表 A. 24　H$^+$浓度 1. 3mol/L、298. 15K 条件下 AlCl$_3$-NaCl-H$_2$O+CH$_3$CH$_2$OH 体系的溶解度（介稳）**

| 液相组成/%（质量分数） | | | 湿渣组成/%（质量分数） | | 固　相 |
|---|---|---|---|---|---|
| AlCl$_3$ | NaCl | H$_2$O+CH$_3$CH$_2$OH | AlCl$_3$·6H$_2$O | NaCl | |
| 45. 00 | 0. 00 | 49. 48 | 99. 91 | 0. 00 | AlCl$_3$·6H$_2$O |
| 44. 63 | 0. 19 | 49. 68 | 101. 32 | 0. 00 | AlCl$_3$·6H$_2$O |
| 44. 71 | 0. 25 | 49. 67 | 100. 83 | 0. 00 | AlCl$_3$·6H$_2$O |
| 45. 08 | 0. 26 | 49. 24 | 98. 72 | 1. 14 | AlCl$_3$·6H$_2$O+ NaCl |
| 44. 86 | 0. 25 | 49. 65 | 94. 34 | 5. 77 | AlCl$_3$·6H$_2$O+ NaCl |
| 44. 83 | 0. 27 | 49. 72 | 90. 17 | 10. 08 | AlCl$_3$·6H$_2$O+ NaCl |
| 44. 88 | 0. 26 | 49. 84 | 83. 00 | 18. 25 | AlCl$_3$·6H$_2$O+ NaCl |
| 44. 91 | 0. 27 | 49. 88 | 74. 06 | 25. 83 | AlCl$_3$·6H$_2$O+ NaCl |
| 0. 00 | 0. 99 | 93. 32 | 0. 00 | 100. 17 | NaCl |
| 4. 40 | 0. 78 | 89. 13 | 0. 00 | 100. 08 | NaCl |
| 9. 68 | 0. 59 | 84. 06 | 0. 03 | 100. 14 | NaCl |
| 21. 20 | 0. 30 | 72. 82 | 0. 03 | 99. 77 | AlCl$_3$·6H$_2$O+ NaCl |
| 43. 69 | 0. 30 | 50. 52 | 2. 78 | 98. 08 | AlCl$_3$·6H$_2$O+ NaCl |
| 44. 65 | 0. 28 | 49. 52 | 19. 96 | 80. 80 | AlCl$_3$·6H$_2$O+ NaCl |
| 44. 54 | 0. 26 | 49. 68 | 22. 20 | 77. 67 | AlCl$_3$·6H$_2$O+ NaCl |
| 44. 57 | 0. 27 | 49. 66 | 25. 32 | 75. 12 | AlCl$_3$·6H$_2$O+ NaCl |

**表 A. 25  H⁺浓度 4. 0mol/L、298. 15K 条件下 AlCl₃-NaCl-H₂O+CH₃CH₂OH 体系的溶解度（介稳）**

| 液相组成/%（质量分数） | | | 湿渣组成/%（质量分数） | | 固　相 |
|---|---|---|---|---|---|
| AlCl₃ | NaCl | H₂O+CH₃CH₂OH | AlCl₃·6H₂O | NaCl | |
| 21. 81 | 0. 00 | 62. 70 | 100. 07 | 0. 00 | AlCl₃·6H₂O |
| 21. 84 | 0. 16 | 62. 51 | 100. 23 | 0. 00 | AlCl₃·6H₂O |
| 21. 89 | 0. 15 | 62. 49 | 95. 53 | 4. 76 | AlCl₃·6H₂O+ NaCl |
| 21. 87 | 0. 16 | 62. 51 | 91. 19 | 9. 10 | AlCl₃·6H₂O+ NaCl |
| 21. 85 | 0. 13 | 62. 57 | 85. 68 | 14. 13 | AlCl₃·6H₂O+ NaCl |
| 21. 68 | 0. 17 | 62. 71 | 80. 20 | 20. 11 | AlCl₃·6H₂O+ NaCl |
| 22. 01 | 0. 16 | 62. 57 | 71. 05 | 28. 98 | AlCl₃·6H₂O+ NaCl |
| 21. 82 | 0. 16 | 62. 71 | 66. 89 | 33. 76 | AlCl₃·6H₂O+ NaCl |
| 0. 00 | 0. 91 | 83. 20 | 0. 00 | 99. 89 | NaCl |
| 2. 30 | 0. 64 | 81. 35 | 0. 00 | 100. 08 | NaCl |
| 5. 00 | 0. 42 | 78. 91 | 0. 02 | 101. 17 | NaCl |
| 9. 90 | 0. 20 | 74. 24 | 0. 03 | 101. 08 | AlCl₃·6H₂O+ NaCl |
| 13. 24 | 0. 19 | 70. 98 | 0. 02 | 99. 75 | AlCl₃·6H₂O+ NaCl |
| 21. 27 | 0. 18 | 63. 07 | 5. 08 | 94. 21 | AlCl₃·6H₂O+ NaCl |
| 21. 44 | 0. 18 | 62. 90 | 11. 17 | 90. 16 | AlCl₃·6H₂O+ NaCl |
| 21. 29 | 0. 17 | 63. 11 | 25. 29 | 74. 83 | AlCl₃·6H₂O+ NaCl |

**表 A. 26  H⁺浓度 1. 5mol/L、333. 15K 条件下 AlCl₃-NaCl-H₂O+CH₃CH₂OH 体系的溶解度（介稳）**

| 液相组成/%（质量分数） | | | 湿渣组成/%（质量分数） | | 固　相 |
|---|---|---|---|---|---|
| AlCl₃ | NaCl | H₂O+CH₃CH₂OH | AlCl₃·6H₂O | NaCl | |
| 48. 24 | 0. 00 | 46. 43 | 101. 20 | 0. 00 | AlCl₃·6H₂O |
| 48. 12 | 0. 20 | 46. 36 | 100. 19 | 0. 00 | AlCl₃·6H₂O |
| 47. 95 | 0. 34 | 46. 44 | 96. 79 | 4. 92 | AlCl₃·6H₂O+ NaCl |
| 48. 02 | 0. 33 | 46. 30 | 90. 30 | 10. 20 | AlCl₃·6H₂O+ NaCl |
| 47. 98 | 0. 33 | 46. 44 | 87. 17 | 12. 88 | AlCl₃·6H₂O+ NaCl |
| 48. 06 | 0. 32 | 46. 51 | 80. 09 | 20. 21 | AlCl₃·6H₂O+ NaCl |
| 48. 07 | 0. 31 | 46. 85 | 75. 56 | 24. 44 | AlCl₃·6H₂O+ NaCl |
| 48. 01 | 0. 34 | 46. 97 | 70. 11 | 29. 79 | AlCl₃·6H₂O+ NaCl |
| 0. 00 | 0. 94 | 93. 51 | 0. 00 | 101. 04 | NaCl |
| 11. 15 | 0. 55 | 82. 82 | 0. 00 | 101. 29 | NaCl |
| 20. 78 | 0. 39 | 73. 37 | 0. 00 | 100. 20 | NaCl |
| 58. 41 | 0. 35 | 35. 77 | 0. 00 | 99. 85 | NaCl |
| 84. 71 | 0. 30 | 9. 62 | 1. 98 | 98. 37 | AlCl₃·6H₂O+ NaCl |
| 86. 91 | 0. 30 | 7. 43 | 10. 08 | 90. 32 | AlCl₃·6H₂O+ NaCl |
| 87. 00 | 0. 31 | 7. 47 | 26. 66 | 74. 46 | AlCl₃·6H₂O+ NaCl |
| 86. 98 | 0. 30 | 7. 47 | 30. 83 | 69. 83 | AlCl₃·6H₂O+ NaCl |

**表 A. 27  H⁺浓度 4. 0mol/L、333. 15K 条件下 AlCl₃-NaCl-H₂O+CH₃CH₂OH 体系的溶解度（介稳）**

| 液相组成/%（质量分数） | | | 湿渣组成/%（质量分数） | | 固　相 |
|---|---|---|---|---|---|
| $AlCl_3$ | NaCl | $H_2O+CH_3CH_2OH$ | $AlCl_3 \cdot 6H_2O$ | NaCl | |
| 24. 00 | 0. 00 | 60. 71 | 99. 91 | 0. 00 | $AlCl_3 \cdot 6H_2O$ |
| 23. 89 | 0. 16 | 60. 64 | 99. 93 | 0. 02 | $AlCl_3 \cdot 6H_2O$+ NaCl |
| 23. 89 | 0. 17 | 60. 72 | 98. 53 | 1. 72 | $AlCl_3 \cdot 6H_2O$+ NaCl |
| 23. 92 | 0. 17 | 60. 72 | 93. 93 | 5. 88 | $AlCl_3 \cdot 6H_2O$+ NaCl |
| 23. 93 | 0. 17 | 60. 84 | 84. 91 | 15. 08 | $AlCl_3 \cdot 6H_2O$+ NaCl |
| 23. 86 | 0. 17 | 60. 95 | 81. 08 | 19. 74 | $AlCl_3 \cdot 6H_2O$+ NaCl |
| 23. 87 | 0. 17 | 60. 97 | 78. 03 | 22. 21 | $AlCl_3 \cdot 6H_2O$+ NaCl |
| 23. 86 | 0. 17 | 61. 10 | 70. 75 | 29. 08 | $AlCl_3 \cdot 6H_2O$+ NaCl |
| 0. 00 | 0. 94 | 82. 98 | 0. 00 | 100. 14 | NaCl |
| 7. 00 | 0. 55 | 76. 46 | 0. 00 | 99. 97 | NaCl |
| 11. 53 | 0. 36 | 72. 14 | 0. 00 | 98. 94 | NaCl |
| 23. 75 | 0. 22 | 60. 19 | 0. 00 | 100. 06 | NaCl |
| 42. 81 | 0. 18 | 41. 24 | 0. 79 | 98. 30 | $AlCl_3 \cdot 6H_2O$+ NaCl |
| 43. 12 | 0. 18 | 41. 05 | 3. 43 | 97. 08 | $AlCl_3 \cdot 6H_2O$+ NaCl |
| 43. 13 | 0. 18 | 41. 08 | 10. 05 | 88. 85 | $AlCl_3 \cdot 6H_2O$+ NaCl |
| 43. 14 | 0. 18 | 41. 25 | 22. 76 | 76. 91 | $AlCl_3 \cdot 6H_2O$+ NaCl |

# 附录 4　常用的海水型水盐体系稳态相图数据[3,5,58-60]

### 表 B.1　$NaCl-H_2O$

| 温度/℃ | 液相 NaCl/% | 固相 | 温度/℃ | 液相 NaCl/% | 固相 |
|---|---|---|---|---|---|
| 0 | 0 | 冰 | 20 | 26.4 | NaCl |
| −5 | 7.9 | 冰 | 25 | 26.45 | NaCl |
| −10 | 14.0 | 冰 | 40 | 26.7 | NaCl |
| −15 | 18.9 | 冰 | 50 | 26.9 | NaCl |
| −21.2 | 23.3 | 冰+NaCl·2H₂O | 75 | 27.45 | NaCl |
| −12 | 24.2 | NaCl·2H₂O | 100 | 28.25 | NaCl |
| −10 | 24.9 | NaCl·2H₂O | 125 | 29.0 | NaCl |
| −5 | 25.6 | NaCl·2H₂O | 200 | 31.5 | NaCl |
| 0.15 | 26.3 | NaCl·2H₂O+NaCl | 500 | 55 | NaCl |
| 10 | 26.3 | NaCl | 800 | 100 | NaCl |

### 表 B.2　$KCl-H_2O$

| 温度/℃ | 液相 KCl/% | 固相 | 温度/℃ | 液相 KCl/% | 固相 |
|---|---|---|---|---|---|
| 0 | 0 | 冰 | 40 | 28.7 | KCl |
| −2.3 | 5.0 | 冰 | 60 | 31.4 | KCl |
| −5.0 | 10.5 | 冰 | 80 | 33.8 | KCl |
| −7.6 | 15.0 | 冰 | 100 | 35.9 | KCl |
| −10.0 | 18.8 | 冰 | 150 | 40.5 | KCl |
| −10.8 | 19.9 | 冰+KCl（介稳） | 200 | 44.9 | KCl |
| −10.6 | 19.7 | 冰+KCl·H₂O | 300 | 54.0 | KCl |
| −9.0 | 20.0 | KCl·H₂O | 400 | 63.4 | KCl |
| −6.6 | 20.65 | KCl·H₂O+KCl | 500 | 73.1 | KCl |
| −5 | 20.95 | KCl | 600 | 83.0 | KCl |
| 0 | 21.9 | KCl | 700 | 93.0 | KCl |
| 10 | 23.8 | KCl | 770 | 100.0 | KCl |
| 20 | 25.6 | KCl | | | |

### 表 B.3　$Na_2SO_4-H_2O$

| 温度/℃ | 液相 Na₂SO₄/% | 固相 | 温度/℃ | 液相 Na₂SO₄/% | 固相 |
|---|---|---|---|---|---|
| 0 | 0 | 冰 | 32.38 | 33.25 | Na₂SO₄·10H₂O+Na₂SO₄ |
| −0.6 | 2.0 | 冰 | 50 | 31.8 | Na₂SO₄ |
| −1.2 | 4.0 | 冰+Na₂SO₄·10H₂O | 75 | 30.3 | Na₂SO₄ |
| 5 | 6.0 | Na₂SO₄·10H₂O | 100 | 29.7 | Na₂SO₄ |
| 15 | 11.6 | Na₂SO₄·10H₂O | 125 | 29.5 | Na₂SO₄ |
| 25 | 21.8 | Na₂SO₄·10H₂O | | | |

## 表 B. 4　MgCl₂-H₂O

| 温度/℃ | 液相 MgCl₂/% | 固相 | 温度/℃ | 液相 MgCl₂/% | 固相 |
|---|---|---|---|---|---|
| 0 | 0 | 冰 | 75 | 39.2 | $MgCl_2 \cdot 6H_2O$ |
| −10 | 11.7 | 冰 | 100 | 42.2 | $MgCl_2 \cdot 6H_2O$ |
| −20 | 16.9 | 冰 | 116.7 | 46.5 | $MgCl_2 \cdot 6H_2O + MgCl_2 \cdot 4H_2O$ |
| −33.5 | 21.0 | 冰+$MgCl_2 \cdot 12H_2O$ | 125 | 47.0 | $MgCl_2 \cdot 4H_2O$ |
| −25 | 24.2 | $MgCl_2 \cdot 12H_2O$ | 150 | 48.8 | $MgCl_2 \cdot 4H_2O$ |
| −16.3 | 30.6 | $MgCl_2 \cdot 12H_2O$ | 175 | 52.0 | $MgCl_2 \cdot 4H_2O$ |
| −16.7 | 32.2 | $MgCl_2 \cdot 12H_2O + MgCl_2 \cdot 8H_2O$ | 181 | 55.7 | $MgCl_2 \cdot 4H_2O + MgCl_2 \cdot 2H_2O$ |
| −10 | 33.4 | $MgCl_2 \cdot 8H_2O$ | 200 | 57.5 | $MgCl_2 \cdot 2H_2O$ |
| −3.4 | 34.6 | $MgCl_2 \cdot 8H_2O + MgCl_2 \cdot 6H_2O$ | 250 | 63.0 | $MgCl_2 \cdot 2H_2O$ |
| 25 | 35.7 | $MgCl_2 \cdot 6H_2O$ | 300 | 67.8 | $MgCl_2 \cdot 2H_2O$ |
| 50 | 37.4 | $MgCl_2 \cdot 6H_2O$ | | | |

## 表 B. 5　K₂SO₄-H₂O

| 温度/℃ | 液相 K₂SO₄/% | 固相 | 温度/℃ | 液相 K₂SO₄/% | 固相 |
|---|---|---|---|---|---|
| −0.50 | 2.5 | 冰 | 75 | 17.1 | $K_2SO_4$ |
| −1.12 | 5.0 | 冰 | 80 | 17.6 | $K_2SO_4$ |
| −1.55 | 6.5 | 冰+$K_2SO_4 \cdot H_2O$ | 90 | 18.6 | $K_2SO_4$ |
| 0 | 6.7 | $K_2SO_4 \cdot H_2O$ | 100 | 19.4 | $K_2SO_4$ |
| 5 | 7.4 | $K_2SO_4 \cdot H_2O$ | 125 | 21.2 | $K_2SO_4$ |
| 9.7 | 8.47 | $K_2SO_4 \cdot H_2O + K_2SO_4$ | 150 | 22.9 | $K_2SO_4$ |
| 10 | 8.5 | $K_2SO_4$ | 175 | 24.5 | $K_2SO_4$ |
| 15 | 9.2 | $K_2SO_4$ | 200 | 25.5 | $K_2SO_4$ |
| 20 | 10.0 | $K_2SO_4$ | 225 | 26.1 | $K_2SO_4$ |
| 25 | 10.75 | $K_2SO_4$ | 250 | 26.5 | $K_2SO_4$ |
| 30 | 11.5 | $K_2SO_4$ | 275 | 26.6 | $K_2SO_4$ |
| 40 | 12.9 | $K_2SO_4$ | 300 | 25.4 | $K_2SO_4$ |
| 50 | 14.2 | $K_2SO_4$ | 325 | 17.0 | $K_2SO_4$ |
| 60 | 15.4 | $K_2SO_4$ | 330 | 6.7 | $K_2SO_4$ |
| 70 | 16.55 | $K_2SO_4$ | 1070 | 100 | $K_2SO_4$ |

## 表 B. 6　MgSO₄-H₂O

| 温度/℃ | 液相 MgSO₄/% | 固相 | 温度/℃ | 液相 MgSO₄/% | 固相 |
|---|---|---|---|---|---|
| −0.8 | 5 | 冰 | 35 | 29.7 | $MgSO_4 \cdot 7H_2O$ |
| −1.8 | 10 | 冰 | 40 | 30.9 | $MgSO_4 \cdot 7H_2O$ |
| −3.2 | 15 | 冰 | 45 | 32.2 | $MgSO_4 \cdot 7H_2O$ |
| −4.8 | 18.6 | 冰+$MgSO_4 \cdot 12H_2O$ | 48.5 | 33.1 | $MgSO_4 \cdot 7H_2O + MgSO_4 \cdot 6H_2O$ |
| 0 | 20.3 | $MgSO_4 \cdot 12H_2O$ | 50 | 33.5 | $MgSO_4 \cdot 6H_2O$ |
| 1.8 | 21.1 | $MgSO_4 \cdot 12H_2O + MgSO_4 \cdot 7H_2O$ | 55 | 34.3 | $MgSO_4 \cdot 6H_2O$ |
| 5 | 22.0 | $MgSO_4 \cdot 7H_2O$ | 60 | 35.4 | $MgSO_4 \cdot 6H_2O$ |
| 10 | 23.3 | $MgSO_4 \cdot 7H_2O$ | 65 | 36.2 | $MgSO_4 \cdot 6H_2O$ |
| 15 | 24.6 | $MgSO_4 \cdot 7H_2O$ | 70 | 37.2 | $MgSO_4 \cdot 6H_2O + MgSO_4 \cdot H_2O$ |
| 20 | 26.0 | $MgSO_4 \cdot 7H_2O$ | 75 | 36.3 | $MgSO_4 \cdot H_2O$ |
| 25 | 27.2 | $MgSO_4 \cdot 7H_2O$ | 80 | 35.4 | $MgSO_4 \cdot H_2O$ |
| 30 | 28.4 | $MgSO_4 \cdot 7H_2O$ | | | |

### 表 B.7 $Na^+$, $K^+/\!/Cl^- - H_2O$

| 温度/℃ | 液相 NaCl/% | 液相 KCl/% | 液相 $H_2O$/% | 固相 |
|---|---|---|---|---|
| −20 | 23.5 | 0 | 76.5 | $NaCl \cdot 2H_2O$ |
| | 22 | 3 | 75 | $NaCl \cdot 2H_2O$ |
| | 20.6 | 6 | 73.4 | $NaCl \cdot 2H_2O + KCl$ |
| | 17.3 | 7.2 | 75.5 | KCl |
| −10 | 24.9 | 0 | 75.1 | $NaCl \cdot 2H_2O$ |
| | 23.3 | 3 | 73.7 | $NaCl \cdot 2H_2O$ |
| | 21.7 | 6.5 | 71.8 | $NaCl \cdot 2H_2O + KCl$ |
| | 15 | 9.6 | 75.4 | KCl |
| | 10 | 12.6 | 77.4 | KCl |
| | 5 | 16 | 79 | KCl |
| | 0 | 19.8 | 80.2 | KCl |
| 0 | 26.3 | 0 | 73.7 | NaCl |
| | 23.55 | 5 | 71.45 | NaCl |
| | 22.35 | 7.35 | 70.3 | NaCl+ KCl |
| | 20 | 8.5 | 71.5 | KCl |
| | 15 | 11.2 | 73.8 | KCl |
| | 10 | 14.3 | 75.7 | KCl |
| | 5 | 17.9 | 77.1 | KCl |
| | 0 | 21.9 | 78.1 | KCl |
| 10 | 26.3 | 0 | 73.7 | NaCl |
| | 23.6 | 5 | 71.4 | NaCl |
| | 21.5 | 8.9 | 69.6 | NaCl+ KCl |
| | 15 | 12.5 | 72.5 | KCl |
| | 5 | 19.5 | 75.5 | KCl |
| | 0 | 23.75 | 76.25 | KCl |
| 20 | 26.4 | 0 | 73.6 | NaCl |
| | 23.7 | 5 | 71.3 | NaCl |
| | 20.7 | 10.4 | 68.9 | NaCl+KCl |
| | 15 | 13.85 | 71.15 | KCl |
| | 5 | 21.3 | 73.7 | KCl |
| | 0 | 25.6 | 74.4 | KCl |
| 25 | 26.45 | 0 | 73.55 | NaCl |
| | 23.75 | 5 | 71.25 | NaCl |
| | 21.0 | 10 | 69 | NaCl |
| | 20.4 | 11.15 | 68.45 | NaCl+ KCl |
| | 20 | 11.3 | 68.7 | KCl |

| 温度/℃ | 液相 NaCl/% | 液相 KCl/% | 液相 $H_2O$/% | 固相 |
|---|---|---|---|---|
| 25 | 15 | 14.5 | 70.5 | KCl |
| | 10 | 18.2 | 71.8 | KCl |
| | 5 | 22.1 | 72.9 | KCl |
| | 0 | 26.45 | 73.55 | KCl |
| 30 | 26.5 | 0 | 73.5 | NaCl |
| | 23.8 | 5 | 71.2 | NaCl |
| | 20.1 | 11.85 | 68.05 | NaCl+ KCl |
| | 15 | 15.1 | 69.9 | KCl |
| | 5 | 22.9 | 72.1 | KCl |
| | 0 | 27.2 | 72.8 | KCl |
| 40 | 26.7 | 0 | 73.3 | NaCl |
| | 23.9 | 5 | 71.1 | NaCl |
| | 19.6 | 13.25 | 67.15 | NaCl+ KCl |
| | 15 | 16.4 | 68.6 | KCl |
| | 5 | 24.3 | 70.7 | KCl |
| | 0 | 28.7 | 71.3 | KCl |
| 50 | 26.9 | 0 | 73.1 | NaCl |
| | 24.1 | 5 | 70.9 | NaCl |
| | 21.4 | 10 | 68.6 | NaCl |
| | 19.1 | 14.7 | 66.2 | NaCl+ KCl |
| | 15 | 17.6 | 67.4 | KCl |
| | 10 | 21.5 | 68.5 | KCl |
| | 5 | 25.6 | 69.4 | KCl |
| | 0 | 30.1 | 69.9 | KCl |
| 60 | 27.1 | 0 | 72.9 | NaCl |
| | 24.3 | 5 | 70.7 | NaCl |
| | 19.15 | 15 | 65.85 | NaCl |
| | 18.6 | 16.15 | 65.25 | NaCl+ KCl |
| | 15 | 18.7 | 66.3 | KCl |
| | 5 | 26.8 | 68.2 | KCl |
| | 0 | 31.4 | 68.6 | KCl |
| 70 | 27.3 | 0 | 72.7 | NaCl |
| | 24.6 | 5 | 70.4 | NaCl |
| | 19.3 | 15 | 65.7 | NaCl |
| | 18 | 17.6 | 64.4 | NaCl+ KCl |
| | 15 | 19.8 | 65.2 | KCl |

| 温度/℃ | 液相 NaCl/% | 液相 KCl/% | 液相 $H_2O$/% | 固相 |
|---|---|---|---|---|
| 70 | 5 | 28 | 67 | KCl |
| | 0 | 32.6 | 67.4 | KCl |
| 75 | 27.45 | 0 | 72.55 | NaCl |
| | 24.7 | 5 | 70.3 | NaCl |
| | 22 | 10 | 68 | NaCl |
| | 19.4 | 15 | 65.6 | NaCl |
| | 17.75 | 18.35 | 63.9 | NaCl+KCl |
| | 15 | 20.3 | 64.7 | KCl |
| | 10 | 24.3 | 65.7 | KCl |
| | 5 | 28.6 | 66.4 | KCl |
| | 0 | 33.2 | 66.8 | KCl |
| 80 | 27.6 | 0 | 72.4 | NaCl |
| | 24.9 | 5 | 70.1 | NaCl |
| | 19.6 | 15 | 65.4 | NaCl |
| | 17.55 | 19.05 | 63.4 | NaCl+KCl |
| | 15 | 20.9 | 64.I | KCl |
| | 5 | 29.2 | 65.8 | KCl |
| | 0 | 33.8 | 66.2 | KCl |
| 90 | 27.9 | 0 | 72.1 | NaCl |
| | 25.1 | 5 | 69.9 | NaCl |
| | 19.9 | 15 | 65.1 | NaCl |
| | 17.15 | 20.4 | 62.45 | NaCl+KCl |
| | 15 | 22 | 63 | KCl |
| | 5 | 30.3 | 64.7 | KCl |
| | 0 | 34.9 | 65.1 | KCl |
| 100 | 28.25 | 0 | 71.75 | NaCl |
| | 25.4 | 5 | 69.6 | NaCl |
| | 22.7 | 10 | 67.3 | NaCl |
| | 20.1 | 15 | 64.9 | NaCl |
| | 17.6 | 20 | 62.4 | NaCl |
| | 16.8 | 21.7 | 61.5 | NaCl+KCl |
| | 15 | 23.0 | 62 | KCl |
| | 10 | 27.1 | 62.9 | KCl |
| | 5 | 31.4 | 63.6 | KCl |
| | 0 | 35.9 | 64.1 | KCl |

| 温度/℃ | 液相 NaCl/% | 液相 KCl/% | 液相 $H_2O$/% | 固相 |
|--------|------------|-----------|--------------|------|
| 125 | 29. 0 | 0 | 71 | NaCl |
| | 26. 2 | 5 | 68. 8 | NaCl |
| | 23. 5 | 10 | 66. 5 | NaCl |
| | 21. 0 | 15 | 64 | NaCl |
| | 18. 5 | 20 | 61. 5 | NaCl |
| | 16. 3 | 24. 9 | 58. 8 | NaCl+KCl |
| | 15 | 25. 8 | 59. 2 | KCl |
| | 10 | 29. 7 | 60. 3 | KCl |
| | 5 | 33. 9 | 61. 1 | KCl |
| | 0 | 38. 2 | 61. 8 | KCl |
| 150 | 29. 8 | 0 | 70. 2 | NaCl |
| | 27. 1 | 5. 0 | 67. 9 | NaCl |
| | 24. 4 | 10. 0 | 65. 6 | NaCl |
| | 21. 9 | 15. 0 | 63. 1 | NaCl |
| | 19. 4 | 20. 0 | 60. 6 | NaCl |
| | 17. 2 | 25. 0 | 57. 8 | NaCl |
| | 16. 0 | 27. 7 | 56. 3 | NaCl+KCl |
| | 15 | 28. 4 | 56. 6 | KCl |
| | 10 | 32. 2 | 57. 8 | KCl |
| | 5 | 36. 2 | 58. 8 | KCl |
| | 0 | 40. 5 | 59. 5 | KCl |

### 表 B. 8　$Na^+$, $K^+$∥$SO_4^{2-}$-$H_2O$

| 温度/℃ | 液相 $Na_2SO_4$/% | 液相 $K_2SO_4$/% | 液相 $H_2O$/% | 固相 |
|--------|------------------|------------------|--------------|------|
| 0 | 4. 3 | 0 | 95. 7 | Mir |
| | 5. 4 | 7. 6 | 87 | Mir+$K_2SO_4$ |
| | 0 | 7. 5 | 92. 5 | $K_2SO_4$ |
| 15 | 11. 6 | 0 | 88. 4 | Mir |
| | 12. 3 | 5. 0 | 82. 7 | Mir |
| | 12. 8 | 7. 6 | 79. 6 | Mir+Gla |
| | 8. 0 | 8. 7 | 83. 3 | Gla |
| | 5. 8 | 9. 65 | 84. 55 | Gla+$K_2SO_4$ |
| | 0 | 9. 2 | 90. 8 | $K_2SO_4$ |
| 25 | 21. 8 | 0 | 78. 2 | Mir |
| | 22. 1 | 6. 3 | 71. 6 | Mir |
| | 22. 2 | 6. 3 | 71. 5 | Mir+Gla |

| 温度/℃ | 液相 Na$_2$SO$_4$/% | 液相 K$_2$SO$_4$/% | 液相 H$_2$O/% | 固相 |
|---|---|---|---|---|
| 25 | 20. 0 | 6. 8 | 73. 2 | Gla |
|  | 15. 0 | 7. 9 | 77. 1 | Gla |
|  | 10. 0 | 9. 2 | 80. 8 | Gla |
|  | 5. 95 | 11. 0 | 83. 05 | Gla+K$_2$SO$_4$ |
|  | 0 | 10. 7 | 89. 3 | K$_2$SO$_4$ |
| 35 | 33. 0 | 0 | 67 | Na$_2$SO$_4$ |
|  | 31. 6 | 3. 0 | 65. 4 | Na$_2$SO$_4$ |
|  | 30. 6 | 5. 1 | 64. 3 | Na$_2$SO$_4$+Gla |
|  | 30. 0 | 5. 2 | 64. 8 | Gla |
|  | 25. 0 | 6. 1 | 68. 9 | Gla |
|  | 20. 0 | 7. 25 | 72. 75 | Gla |
|  | 15. 0 | 8. 25 | 76. 75 | Gla |
|  | 10. 0 | 10. 0 | 80 | Gla |
|  | 6. 0 | 12. 15 | 81. 85 | Gla+K$_2$SO$_4$ |
|  | 0 | 12. 3 | 87. 7 | K$_2$SO$_4$ |
| 50 | 31. 8 | 0 | 68. 2 | Na$_2$SO$_4$ |
|  | 30. 7 | 3. 0 | 66. 3 | Na$_2$SO$_4$ |
|  | 29. 7 | 5. 9 | 64. 4 | Na$_2$SO$_4$+Gla |
|  | 25. 0 | 7. 0 | 68 | Gla |
|  | 20. 0 | 8. 2 | 71. 8 | Gla |
|  | 15. 0 | 9. 7 | 75. 3 | Gla |
|  | 10. 0 | 11. 5 | 78. 5 | Gla |
|  | 6. 0 | 13. 9 | 80. 1 | Gla+K$_2$SO$_4$ |
|  | 0 | 14. 2 | 85. 8 | K$_2$SO$_4$ |
| 75 | 30. 35 | 0 | 69. 65 | Na$_2$SO$_4$ |
|  | 28. 6 | 5. 0 | 66. 4 | Na$_2$SO$_4$ |
|  | 27. 7 | 7. 6 | 64. 7 | Na$_2$SO$_4$+Gla |
|  | 25. 0 | 8. 35 | 66. 65 | Gla |
|  | 20. 0 | 9. 9 | 70. 1 | Gla |
|  | 15. 0 | 11. 7 | 73. 3 | Gla |
|  | 10. 0 | 13. 9 | 76. 1 | Gla |
|  | 6. 0 | 16. 6 | 77. 4 | Gla+K$_2$SO$_4$ |
|  | 0 | 17. 1 | 82. 9 | K$_2$SO$_4$ |
| 100 | 29. 7 | 0 | 70. 3 | Na$_2$SO$_4$ |
|  | 28. 1 | 5. 0 | 66. 9 | Na$_2$SO$_4$ |
|  | 26. 9 | 9. 0 | 64. 1 | Na$_2$SO$_4$+Gla |

| 温度/℃ | 液相 Na$_2$SO$_4$/% | 液相 K$_2$SO$_4$/% | 液相 H$_2$O/% | 固相 |
|---|---|---|---|---|
| | 25.0 | 9.7 | 65.3 | Gla |
| | 20.0 | 11.5 | 68.5 | Gla |
| 100 | 15.0 | 13.6 | 71.4 | Gla |
| | 10.0 | 16.1 | 73.9 | Gla |
| | 5.9 | 18.95 | 75.15 | Gla+K$_2$SO$_4$ |
| | 0 | 19.4 | 80.6 | K$_2$SO$_4$ |
| -2.7 | 4.5 | 7.1 | 88.4 | Mir+K$_2$SO$_4$+冰 |
| -1.8 | 5.5 | 7.75 | 86.75 | Mir+Gla+K$_2$SO$_4$ |

### 表 B.9　Na$^+$, Mg$^{2+}$ // Cl$^-$-H$_2$O

| 温度/℃ | 液相 NaCl/% | 液相 MgCl$_2$/% | 液相 H$_2$O/% | 固相 |
|---|---|---|---|---|
| | 23.5 | 0 | 76.5 | NaCl·2H$_2$O |
| | 17.8 | 5.0 | 77.2 | NaCl·2H$_2$O |
| | 12.4 | 10.0 | 77.6 | NaCl·2H$_2$O |
| | 8.0 | 15.0 | 77 | NaCl·2H$_2$O |
| -20 | 4.9 | 20.0 | 75.1 | NaCl·2H$_2$O |
| | 3.3 | 23.3 | 73.4 | NaCl·2H$_2$O+NaCl |
| | 2.3 | 25.0 | 72.7 | NaCl |
| | 1.8 | 26.1 | 72.1 | NaCl+MgCl$_2$·12H$_2$O |
| | 0 | 26.7 | 73.3 | MgCl$_2$·12H$_2$O |
| | 24.9 | 0 | 75.1 | NaCl·2H$_2$O |
| | 19.0 | 5.0 | 76 | NaCl·2H$_2$O |
| | 13.8 | 10.0 | 76.2 | NaCl·2H$_2$O |
| | 9.4 | 15.0 | 75.6 | NaCl·2H$_2$O |
| -10 | 7.8 | 17.5 | 74.7 | NaCl·2H$_2$O+NaCl |
| | 5.6 | 20.0 | 74.4 | NaCl |
| | 2.5 | 25.0 | 72.5 | NaCl |
| | 0.7 | 30.0 | 69.3 | NaCl |
| | 0.3 | 32.9 | 66.8 | NaCl+MgCl$_2$·8H$_2$O |
| | 0 | 33.4 | 66.6 | MgCl$_2$·8H$_2$O |
| | 26.3 | 0 | 73.7 | NaCl |
| | 20.0 | 5.0 | 75 | NaCl |
| 0 | 14.6 | 10.0 | 75.4 | NaCl |
| | 9.9 | 15.0 | 75.1 | NaCl |
| | 5.8 | 20.0 | 74.2 | NaCl |
| | 2.7 | 25.0 | 72.3 | NaCl |

| 温度/℃ | 液相 NaCl/% | 液相 MgCl$_2$/% | 液相 H$_2$O/% | 固相 |
|---|---|---|---|---|
| 0 | 0.8 | 30.0 | 69.2 | NaCl |
| | 0.3 | 34.4 | 65.3 | NaCl+Bis |
| | 0 | 34.6 | 65.4 | Bis |
| 25 | 26.45 | 0 | 73.55 | NaCl |
| | 20.5 | 5.0 | 74.5 | NaCl |
| | 15.2 | 10.0 | 74.8 | NaCl |
| | 10.5 | 15.0 | 74.5 | NaCl |
| | 6.5 | 20.0 | 73.5 | NaCl |
| | 3.3 | 25.0 | 71.7 | NaCl |
| | 1.1 | 30.0 | 68.9 | NaCl |
| | 0.3 | 35.55 | 64.15 | NaCl+Bis |
| | 0 | 35.7 | 64.3 | Bis |
| 50 | 26.9 | 0 | 73.1 | NaCl |
| | 21.0 | 5.0 | 74 | NaCl |
| | 15.8 | 10.0 | 74.2 | NaCl |
| | 11.1 | 15.0 | 73.9 | NaCl |
| | 7.05 | 20.0 | 72.95 | NaCl |
| | 3.8 | 25.0 | 71.2 | NaCl |
| | 1.4 | 30.0 | 68.6 | NaCl |
| | 0.4 | 35.0 | 64.6 | NaCl |
| | 0.2 | 36.95 | 62.85 | NaCl+Bis |
| | 0 | 37.4 | 62.6 | Bis |
| 75 | 27.45 | 0 | 72.55 | NaCl |
| | 21.8 | 5.0 | 73.2 | NaCl |
| | 16.5 | 10.0 | 73.5 | NaCl |
| | 11.8 | 15.0 | 73.2 | NaCl |
| | 7.7 | 20.0 | 72.3 | NaCl |
| | 4.4 | 25.0 | 70.6 | NaCl |
| | 1.9 | 30.0 | 68.1 | NaCl |
| | 0.7 | 35.0 | 64.3 | NaCl |
| | 0.2 | 39.05 | 60.75 | NaCl+Bis |
| | 0 | 39.2 | 60.8 | Bis |
| 100 | 28.25 | 0 | 71.75 | NaCl |
| | 22.6 | 5.0 | 72.4 | NaCl |
| | 17.4 | 10.0 | 72.6 | NaCl |
| | 12.5 | 15.0 | 72.5 | NaCl |

续表 B. 9

| 温度/℃ | 液相 NaCl/% | 液相 MgCl$_2$/% | 液相 H$_2$O/% | 固相 |
|---|---|---|---|---|
| 100 | 8. 4 | 20. 0 | 71. 6 | NaCl |
|  | 5. 1 | 25. 0 | 69. 9 | NaCl |
|  | 2. 4 | 30. 0 | 67. 6 | NaCl |
|  | 0. 9 | 35. 0 | 64. 1 | NaCl |
|  | 0. 15 | 42. 1 | 57. 75 | NaCl+Bis |
|  | 0 | 42. 2 | 57. 8 | Bis |
| 125 | 29. 0 | 0 | 71 | NaCl |
|  | 23. 4 | 5. 0 | 71. 6 | NaCl |
|  | 18. 2 | 10. 0 | 71. 8 | NaCl |
|  | 13. 4 | 15. 0 | 71. 6 | NaCl |
|  | 9. 3 | 20. 0 | 70. 7 | NaCl |
|  | 5. 8 | 25. 0 | 69. 2 | NaCl |
|  | 3. 0 | 30. 0 | 67 | NaCl |
|  | 1. 25 | 35. 0 | 63. 75 | NaCl |
|  | 0. 5 | 40. 0 | 59. 5 | NaCl |
|  | 0. 2 | 45. 0 | 54. 8 | NaCl |
|  | 0. 15 | 47. 45 | 52. 4 | NaCl+MgCl$_2$·4H$_2$O |
|  | 0 | 47. 0 | 53 | MgCl$_2$·4H$_2$O |
| 150 | 29. 8 | 0 | 70. 2 | NaCl |
|  | 24. 3 | 5. 0 | 70. 7 | NaCl |
|  | 19. 1 | 10. 0 | 70. 9 | NaCl |
|  | 14. 3 | 15. 0 | 70. 7 | NaCl |
|  | 10. 2 | 20. 0 | 69. 8 | NaCl |
|  | 6. 6 | 25. 0 | 68. 4 | NaCl |
|  | 3. 6 | 30. 0 | 66. 4 | NaCl |
|  | 1. 7 | 35. 0 | 63. 3 | NaCl |
|  | 0. 75 | 40. 0 | 59. 25 | NaCl |
|  | 0. 4 | 45. 0 | 54. 6 | NaCl |
|  | 0. 2 | 50. 0 | 49. 8 | NaCl |
|  | 0. 1 | 51. 75 | 48. 15 | NaCl+MgCl$_2$·4H$_2$O |
|  | 0 | 48. 8 | 51. 2 | MgCl$_2$·4H$_2$O |

表 B. 10 Na$^+$，Mg$^{2+}$//SO$_4^{2-}$-H$_2$O

| 温度/℃ | 液相 Na$_2$SO$_4$/% | 液相 MgSO$_4$/% | 液相 H$_2$O/% | 固相 |
|---|---|---|---|---|
| 0 | 4. 3 | 0 | 95. 7 | Mir |
|  | 4. 2 | 5 | 90. 8 | Mir |

| 温度/℃ | 液相 Na$_2$SO$_4$/% | 液相 MgSO$_4$/% | 液相 H$_2$O/% | 固相 |
|---|---|---|---|---|
| 0 | 4. 05 | 10 | 85. 95 | Mir |
| | 4. 0 | 15 | 81 | Mir |
| | 4. 0 | 19. 7 | 76. 3 | Mir+MgSO$_4$ · 12H$_2$O |
| | 0 | 20. 3 | 79. 7 | MgSO$_4$ · 12H$_2$O |
| 10 | 8. 35 | 0 | 91. 65 | Mir |
| | 7. 7 | 5 | 87. 3 | Mir |
| | 7. 4 | 10 | 82. 6 | Mir |
| | 7. 4 | 15 | 77. 6 | Mir |
| | 7. 6 | 20 | 72. 4 | Mir |
| | 7. 7 | 20. 5 | 71. 8 | Mir+Eps |
| | 0 | 23. 3 | 76. 7 | Eps |
| 25 | 21. 8 | 0 | 78. 2 | Mir |
| | 20. 3 | 5. 0 | 74. 7 | Mir |
| | 19. 2 | 10. 0 | 70. 8 | Mir |
| | 19. 0 | 15. 0 | 66 | Mir |
| | 19. 1 | 15. 7 | 65. 2 | Mir+Ast |
| | 14. 3 | 20. 0 | 65. 7 | Ast |
| | 12. 9 | 21. 5 | 65. 6 | Ast+Eps |
| | 4. 5 | 25. 0 | 70. 5 | Eps |
| | 0 | 27. 2 | 72. 8 | Eps |
| 30 | 29. 0 | 0 | 71 | Mir |
| | 27. 5 | 5. 0 | 67. 5 | Mir |
| | 26. 8 | 8. 55 | 64. 65 | Mir+Na$_2$SO$_4$ |
| | 25. 7 | 10. 0 | 64. 3 | Na$_2$SO$_4$ |
| | 24. 9 | 10. 9 | 64. 2 | Na$_2$SO$_4$+Ast |
| | 19. 9 | 15. 0 | 65. 1 | Ast |
| | 14. 3 | 20. 0 | 65. 7 | Ast |
| | 11. 3 | 23. 3 | 65. 4 | Ast+Eps |
| | 7. 1 | 25. 0 | 67. 9 | Eps |
| | 0 | 28. 4 | 71. 6 | Eps |
| 35 | 33. 30 | 0 | 66. 7 | Na$_2$SO$_4$ |
| | 24. 40 | 11. 65 | 63. 95 | Na$_2$SO$_4$+Ast |
| | 9. 80 | 24. 90 | 65. 3 | Ast+Eps |
| | 0 | 29. 4 | 70. 6 | Eps |
| 50 | 31. 8 | 0 | 68. 2 | Na$_2$SO$_4$ |
| | 28. 2 | 5 | 66. 8 | Na$_2$SO$_4$ |
| | 24. 6 | 10 | 65. 4 | Na$_2$SO$_4$ |

| 温度/℃ | 液相 $Na_2SO_4$/% | 液相 $MgSO_4$/% | 液相 $H_2O$/% | 固相 |
|---|---|---|---|---|
| 50 | 23.1 | 12.5 | 64.4 | $Na_2SO_4$+Ast |
| | 19.9 | 15 | 65.1 | Ast |
| | 14.3 | 20 | 65.7 | Ast |
| | 9.9 | 25.5 | 64.6 | Ast |
| | 6.2 | 30 | 63.8 | Ast |
| | 5.5 | 31.1 | 63.4 | Ast+Hex |
| | 0 | 33.5 | 66.5 | Hex |
| 75 | 30.35 | 0 | 69.65 | $Na_2SO_4$ |
| | 27.4 | 5.0 | 67.6 | $Na_2SO_4$ |
| | 25.0 | 9.1 | 65.9 | $Na_2SO_4$+Van |
| | 24.0 | 10.0 | 66 | Van |
| | 19.6 | 15.0 | 65.4 | Van |
| | 19.0 | 15.7 | 65.3 | Van+Low |
| | 14.4 | 20.0 | 65.6 | Low |
| | 9.9 | 25.0 | 65.1 | Low |
| | 6.3 | 30.0 | 63.7 | Low |
| | 3.5 | 35.0 | 61.5 | Low+Kie |
| | 0 | 36.3 | 63.7 | Kie |
| 100 | 29.7 | 0 | 70.3 | $Na_2SO_4$ |
| | 27.1 | 5.0 | 67.9 | $Na_2SO_4$ |
| | 26.6 | 6.0 | 67.4 | $Na_2SO_4$+Van |
| | 22.9 | 10.0 | 67.1 | Van |
| | 19.0 | 14.5 | 66.5 | Van+Low |
| | 18.4 | 15.0 | 66.6 | Low |
| | 13.5 | 20.0 | 66.5 | Low |
| | 9.4 | 25.0 | 65.6 | Low |
| | 6.0 | 30.0 | 64 | Low |
| | 4.8 | 32.2 | 63 | Low+Kie |
| | 0 | 33.4 | 66.6 | Kie |

### 表 B. 11   $K^+$, $Mg^{2+}$ ∥ $Cl^-$-$H_2O$

| 温度/℃ | 液相 KCl/% | 液相 $MgCl_2$/% | 液相 $H_2O$/% | 固相 |
|---|---|---|---|---|
| -10 | 14.5 | 5.0 | 80.5 | KCl |
| | 9.8 | 10.0 | 80.2 | KCl |
| | 6.1 | 15.0 | 78.9 | KCl |
| | 3.4 | 20.0 | 76.6 | KCl |

续表 B.11

| 温度/℃ | 液相 KCl/% | 液相 MgCl$_2$/% | 液相 H$_2$O/% | 固相 |
|---|---|---|---|---|
| | 2.0 | 25.0 | 73 | KCl |
| | 1.9 | 25.9 | 72.2 | KCl+Car |
| −10 | 0.4 | 30.0 | 69.6 | Car |
| | 0.15 | 32.9 | 66.95 | Car+MgCl$_2$·8H$_2$O |
| | 0 | 33.4 | 66.6 | MgCl$_2$·8H$_2$O |
| | 21.9 | 0 | 78.1 | KCl |
| | 16.1 | 5.0 | 78.9 | KCl |
| | 11.3 | 10.0 | 78.7 | KCl |
| | 7.4 | 15.0 | 77.6 | KCl |
| | 4.3 | 20.0 | 75.7 | KCl |
| 0 | 2.6 | 25.0 | 72.4 | KCl |
| | 2.4 | 26.2 | 71.4 | KCl+Car |
| | 0.5 | 30.0 | 69.5 | Car |
| | 0.1 | 34.4 | 65.5 | Car+Bis |
| | 0 | 34.6 | 65.4 | Bis |
| | 23.84 | 0 | 76.16 | KCl |
| | 15.85 | 6.86 | 77.29 | KCl |
| | 11.88 | 10.98 | 77.14 | KCl |
| 10 | 6.73 | 17.87 | 75.4 | KCl |
| | 2.56 | 26.45 | 70.99 | KCl+Car |
| | 2.06 | 27.08 | 70.86 | Car |
| | 0.09 | 34.84 | 65.07 | Car+Bis |
| | 0 | 34.97 | 65.03 | Bis |
| | 26.45 | 0 | 73.55 | KCl |
| | 20.3 | 5.0 | 74.7 | KCl |
| | 14.9 | 10.0 | 75.1 | KCl |
| | 10.5 | 15.0 | 74.5 | KCl |
| | 6.7 | 20.0 | 73.3 | KCl |
| 25 | 4.1 | 25.0 | 70.9 | KCl |
| | 3.4 | 26.9 | 69.7 | KCl+Car |
| | 1.1 | 30.0 | 68.9 | Car |
| | 0.1 | 35.0 | 64.9 | Car |
| | 0.1 | 35.6 | 64.3 | Car+Bis |
| | 0 | 35.7 | 64.3 | Bis |
| 50 | 30.1 | 0 | 69.9 | KCl |
| | 23.9 | 5.0 | 71.1 | KCl |

| 温度/℃ | 液相 KCl/% | 液相 $MgCl_2$/% | 液相 $H_2O$/% | 固相 |
|---|---|---|---|---|
| 50 | 18.2 | 10.0 | 71.8 | KCl |
| | 13.4 | 15.0 | 71.6 | KCl |
| | 9.2 | 20.0 | 70.8 | KCl |
| | 5.8 | 25.0 | 69.2 | KCl |
| | 4.5 | 27.9 | 67.6 | KCl+Car |
| | 2.4 | 30.0 | 67.6 | Car |
| | 0.5 | 35.0 | 64.5 | Car |
| | 0.2 | 37.15 | 62.65 | Car+Bis |
| | 0 | 37.4 | 62.6 | Bis |
| 75 | 33.2 | 0 | 66.8 | KCl |
| | 26.9 | 5.0 | 68.1 | KCl |
| | 21.2 | 10.0 | 68.8 | KCl |
| | 16.2 | 15.0 | 68.8 | KCl |
| | 11.7 | 20.0 | 68.3 | KCl |
| | 8.0 | 25.0 | 67 | KCl |
| | 5.5 | 29.2 | 65.3 | KCl+Car |
| | 4.7 | 30.0 | 65.3 | Car |
| | 1.6 | 35.0 | 63.4 | Car |
| | 0.35 | 39.0 | 60.65 | Car+Bis |
| | 0 | 39.2 | 60.8 | Bis |
| 100 | 35.9 | 0 | 64.1 | KCl |
| | 29.8 | 5.0 | 65.2 | KCl |
| | 24.0 | 10.0 | 66 | KCl |
| | 18.8 | 15.0 | 66.2 | KCl |
| | 14.3 | 20.0 | 65.7 | KCl |
| | 10.6 | 25.0 | 64.4 | KCl |
| | 7.4 | 30.0 | 62.6 | KCl |
| | 6.4 | 31.3 | 62.3 | KCl+Car |
| | 3.6 | 35.0 | 61.4 | Car |
| | 1.1 | 40.0 | 58.9 | Car |
| | 0.5 | 42.0 | 57.5 | Car+Bis |
| | 0 | 42.2 | 57.8 | Bis |
| 150 | 40.5 | 0 | 59.5 | KCl |
| | 34.8 | 5.0 | 60.2 | KCl |
| | 29.3 | 10.0 | 60.7 | KCl |
| | 24.0 | 15.0 | 61 | KCl |

续表 B. 11

| 温度/℃ | 液相 KCl/% | 液相 $MgCl_2$/% | 液相 $H_2O$/% | 固相 |
|---|---|---|---|---|
| 150 | 19. 2 | 20. 0 | 60. 8 | KCl |
| | 15. 3 | 25. 0 | 59. 7 | KCl |
| | 11. 9 | 30. 0 | 58. 1 | KCl |
| | 8. 9 | 35. 0 | 56. 1 | KCl |
| | 6. 3 | 40. 0 | 53. 7 | KCl |
| | 4. 6 | 44. 2 | 51. 2 | KCl+Car |
| | 4. 0 | 45. 0 | 51 | Car |
| | 1. 9 | 50. 0 | 48. 1 | Car |
| | 1. 8 | 50. 4 | 47. 8 | Car+$MgCl_2 \cdot 4H_2O$ |
| | 0 | 48. 8 | 51. 2 | $MgCl_2 \cdot 4H_2O$ |
| −34. 5 | 1. 1 | 20. 9 | 78 | KCl+$MgCl_2 \cdot 12H_2O$+冰 |
| −21 | 1. 5 | 25. 6 | 72. 9 | KCl+Bis+$MgCl_2 \cdot 6H_2O$ |

### 表 B. 12　$K^+$, $Mg^{2+} /\!\!/ SO_4^{2-}$-$H_2O$

| 温度/℃ | 液相 $K_2SO_4$/% | 液相 $MgSO_4$/% | 液相 $H_2O$/% | 固相 |
|---|---|---|---|---|
| 0 | 7. 5 | 8. 4 | 84. 1 | $K_2SO_4$ |
| | 7. 7 | 9. 5 | 82. 8 | $K_2SO_4$+Pic |
| | 6. 8 | 8. 45 | 84. 75 | Pic |
| | 4. 75 | 6. 1 | 89. 15 | Pic |
| | 3. 15 | 4. 2 | 92. 65 | Pic+$MgSO_4 \cdot 12H_2O$ |
| | 0 | 0 | 100 | $MgSO_4 \cdot 12H_2O$ |
| 15 | 9. 2 | 0 | 90. 8 | $K_2SO_4$ |
| | 9. 3 | 5. 0 | 85. 7 | $K_2SO_4$ |
| | 9. 4 | 10. 0 | 80. 6 | $K_2SO_4$ |
| | 9. 4 | 10. 7 | 79. 9 | $K_2SO_4$+Pic |
| | 7. 2 | 15. 0 | 77. 8 | Pic |
| | 5. 4 | 20. 0 | 74. 6 | Pic |
| | 4. 75 | 23. 8 | 71. 45 | Pic+Eps |
| | 0 | 24. 6 | 75. 4 | Eps |
| 25 | 10. 75 | 0 | 89. 25 | $K_2SO_4$ |
| | 11. 0 | 5. 0 | 84 | $K_2SO_4$ |
| | 10. 95 | 10. 0 | 79. 05 | $K_2SO_4$ |
| | 10. 75 | 12. 5 | 76. 75 | $K_2SO_4$+Pic |
| | 9. 3 | 15. 0 | 75. 7 | Pic |
| | 6. 9 | 20. 0 | 73. 1 | Pic |
| | 5. 15 | 25. 0 | 69. 85 | Pic |

| 温度/℃ | 液相 $K_2SO_4$/% | 液相 $MgSO_4$/% | 液相 $H_2O$/% | 固相 |
|---|---|---|---|---|
| 25 | 4.95 | 26.05 | 69 | Pic+Eps |
| | 0 | 27.2 | 72.8 | Eps |
| 35 | 12.2 | 0 | 87.8 | $K_2SO_4$ |
| | 12.5 | 5.0 | 82.5 | $K_2SO_4$ |
| | 12.5 | 10.0 | 77.5 | $K_2SO_4$ |
| | 12.15 | 14.45 | 73.4 | $K_2SO_4$+Pic |
| | 11.7 | 15 | 73.3 | Pic |
| | 8.7 | 20 | 71.3 | Pic |
| | 6.1 | 25 | 68.9 | Pic |
| | 4.4 | 28.7 | 66.9 | Pic+Eps |
| | 0 | 29.7 | 70.3 | Eps |
| 50 | 14.2 | 0 | 85.8 | $K_2SO_4$ |
| | 14.3 | 5.0 | 80.7 | $K_2SO_4$ |
| | 14.1 | 10.0 | 75.9 | $K_2SO_4$ |
| | 13.4 | 15.0 | 71.6 | $K_2SO_4$ |
| | 13.0 | 17.0 | 70 | $K_2SO_4$+Leo |
| | 10.7 | 20.0 | 69.3 | Leo |
| | 7.6 | 25.0 | 67.4 | Leo |
| | 5.1 | 30.0 | 64.9 | Leo |
| | 4.2 | 32.3 | 63.5 | Leo+Hex |
| | 0 | 33.5 | 66.5 | Hex |
| 75 | 17.1 | 0 | 82.9 | $K_2SO_4$ |
| | 16.9 | 5.0 | 78.1 | $K_2SO_4$ |
| | 16.6 | 10.0 | 73.4 | $K_2SO_4$ |
| | 15.8 | 15.0 | 69.2 | $K_2SO_4$ |
| | 15.2 | 17.2 | 67.6 | $K_2SO_4$+Leo |
| | 13.3 | 20.0 | 66.7 | Leo |
| | 10.2 | 25.0 | 64.8 | Leo |
| | 7.7 | 30.0 | 62.3 | Leo+Lan |
| | 4.9 | 33.0 | 62.1 | Lan |
| | 0 | 36.3 | 63.7 | Kie |
| 100 | 19.4 | 0 | 80.6 | $K_2SO_4$ |
| | 20.1 | 5.0 | 74.9 | $K_2SO_4$ |
| | 19.7 | 10.0 | 70.3 | $K_2SO_4$ |
| | 19.1 | 13.5 | 67.4 | $K_2SO_4$+Lan |
| | 17.1 | 15.0 | 67.9 | Lan |

续表 B. 12

| 温度/℃ | 液相 K₂SO₄/% | 液相 MgSO₄/% | 液相 H₂O/% | 固相 |
|---|---|---|---|---|
| | 11. 15 | 20. 0 | 68. 85 | Lan |
| | 7. 05 | 25. 0 | 67. 95 | Lan |
| 100 | 3. 8 | 30. 0 | 66. 2 | Lan |
| | 2. 8 | 32. 6 | 64. 6 | Lan+Kie |
| | 0 | 33. 4 | 66. 6 | Kie |

### 表 B. 13　$Na^+ /\!/ Cl^-$，$SO_4^{2-}$-$H_2O$

| 温度/℃ | 液相 NaCl/% | 液相 Na₂SO₄/% | 液相 H₂O/% | 固相 |
|---|---|---|---|---|
| | 25. 6 | 0 | 74. 4 | NaCl · 2H₂O |
| | 25. 3 | 0. 7 | 74 | NaCl · 2H₂O+Mir |
| | 20. 0 | 0. 7 | 79. 3 | Mir |
| −5 | 15. 0 | 0. 7 | 84. 3 | Mir |
| | 10. 0 | 0. 8 | 89. 2 | Mir |
| | 7. 3 | 0. 95 | 91. 75 | Mir |
| | 26. 3 | 0 | 73. 7 | NaCl |
| | 25. 6 | 1. 3 | 73. 1 | NaCl+Mir |
| | 20. 0 | 1. 1 | 78. 9 | Mir |
| 0 | 15. 0 | 1. 2 | 83. 8 | Mir |
| | 10. 0 | 1. 85 | 88. 15 | Mir |
| | 5. 0 | 2. 05 | 92. 95 | Mir |
| | 0 | 4. 3 | 95. 7 | Mir |
| | 26. 3 | 0 | 73. 7 | NaCl |
| | 25. 0 | 2. 7 | 72. 3 | NaCl |
| | 24. 4 | 3. 3 | 72. 3 | NaCl+Mir |
| | 20. 0 | 3. 1 | 76. 9 | Mir |
| 10 | 15. 0 | 3. 2 | 81. 8 | Mir |
| | 10. 0 | 3. 65 | 86. 35 | Mir |
| | 5. 0 | 5. 0 | 90 | Mir |
| | 0 | 8. 35 | 91. 65 | Mir |
| | 26. 35 | 0 | 73. 65 | NaCl |
| | 25. 0 | 2. 45 | 72. 55 | NaCl |
| | 23. 3 | 5. 5 | 71. 2 | NaCl+Mir |
| | 20. 0 | 5. 2 | 74. 8 | Mir |
| 15 | 15. 0 | 5. 25 | 79. 75 | Mir |
| | 10. 0 | 6. 0 | 84 | Mir |
| | 5. 0 | 8. 0 | 87 | Mir |
| | 0 | 11. 6 | 88. 4 | Mir |

| 温度/℃ | 液相 NaCl/% | 液相 Na$_2$SO$_4$/% | 液相 H$_2$O/% | 固相 |
|--------|------------|----------------------|----------------|------|
| 20 | 26.4 | 0 | 73.6 | NaCl |
|  | 25.0 | 2.7 | 72.3 | NaCl |
|  | 22.5 | 7.4 | 70.1 | NaCl+Na$_2$SO$_4$ |
|  | 21.0 | 8.55 | 70.45 | Na$_2$SO$_4$ |
|  | 20.2 | 9.2 | 70.6 | Na$_2$SO$_4$+Mir |
|  | 15.0 | 8.6 | 76.4 | Mir |
|  | 10.0 | 9.6 | 80.4 | Mir |
|  | 5.0 | 12.0 | 83 | Mir |
|  | 0 | 16.1 | 83.9 | Mir |
| 25 | 26.45 | 0 | 73.55 | NaCl |
|  | 25.0 | 2.85 | 72.15 | NaCl |
|  | 22.9 | 6.85 | 70.25 | NaCl+Na$_2$SO$_4$ |
|  | 20.0 | 9.1 | 70.9 | Na$_2$SO$_4$ |
|  | 15.0 | 13.9 | 71.1 | Na$_2$SO$_4$ |
|  | 14.05 | 14.95 | 71 | Na$_2$SO$_4$+Mir |
|  | 10.0 | 15.6 | 74.4 | Mir |
|  | 5.0 | 18.2 | 76.8 | Mir |
|  | 0 | 21.8 | 78.2 | Mir |
| 30 | 26.5 | 0 | 73.5 | NaCl |
|  | 25.0 | 3.0 | 72 | NaCl |
|  | 23.2 | 6.4 | 70.4 | NaCl+Na$_2$SO$_4$ |
|  | 20.0 | 8.6 | 71.4 | Na$_2$SO$_4$ |
|  | 15.0 | 13.25 | 71.75 | Na$_2$SO$_4$ |
|  | 10.0 | 19.25 | 70.75 | Na$_2$SO$_4$ |
|  | 5.45 | 25.45 | 69.1 | Na$_2$SO$_4$+Mir |
|  | 3.0 | 26.6 | 70.4 | Mir |
|  | 0 | 29.0 | 71 | Mir |
| 50 | 26.9 | 0 | 73.1 | NaCl |
|  | 25.0 | 3.65 | 71.35 | NaCl |
|  | 24.2 | 5.3 | 70.5 | NaCl+Na$_2$SO$_4$ |
|  | 20.0 | 7.9 | 72.1 | Na$_2$SO$_4$ |
|  | 15.0 | 12.5 | 72.5 | Na$_2$SO$_4$ |
|  | 10.0 | 18.45 | 71.55 | Na$_2$SO$_4$ |
|  | 5.0 | 25.05 | 69.95 | Na$_2$SO$_4$ |
|  | 0 | 31.8 | 68.2 | Na$_2$SO$_4$ |

| 温度/℃ | 液相 NaCl/% | 液相 $Na_2SO_4$/% | 液相 $H_2O$/% | 固相 |
|---|---|---|---|---|
| 75 | 27. 45 | 0 | 72. 55 | NaCl |
| | 25. 05 | 4. 55 | 70. 4 | NaCl+$Na_2SO_4$ |
| | 20. 0 | 7. 3 | 72. 7 | $Na_2SO_4$ |
| | 15. 0 | 11. 7 | 73. 3 | $Na_2SO_4$ |
| | 10. 0 | 17. 45 | 72. 55 | $Na_2SO_4$ |
| | 5. 0 | 23. 7 | 71. 3 | $Na_2SO_4$ |
| | 0 | 30. 35 | 69. 65 | $Na_2SO_4$ |
| 100 | 28. 25 | 0 | 71. 75 | NaCl |
| | 25. 85 | 4. 45 | 69. 7 | NaCl+$Na_2SO_4$ |
| | 20. 0 | 6. 55 | 73. 45 | $Na_2SO_4$ |
| | 15. 0 | 10. 75 | 74. 25 | $Na_2SO_4$ |
| | 10. 0 | 16. 5 | 73. 5 | $Na_2SO_4$ |
| | 5. 0 | 22. 8 | 72. 2 | $Na_2SO_4$ |
| | 0 | 29. 7 | 70. 3 | $Na_2SO_4$ |
| 150 | 29. 8 | 0 | 70. 2 | NaCl |
| | 27. 5 | 5. 0 | 67. 5 | NaCl+$Na_2SO_4$ |
| | 25. 0 | 5. 7 | 69. 3 | $Na_2SO_4$ |
| | 20. 0 | 8. 0 | 72 | $Na_2SO_4$ |
| | 15. 0 | 11. 6 | 73. 4 | $Na_2SO_4$ |
| | 10. 0 | 16. 2 | 73. 8 | $Na_2SO_4$ |
| | 5. 0 | 22. 2 | 72. 8 | $Na_2SO_4$ |
| | 0 | 29. 65 | 70. 35 | $Na_2SO_4$ |

### 表 B. 14　$K^+$ ∥ $Cl^-$，$SO_4^{2-}$-$H_2O$

| 温度/℃ | 液相 KCl/% | 液相 $K_2SO_4$/% | 液相 $H_2O$/% | 固相 |
|---|---|---|---|---|
| 0 | 21. 9 | 0 | 78. 1 | KCl |
| | 21. 65 | 0. 8 | 77. 55 | KCl+$K_2SO_4$ |
| | 20. 0 | 0. 9 | 79. 1 | $K_2SO_4$ |
| | 15. 0 | 1. 4 | 83. 6 | $K_2SO_4$ |
| | 10. 0 | 2. 6 | 87. 4 | $K_2SO_4$ |
| | 5. 0 | 4. 1 | 90. 9 | $K_2SO_4$ |
| | 0 | 7. 5 | 92. 5 | $K_2SO_4$ |
| 25 | 26. 45 | 0 | 73. 55 | KCl |
| | 25. 8 | 1. 1 | 73. 1 | KCl+$K_2SO_4$ |
| | 20. 0 | 2. 2 | 77. 8 | $K_2SO_4$ |
| | 15. 0 | 2. 9 | 82. 1 | $K_2SO_4$ |

| 温度/℃ | 液相 KCl/% | 液相 K$_2$SO$_4$/% | 液相 H$_2$O/% | 固相 |
|---|---|---|---|---|
| 25 | 10.0 | 4.6 | 85.4 | K$_2$SO$_4$ |
| | 5.0 | 7.0 | 88 | K$_2$SO$_4$ |
| | 0 | 10.75 | 89.25 | K$_2$SO$_4$ |
| 50 | 30.1 | 0 | 69.9 | KCl |
| | 29.1 | 1.3 | 69.6 | KCl+K$_2$SO$_4$ |
| | 25.0 | 2.0 | 73 | K$_2$SO$_4$ |
| | 20.0 | 3.2 | 76.8 | K$_2$SO$_4$ |
| | 15.0 | 5.0 | 80 | K$_2$SO$_4$ |
| | 10.0 | 7.3 | 82.7 | K$_2$SO$_4$ |
| | 5.0 | 10.2 | 84.8 | K$_2$SO$_4$ |
| | 0 | 14.2 | 85.8 | K$_2$SO$_4$ |
| 75 | 33.2 | 0 | 66.8 | KCl |
| | 32.1 | 1.4 | 66.5 | KCl+K$_2$SO$_4$ |
| | 30.0 | 1.8 | 68.2 | K$_2$SO$_4$ |
| | 25.0 | 3.0 | 72 | K$_2$SO$_4$ |
| | 20.0 | 4.6 | 75.4 | K$_2$SO$_4$ |
| | 15.0 | 6.8 | 78.2 | K$_2$SO$_4$ |
| | 10.0 | 9.5 | 80.5 | K$_2$SO$_4$ |
| | 5.0 | 13.2 | 81.8 | K$_2$SO$_4$ |
| | 0 | 17.1 | 82.9 | K$_2$SO$_4$ |
| -10.9 | 19.3 | 0.9 | 79.8 | KCl+K$_2$SO$_4$+冰 |

### 表 B.15　Mg$^{2+}$∥Cl$^-$, SO$_4^{2-}$-H$_2$O

| 温度/℃ | 液相 MgCl$_2$/% | 液相 MgSO$_4$/% | 液相 H$_2$O/% | 固相 |
|---|---|---|---|---|
| 0 | 34.6 | 0 | 65.4 | Bis |
| | 33.55 | 1.55 | 64.9 | Bis+Eps |
| | 30.0 | 1.5 | 68.5 | Eps |
| | 25.0 | 2.0 | 73 | Eps |
| | 20.0 | 3.2 | 76.8 | Eps |
| | 15.0 | 5.6 | 79.4 | Eps |
| | 10.0 | 9.2 | 80.8 | Eps |
| | 5.0 | 13.8 | 81.2 | Eps |
| | 0 | 20.3 | 79.7 | Eps |
| 15 | 35.2 | 0 | 64.8 | Bis |
| | 33.5 | 2.7 | 63.8 | Bis+Hex |
| | 29.5 | 2.9 | 67.6 | Hex+Eps |

| 温度/℃ | 液相 MgCl$_2$/% | 液相 MgSO$_4$/% | 液相 H$_2$O/% | 固相 |
|---|---|---|---|---|
| 15 | 25. 0 | 3. 6 | 71. 4 | Eps |
|  | 20. 0 | 5. 3 | 74. 7 | Eps |
|  | 15. 0 | 8. 1 | 76. 9 | Eps |
|  | 10. 0 | 12. 1 | 77. 9 | Eps |
|  | 5. 0 | 17. 4 | 77. 6 | Eps |
|  | 0 | 24. 6 | 75. 4 | Eps |
| 25 | 35. 7 | 0 | 64. 3 | Bis |
|  | 34. 3 | 2. 25 | 63. 45 | Bis+Tet |
|  | 33. 0 | 2. 7 | 64. 3 | Tet |
|  | 31. 5 | 3. 2 | 65. 3 | Tet+Pen |
|  | 30. 0 | 3. 85 | 66. 15 | Pen |
|  | 29. 8 | 3. 95 | 66. 25 | Pen+Hex |
|  | 28. 0 | 4. 3 | 67. 7 | Hex |
|  | 26. 3 | 4. 8 | 68. 9 | Hex+Eps |
|  | 25. 0 | 5. 1 | 69. 9 | Eps |
|  | 20. 0 | 7. 1 | 72. 9 | Eps |
|  | 15. 0 | 10. 2 | 74. 8 | Eps |
|  | 10. 0 | 14. 3 | 75. 7 | Eps |
|  | 5. 0 | 20. 0 | 75 | Eps |
|  | 0 | 27. 2 | 72. 8 | Eps |
| 35 | 36. 3 | 0 | 63. 7 | Bis |
|  | 34. 8 | 2. 4 | 62. 8 | Bis+Tet |
|  | 30. 0 | 4. 1 | 65. 9 | Tet |
|  | 26. 0 | 6. 0 | 68 | Tet+Hex |
|  | 25. 0 | 6. 4 | 68. 6 | Hex |
|  | 20. 0 | 9. 2 | 70. 8 | Hex |
|  | 19. 5 | 9. 6 | 70. 9 | Hex+Eps |
|  | 15. 0 | 12. 5 | 72. 5 | Eps |
|  | 10. 0 | 16. 8 | 73. 2 | Eps |
|  | 5. 0 | 22. 5 | 72. 5 | Eps |
|  | 0 | 29. 7 | 70. 3 | Eps |
| 45 | 37. 1 | 0 | 62. 9 | Bis |
|  | 36. 6 | 0. 7 | 62. 7 | Bis+Kie |
|  | 30. 0 | 4. 1 | 65. 9 | Kie |
|  | 25. 4 | 7. 2 | 67. 4 | Kie+Tet |
|  | 23. 7 | 8. 65 | 67. 65 | Tet+Hex |

| 温度/℃ | 液相 $MgCl_2$/% | 液相 $MgSO_4$/% | 液相 $H_2O$/% | 固相 |
|---|---|---|---|---|
| 45 | 20. 0 | 10. 6 | 69. 4 | Hex |
| | 15. 0 | 14. 8 | 70. 2 | Hex |
| | 10. 0 | 20. 0 | 70 | Hex |
| | 6. 05 | 24. 65 | 69. 3 | Hex+Eps |
| | 3. 0 | 28. 4 | 68. 6 | Eps |
| | 0 | 32. 2 | 67. 8 | Eps |
| 75 | 39. 2 | 0 | 60. 8 | Bis |
| | 38. 9 | 0. 4 | 60. 7 | Bis+Kie |
| | 35. 0 | 0. 8 | 64. 2 | Kie |
| | 30. 0 | 2. 3 | 67. 7 | Kie |
| | 25. 0 | 5. 8 | 69. 2 | Kie |
| | 20. 0 | 10. 1 | 69. 9 | Kie |
| | 15. 0 | 15. 85 | 69. 15 | Kie |
| | 10. 0 | 22. 3 | 67. 7 | Kie |
| | 5. 0 | 29. 25 | 65. 75 | Kie |
| | 0 | 36. 3 | 63. 7 | Kie |
| 100 | 42. 2 | 0 | 57. 8 | Bis |
| | 42. 1 | 0. 3 | 57. 6 | Bis+Kie |
| | 35. 0 | 0. 8 | 64. 2 | Kie |
| | 30. 0 | 2. 2 | 67. 8 | Kie |
| | 25. 0 | 5. 0 | 70 | Kie |
| | 20. 0 | 8. 9 | 71. 1 | Kie |
| | 15. 0 | 13. 5 | 71. 5 | Kie |
| | 10. 0 | 19. 3 | 70. 7 | Kie |
| | 5. 0 | 25. 7 | 69. 3 | Kie |
| | 0 | 33. 4 | 66. 6 | Kie |

### 表 B. 16 $Na^+$, $K^+$, $Mg^{2+}$ ∥ $Cl^-$-$H_2O$

| 温度 /℃ | 液相 NaCl/% | 液相 KCl/% | 液相 $MgCl_2$/% | 液相 $H_2O$/% | 液相 NaCl g/100g S | 液相 KCl g/100g S | 液相 $H_2O$ g/100g S | 固相 |
|---|---|---|---|---|---|---|---|---|
| -10 | 21. 7 | 6. 5 | 0 | 71. 80 | 76. 95 | 23. 05 | 254. 61 | $NaCl \cdot 2H_2O$+KCl |
| | 17. 35 | 5. 6 | 4. 4 | 72. 65 | 63. 44 | 20. 48 | 265. 63 | $NaCl \cdot 2H_2O$+KCl |
| | 12. 9 | 4. 85 | 9. 05 | 73. 20 | 48. 13 | 18. 10 | 273. 13 | $NaCl \cdot 2H_2O$+KCl |
| | 8. 5 | 3. 85 | 14. 1 | 73. 55 | 32. 14 | 14. 56 | 278. 07 | $NaCl \cdot 2H_2O$+KCl |
| | 7. 15 | 3. 5 | 15. 75 | 73. 60 | 27. 08 | 13. 26 | 278. 79 | $NaCl \cdot 2H_2O$+NaCl+KCl |
| | 7. 8 | 0 | 17. 5 | 74. 70 | 30. 83 | 0. 00 | 295. 26 | $NaCl \cdot 2H_2O$+NaCl |
| | 4. 1 | 2. 7 | 20. 4 | 72. 80 | 15. 07 | 9. 93 | 267. 65 | NaCl+KCl |

续表 B.16

| 温度/℃ | 液相NaCl/% | 液相KCl/% | 液相MgCl₂/% | 液相H₂O/% | 液相NaCl g/100g S | 液相KCl g/100g S | 液相H₂O g/100g S | 固相 |
|---|---|---|---|---|---|---|---|---|
| −10 | 1.95 | 1.8 | 24.8 | 71.45 | 6.83 | 6.30 | 250.26 | NaCl+KCl+Car |
| | 1.3 | 0.6 | 26.8 | 71.30 | 4.53 | 2.09 | 248.43 | NaCl+Car |
| | 0.6 | 0.2 | 29.7 | 69.50 | 1.97 | 0.66 | 227.87 | NaCl+Car |
| | 0.35 | 0.1 | 34.2 | 65.35 | 1.01 | 0.29 | 188.60 | NaCl+Car+MgCl₂·8H₂O |
| | 0.3 | 0 | 32.9 | 66.80 | 0.90 | 0.00 | 201.20 | NaCl+MgCl₂·8H₂O |
| | 1.0 | 1.7 | 25.35 | 71.95 | 3.57 | 6.06 | 256.51 | KCl+Car |
| | 0 | 1.9 | 25.9 | 72.20 | 0.00 | 6.83 | 259.71 | KCl+Car |
| | 0 | 0.15 | 32.9 | 66.95 | 0.00 | 0.45 | 202.57 | Car+MgCl₂·8H₂O |
| 0 | 22.35 | 7.35 | 0.00 | 70.30 | 75.25 | 24.75 | 236.70 | NaCl+KCl |
| | 17.4 | 6.3 | 4.55 | 71.75 | 61.59 | 22.30 | 253.98 | NaCl+KCl |
| | 12.7 | 5.4 | 9.20 | 72.70 | 46.52 | 19.78 | 266.30 | NaCl+KCl |
| | 8.2 | 4.45 | 14.20 | 73.15 | 30.54 | 16.57 | 272.44 | NaCl+KCl |
| | 3.85 | 3.2 | 20.75 | 72.20 | 13.85 | 11.51 | 259.71 | NaCl+KCl |
| | 1.9 | 2.3 | 25.05 | 70.75 | 6.50 | 7.86 | 241.88 | NaCl+KCl+Car |
| | 1.25 | 0.7 | 27.60 | 70.45 | 4.23 | 2.37 | 238.41 | NaCl+Car |
| | 0.6 | 0.25 | 31.50 | 67.65 | 1.85 | 0.77 | 209.12 | NaCl+Car |
| | 0.35 | 0.1 | 34.30 | 65.25 | 1.01 | 0.29 | 187.77 | NaCl+Car+Bis |
| | 0.3 | 0 | 34.40 | 65.30 | 0.86 | 0.00 | 188.18 | NaCl+Bis |
| | 1.0 | 2.2 | 25.65 | 71.15 | 3.47 | 7.63 | 246.62 | KCl+Car |
| | 0 | 2.4 | 26.20 | 71.40 | 0.00 | 8.39 | 249.65 | KCl+Car |
| | 0 | 0.1 | 34.40 | 65.50 | 0.00 | 0.29 | 189.86 | Car+Bis |
| 25 | 20.4 | 11.15 | 0 | 68.45 | 64.66 | 35.34 | 216.96 | NaCl+KCl |
| | 16.0 | 9.4 | 4.75 | 69.85 | 53.07 | 31.18 | 231.67 | NaCl+KCl |
| | 11.55 | 8.0 | 9.7 | 70.75 | 39.49 | 27.35 | 241.88 | NaCl+KCl |
| | 7.25 | 6.4 | 15.05 | 71.3 | 25.26 | 22.30 | 248.43 | NaCl+KCl |
| | 3.25 | 4.4 | 21.95 | 70.4 | 10.98 | 14.86 | 237.84 | NaCl+KCl |
| | 1.8 | 3.35 | 25.85 | 69% | 5.81 | 10.81 | 222.58 | NaCl+KCl+Car |
| | 1.7 | 2.45 | 26.75 | 69.1 | 5.50 | 7.93 | 223.62 | NaCl+Car |
| | 1.1 | 1 | 29.6 | 68.3 | 3.47 | 3.15 | 215.46 | NaCl+Car |
| | 0.35 | 0.1 | 35.4 | 64.15 | 0.98 | 0.28 | 178.94 | NaCl+Car+Bis |
| | 0.3 | 0 | 35.55 | 64.15 | 0.84 | 0.00 | 178.94 | NaCl+Bis |
| | 1.05 | 3.25 | 26.3 | 69.4 | 3.43 | 10.62 | 226.80 | KCl+Car |
| | 0 | 3.4 | 26.9 | 69.7 | 0.00 | 11.22 | 230.03 | KCl+Car |
| | 0 | 0.1 | 35.6 | 64.3 | 0.00 | 0.28 | 180.11 | Car+Bis |
| 50 | 19.1 | 14.7 | 0 | 66.20 | 56.51 | 43.49 | 195.86 | NaCl+KCl |
| | 14.8 | 12.5 | 5 | 67.70 | 45.82 | 38.70 | 209.60 | NaCl+KCl |

| 温度<br>/℃ | 液相<br>NaCl/% | 液相<br>KCl/% | 液相<br>MgCl$_2$/% | 液相<br>H$_2$O/% | 液相 NaCl<br>g/100g S | 液相 KCl<br>g/100g S | 液相 H$_2$O<br>g/100g S | 固相 |
|---|---|---|---|---|---|---|---|---|
| 50 | 6.65 | 8.25 | 16.0 | 69.10 | 21.52 | 26.70 | 223.62 | NaCl+KCl |
| | 2.9 | 5.5 | 23.45 | 68.15 | 9.11 | 17.27 | 213.97 | NaCl+KCl |
| | 1.8 | 4.4 | 26.9 | 66.90 | 5.44 | 13.29 | 202.11 | NaCl+KCl+Car |
| | 1.6 | 2.85 | 28.3 | 67.25 | 4.89 | 8.70 | 205.34 | NaCl+Car |
| | 1.1 | 1.2 | 31.6 | 66.10 | 3.24 | 3.54 | 194.99 | NaCl+Car |
| | 0.35 | 0.2 | 36.9 | 62.55 | 0.93 | 0.53 | 167.02 | NaCl+Car+Bis |
| | 0.2 | 0 | 36.95 | 62.85 | 0.54 | 0.00 | 169.18 | NaCl+Bis |
| | 1.2 | 4.35 | 27.3 | 67.15 | 3.65 | 13.24 | 204.41 | KCl+Car |
| | 0 | 4.5 | 27.9 | 67.60 | 0.00 | 13.89 | 208.64 | KCl+Car |
| | 0 | 0.2 | 37.15 | 62.65 | 0.00 | 0.54 | 167.74 | Car+Bis |
| 75 | 17.75 | 18.35 | 0 | 63.90 | 49.17 | 50.83 | 177.01 | NaCl+KCl |
| | 13.7 | 15.7 | 5.3 | 65.30 | 39.48 | 45.24 | 188.18 | NaCl+KCl |
| | 9.75 | 13.0 | 10.85 | 66.40 | 29.02 | 38.69 | 197.62 | NaCl+KCl |
| | 6.05 | 10.05 | 17.1 | 66.80 | 18.22 | 30.27 | 201.20 | NaCl+KCl |
| | 2.6 | 6.5 | 25.1 | 65.80 | 7.60 | 19.01 | 192.40 | NaCl+KCl |
| | 1.85 | 5.4 | 28.2 | 64.55 | 5.22 | 15.23 | 182.09 | NaCl+KCl+Car |
| | 1.6 | 3.3 | 30.45 | 64.65 | 4.53 | 9.34 | 182.89 | NaCl+Car |
| | 1.0 | 1.5 | 34.15 | 63.35 | 2.73 | 4.09 | 172.85 | NaCl+Car |
| | 0.4 | 0.4 | 39.0 | 60.20 | 1.01 | 1.01 | 151.26 | NaCl+Car+Bis |
| | 0.2 | 0 | 39.05 | 60.75 | 0.51 | 0.00 | 154.78 | NaCl+Bis |
| | 1.05 | 5.35 | 28.6 | 65.00 | 3.00 | 15.29 | 185.71 | KCl+Car |
| | 0 | 5.5 | 29.2 | 65.30 | 0.00 | 15.85 | 188.18 | KCl+Car |
| | 0 | 0.35 | 39.0 | 60.65 | 0.00 | 0.89 | 154.13 | Car+Bis |
| 100 | 16.8 | 21.7 | 0 | 61.50 | 43.64 | 56.36 | 159.74 | NaCl+KCl |
| | 12.8 | 18.9 | 5.6 | 62.70 | 34.32 | 50.67 | 168.10 | NaCl+KCl |
| | 8.95 | 15.65 | 11.55 | 63.85 | 24.76 | 43.29 | 176.63 | NaCl+KCl |
| | 5.6 | 11.95 | 18.3 | 64.15 | 15.62 | 33.33 | 178.94 | NaCl+KCl |
| | 2.55 | 7.4 | 27.3 | 62.75 | 6.85 | 19.87 | 168.46 | NaCl+KCl |
| | 2.0 | 6.35 | 29.95 | 61.70 | 5.22 | 16.58 | 161.10 | NaCl+KCl+Car |
| | 1.65 | 3.65 | 32.9 | 61.80 | 4.32 | 9.55 | 161.78 | NaCl+Car |
| | 1.1 | 1.65 | 36.95 | 60.30 | 2.77 | 4.16 | 151.89 | NaCl+Car |
| | 0.45 | 0.50 | 41.85 | 57.20 | 1.05 | 1.17 | 133.64 | NaCl+Car+Bis |
| | 0.15 | 0 | 42.1 | 57.75 | 0.36 | 0.00 | 136.69 | NaCl+Bis |
| | 0.15 | 6.25 | 30.5 | 62.10 | 3.03 | 16.49 | 163.85 | KCl+Car |
| | 0 | 6.4 | 31.3 | 62.30 | 0.00 | 16.98 | 165.25 | KCl+Car |
| | 0 | 0.5 | 42.0 | 57.50 | 0.00 | 1.18 | 135.29 | Car+Bis |

表 B.17　$Na^+$，$K^+$，$Mg^{2+}$∥$SO_4^{2-}$-$H_2O$

| 温度/℃ | 液相 $Na_2SO_4$/% | 液相 $K_2SO_4$/% | 液相 $MgSO_4$/% | 液相 $H_2O$/% | 液相 $Na_2SO_4$ g/100g S | 液相 $K_2SO_4$ g/100g S | 液相 $H_2O$ g/100g S | 固相 |
|---|---|---|---|---|---|---|---|---|
| 25 | 22.09 | 6.65 | 0 | 71.26 | 76.86 | 23.14 | 247.95 | Mir+Gla |
| | 20.99 | 5.53 | 6.67 | 66.81 | 63.24 | 16.66 | 201.30 | Mir+Gla |
| | 19.50 | 4.47 | 13.31 | 62.72 | 52.31 | 11.99 | 168.24 | Mir+Gla+Ast |
| | 18.53 | 0 | 15.88 | 65.59 | 53.85 | 0.00 | 190.61 | Mir+Ast |
| | 19.12 | 5.19 | 13.16 | 62.53 | 51.03 | 13.85 | 166.88 | Gla+Ast |
| | 16.34 | 4.90 | 15.82 | 62.94 | 44.09 | 13.22 | 169.83 | Gla+Ast |
| | 16.34 | 4.78 | 16.28 | 62.6 | 43.69 | 12.78 | 167.38 | Gla+Ast+Pic |
| | 12.97 | 5.28 | 16.33 | 65.42 | 37.51 | 15.27 | 189.18 | Gla+Pic |
| | 6.71 | 8.23 | 13.92 | 71.41 | 23.25 | 28.52 | 246.50 | Gla+Pic |
| | 4.38 | 9.53 | 11.83 | 74.26 | 17.02 | 37.02 | 288.50 | Gla+Pic+$K_2SO_4$ |
| | 4.36 | 10.16 | 11.83 | 73.65 | 16.55 | 38.56 | 279.51 | Gla+$K_2SO_4$ |
| | 5.28 | 10.91 | 6.39 | 77.42 | 23.38 | 48.32 | 342.87 | Gla+$K_2SO_4$ |
| | 5.18 | 11.42 | 4.84 | 78.56 | 24.16 | 53.26 | 366.42 | Gla+$K_2SO_4$ |
| | 5.58 | 11.05 | 0 | 83.37 | 33.55 | 66.45 | 501.32 | Gla+$K_2SO_4$ |
| | 11.92 | 4.52 | 20.04 | 63.52 | 32.68 | 12.39 | 174.12 | Ast+Pic |
| | 11.21 | 4.23 | 21.23 | 63.33 | 30.57 | 11.54 | 172.70 | Ast+Pic+Eps |
| | 13.00 | 0 | 21.60 | 65.4 | 37.57 | 0.00 | 189.02 | Ast+Eps |
| | 0 | 10.90 | 12.54 | 76.56 | 0.00 | 46.50 | 326.62 | Pic+$K_2SO_4$ |
| | 0 | 4.05 | 26.31 | 69.64 | 0.00 | 13.34 | 229.38 | Pic+Eps |

表 B.18　$Na^+$，$K^+$∥$Cl^-$，$SO_4^{2-}$-$H_2O$

| 温度/℃ | 液相 NaCl/% | 液相 $Na_2SO_4$/% | 液相 KCl/% | 液相 $K_2SO_4$/% | 液相 $H_2O$/% | 液相 $J(Na_2^{2+})$ | 液相 $J(SO_4^{2-})$ | 液相 $J(H_2O)$ | 固相 |
|---|---|---|---|---|---|---|---|---|---|
| -5 | 25.26 | 0.72 | 0 | 0 | 74.02 | 100.0 | 2.3 | 1858 | $NaCl \cdot 2H_2O$+Mir |
| | 22.4 | — | 5.91 | 1.29 | 70.4 | 80.3 | 3.1 | 1638 | $NaCl \cdot 2H_2O$+Mir+KCl |
| | 19.21 | — | 7.40 | 1.45 | 71.94 | 73.9 | 3.7 | 1790 | Mir+KCl |
| | 15.00 | — | 9.53 | 1.90 | 73.57 | 63.2 | 5.4 | 2010 | Mir+KCl |
| | 12.31 | — | 10.88 | 2.40 | 74.41 | 54.8 | 7.2 | 2150 | Mir+Gla+KCl |
| | 7.81 | — | 8.79 | 3.57 | 79.83 | 45.7 | 14.0 | 3030 | Mir+Gla |
| | 5.93 | — | 5.83 | 4.81 | 83.43 | 43.2 | 23.5 | 3945 | Mir+Gla+$K_2SO_4$ |
| | 5.18 | — | 3.99 | 5.60 | 85.23 | 42.9 | 31.1 | 4585 | Mir+$K_2SO_4$ |
| | 4.30 | — | 1.87 | 6.68 | 87.15 | 41.9 | 43.8 | 5520 | Mir+$K_2SO_4$+冰 |
| | 4.85 | — | 2.06 | 4.28 | 88.81 | 51.9 | 30.8 | 6170 | Mir+冰 |
| | 3.86 | 2.17 | 3.89 | — | 90.08 | 64.9 | 20.5 | 6720 | Mir+冰 |
| | 7.63 | 0.87 | 0 | 0 | 91.5 | 100 | 8.6 | 7110 | Mir+冰 |

| 温度/℃ | 液相 NaCl/% | 液相 Na₂SO₄/% | 液相 KCl/% | 液相 K₂SO₄/% | 液相 H₂O/% | 液相 $J(Na_2^{2+})$ | 液相 $J(SO_4^{2-})$ | 液相 $J(H_2O)$ | 固相 |
|---|---|---|---|---|---|---|---|---|---|
| -5 | 7.12 | — | 9.08 | 3.43 | 80.37 | 43.0 | 13.9 | 3150 | Gla+K₂SO₄ |
| | 8.72 | — | 13.46 | 2.11 | 75.71 | 42.1 | 6.8 | 2375 | Gla+KCl+K₂SO₄ |
| | 5.03 | — | 16.61 | 1.40 | 76.96 | 26.5 | 4.9 | 2630 | KCl+K₂SO₄ |
| | 1.55 | — | 19.31 | 0.94 | 78.2 | 9.0 | 3.6 | 2930 | KCl+K₂SO₄ |
| | 0 | 0 | 20.64 | 0.78 | 78.58 | 0 | 3.1 | 3050 | KCl+K₂SO₄ |
| | 4.48 | — | 4.18 | 5.1 | 86.24 | 40.1 | 30.6 | 5005 | K₂SO₄ |
| | 3.94 | — | 6.09 | 3.95 | 86.02 | 34.7 | 23.3 | 4915 | K₂SO₄ |
| | 5.98 | — | 9.23 | 3.07 | 81.72 | 39.2 | 13.5 | 3470 | K₂SO₄ |
| | 3.59 | — | 10.57 | 2.36 | 83.48 | 26.7 | 11.7 | 4025 | K₂SO₄ |
| | 2.56 | — | 7.53 | 3.03 | 86.88 | 24.4 | 19.3 | 5370 | K₂SO₄ |
| | 2.37 | — | 5.17 | 4.08 | 88.38 | 25.8 | 29.9 | 6260 | K₂SO₄+冰 |
| | 0 | 0 | 9.52 | 1.91 | 88.57 | 0 | 14.7 | 6575 | K₂SO₄+冰 |
| 0 | 25.65 | 1.2 | 0 | 0 | 73.15 | 100 | 3.7 | 1780 | NaCl+Mir |
| | 23.5 | 1.55 | 3.5 | — | 71.45 | 90 | 4.6 | 1680 | NaCl+Mir |
| | 21.05 | 1.95 | 7.8 | — | 69.2 | 78.8 | 5.6 | 1560 | NaCl+Mir+KCl |
| | 22.35 | 0 | 7.35 | 0 | 70.3 | 79.5 | 0 | 1620 | NaCl+KCl |
| | 17.1 | 1.95 | 9.8 | — | 71.15 | 71 | 6.1 | 1750 | Mir+Gla+KCl |
| | 9.85 | 2.95 | 10.45 | — | 76.75 | 60 | 11.8 | 2430 | Mir+Gla |
| | 4.9 | 4 | 10.5 | — | 80.6 | 50 | 20.1 | 3180 | Mir+Gla |
| | 0.35 | 6.05 | 9.1 | — | 84.5 | 42.7 | 40 | 4400 | Mir+Gla+K₂SO₄ |
| | — | 5.7 | 5.45 | 2.5 | 86.35 | 44.1 | 60 | 5250 | Mir+K₂SO₄ |
| | — | 5.3 | 2.5 | 5.05 | 87.15 | 45.0 | 80 | 5800 | Mir+K₂SO₄ |
| | 0 | 5.1 | 0 | 7.5 | 87.4 | 45.4 | 100 | 6135 | Mir+K₂SO₄ |
| | 13.05 | 1.8 | 12.3 | — | 72.85 | 60 | 6.1 | 1955 | Gla+KCl |
| | 9.9 | 1.7 | 14.45 | — | 73.95 | 50 | 6.2 | 2120 | Gla+KCl |
| | 7.15 | 1.65 | 16.25 | — | 74.95 | 40.1 | 6.4 | 2285 | Gla+KCl+K₂SO₄ |
| | 3.3 | 3.7 | 11.45 | — | 81.55 | 41.4 | 20 | 3450 | Gla+K₂SO₄ |
| | 4.95 | 1.3 | 17.95 | — | 75.8 | 30 | 5.3 | 2450 | KCl+K₂SO₄ |
| | 2.95 | 1 | 19.5 | — | 76.55 | 20 | 4.5 | 2600 | KCl+K₂SO₄ |
| | 0 | 0 | 21.6 | 0.95 | 77.45 | 0 | 3.6 | 2860 | KCl+K₂SO₄ |
| 25 | 22.9 | 6.9 | 0 | — | 70.2 | 100 | 19.9 | 1590 | NaCl+Na₂SO₄ |
| | 19.3 | 7.6 | 5.65 | — | 67.45 | 85.2 | 20.9 | 1460 | NaCl+Na₂SO₄+Gla |
| | 19.9 | 4.95 | 7.65 | — | 67.5 | 80 | 13.6 | 1460 | NaCl+Gla |
| | 19.6 | 3.4 | 9.5 | — | 67.5 | 75 | 9.4 | 1465 | NaCl+Gla |
| | 19.1 | 2.35 | 11.2 | — | 67.35 | 70.5 | 6.5 | 1465 | NaCl+Gla+KCl |

| 温度 /℃ | 液相 NaCl/% | 液相 Na$_2$SO$_4$/% | 液相 KCl/% | 液相 K$_2$SO$_4$/% | 液相 H$_2$O/% | 液相 $J(Na_2^{+})$ | 液相 $J(SO_4^{2-})$ | 液相 $J(H_2O)$ | 固相 |
|---|---|---|---|---|---|---|---|---|---|
| 25 | 20.4 | 0 | 11.15 | — | 68.45 | 70 | 0 | 1525 | NaCl+KCl |
| | 16.2 | 10.5 | 5.05 | — | 68.25 | 86.2 | 30 | 1540 | Na$_2$SO$_4$+Gla |
| | 10.15 | 16.5 | 4.35 | — | 69 | 87.5 | 50 | 1650 | Na$_2$SO$_4$+Gla |
| | 8.3 | 18.6 | 4.2 | — | 68.9 | 87.8 | 57.0 | 1660 | Na$_2$SO$_4$+Mir+Gla |
| | 14.2 | 15.0 | 2.1 | 0 | 68.7 | 100 | 46.5 | 1730 | Na$_2$SO$_4$+Mir |
| | 7.25 | 19.35 | 4.3 | — | 69.1 | 87.3 | 60 | 1690 | Mir+Gla |
| | 1.1 | 23.65 | 4.85 | — | 70.4 | 84.4 | 80 | 1880 | Mir+Gla |
| | 0 | 22.2 | 0 | 6.2 | 71.6 | 81.3 | 100 | 2070 | Mir+Gla |
| | 15.0 | 2.1 | 14.2 | — | 68.7 | 60 | 6.2 | 1600 | Gla+KCl |
| | 8.55 | 1.65 | 18.95 | — | 70.85 | 40 | 5.5 | 1855 | Gla+KCl |
| | 6.5 | 1.6 | 20.55 | — | 71.35 | 32.5 | 5.4 | 1940 | Gla+KCl+K$_2$SO$_4$ |
| | 2.45 | 4.2 | 14.65 | — | 78.7 | 34.0 | 20 | 2930 | Gla+K$_2$SO$_4$ |
| | — | 6.2 | 10.9 | 0.9 | 82 | 35.7 | 40 | 3740 | Gla+K$_2$SO$_4$ |
| | — | 5.95 | 6.6 | 4.35 | 83.1 | 37.6 | 60 | 4160 | Gla+K$_2$SO$_4$ |
| | — | 5.85 | 3.2 | 7.6 | 83.35 | 38.8 | 80 | 4370 | Gla+K$_2$SO$_4$ |
| | 0 | 5.8 | 0 | 11.0 | 83.2 | 39.1 | 100 | 4445 | Gla+K$_2$SO$_4$ |
| | 3.5 | 1.25 | 23.0 | — | 72.25 | 20 | 4.6 | 2085 | KCl+K$_2$SO$_4$ |
| | 0 | 0 | 25.6 | 1.10 | 73.3 | 0 | 3.5 | 2285 | KCl+K$_2$SO$_4$ |
| 50 | 24.2 | 5.3 | 0 | 0 | 70.5 | 100 | 15.3 | 1600 | NaCl+Na$_2$SO$_4$ |
| | 21.8 | 5.8 | 3.75 | — | 68.65 | 90 | 16.2 | 1508 | NaCl+Na$_2$SO$_4$ |
| | 19.1 | 6.4 | 7.9 | — | 66.6 | 79.7 | 17.2 | 1410 | NaCl+Na$_2$SO$_4$+Gla |
| | 19.15 | 4.8 | 9.8 | — | 66.25 | 75 | 12.8 | 1395 | NaCl+Gla |
| | 18.8 | 3.45 | 11.85 | — | 65.9 | 70 | 9.2 | 1380 | NaCl+Gla |
| | 17.6 | 2.2 | 14.95 | — | 65.25 | 62.4 | 5.8 | 1360 | NaCl+Gla+KCl |
| | 19.1 | 0 | 14.7 | 0 | 66.2 | 62.3 | 0 | 1405 | NaCl+KCl |
| | 14.95 | 10.5 | 6.75 | — | 67.8 | 81.7 | 30 | 1520 | Na$_2$SO$_4$+Gla |
| | 9.1 | 16.6 | 5.8 | — | 68.5 | 83.3 | 50 | 1630 | Na$_2$SO$_4$+Gla |
| | 6.5 | 19.7 | 5.5 | — | 68.3 | 84.0 | 60 | 1640 | Na$_2$SO$_4$+Gla |
| | 1.35 | 26.6 | 5.25 | — | 66.8 | 85.0 | 80 | 1580 | Na$_2$SO$_4$+Gla |
| | 0 | 29.6 | 0 | 5.9 | 66.5 | 86.0 | 100 | 1480 | Na$_2$SO$_4$+Gla |
| | 12.95 | 2.0 | 18.6 | — | 66.45 | 50 | 5.6 | 1480 | Gla+KCl |
| | 9.65 | 1.8 | 21.3 | — | 67.25 | 40 | 5.3 | 1570 | Gla+KCl |
| | 5.8 | 1.6 | 24.35 | — | 68.25 | 27.1 | 5 | 1690 | Gla+KCl+K$_2$SO$_4$ |
| | 1.7 | 4.7 | 17.75 | — | 75.85 | 28.6 | 20 | 2525 | Gla+K$_2$SO$_4$ |
| | — | 6.15 | 12.6 | 2.3 | 78.95 | 30.7 | 40 | 3110 | Gla+K$_2$SO$_4$ |

| 温度/℃ | 液相 NaCl/% | 液相 Na₂SO₄/% | 液相 KCl/% | 液相 K₂SO₄/% | 液相 H₂O/% | 液相 $J(Na_2^{2+})$ | 液相 $J(SO_4^{2-})$ | 液相 $J(H_2O)$ | 固相 |
|---|---|---|---|---|---|---|---|---|---|
| 50 | — | 6.0 | 7.75 | 6.25 | 80 | 32.5 | 60 | 3410 | Gla+K₂SO₄ |
| | — | 6.0 | 3.7 | 10.05 | 80.25 | 33.8 | 80 | 3570 | Gla+K₂SO₄ |
| | 0 | 6.0 | 0 | 14.0 | 80 | 34.4 | 100 | 3625 | Gla+K₂SO₄ |
| | 3.95 | 1.4 | 26.0 | — | 68.65 | 20 | 4.5 | 1750 | KCl+K₂SO₄ |
| | 1.45 | 1.2 | 28.1 | — | 69.25 | 10 | 4.1 | 1835 | KCl+K₂SO₄ |
| | 0 | 0 | 29.1 | 1.25 | 69.65 | 0 | 3.5 | 1910 | KCl+K₂SO₄ |
| 75 | 25.0 | 4.7 | 0 | 0 | 70.3 | 100 | 13.4 | 1580 | NaCl+Na₂SO₄ |
| | 22.65 | 5.1 | 3.8 | — | 68.45 | 90 | 14.1 | 1490 | NaCl+Na₂SO₄ |
| | 18.5 | 5.8 | 10.25 | — | 65.45 | 74.3 | 15.2 | 1355 | NaCl+Na₂SO₄+Gla |
| | 18.3 | 4.6 | 12.1 | — | 65 | 70 | 12.0 | 1335 | NaCl+Gla |
| | 17.2 | 2.65 | 16.5 | — | 63.65 | 60 | 6.8 | 1280 | NaCl+Gla |
| | 16.25 | 2.1 | 18.65 | — | 63 | 55.1 | 5.3 | 1255 | NaCl+Gla+KCl |
| | 17.75 | 0 | 18.35 | 0 | 63.9 | 55.2 | 0 | 1290 | NaCl+KCl |
| | 13.75 | 10.6 | 8.5 | — | 67.15 | 77.2 | 30 | 1495 | Na₂SO₄+Gla |
| | 8.0 | 16.6 | 7.3 | — | 68.1 | 79.2 | 50 | 1615 | Na₂SO₄+Gla |
| | 5.35 | 19.8 | 7.0 | — | 67.85 | 79.8 | 60 | 1620 | Na₂SO₄+Gla |
| | 0.3 | 26.7 | 6.65 | — | 66.35 | 81.0 | 80 | 1570 | Na₂SO₄+Gla |
| | 0 | 28.0 | 0 | 7.5 | 64.5 | 82.1 | 100 | 1490 | Na₂SO₄+Gla |
| | 10.55 | 1.9 | 23.2 | — | 64.35 | 40 | 5.2 | 1375 | Gla+KCl |
| | 5.1 | 1.7 | 27.7 | — | 65.5 | 23 | 4.9 | 1505 | Gla+KCl+K₂SO₄ |
| | 0.95 | 5.1 | 20.2 | — | 73.75 | 24.5 | 20 | 2280 | Gla+K₂SO₄ |
| | — | 5.8 | 13.85 | 3.7 | 76.65 | 26.4 | 40 | 2750 | Gla+K₂SO₄ |
| | — | 5.75 | 8.6 | 7.95 | 77.7 | 28.2 | 60 | 2990 | Gla+K₂SO₄ |
| | — | 5.8 | 4.15 | 12.25 | 77.8 | 29.5 | 80 | 3095 | Gla+K₂SO₄ |
| | 0 | 5.9 | 0 | 16.6 | 77.5 | 30.4 | 100 | 3140 | Gla+K₂SO₄ |
| | 4.25 | 1.6 | 28.45 | — | 65.7 | 20 | 4.7 | 1530 | KCl+K₂SO₄ |
| | 1.6 | 1.3 | 30.85 | — | 66.25 | 10 | 4.1 | 1600 | KCl+K₂SO₄ |
| | 0 | 0 | 32.1 | 1.42 | 66.48 | 0 | 3.6 | 1650 | KCl+K₂SO₄ |
| 100 | 25.9 | 4.4 | 0 | 0 | 69.7 | 100 | 12.2 | 1530 | NaCl+Na₂SO₄ |
| | 20.75 | 5.2 | 8.0 | — | 66.05 | 80 | 13.7 | 1370 | NaCl+Na₂SO₄ |
| | 17.9 | 5.65 | 12.35 | — | 64.1 | 70.0 | 14.4 | 1290 | NaCl+Na₂SO₄+Gla |
| | 17.0 | 3.6 | 17.0 | — | 62.4 | 60 | 8.9 | 1215 | NaCl+Gla |
| | 15.1 | 2.25 | 22.1 | — | 60.55 | 49.5 | 5.4 | 1145 | NaCl+Gla+KCl |
| | 16.8 | 0 | 21.7 | 0 | 61.5 | 49.7 | 0 | 1180 | NaCl+KCl |
| | 16.05 | 7.55 | 11.3 | — | 65.1 | 71.5 | 20 | 1355 | Na₂SO₄+Gla |

续表 B. 18

| 温度/℃ | 液相 NaCl/% | 液相 Na$_2$SO$_4$/% | 液相 KCl/% | 液相 K$_2$SO$_4$/% | 液相 H$_2$O/% | 液相 $J(Na_2^{2+})$ | 液相 $J(SO_4^{2-})$ | 液相 $J(H_2O)$ | 固相 |
|---|---|---|---|---|---|---|---|---|---|
| 100 | 9.8 | 13.8 | 9.2 | — | 67.2 | 74.5 | 40 | 1535 | Na$_2$SO$_4$+Gla |
| | 4.45 | 19.9 | 8.25 | — | 67.4 | 76.3 | 60 | 1605 | Na$_2$SO$_4$+Gla |
| | — | 26.0 | 7.0 | 1.0 | 66 | 77.6 | 80 | 1555 | Na$_2$SO$_4$+Gla |
| | 0 | 27.0 | 0 | 9.0 | 64 | 78.7 | 100 | 1470 | Na$_2$SO$_4$+Gla |
| | 11.3 | 2.1 | 25.0 | — | 61.6 | 40 | 5.3 | 1225 | Gla+KCl |
| | 7.75 | 1.9 | 27.85 | — | 62.5 | 30 | 5.1 | 1300 | Gla+KCl |
| | 4.45 | 1.7 | 30.5 | — | 63.35 | 19.8 | 4.8 | 1375 | Gla+KCl+K$_2$SO$_4$ |
| | 0.25 | 5.4 | 22.4 | — | 71.95 | 21.0 | 20 | 2100 | Gla+K$_2$SO$_4$ |
| | — | 5.3 | 14.7 | 5 | 75 | 22.7 | 40 | 2530 | Gla+K$_2$SO$_4$ |
| | — | 5.35 | 2.2 | 9.6 | 82.85 | 24.4 | 60 | 2725 | Gla+K$_2$SO$_4$ |
| | — | 5.45 | 4.45 | 14.15 | 75.95 | 25.7 | 80 | 2820 | Gla+K$_2$SO$_4$ |
| | 0 | 5.6 | 0 | 18.8 | 75.6 | 26.8 | 100 | 2850 | Gla+K$_2$SO$_4$ |
| | 1.65 | 1.5 | 33.3 | — | 63.55 | 10 | 4.3 | 1420 | KCl+K$_2$SO$_4$ |
| | 0 | 0 | 34.8 | 1.65 | 63.55 | 0 | 3.9 | 1450 | KCl+K$_2$SO$_4$ |

## 表 B. 19　Na$^+$，Mg$^{2+}$∥Cl$^-$，SO$_4^{2-}$-H$_2$O

| 温度/℃ | 液相 NaCl/% | 液相 Na$_2$SO$_4$/% | 液相 MgCl$_2$/% | 液相 MgSO$_4$/% | 液相 H$_2$O/% | 液相 $J(Na_2^{2+})$ | 液相 $J(SO_4^{2-})$ | 液相 $J(H_2O)$ | 固相 |
|---|---|---|---|---|---|---|---|---|---|
| −10 | 24.5 | 0.45 | 0 | 0 | 75.05 | 100 | 1.45 | 1960 | NaCl·2H$_2$O+Mir |
| | 19.75 | 0.7 | 4.15 | — | 75.4 | 80 | 2.2 | 1925 | NaCl·2H$_2$O+Mir |
| | 14.6 | 1.35 | 13.6 | — | 75.55 | 60 | 4.2 | 1875 | NaCl·2H$_2$O+Mir |
| | 8.9 | 2.65 | 13.6 | — | 74.85 | 40 | 7.9 | 1750 | NaCl·2H$_2$O+Mir |
| | 5.65 | 4 | 16.3 | — | 74.05 | 30.9 | 11.4 | 1655 | NaCl·2H$_2$O+Mir+Eps |
| | 4.9 | 3.8 | 17.6 | — | 73.7 | 27 | 10.5 | 1615 | NaCl·2H$_2$O+NaCl+Eps |
| | 7.8 | 0 | 17.5 | 0 | 74.7 | 26.65 | 0 | 1655 | NaCl·2H$_2$O+NaCl |
| | 3.4 | 3.25 | 19.8 | — | 73.55 | 20 | 8.8 | 1570 | NaCl+Eps |
| | — | 0.4 | 32.5 | 0.5 | 66.6 | 0.8 | 2 | 1060 | NaCl+Eps+MgCl$_2$·8H$_2$O |
| | 0.3 | 0 | 32.9 | 0 | 66.8 | 0.75 | 0 | 1065 | NaCl+MgCl$_2$·8H$_2$O |
| −5 | 25.1 | 0.6 | 0 | 0 | 74.3 | 100 | 1.9 | 1885 | NaCl·2H$_2$O+Mir |
| | 20.1 | 1.1 | 4.3 | — | 74.5 | 80 | 3.4 | 1845 | NaCl·2H$_2$O+Mir |
| | 14.6 | 2.0 | 8.8 | — | 74.6 | 60 | 6.0 | 1795 | NaCl·2H$_2$O+Mir |
| | 10.7 | 3.1 | 11.9 | — | 74.3 | 47.6 | 9.1 | 1730 | NaCl·2H$_2$O+NaCl+Mir |
| | 12.5 | 0 | 12.0 | 0 | 75.5 | 45.9 | 0 | 1800 | NaCl·2H$_2$O+NaCl |
| | 8.0 | 4.25 | 14.0 | — | 73.75 | 40 | 12.2 | 1670 | NaCl+Mir |
| | 6.2 | 5.2 | 15.2 | — | 73.4 | 36.0 | 14.7 | 1630 | NaCl+Mir+Eps |
| | 3.05 | 3.7 | 19.95 | — | 73.3 | 20 | 10.0 | 1555 | NaCl+Eps |

| 温度/℃ | 液相 NaCl/% | 液相 Na₂SO₄/% | 液相 MgCl₂/% | 液相 MgSO₄/% | 液相 H₂O/% | 液相 $J(Na_2^{2+})$ | 液相 $J(SO_4^{2-})$ | 液相 $J(H_2O)$ | 固相 |
|---|---|---|---|---|---|---|---|---|---|
| -5 | 0.07 | 2.1 | 26.5 | — | 71.33 | 5.2 | 5.0 | 1350 | NaCl+Eps |
| | — | 0.3 | 33.5 | 1.0 | 65.2 | 0.6 | 2.9 | 1000 | NaCl+Bis+Eps |
| | 0.25 | 0 | 34.1 | 0 | 65.65 | 0.6 | 0 | 1010 | NaCl+Bis |
| | 0 | 0 | 33.1 | 1.2 | 65.7 | 0 | 2.9 | 1020 | Bis+Eps |
| | 2.5 | 6.4 | 15.1 | — | 76 | 29.6 | 20 | 1870 | Mir+Eps |
| | — | 5.3 | 10.9 | 4.7 | 79.1 | 19.5 | 40 | 2310 | Mir+Eps |
| | — | 4.1 | 6.8 | 9.4 | 79.7 | 16.2 | 60 | 2480 | Mir+Eps |
| | — | 3.65 | 5.0 | 11.6 | 79.75 | 14.7 | 70 | 2530 | Mir+Eps |
| | 7.3 | 0.95 | 0 | 0 | 91.75 | 100 | 9.8 | 7340 | Mir+冰 |
| | 3.9 | 2.0 | 2.2 | — | 91.9 | 67.5 | 20 | 7250 | Mir+冰 |
| | — | 4.6 | 4.6 | — | 90.8 | 40.0 | 40 | 6250 | Mir+冰 |
| | — | 3.8 | 3.8 | 3.95 | 88.45 | 27.0 | 60 | 4900 | Mir+冰 |
| | — | 3.4 | 2.4 | 9.4 | 84.8 | 18.8 | 80 | 3700 | Mir+冰 |
| | 0 | 3.1 | 0 | 18.2 | 78.7 | 12.6 | 100 | 2525 | Mir+冰+MgCl₂·8H₂O |
| 0 | 25.65 | 1.2 | 0 | 0 | 73.15 | 100 | 3.7 | 1780 | NaCl+Mir |
| | 20.1 | 1.9 | 4.4 | — | 73.6 | 80 | 5.8 | 1765 | NaCl+Mir |
| | 13.9 | 3.3 | 9.05 | — | 73.75 | 60 | 9.8 | 1725 | NaCl+Mir |
| | 6.3 | 6.8 | 14.2 | — | 72.7 | 40.9 | 19.5 | 1595 | NaCl+Mir+Eps |
| | 4.25 | 5.75 | 17.1 | — | 72.9 | 30 | 15.8 | 1575 | NaCl+Eps |
| | 0.45 | 3.35 | 23.75 | — | 72.45 | 10 | 8.6 | 1450 | NaCl+Eps |
| | — | 0.3 | 33.6 | 1.3 | 64.8 | 0.6 | 3.5 | 985 | NaCl+Bis+Eps |
| | 0.3 | 0 | 34.4 | 0 | 65.3 | 0.7 | 0 | 1000 | NaCl+Bis |
| | — | 7.4 | 11.6 | 3.6 | 77.4 | 25.5 | 40 | 2110 | Eps+Mir |
| | — | 5.6 | 7.3 | 9.05 | 78.05 | 20.6 | 60 | 2270 | Eps+Mir |
| | — | 4.7 | 3.6 | 14.2 | 77.5 | 17.6 | 80 | 2275 | Eps+Mir |
| | 0 | 4.1 | 0 | 19.7 | 76.2 | 14.95 | 100 | 2200 | Eps+Mir |
| | 0 | 0 | 33.55 | 1.55 | 64.9 | 0 | 3.55 | 986 | Bis+Eps |
| 10 | 24.5 | 3.3 | 0 | 0 | 72.2 | 100 | 10 | 1720 | NaCl+Mir |
| | 18.1 | 5.35 | 4.6 | — | 71.95 | 80 | 15.7 | 1660 | NaCl+Mir |
| | 9.9 | 9.55 | 9.55 | — | 71 | 60 | 26.5 | 1550 | NaCl+Mir |
| | 8.3 | 10.6 | 10.65 | — | 70.45 | 56.5 | 29.0 | 1520 | NaCl+Mir+Ast |
| | 6.85 | 10.0 | 12.3 | — | 70.85 | 5 | 27.3 | 1525 | NaCl+Ast |
| | 4.3 | 9.5 | 14.9 | — | 71.3 | 39.8 | 25.7 | 1520 | NaCl+Ast+Eps |
| | 0.8 | 6.7 | 20.6 | — | 71.9 | 20 | 17.5 | 1475 | NaCl+Eps |
| | — | 2.3 | 25.3 | 1.6 | 70.8 | 5.5 | 10.0 | 1330 | NaCl+Eps |

续表 B. 19

| 温度/℃ | 液相<br>NaCl/% | 液相<br>Na$_2$SO$_4$/% | 液相<br>MgCl$_2$/% | 液相<br>MgSO$_4$/% | 液相<br>H$_2$O/% | 液相<br>$J$(Na$_2^{2+}$) | 液相<br>$J$(SO$_4^{2-}$) | 液相<br>$J$(H$_2$O) | 固相 |
|---|---|---|---|---|---|---|---|---|---|
| 10 | — | 0. 35 | 33. 55 | 1. 9 | 64. 2 | 0. 7 | 5 | 960 | NaCl+Bis+Eps |
| | 0. 3 | 0 | 35. 3 | 0 | 64. 4 | 0. 7 | 0 | 980 | NaCl+Bis |
| | 1. 4 | 14. 1 | 13. 2 | — | 71. 3 | 44. 6 | 39. 8 | 1585 | Mir+Ast+Eps |
| | — | 10. 45 | 8. 7 | 7. 6 | 73. 25 | 32. 2 | 60 | 1780 | Mir+Eps |
| | — | 8. 55 | 4. 2 | 14. 05 | 73. 2 | 27. 2 | 80 | 1840 | Mir+Eps |
| | 0 | 8 | 0 | 20. 6 | 71. 4 | 24. 7 | 100 | 1740 | Mir+Eps |
| | 2. 9 | 11. 9 | 13. 8 | — | 71. 4 | 42. 8 | 33 | 1565 | Ast+Eps |
| | 0 | 0 | 33. 6 | 2. 2 | 64. 2 | 0 | 5 | 960 | Bis+Eps |
| 20 | 22. 5 | 7. 5 | 0 | 0 | 70 | 100 | 21. 55 | 1585 | NaCl+Na$_2$SO$_4$ |
| | 18. 9 | 8. 8 | 2. 4 | — | 69. 9 | 90 | 24. 9 | 1560 | NaCl+Na$_2$SO$_4$ |
| | 13. 7 | 11 | 5. 85 | — | 69. 45 | 76. 1 | 30. 3 | 1505 | NaCl+Na$_2$SO$_4$+Ast |
| | 10. 1 | 9. 4 | 9. 7 | — | 70. 8 | 60 | 26 | 1550 | NaCl+Ast |
| | 5 | 8. 7 | 14. 9 | — | 71. 4 | 40 | 23. 6 | 1520 | NaCl+Ast |
| | 0. 15 | 8. 9 | 19. 95 | — | 71 | 23. 4 | 23 | 1445 | NaCl+Ast+Eps |
| | — | 4. 15 | 23. 45 | 2. 05 | 70. 35 | 10 | 15. 8 | 1335 | NaCl+Eps |
| | — | 1. 1 | 28. 4 | 2. 8 | 67. 7 | 2. 4 | 9. 4 | 1140 | NaCl+Eps+Hex |
| | — | 0. 4 | 33. 3 | 2. 7 | 63. 6 | 0. 8 | 6. 8 | 940 | NaCl+Hex+Bis |
| | 0. 3 | 0 | 35. 3 | 0 | 64. 4 | 0. 7 | 0 | 960 | NaCl+Bis |
| | 20. 2 | 9. 2 | 0 | 0 | 70. 6 | 100 | 27. 2 | 1650 | Na$_2$SO$_4$+Mir |
| | 15. 8 | 11. 7 | 2. 3 | — | 70. 2 | 90 | 34. 1 | 1610 | Na$_2$SO$_4$+Mir |
| | 9 | 15. 8 | 5. 9 | — | 69. 3 | 75. 2 | 44. 4 | 1530 | Na$_2$SO$_4$+Mir+Ast |
| | 11. 75 | 12. 9 | 5. 85 | — | 69. 5 | 75. 8 | 36 | 1525 | Na$_2$SO$_4$+Ast |
| | 1. 8 | 21. 5 | 8. 15 | — | 68. 55 | 66 | 60 | 1510 | Mir+Ast |
| | — | 19. 25 | 4. 9 | 8. 5 | 67. 35 | 52. 7 | 80 | 1455 | Mir+Ast |
| | 0 | 15 | 0 | 19. 4 | 65. 6 | 39. 6 | 100 | 1365 | Mir+Ast |
| | 0 | 13. 9 | 0 | 20. 5 | 65. 6 | 36. 5 | 100 | 1360 | Ast+Eps |
| | — | 12. 6 | 4. 9 | 14 | 68. 5 | 34. 6 | 80 | 1485 | Ast+Eps |
| | — | 11. 7 | 9. 6 | 8. 3 | 70. 4 | 32. 6 | 60 | 1555 | Ast+Eps |
| | — | 10. 7 | 14. 7 | 3. 3 | 71. 3 | 29. 3 | 40 | 1535 | Ast+Eps |
| | 0 | 0 | 28. 4 | 3. 4 | 68. 2 | 0 | 8. 7 | 1160 | Eps+Hex |
| | 0 | 0 | 33. 35 | 3. 05 | 63. 6 | 0 | 6. 8 | 940 | Hex+Bis |
| 25 | 22. 9 | 6. 9 | 0 | 0 | 70. 2 | 100 | 19. 9 | 1590 | NaCl+Na$_2$SO$_4$ |
| | 19. 4 | 8. 2 | 2. 4 | — | 70 | 90 | 23. 2 | 1565 | NaCl+Na$_2$SO$_4$ |
| | 14 | 10. 6 | 5. 9 | — | 69. 5 | 75. 7 | 29 | 1505 | NaCl+Na$_2$SO$_4$+Ast |
| | 10. 35 | 9. 15 | 9. 7 | — | 70. 8 | 60 | 25. 3 | 1545 | NaCl+Ast |

| 温度/℃ | 液相 NaCl/% | 液相 Na₂SO₄/% | 液相 MgCl₂/% | 液相 MgSO₄/% | 液相 H₂O/% | 液相 J(Na²⁺) | 液相 J(SO₄²⁻) | 液相 J(H₂O) | 固相 |
|---|---|---|---|---|---|---|---|---|---|
| | 5.15 | 8.6 | 14.9 | — | 71.35 | 40 | 23.1 | 1515 | NaCl+Ast |
| | — | 7.9 | 20.5 | — | 71.6 | 20 | 22.6 | 1410 | NaCl+Ast |
| | — | 6.75 | 20.9 | 0.9 | 71.45 | 16.8 | 22.6 | 1380 | NaCl+Ast+Eps |
| | — | 4.2 | 23.2 | 2 | 70.6 | 10 | 17.8 | 1305 | NaCl+Eps |
| | — | 2.3 | 25.95 | 2.8 | 68.95 | 5.1 | 13.7 | 1205 | NaCl+Eps+Hex |
| | — | 0.8 | 29.8 | 3.3 | 66.1 | 1.7 | 9.6 | 1060 | NaCl+Hex+Pen |
| | — | 0.6 | 31.1 | 3.3 | 65 | 1.2 | 8.2 | 1020 | NaCl+Pen+Tet |
| | — | 0.4 | 34.4 | 3 | 62.2 | 0.7 | 4.9 | 925 | NaCl+Pen+Bis |
| | 0.3 | 0 | 35.5 | 1.9 | 62.3 | 0.7 | 0 | 950 | NaCl+Bis |
| | 14.2 | 15 | 0 | 0 | 70.8 | 100 | 46.5 | 1730 | Na₂SO₄+Mir |
| | 4.55 | 22.3 | 4.7 | 0 | 68.45 | 80 | 64.1 | 1555 | Na₂SO₄+Mir |
| | — | 25.05 | 6.2 | — | 68.75 | 69.8 | 74.2 | 1480 | Na₂SO₄+Mir+Ast |
| 25 | 10.3 | 14.2 | 5.9 | 1.35 | 68.25 | 75.2 | 40 | 1545 | Na₂SO₄+Ast |
| | 3.75 | 21.2 | 6.4 | — | 68.65 | 72.9 | 60 | 1530 | Na₂SO₄+Ast |
| | — | 22 | 2.8 | — | 75.2 | 60 | 88.5 | 1430 | Mir+Ast |
| | 0 | 19.1 | 0 | 8.8 | 72.1 | 50.8 | 100 | 1370 | Mir+Ast |
| | 0 | 12.9 | 0 | 21.5 | 65.6 | 33.7 | 100 | 1350 | Ast+Eps |
| | — | 11.65 | 4.9 | 14.95 | 68.5 | 31.8 | 80 | 1475 | Ast+Eps |
| | — | 10.7 | 9.7 | 9.3 | 70.3 | 29.6 | 60 | 1535 | Ast+Eps |
| | — | 9.45 | 15 | 4.55 | 71 | 25.5 | 40 | 1505 | Ast+Eps |
| | 0 | 0 | 26.3 | 4.8 | 68.9 | 0 | 12.6 | 1210 | Eps+Hex |
| | 0 | 0 | 29.8 | 3.95 | 66.25 | 0 | 9.5 | 1065 | Hex+Pen |
| | 0 | 0 | 31.5 | 3.25 | 65.25 | 0 | 7.5 | 1010 | Pen+Tet |
| | 0 | 0 | 34.3 | 2.25 | 63.45 | 0 | 4.9 | 930 | Tet+Bis |
| | 23.5 | 6 | 0 | 0 | 70.5 | 100 | 17.4 | 1610 | NaCl+Na₂SO₄ |
| | 20.1 | 7.25 | 2.35 | — | 70.3 | 90 | 20.6 | 1575 | NaCl+Na₂SO₄ |
| | 14.4 | 9.75 | 6.15 | — | 69.7 | 74.8 | 26.8 | 1510 | NaCl+Na₂SO₄+Ast |
| | 10.7 | 8.8 | 9.8 | — | 70.7 | 60 | 24.2 | 1530 | NaCl+Ast |
| | 5.4 | 8.5 | 15.2 | — | 70.9 | 40 | 22.5 | 1480 | NaCl+Ast |
| 35 | — | 8.15 | 21.25 | 0.75 | 69.85 | 20 | 22.2 | 1350 | NaCl+Ast |
| | — | 4.05 | 22.65 | 4.95 | 68.35 | 9.3 | 22.7 | 1235 | NaCl+Ast+Hex |
| | — | 2.3 | 25.1 | 4.9 | 67.7 | 5 | 17.7 | 1175 | NaCl+Hex |
| | — | 1.8 | 26.0 | 4.7 | 67.5 | 3.9 | 16 | 1150 | NaCl+Hex+Tet |
| | — | 0.4 | 34.75 | 2.1 | 62.75 | 0.7 | 5.2 | 905 | NaCl+Tet+Bis |
| | 0.25 | 0 | 36.05 | 0 | 63.7 | 0.6 | 0 | 930 | NaCl+Bis |

续表 B.19

| 温度/℃ | 液相 NaCl/% | 液相 Na$_2$SO$_4$/% | 液相 MgCl$_2$/% | 液相 MgSO$_4$/% | 液相 H$_2$O/% | 液相 J(Na$_2^{2+}$) | 液相 J(SO$_4^{2-}$) | 液相 J(H$_2$O) | 固相 |
|---|---|---|---|---|---|---|---|---|---|
| 35 | 9.9 | 14.05 | 6.05 | — | 70 | 74.2 | 40 | 1570 | Na$_2$SO$_4$+Ast |
| | 3.45 | 21 | 6.6 | — | 68.95 | 72 | 60 | 1550 | Na$_2$SO$_4$+Ast |
| | — | 24.7 | 4.85 | 3.55 | 66.9 | 68.4 | 80 | 1460 | Na$_2$SO$_4$+Ast |
| | 0 | 24.55 | 0 | 11.4 | 64.05 | 64.6 | 100 | 1330 | Na$_2$SO$_4$+Ast |
| | 0 | 9.75 | 0 | 25.2 | 65.05 | 24.7 | 100 | 1300 | Ast+Eps |
| | — | 8.9 | 5.1 | 18.25 | 67.75 | 23.4 | 80 | 1405 | Ast+Eps |
| | — | 8.1 | 10.1 | 12.2 | 69.6 | 21.6 | 60 | 1460 | Ast+Eps |
| | — | 6.7 | 15.9 | 7.7 | 69.7 | 17 | 40 | 1390 | Ast+Eps |
| | — | 5.7 | 18.55 | 6.7 | 69.05 | 13.85 | 32.95 | 1320 | Ast+Eps+Hex |
| | — | 2.9 | 19.2 | 7.95 | 69.95 | 7 | 30 | 1350 | Eps+Hex |
| | 0 | 0 | 19.5 | 9.6 | 70.9 | 0 | 28.1 | 1385 | Eps+Hex |
| | 0 | 0 | 26 | 6 | 68 | 0 | 15.4 | 1170 | Hex+Tet |
| | 0 | 0 | 34.8 | 2.4 | 62.8 | 0 | 5.2 | 905 | Tet+Bis |
| 55 | 24.3 | 5.2 | 0 | 0 | 70.5 | 100 | 15 | 1600 | NaCl+Na$_2$SO$_4$ |
| | 19.3 | 6.9 | 3.6 | — | 70.2 | 85 | 19.3 | 1550 | NaCl+Na$_2$SO$_4$ |
| | 14.7 | 8.9 | 6.8 | — | 69.6 | 72.6 | 24.1 | 1490 | NaCl+Na$_2$SO$_4$+Van |
| | 10.3 | 8.6 | 10.9 | — | 70.2 | 56.5 | 23 | 1475 | NaCl+Van+Ast |
| | 5.75 | 8.6 | 15.7 | — | 69.95 | 40 | 22 | 1415 | NaCl+Ast |
| | 1.2 | 9 | 20.7 | — | 69.1 | 25.4 | 21.8 | 1315 | NaCl+Ast+Loe |
| | — | 3.6 | 25.5 | 2.6 | 68.3 | 8.1 | 15 | 1200 | NaCl+Loe+Kie |
| | — | 1.6 | 29.1 | 2.7 | 66.6 | 3.4 | 10 | 1090 | NaCl+Kie |
| | — | 0.3 | 37.1 | 0.7 | 61.9 | 0.5 | 2 | 865 | NaCl+Kie+Bis |
| | 0.2 | 0 | 37.35 | 0 | 62.45 | 0.45 | 0 | 880 | NaCl+Bis |
| | 8.9 | 14.4 | 7.2 | — | 69.5 | 70.1 | 40 | 1520 | Na$_2$SO$_4$+Van |
| | 2.05 | 21.8 | 8.05 | — | 68.1 | 66.8 | 60 | 1480 | Na$_2$SO$_4$+Van |
| | — | 24.1 | 7.55 | 1.35 | 67 | 65.2 | 69.5 | 1430 | Na$_2$SO$_4$+Van+Ast |
| | — | 23.65 | 4 | 5.1 | 66.35 | 63.7 | 80 | 1405 | Na$_2$SO$_4$+Ast |
| | 0 | 22.9 | 0 | 12.55 | 64.55 | 60.7 | 100 | 1350 | Na$_2$SO$_4$+Ast |
| | 0.9 | 22.25 | 9.2 | — | 67.65 | 63 | 60 | 1440 | Van+Ast |
| | 5.9 | 14.8 | 10.15 | — | 69.15 | 59.2 | 40 | 1470 | Van+Ast |
| | — | 7.5 | 17 | 7.7 | 67.8 | 18.6 | 40 | 1260 | Ast+Loe |
| | — | 5.0 | 11.7 | 17.9 | 65.4 | 11.5 | 60 | 1185 | Ast+Loe |
| | — | 3.95 | 9.75 | 21.7 | 64.6 | 9 | 67 | 1150 | Ast+Loe+Hex |
| | — | 4.5 | 5.85 | 25.8 | 63.85 | 10.3 | 80 | 1150 | Ast+Hex |
| | 0 | 4.7 | 0 | 32.3 | 63 | 11 | 100 | 1160 | Ast+Hex |

| 温度/℃ | 液相<br>NaCl/% | 液相<br>Na$_2$SO$_4$/% | 液相<br>MgCl$_2$/% | 液相<br>MgSO$_4$/% | 液相<br>H$_2$O/% | 液相<br>$J($Na$_2^{2+})$ | 液相<br>$J($SO$_4^{2-})$ | 液相<br>$J($H$_2$O) | 固相 |
|---|---|---|---|---|---|---|---|---|---|
| | — | 2.9 | 11.95 | 20.2 | 64.95 | 6.5 | 60 | 1150 | Loe+Hex |
| | — | 1.4 | 15.3 | 17.85 | 65.45 | 3.1 | 49.6 | 1140 | Loe+Hex+Kie |
| | — | 1.8 | 18.2 | 13.8 | 66.2 | 4 | 40 | 1155 | Loe+Kie |
| 55 | — | 3.1 | 24.1 | 5 | 67.8 | 6.9 | 20 | 1190 | Loe+Kie |
| | 0 | 0 | 15 | 18 | 67 | 0 | 48.7 | 1210 | Hex+Kie |
| | 0 | 0 | 37 | 0.9 | 62.1 | 0 | 1.9 | 870 | Kie+Bis |
| | 25.0 | 4.7 | 0 | 0 | 70.3 | 100 | 13.4 | 1580 | NaCl+Na$_2$SO$_4$ |
| | 22.05 | 5.35 | 2.4 | — | 70.2 | 90 | 15.0 | 1550 | NaCl+Na$_2$SO$_4$ |
| | 17.75 | 6.6 | 5.55 | — | 70.1 | 77.3 | 18.2 | 1515 | NaCl+Na$_2$SO$_4$+Van |
| | 11.0 | 7.2 | 11.6 | — | 70.2 | 54.4 | 19.0 | 1460 | NaCl+Van+Loe |
| | 7.35 | 6.9 | 15.95 | — | 69.8 | 40 | 17.5 | 1385 | NaCl+Loe |
| | 1.35 | 6.6 | 23.15 | — | 68.9 | 19.2 | 15.4 | 1270 | NaCl+Loe+Kie |
| | — | 4.7 | 28.0 | 0.5 | 66.8 | 10 | 11.3 | 1120 | NaCl+Kie |
| | — | 0.25 | 39.0 | 0.15 | 60.6 | 0.45 | 0.8 | 815 | NaCl+Kie+Bis |
| | 0.2 | 0 | 39.05 | 0 | 60.75 | 0.4 | 0 | 820 | NaCl+Bis |
| | 10.45 | 13.85 | 5.4 | — | 70.3 | 76.7 | 40 | 1600 | Na$_2$SO$_4$+Van |
| | 4.25 | 20.6 | 5.75 | — | 69.4 | 75.0 | 60 | 1595 | Na$_2$SO$_4$+Van |
| 75 | — | 25.5 | 4.7 | 2.2 | 67.6 | 72.6 | 80 | 1520 | Na$_2$SO$_4$+Van |
| | 0 | 25.0 | 0 | 9.1 | 65.9 | 69.9 | 100 | 1450 | Na$_2$SO$_4$+Van |
| | 4.2 | 15.1 | 11.75 | — | 68.95 | 53.5 | 40 | 1440 | Van+Loe |
| | — | 19.75 | 10.1 | 2.4 | 67.75 | 52.5 | 60 | 1420 | Van+Loe |
| | — | 19.4 | 5.0 | 9.05 | 66.55 | 51.6 | 80 | 1395 | Van+Loe |
| | 0 | 19.0 | 0 | 15.7 | 65.3 | 50.6 | 100 | 1370 | Van+Loe |
| | — | 7.65 | 22.9 | 0.75 | 68.7 | 17.9 | 20 | 1270 | Loe+Kie |
| | — | 5.9 | 17.4 | 9.65 | 67.05 | 13.7 | 40 | 1220 | Loe+Kie |
| | — | 4.6 | 11.75 | 18.3 | 65.35 | 10.6 | 60 | 1175 | Loe+Kie |
| | — | 4.0 | 5.95 | 26.7 | 63.35 | 9.0 | 80 | 1125 | Loe+Kie |
| | 0 | 3.5 | 0 | 35 | 61.5 | 7.8 | 100 | 1080 | Loe+Kie |
| | 0 | 0 | 38.85 | 0.4 | 60.75 | 0 | 0.8 | 820 | Kie+Bis |
| | 25.9 | 4.4 | 0 | 0 | 69.7 | 100 | 12.25 | 1530 | NaCl+Na$_2$SO$_4$ |
| | 22.2 | 4.75 | 3.2 | — | 69.85 | 87.0 | 13.0 | 1510 | NaCl+Na$_2$SO$_4$+Van |
| | 14.9 | 5.5 | 9.6 | — | 70 | 62.3 | 14.5 | 1455 | NaCl+Van+Loe |
| 100 | 7.15 | 6.0 | 17.9 | — | 68.95 | 35.5 | 14.5 | 1315 | NaCl+Loe+Kie |
| | 3.6 | 4.6 | 24.2 | — | 67.6 | 20 | 10.2 | 1180 | NaCl+Kie |
| | — | 0.2 | 42.05 | 0.15 | 57.6 | 0.3 | 0.6 | 720 | NaCl+Kie+Bis |

续表 B. 19

| 温度/℃ | 液相 NaCl/% | 液相 Na$_2$SO$_4$/% | 液相 MgCl$_2$/% | 液相 MgSO$_4$/% | 液相 H$_2$O/% | 液相 $J(Na_2^{2+})$ | 液相 $J(SO_4^{2-})$ | 液相 $J(H_2O)$ | 固相 |
|---|---|---|---|---|---|---|---|---|---|
| | 0. 15 | 0 | 42. 1 | 0 | 57. 75 | 0. 3 | 0 | 720 | NaCl+Bis |
| | 19. 3 | 7. 0 | 3. 1 | — | 70. 6 | 86. 8 | 20 | 1585 | Na$_2$SO$_4$+Van |
| | 12. 45 | 13. 35 | 3. 25 | — | 70. 95 | 85. 4 | 40 | 1675 | Na$_2$SO$_4$+Van |
| | 6. 4 | 19. 7 | 3. 6 | — | 70. 3 | 83. 7 | 60 | 1690 | Na$_2$SO$_4$+Van |
| | 0. 4 | 26. 5 | 4. 1 | — | 69 | 81. 5 | 80 | 1640 | Na$_2$SO$_4$+Van |
| | 0 | 26. 6 | 0 | 6. 0 | 67. 4 | 79. 0 | 100 | 1580 | Na$_2$SO$_4$+Van |
| | 12. 95 | 7. 55 | 9. 7 | — | 69. 8 | 61. 6 | 20 | 1455 | Van+Loe |
| | 5. 95 | 14. 95 | 10. 15 | — | 68. 95 | 59. 4 | 40 | 1455 | Van+Loe |
| 100 | — | 21. 15 | 9. 9 | 0. 85 | 68. 1 | 57. 2 | 60 | 1450 | Van+Loe |
| | — | 20. 05 | 4. 9 | 7. 8 | 67. 25 | 54. 9 | 80 | 1450 | Van+Loe |
| | 0 | 19. 0 | 0 | 14. 5 | 66. 5 | 52. 6 | 100 | 1450 | Van+Loe |
| | 3. 9 | 8. 3 | 19. 1 | — | 68. 7 | 31. 5 | 20 | 1305 | Loe+Kie |
| | — | 9. 4 | 16. 85 | 6. 2 | 67. 55 | 22. 5 | 40 | 1270 | Loe+Kie |
| | — | 7. 2 | 11. 35 | 15. 4 | 66. 05 | 17. 0 | 60 | 1230 | Loe+Kie |
| | — | 5. 75 | 5. 7 | 24. 0 | 64. 55 | 13. 5 | 80 | 1195 | Loe+Kie |
| | — | 4. 8 | 0 | 32. 2 | 63 | 11. 2 | 100 | 1160 | Loe+Kie |
| | 0 | 0 | 42. 1 | 0. 3 | 57. 6 | 0 | 0. 6 | 719 | Kie+Bis |

### 表 B. 20 K$^+$, Mg$^{2+}$ // Cl$^-$, SO$_4^{2-}$-H$_2$O

| 温度/℃ | 液相 KCl/% | 液相 K$_2$SO$_4$/% | 液相 MgCl$_2$/% | 液相 MgSO$_4$/% | 液相 H$_2$O/% | 液相 $J(K_2^{2+})$ | 液相 $J(SO_4^{2-})$ | 液相 $J(H_2O)$ | 固相 |
|---|---|---|---|---|---|---|---|---|---|
| | 21. 6 | 0. 95 | 0 | 0 | 77. 45 | 100 | 3. 6 | 2860 | KCl+K$_2$SO$_4$ |
| | 17. 85 | 1. 7 | 3. 1 | — | 77. 35 | 80 | 6. 0 | 2650 | KCl+K$_2$SO$_4$ |
| | 13. 2 | 3. 35 | 6. 8 | — | 76. 65 | 60 | 10. 7 | 2375 | KCl+K$_2$SO$_4$ |
| | 7. 95 | 5. 7 | 10. 8 | — | 75. 55 | 43. 0 | 16. 4 | 2100 | KCl+K$_2$SO$_4$+Pic |
| | 7. 35 | 5. 4 | 11. 5 | — | 75. 75 | 40 | 15. 5 | 2090 | KCl+Pic |
| | 5. 0 | 5. 1 | 14. 05 | — | 75. 85 | 30 | 14. 0 | 1995 | KCl+Pic |
| | 2. 1 | 5. 45 | 17. 3 | — | 75. 15 | 20 | 13. 8 | 1835 | KCl+Pic |
| 0 | 4. 95 | — | 16. 75 | 4. 2 | 74. 1 | 13. 6 | 14. 3 | 1685 | KCl+Pic+Eps |
| | 2. 45 | — | 24. 95 | 2. 1 | 70. 5 | 5. 6 | 5. 8 | 1325 | KCl+Car+Eps |
| | 2. 4 | 0 | 26. 2 | 0 | 71. 4 | 5. 5 | 0 | 1360 | KCl+Car |
| | 0. 1 | — | 33. 6 | 1. 55 | 64. 75 | 0. 2 | 3. 55 | 980 | Car+Bis+Eps |
| | 0. 1 | 0 | 34. 4 | 0 | 65. 5 | 0. 2 | 0 | 1005 | Car+Bis |
| | 6. 4 | 6. 6 | — | 10. 3 | 76. 7 | 42. 8 | 20 | 2250 | K$_2$SO$_4$+Pic |
| | 4. 4 | 10. 35 | — | 8. 2 | 77. 05 | 42. 0 | 40 | 2875 | K$_2$SO$_4$+Pic |
| | — | 9. 7 | 5. 2 | 3. 1 | 82 | 40. 9 | 60 | 3350 | K$_2$SO$_4$+Pic |

续表 B. 20

| 温度/℃ | 液相 KCl/% | 液相 K₂SO₄/% | 液相 MgCl₂/% | 液相 MgSO₄/% | 液相 H₂O/% | 液相 $J(K_2^{2+})$ | 液相 $J(SO_4^{2-})$ | 液相 $J(H_2O)$ | 固相 |
|---|---|---|---|---|---|---|---|---|---|
| 0 | — | 8. 5 | 2. 4 | 6. 05 | 83. 05 | 39. 4 | 80 | 3725 | K₂SO₄+Pic |
| | 0 | 7. 5 | 0 | 8. 7 | 83. 8 | 37. 3 | 100 | 4030 | K₂SO₄+Pic |
| | — | 5. 5 | 17. 7 | 1. 8 | 75 | 13. 5 | 20 | 1790 | Pic+Eps |
| | — | 4. 55 | 11. 8 | 6. 8 | 76. 85 | 12. 7 | 40 | 2070 | Pic+Eps |
| | — | 3. 8 | 7. 4 | 11. 35 | 77. 45 | 11. 3 | 60 | 2220 | Pic+Eps |
| | — | 3. 15 | 3. 55 | 15. 9 | 77. 4 | 9. 7 | 80 | 2290 | Pic+Eps |
| | 0 | 2. 4 | 0 | 20. 6 | 77 | 7. 4 | 100 | 2310 | Pic+Eps |
| | 0 | 0 | 33. 55 | 1. 55 | 64. 9 | 0 | 3. 55 | 986 | Bis+Eps |
| 25 | 25. 6 | 1. 1 | 0 | 0 | 73. 3 | 100 | 3. 5 | 2285 | KCl+K₂SO₄ |
| | 20. 75 | 2. 2 | 3. 6 | — | 73. 45 | 80 | 6. 6 | 2150 | KCl+K₂SO₄ |
| | 9. 0 | 7. 00 | 11. 9 | — | 72. 1 | 44. 7 | 17. 8 | 1775 | KCl+K₂SO₄+Pic |
| | 7. 8 | 6. 85 | 13. 1 | — | 72. 25 | 40 | 17. 2 | 1755 | KCl+Pic |
| | 0. 95 | 8. 1 | 20. 15 | — | 70. 8 | 20 | 17. 6 | 1485 | KCl+Pic |
| | 3. 35 | — | 25. 5 | 2. 6 | 68. 55 | 7. 2 | 7 | 1220 | KCl+Car |
| | 3. 4 | 0 | 26. 9 | 0 | 69. 7 | 7. 5 | 0 | 1270 | KCl+Car |
| | 1. 7 | — | 28. 45 | 3. 65 | 66. 2 | 3. 3 | 8. 9 | 1080 | Car+Pen+Hex |
| | 1. 2 | — | 30. 55 | 3. 1 | 65. 15 | 2. 3 | 7. 2 | 1020 | Car+Pen+Tet |
| | 0. 15 | — | 34. 3 | 2. 25 | 63. 3 | 0. 3 | 4. 9 | 925 | Car+Tet+Bis |
| | 0. 1 | 0 | 35. 6 | 0 | 64. 3 | 0. 2 | 0 | 955 | Car+Bis |
| | 8. 05 | 7. 65 | 11. 55 | — | 72. 75 | 44. 6 | 20 | 1845 | K₂SO₄+Pic |
| | 0. 95 | 13. 0 | 10. 05 | — | 76 | 43. 4 | 40 | 2265 | K₂SO₄+Pic |
| | — | 12. 7 | 6. 65 | 3. 85 | 76. 8 | 41. 7 | 60 | 2435 | K₂SO₄+Pic |
| | — | 11. 7 | 3. 2 | 8. 2 | 76. 9 | 39. 7 | 80 | 2525 | K₂SO₄+Pic |
| | 0 | 10. 8 | 0 | 12. 6 | 76. 6 | 37. 2 | 100 | 2550 | K₂SO₄+Pic |
| | — | 5. 4 | 14. 7 | 8. 7 | 71. 2 | 12. 0 | 40 | 1540 | Pic+Eps |
| | — | 5. 1 | 9. 35 | 14. 2 | 71. 35 | 11. 9 | 60 | 1615 | Pic+Eps |
| | — | 4. 65 | 4. 6 | 20. 1 | 70. 65 | 11. 0 | 80 | 1615 | Pic+Eps |
| | 0 | 4. 0 | 0 | 26. 3 | 69. 7 | 9. 5 | 100 | 1600 | Pic+Eps |
| | 0 | 0 | 34. 3 | 2. 25 | 63. 45 | 0 | 4. 9 | 930 | Bis+Tet |
| | 0 | 0 | 31. 5 | 3. 25 | 65. 25 | 0 | 7. 5 | 1010 | Tet+Pen |
| | 0 | 0 | 29. 8 | 3. 95 | 66. 25 | 0 | 9. 5 | 1065 | Pen+Hex |
| | 0 | 0 | 26. 3 | 4. 8 | 68. 9 | 0 | 12. 6 | 1210 | Hex+Eps |
| | — | 5. 7 | 19. 5 | 5. 0 | 69. 8 | 11. 7 | 26. 7 | 1385 | Leo+Pic+Eps |
| | 4. 6 | — | 19. 55 | 7. 65 | 68. 2 | 10. 2 | 21. 2 | 1260 | Leo+Kai+Eps |
| | — | 6. 45 | 20. 95 | 3. 15 | 69. 45 | 13. 0 | 22. 3 | 1360 | Leo+Kai+Pic |

续表 B. 20

| 温度/℃ | 液相 KCl/% | 液相 K₂SO₄/% | 液相 MgCl₂/% | 液相 MgSO₄/% | 液相 H₂O/% | 液相 J(K₂²⁺) | 液相 J(SO₄²⁻) | 液相 J(H₂O) | 固相 |
|---|---|---|---|---|---|---|---|---|---|
| | — | 7.0 | 22.1 | 1.7 | 69.2 | 14.0 | 19.0 | 1340 | Kai+KCl+Pic |
| | 4.4 | — | 21.35 | 5.2 | 69.05 | 10 | 14.5 | 1290 | Kai+KCl |
| 25 | 3.4 | — | 24.6 | 4.2 | 67.8 | 7.2 | 11.0 | 1190 | Kai+KCl+Car |
| | 2.0 | — | 27.5 | 4.0 | 66.5 | 4.0 | 9.9 | 1100 | Kai+Car+Hex |
| | 2.25 | — | 24.3 | 5.25 | 68.2 | 4.8 | 13.8 | 1200 | Kai+Hex+Eps |
| | 27.0 | 1.2 | 0 | 0 | 71.8 | 100 | 3.55 | 2120 | KCl+K₂SO₄ |
| | 22.0 | 2.35 | 3.8 | — | 71.85 | 80 | 6.8 | 1980 | KCl+K₂SO₄ |
| | 15.6 | 4.7 | 8.4 | — | 71.3 | 60 | 12.3 | 1800 | KCl+K₂SO₄ |
| | 9.5 | 7.6 | 12.45 | — | 70.45 | 45.1 | 18.2 | 1645 | KCl+K₂SO₄+Pic |
| | 11.9 | — | 11.7 | 5.6 | 70.8 | 32.0 | 18.7 | 1575 | KCl+Pic+Leo |
| | 9.8 | — | 14.3 | 5.65 | 70.25 | 25.0 | 17.9 | 1485 | KCl+Leo |
| | 7.8 | — | 16.85 | 5.9 | 69.45 | 18.8 | 17.6 | 1385 | KCl+Leo+Kai |
| | 6.35 | — | 19.05 | 4.9 | 69.7 | 15 | 14.4 | 1365 | KCl+Kai |
| | 4.5 | — | 23.25 | 3.1 | 69.15 | 10 | 8.6 | 1280 | KCl+Kai |
| | 3.75 | — | 26.5 | 2.25 | 67.5 | 7.8 | 5.8 | 1165 | KCl+Kai+Car |
| | 3.8 | 0 | 27.3 | 0 | 68.9 | 8.2 | 0 | 1225 | KCl+Car |
| | 8.65 | 8.05 | 12.15 | — | 71.15 | 45.0 | 20 | 1705 | K₂SO₄+Pic |
| | 1.15 | 14.3 | 11.0 | — | 73.55 | 43.8 | 40 | 1990 | K₂SO₄+Pic |
| | — | 14.3 | 7.4 | 4.2 | 74.1 | 42.0 | 60 | 2105 | K₂SO₄+Pic |
| | — | 13.3 | 3.7 | 9.3 | 73.7 | 39.7 | 80 | 2130 | K₂SO₄+Pic |
| | 0 | 12.0 | 0 | 14.5 | 73.5 | 36.4 | 100 | 2155 | K₂SO₄+Pic |
| 35 | 0.15 | 0 | 36.05 | 0 | 63.8 | 0.27 | 0 | 935 | Car+Bis |
| | 0.3 | — | 34.7 | 2.35 | 62.65 | 0.5 | 5.1 | 900 | Car+Bis+Tet |
| | 0.85 | — | 31.95 | 2.39 | 64.81 | 1.60 | 5.50 | 996 | Car+Kai+Tet |
| | 0.95 | — | 28.7 | 4.1 | 66.25 | 1.9 | 10 | 1075 | Kai+Tet |
| | 1.60 | — | 24.80 | 6.35 | 67.25 | 3.35 | 16.25 | 1150 | Kai+Tet+Hex |
| | 2.65 | — | 21.6 | 8.3 | 67.45 | 5.7 | 22 | 1195 | Kai+Hex |
| | 3.70 | — | 17.7 | 10.8 | 67.8 | 8.3 | 29.9 | 1255 | Kai+Leo+Hex |
| | 3.45 | — | 16.7 | 11.5 | 68.35 | 7.85 | 32.5 | 1295 | Leo+Hex+Eps |
| | 3.75 | — | 14.5 | 13.1 | 68.65 | 8.8 | 38 | 1330 | Leo+Eps |
| | 4.05 | — | 12.45 | 15.05 | 68.45 | 9.6 | 44.2 | 1345 | Leo+Pic+Eps |
| | 4.05 | — | 7.8 | 19.75 | 68.4 | 10.0 | 60 | 1385 | Pic+Eps |
| | 4 | — | 2.5 | 25.7 | 67.8 | 10.05 | 80 | 1410 | Pic+Eps |
| | 0 | 4.6 | 0 | 28.4 | 67 | 10.0 | 100 | 1420 | Pic+Eps |
| | 0 | 0 | 34.8 | 2.4 | 62.8 | 0 | 5.2 | 905 | Bis+Tet |
| | 0 | 0 | 26.0 | 6.0 | 68 | 0 | 15.4 | 1170 | Tet+Hex |
| | 0 | 0 | 19 | 9.6 | 70.9 | 0 | 28.1 | 1385 | Hex+Eps |

续表 B.20

| 温度/℃ | 液相 KCl/% | 液相 K₂SO₄/% | 液相 MgCl₂/% | 液相 MgSO₄/% | 液相 H₂O/% | 液相 $J(K_2^{2+})$ | 液相 $J(SO_4^{2-})$ | 液相 $J(H_2O)$ | 固相 |
|---|---|---|---|---|---|---|---|---|---|
| | 29.75 | 1.3 | 0 | 0 | 68.95 | 100 | 3.55 | 1850 | KCl+K₂SO₄ |
| | 23.95 | 2.6 | 4.2 | — | 69.25 | 80 | 6.8 | 1750 | KCl+K₂SO₄ |
| | 16.8 | 5.3 | 9.1 | — | 68.8 | 60 | 12.8 | 1600 | KCl+K₂SO₄ |
| | 11.0 | 8.2 | 12.8 | — | 68 | 47.3 | 18.4 | 1475 | KCl+K₂SO₄+Leo |
| | 15.6 | — | 10.4 | 5.7 | 68.3 | 40 | 18.1 | 1450 | KCl+Leo |
| | 10.8 | — | 15.5 | 6.4 | 67.3 | 25.1 | 18.4 | 1300 | KCl+Leo+Kai |
| | 8.7 | — | 18.4 | 4.9 | 68 | 20 | 14.0 | 1290 | KCl+Kai |
| | 4.8 | — | 27.4 | 1.6 | 66.2 | 9.6 | 4.0 | 1105 | KCl+Kai+Car |
| | 4.75 | 0 | 28.2 | 0 | 67.05 | 9.7 | 0 | 1135 | KCl+Car |
| | — | 0.25 | 36.9 | 0.75 | 62.1 | 0.4 | 2.0 | 870 | Car+Bis+Kie |
| | 0.25 | 0 | 37.2 | 0 | 62.55 | 0.4 | 0 | 885 | Car+Bis |
| | 10.25 | 8.8 | 12.8 | — | 68.15 | 47.1 | 20 | 1490 | K₂SO₄+Leo |
| | 1.8 | 16.45 | 12.3 | — | 69.45 | 45.2 | 40 | 1630 | K₂SO₄+Leo |
| 55 | — | 17.2 | 8.65 | 4.55 | 69.6 | 43.3 | 60 | 1700 | K₂SO₄+Leo |
| | — | 15.8 | 4.2 | 10.3 | 69.7 | 41.2 | 80 | 1760 | K₂SO₄+Leo |
| | 0 | 13.5 | 0 | 17.1 | 69.4 | 35.3 | 100 | 1750 | K₂SO₄+Leo |
| | 9.2 | — | 16.6 | 6.9 | 67.3 | 21.0 | 19.5 | 1275 | Leo+Lan+Kai |
| | — | 4.35 | 13.6 | 17.0 | 65.05 | 8.1 | 53.8 | 1170 | Leo+Lan+Hex |
| | — | 4.45 | 11.7 | 19.2 | 64.65 | 8.3 | 60 | 1170 | Leo+Hex |
| | — | 4.7 | 5.8 | 25.9 | 63.6 | 9.0 | 80 | 1165 | Leo+Hex |
| | 0 | 4.8 | 0 | 32.7 | 62.5 | 9.2 | 100 | 1160 | Leo+Hex |
| | — | 1.6 | 14.6 | 17.4 | 66.4 | 3 | 50 | 1200 | Lan+Hex+Kie |
| | — | 2.2 | 17.8 | 13.5 | 66.5 | 4.0 | 40 | 1185 | Lan+Kie |
| | — | 3.1 | 22.3 | 7.8 | 66.8 | 5.6 | 26.0 | 1170 | Lan+Kai+Kie |
| | 0 | 0 | 37.0 | 0.9 | 62.1 | 0 | 1.9 | 870 | Bis+Kie |
| | 0 | 0 | 15.0 | 18.0 | 67 | 0 | 48.7 | 1210 | Kie+Hex |

### 表 B.21　Na⁺, K⁺∥Cl⁻, NO₃⁻-H₂O

| 温度/℃ | 液相 NaNO₃ g/100g H₂O | 液相 NaCl g/100g H₂O | 液相 KNO₃ g/100g H₂O | 液相 KCl g/100g H₂O | 液相 $J(Na^+)$ | 液相 $J(NO_3^-)$ | 液相 $J(H_2O)$ | 固相 |
|---|---|---|---|---|---|---|---|---|
| | 0.0 | 36.04 | 0.0 | 0.0 | 100.00 | 0.00 | 900.15 | NaCl |
| | 0.0 | 32.28 | 0.0 | 10.0 | 80.46 | 0.00 | 808.62 | NaCl |
| 25 | 0.0 | 30.27 | 0.0 | 16.45 | 70.13 | 0.00 | 751.55 | NaCl+KCl |
| | 0.0 | 12.0 | 0.0 | 26.78 | 36.37 | 0.00 | 983.26 | KCl |
| | 0.0 | 0.0 | 10.0 | 35.54 | 0.00 | 17.18 | 964.32 | KCl |
| | 0.0 | 0.0 | 22.79 | 34.92 | 0.00 | 32.49 | 800.05 | KCl+KNO₃ |

续表 B. 21

| 温度/℃ | 液相 NaNO₃ g/100g H₂O | 液相 NaCl g/100g H₂O | 液相 KNO₃ g/100g H₂O | 液相 KCl g/100g H₂O | 液相 $J(Na^+)$ | 液相 $J(NO_3^-)$ | 液相 $J(H_2O)$ | 固相 |
|---|---|---|---|---|---|---|---|---|
| | 0.0 | 0.0 | 31.48 | 10.0 | 0.00 | 69.89 | 1245.99 | KNO₃ |
| | 10.0 | 0.0 | 37.49 | 0.0 | 24.09 | 100.00 | 1136.39 | KNO₃ |
| | 60.0 | 0.0 | 41.87 | 0.0 | 63.03 | 100.00 | 495.59 | KNO₃ |
| | 100.9 | 0.0 | 46.15 | -0.0 | 72.23 | 100.00 | 337.73 | KNO₃+NaNO₃ |
| | 96.06 | 0.0 | 20.0 | 0.0 | 85.10 | 100.00 | 417.99 | NaNO₃ |
| | 77.46 | 10.0 | 0.0 | 0.0 | 100.00 | 84.19 | 512.80 | NaNO₃ |
| 25 | 58.01 | 23.62 | 0.0 | 0.0 | 100.00 | 62.81 | 510.82 | NaNO₃+NaCl |
| | 10.0 | 33.90 | 0.0 | 0.0 | 100.00 | 16.86 | 795.60 | NaCl |
| | 15.4 | 24.82 | 0.0 | 22.2 | 67.05 | 20.05 | 614.27 | NaCl+KCl |
| | 0.0 | 21.36 | 32.9 | 20 | 38.10 | 33.93 | 578.72 | KCl+KNO₃ |
| | 61.3 | 24.50 | 17.2 | 0.0 | 87.02 | 68.01 | 423.55 | NaNO₃+KNO₃ |
| | 82.1 | 7.0 | 43.15 | 0.0 | 71.78 | 92.08 | 367.00 | NaNO₃+NaCl |
| | 64.0 | 23.8 | 41.2 | 0.0 | 74.01 | 74.02 | 354.07 | KNO₃+NaNO₃+NaCl |
| | 0.0 | 4.5 | 40.3 | 0.0 | 16.19 | 83.81 | 1167.13 | NaCl+KCl+KNO₃ |
| | 0.0 | 36.72 | 0.0 | 0.0 | 100.00 | 0.00 | 883.48 | NaCl |
| | 0.0 | 28.35 | 0.0 | 23.09 | 61.03 | 0.00 | 698.40 | NaCl+KCl |
| | 0.0 | 0.0 | 0.0 | 42.80 | 0.00 | 0.00 | 966.89 | KCl |
| | 0.0 | 0.0 | 24.05 | 41.39 | 0.00 | 29.99 | 699.93 | KCl |
| | 0.0 | 0.0 | 52.54 | 38.75 | 0.00 | 49.99 | 534.02 | KCl+KNO₃ |
| | 0.0 | 0.0 | 85.10 | 0.0 | 0.00 | 100.00 | 659.47 | KNO₃ |
| | 134.9 | 0.0 | 90.2 | 0.0 | 64.02 | 100.00 | 223.89 | NaNO₃+KNO₃ |
| 50 | 114.1 | 0.0 | 0.0 | 0.0 | 100.00 | 100.00 | 413.49 | NaNO₃ |
| | 84.8 | 20.5 | 0.0 | 0.0 | 100.00 | 73.99 | 411.64 | NaCl+NaNO₃ |
| | 43.9 | 28.4 | 0.0 | 0.0 | 100.00 | 51.52 | 553.74 | NaCl |
| | 0.0 | 34.0 | 24.3 | 13.4 | 58.07 | 23.99 | 554.06 | NaCl+KCl |
| | 0.0 | 12.7 | 58.6 | 25.4 | 19.10 | 50.95 | 487.94 | KCl+KNO₃ |
| | 104.1 | 19.2 | 27.2 | 0.0 | 85.24 | 81.97 | 304.60 | KNO₃+KCl |
| | 110.7 | 12.2 | 82.2 | 0.0 | 65.02 | 91.02 | 238.83 | NaCl+NaNO₃+KNO₃ |
| | 6.1 | 59.9 | 70.9 | 0.0 | 61.00 | 43.00 | 308.73 | NaCl+KCl+KNO₃ |

表 B. 22 $Na^+$，$K^+$，$Mg^{2+}//Cl^-$，$SO_4^{2-}-H_2O$ $* J(X)=X$ mol/100 mol($K_2^++Mg^{2+}+SO_4^{2-}$)

| 温度/℃ | 液相 NaCl/% | 液相 KCl/% | 液相 K₂SO₄/% | 液相 MgCl₂/% | 液相 MgSO₄/% | 液相 H₂O/% | 液相 $J(K_2^+)$ | 液相 $J(Mg^{2+})$ | 液相 $J(SO_4^{2-})$ | 液相 $J(H_2O)$ | 固相 |
|---|---|---|---|---|---|---|---|---|---|---|---|
| | 22.7 | 5.7 | 2.4 | 0 | 0 | 69.2 | 79.1 | 0 | 294 | 5820 | NaCl+Mir+KCl |
| 0 | 11.55 | 5.5 | — | 7.9 | 5.3 | 69.75 | 17.9 | 61.0 | 47.5 | 1860 | NaCl+Mir+KCl+Pic |
| | 3.4 | 3.6 | — | 18.7 | 3.5 | 70.8 | 8.7 | 80.9 | 10.4 | 1410 | NaCl+KCl+Pic+Eps |

续表 B.22

| 温度/℃ | 液相NaCl/% | 液相KCl/% | 液相K$_2$SO$_4$/% | 液相MgCl$_2$/% | 液相MgSO$_4$/% | 液相H$_2$O/% | 液相J(K$_2^{2+}$) | 液相J(Mg$^{2+}$) | 液相J(SO$_4^{2-}$) | 液相J(H$_2$O) | 固相 |
|---|---|---|---|---|---|---|---|---|---|---|---|
| 0 | 1.35 | 2.3 | — | 23.8 | 2.5 | 70.05 | 5.0 | 88.3 | 3.8 | 1270 | NaCl+KCl+Car+Eps |
| | 1.9 | 2.3 | 0 | 25.05 | 0 | 70.75 | 5.5 | 94.5 | 5.9 | 1410 | NaCl+KCl+car |
| | 9.9 | 4.3 | — | 8.9 | 7.25 | 69.65 | 11.9 | 63.3 | 35.0 | 1590 | NaCl+Mir+Pic+Eps |
| | 12.05 | 0 | 0 | 9.5 | 5.9 | 72.55 | 0 | 75.2 | 52.0 | 2030 | NaCl+Mir+Eps |
| | 0.2 | 0.1 | — | 33.4 | 1.6 | 64.7 | 0.2 | 96.3 | 0.5 | 950 | NaCl+Car+Bis+Eps |
| | 0.35 | 0.1 | 0 | 34.3 | 0 | 65.25 | 0.15 | 99.85 | 0.8 | 1005 | NaCl+Car+Bis |
| | 0.25 | 0 | 0 | 33.4 | 1.5 | 64.85 | 0 | 96.6 | 0.6 | 957 | NaCl+Bis+Eps |
| 25 | 21.0 | 8.75 | 2.9 | 0 | 0 | 67.35 | 81.9 | 0 | 196 | 4070 | NaCl+Gla+KCl |
| | 18.9 | 10.9 | 0.05 | — | 2.35 | 67.8 | 65 | 17.3 | 142.4 | 3310 | NaCl+Gla+KCl |
| | 16.7 | 10.5 | — | 2.0 | 3.0 | 67.8 | 50 | 32.4 | 101.6 | 2670 | NaCl+Gla+KCl |
| | 13.8 | 9.6 | — | 4.75 | 4.15 | 67.7 | 35 | 46.1 | 64.4 | 2050 | NaCl+Gla+KCl |
| | 10.4 | 8.3 | — | 7.9 | 6.45 | 66.95 | 22.6 | 55.6 | 36.2 | 1510 | NaCl+Gla+KCl+Pic |
| | 8.6 | 7.9 | — | 9.3 | 6.5 | 67.7 | 20.5 | 58.6 | 28.5 | 1450 | NaCl+KCl+Leo+Pic |
| | 5.75 | 6.5 | — | 13.3 | 6.45 | 68 | 15 | 66.5 | 16.9 | 1300 | NaCl+KCl+Leo |
| | 4.1 | 5.3 | — | 16.7 | 6.2 | 67.7 | 11.3 | 72.3 | 11.3 | 1200 | NaCl+KCl+Leo+Kai |
| | 2.95 | 4.2 | — | 20.5 | 4.35 | 68 | 9 | 79.6 | 8.0 | 1195 | NaCl+KCl+Kai |
| | 1.3 | 3.15 | — | 25.1 | 2.05 | 68.4 | 6.6 | 88.0 | 3.6 | 1190 | NaCl+KCl+Kai+Car |
| | 1.85 | 3.4 | — | 25.85 | 0 | 68.9 | 7.7 | 92.3 | 5.4 | 1300 | NaCl+KCl+Car |
| | 19.25 | 5.65 | 7.6 | 0 | 0 | 67.5 | 41.45 | 0 | 238.5 | 4090 | NaCl+Na$_2$SO$_4$+Gla |
| | 20.9 | 0.7 | — | — | 6.95 | 66.95 | 17.8 | 33.6 | 104.1 | 2170 | NaCl+Na$_2$SO$_4$+Gla+Ast |
| | 21.3 | — | 1.7 | — | 7.5 | 69.5 | 0 | 45.6 | 142 | 2825 | NaCl+Na$_2$SO$_4$+Ast |
| | 12.2 | 5.8 | — | 5.9 | 8.4 | 67.7 | 16.2 | 54.8 | 43.4 | 1560 | NaCl+Gla+Ast+Pic |
| | 11.5 | 5.65 | — | 6.7 | 8.7 | 67.45 | 15.0 | 56.4 | 39.0 | 1480 | NaCl+Ast+Leo+Pic |
| | 4.6 | 4.2 | — | 14.85 | 8.7 | 67.65 | 8.9 | 69.4 | 12.0 | 1140 | NaCl+Ast+Leo+Eps |
| | 5.6 | 0 | 0 | 16.3 | 7.7 | 70.4 | 0 | 78.6 | 15.9 | 1305 | NaCl+Ast+Eps |
| | 4.0 | 3.9 | — | 16.3 | 8.8 | 67 | 7.7 | 71.0 | 10.0 | 1080 | NaCl+Kai+Leo+Eps |
| | 1.9 | 2.8 | — | 22.5 | 5.75 | 67.05 | 5.4 | 81.0 | 4.7 | 1060 | NaCl+Kai+Eps+Hex |
| | 1.9 | 0 | 0 | 24.4 | 5.2 | 68.5 | 0 | 87.4 | 4.7 | 1110 | NaCl+Eps+Hex |
| | 0.65 | 1.1 | — | 28.0 | 4.3 | 65.95 | 2.0 | 88.4 | 1.5 | 980 | NaCl+Kai+Hex+Pen |
| | 0.7 | 0 | 0 | 29.2 | 4.0 | 66.1 | 0 | 91.1 | 1.6 | 982 | NaCl+Hex+Pen |
| | 0.6 | 0.7 | — | 29.8 | 3.7 | 65.2 | 1.3 | 90.6 | 1.3 | — | NaCl+Kai+Pen+Tet |
| | 0.5 | 0 | 0 | 30.7 | 3.5 | 65.3 | 0 | 92.35 | 1.1 | 953 | NaCl+Pen+Tet |
| | 0.5 | 0.6 | — | 30.6 | 3.4 | 64.9 | 1.1 | 91.5 | 1.2 | 940 | NaCl+Car+Kai+Tet |
| | 0.15 | 0.2 | — | 33.95 | 2.4 | 63.3 | 0.3 | 94.7 | 0.3 | 885 | NaCl+Car+Bis+Tet |
| | 0.3 | 0.1 | 0 | 35.4 | 0 | 64.2 | 0.2 | 99.8 | 0.75 | 957 | NaCl+Car+Bis |
| | 0.3 | 0 | 0 | 34.1 | 2.25 | 63.35 | 0 | 95.3 | 0.7 | 888 | NaCl+Bis+Tet |

| 温度/℃ | 液相 NaCl/% | 液相 KCl/% | 液相 K₂SO₄/% | 液相 MgCl₂/% | 液相 MgSO₄/% | 液相 H₂O/% | 液相 $J(K_2^{2+})$ | 液相 $J(Mg^{2+})$ | 液相 $J(SO_4^{2-})$ | 液相 $J(H_2O)$ | 固相 |
|---|---|---|---|---|---|---|---|---|---|---|---|
| | 19.4 | 12.6 | 2.7 | 0 | 0 | 65.3 | 86.65 | 0 | 144 | 3135 | NaCl+KCl+Gla |
| | 17.3 | 14.5 | — | 0.2 | 2.4 | 65.6 | 70 | 15.8 | 106.4 | 2610 | NaCl+KCl+Gla |
| | 15.25 | 13.9 | — | 2.15 | 3.2 | 65.5 | 55 | 29.2 | 77.0 | 2145 | NaCl+KCl+Gla |
| | 12.5 | 12.75 | — | 4.9 | 4.6 | 65.25 | 40 | 42.0 | 50.0 | 1695 | NaCl+KCl+Gla |
| | 10.25 | 11 | — | 7.6 | 6.6 | 64.55 | 28.0 | 51.2 | 33.3 | 1360 | NaCl+KCl+Gla+Leo |
| | 7.3 | 9.25 | — | 11.55 | 6.8 | 65.1 | 20.9 | 60.0 | 21.0 | 1215 | NaCl+KCl+Kai+Leo |
| | 1.4 | 4.2 | — | 26.65 | 1.55 | 66.2 | 8.4 | 87.7 | 3.6 | 1100 | NaCl+KCl+Kai+Car |
| | 1.85 | 4.4 | 0 | 26.9 | 0 | 66.85 | 9.45 | 90.55 | 5.05 | 1190 | NaCl+KCl+Car |
| | 24.4 | 1.2 | 7.85 | 0 | 0 | 66.55 | 54.1 | 0 | 212.5 | 3760 | NaCl+Na₂SO₄+Gla |
| | 20.9 | 3.65 | 4.2 | — | 4.1 | 67.15 | 34.5 | 24.2 | 126.5 | 2630 | NaCl+Na₂SO₄+Gla+Van |
| | 21.6 | 0 | 0 | 1.2 | 7.6 | 69.6 | 0 | 54.6 | 133 | 2775 | NaCl+Na₂SO₄+Van |
| | 20.15 | 4.9 | 2.75 | — | 6.0 | 66.2 | 29.8 | 30.3 | 105.0 | 2240 | NaCl+Gla+Van+Ast |
| 50 | 19.85 | 0 | 0 | 2.7 | 7.7 | 69.75 | 0 | 59.2 | 108.5 | 2475 | NaCl+Van+Ast |
| | 13.7 | 7.6 | — | 4.2 | 9.0 | 65.5 | 20.9 | 48.6 | 48 | 1490 | NaCl+Gla+Ast+Leo |
| | 7.15 | 6.25 | — | 10.75 | 8.25 | 67.6 | 14.4 | 62.1 | 21 | 1285 | NaCl+Ast+Leo+Loe |
| | 7.5 | 0 | 0 | 18.3 | 6.0 | 68.2 | 0 | 83.0 | 22 | 1300 | NaCl+Ast+Loe |
| | 6.55 | 5.8 | — | 12.85 | 7.35 | 67.45 | 13.2 | 66.2 | 19 | 1265 | NaCl+Leo+Loe+Lan |
| | 6.5 | 8.5 | — | 13.0 | 6.95 | 65.05 | 18.5 | 62.8 | 18 | 1170 | NaCl+Leo+Lan+Kai |
| | 2.3 | 3.5 | — | 21.4 | 5.6 | 67.2 | 6.8 | 79.5 | 5.8 | 1090 | NaCl+Loe+Lan+Kie |
| | 2.25 | 0 | 0 | 24.25 | 5.7 | 67.8 | 0 | 86.5 | 5.5 | 1080 | NaCl+Loe+Kie |
| | 1.75 | 2.7 | — | 24.1 | 5.05 | 66.4 | 5.1 | 83.1 | 4.3 | 1040 | NaCl+Kai+Lan+Kie |
| | 0.9 | 2.8 | — | 28.75 | 1.75 | 65.8 | 5.3 | 90.5 | 2.2 | 1045 | NaCl+Kai+Car+Kie |
| | 0.15 | 0.25 | 0 | 35.7 | 1.5 | 62.4 | 0.4 | 96.5 | 0.3 | 855 | NaCl+Car+Bis+Kie |
| | 0.35 | 0.2 | 0 | 36.9 | 0 | 62.55 | 0.35 | 99.65 | 0.75 | 892 | NaCl+Car+Bis |
| | 0.3 | 0 | 0 | 36.3 | 1.2 | 62.2 | 0 | 97.5 | 0.6 | 860 | NaCl+Bis+Kie |
| | 18.0 | 16.5 | 2.55 | 0 | 0 | 62.95 | 89.5 | 0 | 110 | 2500 | NaCl+Gla+KCl |
| | 16.65 | 17.9 | 0.1 | — | 2.4 | 62.95 | 75 | 12.3 | 88.6 | 2170 | NaCl+Gla+KCl |
| | 15.3 | 16.9 | — | 1.45 | 3.65 | 62.7 | 60 | 24.0 | 69.3 | 1840 | NaCl+Gla+KCl |
| | 13.85 | 15.3 | — | 2.8 | 5.5 | 62.55 | 46.1 | 33.5 | 53.3 | 1560 | NaCl+Gla+KCl+Lan |
| 75 | 11.5 | 14.3 | — | 6.4 | 4.6 | 63.2 | 40 | 44.0 | 41 | 1460 | NaCl+KCl+Lan |
| | 7.8 | 12.2 | — | 12.05 | 3.9 | 64.05 | 30 | 58.2 | 24.5 | 1305 | NaCl+KCl+Lan |
| | 3.9 | 8.8 | — | 19.9 | 3.1 | 64.3 | 18.5 | 73.5 | 10.4 | 1120 | NaCl+KCl+Lan+Kai |
| | 1.65 | 5.75 | — | 27.9 | 1.15 | 63.55 | 11.0 | 86.3 | 4 | 1005 | NaCl+KCl+Kai+Kie |
| | 1.65 | 5.6 | — | 28.25 | 1.1 | 63.4 | 10.6 | 86.8 | 4 | 1000 | NaCl+KCl+Car+Kie |
| | 1.8 | 5.4 | 0 | 28.2 | 0 | 64.6 | 10.9 | 89.1 | 4.7 | 1080 | NaCl+KCl+Car |
| | 23.25 | 4.2 | 7.1 | 0 | 0 | 65.45 | 62.8 | 0 | 181.5 | 3315 | NaCl+Na₂SO₄+Gla |

续表 B. 22

| 温度/℃ | 液相 NaCl/% | 液相 KCl/% | 液相 K₂SO₄/% | 液相 MgCl₂/% | 液相 MgSO₄/% | 液相 H₂O/% | 液相 J(K₂²⁺) | 液相 J(Mg²⁺) | 液相 J(SO₄²⁻) | 液相 J(H₂O) | 固相 |
|---|---|---|---|---|---|---|---|---|---|---|---|
| | 21.0 | 7.5 | 3.9 | — | 3.4 | 64.2 | 48.0 | 18.6 | 118.0 | 2335 | NaCl+Na₂SO₄+Gla+Van |
| | 23.2 | 0 | 0 | 1.1 | 5.6 | 70.1 | 0 | 55.5 | 189 | 3705 | NaCl+Na₂SO₄+Van |
| | 14.9 | 12.3 | — | 2.3 | 7.95 | 62.55 | 34.6 | 37.8 | 53.3 | 1455 | NaCl+Gla+Van+Loe |
| | 16.95 | 0 | 0 | 6.75 | 6.1 | 70.2 | 0 | 70.6 | 84.2 | 2260 | NaCl+Van+Loe |
| | 13.0 | 11.8 | — | 4.1 | 7.55 | 63.55 | 32.0 | 42.7 | 44.8 | 1425 | NaCl+Gla+Loe+Lan |
| 75 | 4.5 | 3.8 | — | 17.1 | 6.6 | 68 | 8.1 | 74.5 | 12.2 | 1200 | NaCl+Loe+Lan+Kie |
| | 6.8 | 0 | 0 | 18.75 | 5.6 | 68.85 | 0 | 84.0 | 20.0 | 1320 | NaCl+Loe+Kie |
| | 1.85 | 4.5 | — | 26.3 | 2.95 | 64.4 | 8.5 | 84.6 | 4.4 | 1005 | NaCl+Kai+Lan+Kie |
| | 0.15 | 0.4 | — | 38.1 | 0.75 | 60.6 | 0.7 | 97.8 | 0.3 | 810 | NaCl+Car+Bis+Kie |
| | 0.4 | 0.3 | 0 | 39.0 | 0 | 60.3 | 0.5 | 99.5 | 0.8 | 812 | NaCl+Car+Bis |
| | 0.2 | 0 | 0 | 38.8 | 0.4 | 60.6 | 0 | 99.2 | 0.45 | 812 | NaCl+Bis+Kie |
| | 17.0 | 19.7 | 2.75 | 0 | 0 | 60.55 | 90.3 | 0 | 88.55 | 2050 | NaCl+Gla+KCl |
| | 16.2 | 20.4 | 1.25 | — | 1.75 | 60.4 | 80 | 8.0 | 77.2 | 1865 | NaCl+Gla+KCl |
| | 15.3 | 20.55 | — | 0.5 | 3.5 | 60.15 | 68.3 | 17.2 | 65.0 | 1655 | NaCl+Gla+KCl+Lan |
| | 11.8 | 18.6 | — | 6.05 | 2.3 | 61.25 | 55 | 36.5 | 44.6 | 1500 | NaCl+KCl+Lan |
| | 8.2 | 15.5 | — | 11.7 | 1.95 | 62.65 | 40 | 53.7 | 27.0 | 1340 | NaCl+KCl+Lan |
| | 4.2 | 11.45 | — | 19.35 | 1.6 | 63.4 | 25 | 70.6 | 11.8 | 1145 | NaCl+KCl+Lan |
| | 2.15 | 6.3 | — | 29.1 | 1.2 | 61.25 | 11.5 | 85.8 | 5.0 | 925 | NaCl+KCl+Lan+Kie |
| | 2.15 | 6.25 | — | 29.4 | 1.15 | 61.05 | 11.3 | 86.1 | 5.0 | 915 | NaCl+KCl+Car+Kie |
| | 2.0 | 6.35 | 0 | 29.95 | 0 | 61.7 | 11.95 | 88.05 | 4.8 | 959 | NaCl+KCl+Car |
| | 22.55 | 6.4 | 6.95 | 0 | 0 | 64.1 | 67.55 | 0 | 157.5 | 2905 | NaCl+Na₂SO₄+Gla |
| 100 | 22.05 | 13.2 | 2.95 | — | 4.0 | 57.8 | 56.0 | 17.5 | 100 | 1700 | NaCl+Na₂SO₄+Gla+Van |
| | 26.1 | 0 | 0 | — | 4.0 | 69.9 | 0 | 50.0 | 334.5 | 5810 | NaCl+Na₂SO₄+Van |
| | 12.3 | 15.5 | — | 3.1 | 7.0 | 62.1 | 41.0 | 36.0 | 41.5 | 1355 | NaCl+Gla+Van+Lan |
| | 11.9 | 15.0 | — | 4.05 | 6.8 | 62.25 | 39.2 | 38.7 | 39.5 | 1345 | NaCl+Van+Lan+Loe |
| | 19.4 | 0 | 0 | 5.9 | 4.65 | 70.05 | 0 | 72.2 | 119 | 2790 | NaCl+Van+Loe |
| | 8.9 | 7.1 | — | 11.0 | 7.2 | 65.8 | 16.8 | 62.0 | 27.0 | 1290 | NaCl+Loe+Lan+Kie |
| | 12.1 | 0 | 0 | 13.85 | 5.1 | 68.95 | 0 | 81.65 | 44.9 | 1665 | NaCl+Loe+Kie |
| | 0.3 | 0.5 | — | 40.8 | 0.35 | 58.05 | 0.8 | 98.5 | 0.6 | 735 | NaCl+Car+Bis+Kie |
| | 0.45 | 0.5 | 0 | 41.9 | 0 | 57.15 | 0.75 | 99.25 | 0.9 | 716 | NaCl+Car+Bis |
| | 0.15 | 0 | 0 | 41.9 | 0.3 | 57.65 | 0 | 99.4 | 0.3 | 718 | NaCl+Bis+Kie |

# 附录5 常用的水盐体系计算参数[3,5,61-64]

**表 C.1 常见天然盐类及其离子的标准化学位**

| 固液相分离物种 | 固相的代号 | 化学式 | $\mu_i^\ominus/(RT)$ |
|---|---|---|---|
| 水（液态） | | $H_2O$ | −95.6635 |
| 锂离子 | | $Li^+$ | −118.0439 |
| 钠离子 | | $Na^+$ | −105.651 |
| 钾离子 | | $K^+$ | −113.957 |
| 镁离子 | | $Mg^{2+}$ | −183.468 |
| 钙离子 | | $Ca^{2+}$ | −222.30 |
| 氯离子 | | $Cl^-$ | −52.955 |
| 硫酸根离子 | | $SO_4^{2-}$ | −300.386 |
| 碳酸根离子 | | $CO_3^{2-}$ | −212.944 |
| 碳酸氢根离子 | | $HCO_3^-$ | −236.751 |
| 硬石膏 | Anh | $CaSO_4$ | −533.73 |
| 硫酸钾石 | Ap | $NaK_3(SO_4)_2$ | −1057.05 |
| 硫酸钾 | Ar | $K_2SO_4$ | −532.39 |
| 水氯镁石 | Bis | $MgCl_2 \cdot 6H_2O$ | −835.1 |
| 白钠镁矾 | Ast | $Na_2Mg(SO_4)_2 \cdot 4H_2O$ | −1383.6 |
| 光卤石 | Car | $KCl \cdot MgCl_2 \cdot 6H_2O$ | −1020.3 |
| 锂复盐1 | Db1 | $Li_2SO_4 \cdot 3Na_2SO_4 \cdot 12H_2O$ | −3227.404 |
| 锂复盐2 | Db2 | $Li_2SO_4 \cdot Na_2SO_4$ | −1048.74 |
| 锂复盐3 | Db3 | $2Li_2SO_4 \cdot Na_2SO_4 \cdot K_2SO_4$ | −2123.250 |
| 锂复盐4 | Db4 | $Li_2SO_4 \cdot K_2SO_4$ | −1070.979 |
| 七水硫酸镁 | Esp | $MgSO_4 \cdot 7H_2O$ | −1157.833 |
| 一水硫酸镁 | Kie | $MgSO_4 \cdot H_2O$ | −579.80 |
| 氯化钠 | H | $NaCl$ | −154.99 |
| 六水硫酸镁 | Hex | $MgSO_4 \cdot 6H_2O$ | −1061.563 |
| 碳酸氢钠 | | $NaHCO_3$ | −343.33 |
| 十水碳酸钠 | | $Na_2CO_3 \cdot 10H_2O$ | −1382.78 |
| 钾盐镁矾 | Kai | $KCl \cdot MgSO_4 \cdot 3H_2O$ | −938.2 |
| 钾镁矾 | Leo | $K_2SO_4 \cdot MgSO_4 \cdot 4H_2O$ | −1403.97 |
| 四水硫酸镁 | Lh | $MgSO_4 \cdot 4H_2O$ | −868.457 |
| 锂光卤石 | LiC | $LiCl \cdot MgCl_2 \cdot 7H_2O$ | −1108.343 |
| 一水氯化锂 | Lc | $LiCl \cdot H_2O$ | −254.5962 |
| 一水硫酸锂 | Ls | $Li_2SO_4 \cdot H_2O$ | −631.1121 |
| 芒硝 | Mir | $Na_2SO_4 \cdot 10H_2O$ | −1471.15 |

续表 C.1

| 固液相分离物种 | 固相的代号 | 化学式 | $\mu_i^{\ominus}/(RT)$ |
|---|---|---|---|
| 五水硫酸镁 | Pt | $MgSO_4 \cdot 5H_2O$ | $-965.084$ |
| 软钾镁矾 | Pic | $K_2SO_4 \cdot MgSO_4 \cdot 6H_2O$ | $-1596.1$ |
| 氯化钾 | Syl | $KCl$ | $-164.84$ |
| 无水硫酸钠 | Th | $Na_2SO_4$ | $-512.35$ |

### 表 C.2 常见 1-1 电解质 Pitzer 参数

| 化合物 | $\beta^{(0)}$ | $\beta^{(1)}$ | $C^{\phi}$ | $m_{max}$ | $\sigma$ | $R$ |
|---|---|---|---|---|---|---|
| HF | 0.02212 | 0.40156 | $-0.00018$ | 20.000 | 0.00305 | 0.9996 |
| HCl | 0.20332 | $-0.01668$ | $-0.00372$ | 16.000 | 0.01443 | 0.9999 |
| HBr | 0.24153 | $-0.16119$ | $-0.00101$ | 11.000 | 0.02920 | 0.9994 |
| HI | 0.23993 | 0.28351 | 0.00138 | 10.000 | 0.01593 | 0.9998 |
| $HClO_4$ | 0.21617 | $-0.22769$ | 0.00192 | 16.000 | 0.03618 | 0.9996 |
| $HNO_3$ | 0.08830 | 0.48338 | $-0.00233$ | 28.000 | 0.02764 | 0.9960 |
| LiCl | 0.20972 | $-0.34380$ | $-0.00433$ | 19.219 | 0.05339 | 0.9982 |
| LiBr | 0.24554 | $-0.44244$ | $-0.00293$ | 20.000 | 0.09391 | 0.9974 |
| LiI | 0.14661 | 0.75394 | 0.02126 | 3.000 | 0.00155 | 0.9999 |
| LiOH | 0.05085 | $-0.07247$ | $-0.00337$ | 5.000 | 0.00494 | 0.9959 |
| $LiClO_4$ | 0.20400 | 0.32251 | $-0.00118$ | 4.500 | 0.00157 | 1.0000 |
| $LiNO_3$ | 0.13008 | 0.04957 | $-0.00382$ | 20.000 | 0.00639 | 0.9999 |
| NaF | 0.03183 | 0.18697 | $-0.00840$ | 1.000 | 0.00029 | 0.9999 |
| NaCl | 0.07722 | 0.25183 | 0.00106 | 6.144 | 0.00064 | 1.0000 |
| NaBr | 0.11077 | 0.13760 | $-0.00153$ | 9.000 | 0.00448 | 0.9999 |
| NaI | 0.13463 | 0.19479 | $-0.00117$ | 12.000 | 0.00924 | 0.9998 |
| NaOH | 0.17067 | $-0.08411$ | $-0.00342$ | 29.000 | 0.08591 | 0.9950 |
| $NaClO_4$ | 0.25446 | 0.27569 | $-0.00102$ | 6.000 | 0.00101 | 0.9999 |
| $NaNO_3$ | 0.00388 | 0.21151 | $-0.00006$ | 10.830 | 0.00073 | 0.9985 |
| $NaH_2PO_4$ | $-0.04746$ | $-0.07586$ | 0.00659 | 6.500 | 0.00407 | 0.9910 |
| KF | 0.10013 | $-0.02175$ | $-0.00159$ | 17.500 | 0.02093 | 0.9989 |
| KCl | 0.04661 | 0.22341 | $-0.00044$ | 4.803 | 0.00036 | 1.0000 |
| KBr | 0.05592 | 0.22094 | $-0.00162$ | 5.500 | 0.00036 | 1.0000 |
| KI | 0.07253 | 0.27710 | $-0.00381$ | 4.500 | 0.00060 | 0.9999 |
| KOH | 0.17501 | $-0.01634$ | $-0.00267$ | 20.000 | 0.02650 | 0.9995 |
| $KClO_4$ | $-0.09193$ | 0.23343 | — | 0.700 | 0.00023 | 0.9999 |
| $KNO_3$ | $-0.08511$ | 0.10518 | 0.00773 | 3.500 | 0.00042 | 1.0000 |
| $KH_2PO_4$ | $-0.11411$ | 0.06898 | 0.20690 | 1.800 | 0.00024 | 1.0000 |
| KCNS | 0.03891 | 0.25361 | $-0.00192$ | 5.000 | 0.00062 | 0.9999 |

| 化合物 | $\beta^{(0)}$ | $\beta^{(1)}$ | $C^{\phi}$ | $m_{max}$ | $\sigma$ | $R$ |
|---|---|---|---|---|---|---|
| RbCl | 0. 04660 | 0. 12983 | −0. 00163 | 7. 800 | 0. 00129 | 0. 9999 |
| RbBr | 0. 03868 | 0. 16723 | −0. 00123 | 5. 000 | 0. 00048 | 0. 9999 |
| RbI | 0. 03902 | 0. 15224 | −0. 00095 | 5. 000 | 0. 00035 | 1. 0000 |
| $RbNO_3$ | −0. 08174 | −0. 03175 | 0. 00624 | 4. 500 | 0. 00226 | 0. 9996 |
| CsCl | 0. 03643 | −0. 01169 | −0. 00096 | 11. 000 | 0. 00365 | 0. 9993 |
| CsBr | 0. 02311 | 0. 04587 | 0. 00092 | 5. 000 | 0. 00141 | 0. 9995 |
| $CsNO_3$ | −0. 13004 | 0. 08169 | 0. 03018 | 1. 500 | 0. 00057 | 0. 9999 |
| CsOH | 0. 14768 | 0. 34572 | −0. 00819 | 1. 200 | 0. 00037 | 1. 0000 |
| $AgNO_3$ | −0. 07102 | −0. 16793 | 0. 00322 | 13. 000 | 0. 00823 | 0. 9984 |
| TlCl | −3. 16406 | −2. 43821 | — | 0. 010 | 0. 00024 | 0. 9996 |
| $NH_4Cl$ | 0. 05191 | 0. 17937 | −0. 00301 | 7. 405 | 0. 00093 | 0. 9999 |
| $NH_4NO_3$ | −0. 01476 | 0. 13826 | 0. 00029 | 25. 954 | 0. 00538 | 0. 9977 |
| $NH_4SCN$ | 0. 00528 | −0. 34080 | −0. 00036 | 23. 431 | 0. 00490 | 0. 9822 |

**表 C. 3　常见 1-2 型及 2-1 型电解质的 Pizzer 参数**

| 化合物 | $\beta^{(0)}$ | $\beta^{(1)}$ | $C^{\phi}$ | $m_{max}$ | $\sigma$ | $R$ |
|---|---|---|---|---|---|---|
| $H_2SO_4$ | 0. 14098 | −0. 56843 | −0. 00237 | 27. 500 | 0. 04874 | 0. 9984 |
| $Li_2SO_4$ | 0. 14473 | 1. 29952 | −0. 00616 | 3. 000 | 0. 00448 | 0. 9996 |
| $Na_2SO_4$ | 0. 04604 | 0. 93350 | −0. 00483 | 1. 750 | 0. 00112 | 0. 9996 |
| $Na_2SO_3$ | 0. 08015 | 1. 18500 | −0. 00436 | 2. 000 | 0. 00187 | 0. 9996 |
| $Na_2CO_3$ | 0. 05306 | 1. 29262 | 0. 00094 | 2. 750 | 0. 00257 | 0. 9993 |
| $Na_2HPO_4$ | −0. 02169 | 1. 24472 | 0. 00726 | 2. 000 | 0. 00052 | 0. 9997 |
| $Na_2CrO_4$ | 0. 06526 | 1. 63256 | 0. 00884 | 4. 250 | 0. 00512 | 0. 9997 |
| $K_2SO_4$ | 0. 07548 | 0. 44371 | — | 0. 692 | 0. 00136 | 0. 9990 |
| $K_2HPO_4$ | 0. 05307 | 1. 10271 | — | 0. 800 | 0. 00049 | 0. 9999 |
| $K_2CrO_4$ | 0. 07702 | 1. 22681 | −0. 00095 | 3. 250 | 0. 00274 | 0. 9997 |
| $K_2Cr_2O_7$ | −0. 01111 | 2. 33306 | — | 0. 507 | 0. 01552 | 0. 9144 |
| $Rb_2SO_4$ | 0. 09123 | 0. 77863 | −0. 01282 | 1. 500 | 0. 00097 | 0. 9999 |
| $Cs_2SO_4$ | 0. 14174 | 0. 69456 | −0. 02686 | 1. 831 | 0. 00113 | 0. 9999 |
| $(NH_4)_2SO_4$ | 0. 04841 | 1. 13240 | −0. 00155 | 5. 500 | 0. 00185 | 0. 9996 |
| $(NH_4)_2HPO_4$ | −0. 04250 | −0. 69871 | 0. 00527 | 3. 000 | 0. 00155 | 0. 9990 |
| $MgCl_2$ | 0. 35573 | 1. 61738 | 0. 00474 | 5. 750 | 0. 00360 | 1. 0000 |
| $MgBr_2$ | 0. 43460 | 1. 73184 | 0. 00275 | 5. 610 | 0. 00585 | 1. 0000 |
| $Mg(ClO_4)_2$ | 0. 49753 | 1. 79492 | 0. 00875 | 4. 000 | 0. 00661 | 0. 9999 |
| $CaCl_2$ | 0. 32579 | 1. 38412 | −0. 00174 | 6. 000 | 0. 01582 | 0. 9998 |
| $CaBr_2$ | 0. 33899 | 2. 04551 | 0. 01067 | 6. 000 | 0. 00715 | 1. 0000 |

| 化合物 | $\beta^{(0)}$ | $\beta^{(1)}$ | $C^\phi$ | $m_{max}$ | $\sigma$ | $R$ |
|---|---|---|---|---|---|---|
| $CaI_2$ | 0. 43255 | 1. 84879 | 0. 00085 | 1. 915 | 0. 00162 | 1. 0000 |
| $Ca(NO_3)_2$ | 0. 17030 | 2. 02106 | $-0. 00690$ | 6. 000 | 0. 01346 | 0. 9987 |
| $SrCl_2$ | 0. 28170 | 1. 61666 | $-0. 00071$ | 3. 500 | 0. 00392 | 0. 9999 |
| $SrBr_2$ | 0. 32410 | 1. 78223 | 0. 00344 | 2. 100 | 0. 00086 | 1. 0000 |
| $BaCl_2$ | 0. 29073 | 1. 24998 | $-0. 03046$ | 1. 785 | 0. 00147 | 0. 9999 |
| $BaBr_2$ | 0. 31552 | 1. 57056 | $-0. 01610$ | 2. 300 | 0. 00269 | 0. 9999 |
| $MnCl_2$ | 0. 29486 | 2. 01251 | $-0. 01528$ | 7. 500 | 0. 02434 | 0. 9990 |
| $MnBr_2$ | 0. 44655 | 1. 34477 | $-0. 02269$ | 5. 640 | 0. 00546 | 0. 9999 |
| $NiCl_2$ | 0. 39304 | 0. 99773 | $-0. 01658$ | 5. 500 | 0. 01886 | 0. 9998 |
| $NiBr_2$ | 0. 44305 | 1. 48323 | $-0. 00590$ | 4. 500 | 0. 00866 | 0. 9999 |
| $CoCl_2$ | 0. 37351 | 1. 25999 | $-0. 01803$ | 4. 000 | 0. 00711 | 0. 9999 |
| $CoBr_2$ | 0. 47172 | 0. 98425 | $-0. 01716$ | 5. 750 | 0. 02159 | 0. 9997 |
| $Co(NO_3)_2$ | 0. 30654 | 1. 80197 | $-0. 00649$ | 5. 500 | 0. 00491 | 0. 9999 |
| $CuCl_2$ | 0. 23052 | 2. 20897 | $-0. 01639$ | 5. 750 | 0. 00664 | 0. 9976 |
| $FeCl_2$ | 0. 35011 | 1. 40092 | $-0. 01412$ | 2. 000 | 0. 00182 | 1. 0000 |
| $ZnCl_2$ | 0. 08887 | 2. 94869 | 0. 00095 | 10. 000 | 0. 01442 | 0. 9995 |
| $Zn(ClO_4)_2$ | 0. 52365 | 1. 46569 | 0. 00748 | 4. 300 | 0. 01012 | 0. 9999 |
| $Zn(NO_3)_2$ | 0. 32587 | 1. 90781 | $-0. 00842$ | 6. 750 | 0. 00283 | 1. 0000 |
| $CdCl_2$ | 0. 01624 | 0. 43945 | 0. 00109 | 6. 000 | 0. 00108 | 0. 9998 |
| $CdBr_2$ | 0. 02087 | $-0. 86302$ | 0. 00284 | 4. 000 | 0. 00370 | 0. 9989 |
| $PbCl_2$ | 0. 08010 | $-2. 57126$ | — | 0. 039 | 0. 00375 | 0. 9833 |

### 表 C. 4　3-1 型或 4-1 型电解质的 Pitzer 参数

| 化合物 | $\beta^{(0)}$ | $\beta^{(1)}$ | $C^\phi$ | $m_{max}$ | $\sigma$ | $R$ |
|---|---|---|---|---|---|---|
| $LaCl_3$ | 0. 59602 | 5. 6000 | $-0. 02464$ | 3. 800 | 0. 0083 | 0. 9999 |
| $La(ClO_4)_3$ | 0. 83815 | 6. 5333 | $-0. 01288$ | 4. 500 | 0. 0269 | 0. 9998 |
| $La(NO_3)_2$ | 0. 30507 | 5. 1333 | $-0. 01750$ | 4. 000 | 0. 0314 | 0. 9963 |
| $NdCl_3$ | 0. 58674 | 5. 6000 | $-0. 01882$ | 3. 800 | 0. 0102 | 0. 9999 |
| $SmCl_3$ | 0. 59361 | 5. 6000 | $-0. 01914$ | 3. 600 | 0. 0035 | 0. 9999 |
| $Ga(ClO_4)_3$ | 0. 78535 | 5. 2055 | 0. 04202 | 2. 000 | 0. 0072 | 0. 9999 |
| $GdCl_3$ | 0. 61142 | 5. 6000 | $-0. 01924$ | 3. 400 | 0. 0084 | 0. 9999 |
| $TbCl_3$ | 0. 62231 | 5. 6000 | $-0. 01923$ | 3. 400 | 0. 0088 | 0. 9999 |
| $AlCl_3$ | 0. 68627 | 6. 0203 | 0. 00810 | 1. 800 | 0. 0088 | 0. 9999 |
| $ScCl_3$ | 0. 72087 | 6. 5317 | 0. 03367 | 1. 800 | 0. 0044 | 0. 9999 |
| $K_4Fe(NO)_6$ | $-0. 00638$ | $-10. 6019$ | | 0. 900 | 0. 0155 | 0. 9799 |
| $ThCl_4$ | 0. 47146 | $-9. 4843$ | $-0. 00078$ | 1. 900 | 0. 0179 | 0. 9994 |

表 C.5 某些 2-2 型电解质的 Pitzer 参数

| 化合物 | $\beta^{(0)}$ | $\beta^{(1)}$ | $\beta^{(2)}$ | $C^\phi$ | $m_{max}$ | $\sigma$ | $R$ |
|---|---|---|---|---|---|---|---|
| $CuSO_4$ | 0.20458 | 2.7490 | −42.038 | 0.01886 | 14.00 | 0.00175 | 0.9999 |
| $ZnSO_4$ | 0.18404 | 3.0310 | −27.709 | 0.03286 | 3.500 | 0.00212 | 1.0000 |
| $CdSO_4$ | 0.20948 | 2.6474 | −44.473 | 0.01021 | 3.500 | 0.00265 | 0.9999 |
| $NiSO_4$ | 0.15471 | 3.0769 | −37.593 | 0.04301 | 2.500 | 0.00310 | 0.9999 |
| $MgSO_4$ | 0.22438 | 3.3067 | −40.493 | 0.02512 | 3.000 | 0.00346 | 0.9999 |
| $MnSO_4$ | 0.20563 | 2.9362 | −38.931 | 0.01650 | 4.000 | 0.00470 | 0.9999 |
| $BeSO_4$ | 0.31982 | 3.0540 | −77.689 | 0.00598 | 4.000 | 0.00421 | 0.9999 |
| $UO_4SO_4$ | 0.33190 | 2.4208 | 98.958 | −0.01789 | 6.000 | 0.00224 | 1.0000 |
| $CaSO_4$ | 0.20000 | 3.7762 | −58.388 | | 0.020 | 0.00460 | 0.9863 |
| $CoSO_4$ | 0.20000 | 2.9709 | −28.752 | | 0.100 | 0.00248 | 0.9992 |

表 C.6 电解质 Pitzer 混合离子作用参数 I

| 体系 | 实验数据 | 最大离子强度 | $\theta$ 和 $\psi$ 为零时的 $\sigma$ | $\theta$ | $\psi$ | $\theta$ 和 $\psi$ 不等于零时的 $\sigma$ |
|---|---|---|---|---|---|---|
| HCl-LiCl | $\ln\gamma$ | 5 | 0.023 | 0.015 | 0.000 | 0.007 |
| HBr-LiBr | $\ln\gamma$ | 2.5 | 0.027 | 0.015 | 0.000 | 0.011 |
| HClO | $\Phi$ | 4.5 | 0.006 | 0.15 | −0.0017 | 0.001 |
| $HClO_4$-$LiClO_4$ | $\ln\gamma$ | 3 | 0.040 | 0.036 | −0.004 | 0.002 |
| HCl-NaCl | $\ln\gamma$ | 3 | 0.028 | 0.036 | −0.012 | 0.002 |
| HBr-NaBr | $\Phi$ | 5 | 0.025 | 0.036 | −0.016 | 0.002 |
| $HClO_4$-$NaClO_4$ | $\ln\gamma$ | 3.5 | 0.014 | 0.005 | −0.007 | 0.010 |
| HCl-KCl | $\ln\gamma$ | 3 | 0.030 | 0.005 | −0.021 | 0.008 |
| HBr-KBr | $\ln\gamma$ | 3 | 0.082 | −0.044 | −0.019 | 0.005 |
| HCl-CsCl | $\ln\gamma$ | 2 | | −0.019 | 0.000 | |
| HCl-$NH_4$Cl | $\ln\gamma$ | 3.0 | | −0.019 | 0.000 | |
| HCl-$NH_4$Br | $\ln\gamma$ | 0.1 | 0.003 | −0.0 | | 0.003 |
| HCl-$Et_4$NCl | $\ln\gamma$ | 0.1 | 0.003 | −0.0 | | 0.003 |
| HBr-$Pr_4$NBr | $\ln\gamma$ | 2.0 | | −0.17 | −0.15 | |
| HBr-$Bu_4$NBr | $\ln\gamma$ | 1.0 | | −0.22 | | |
| LiCl-NaCl | $\Phi$ | 6 | 0.002 | 0.012 | −0.003 | 0.001 |
| $LiClO_3$-$NaClO_3$ | $\Phi$ | 6 | 0.014 | 0.012 | −0.0072 | 0.002 |
| $LiClO_4$-$NaClO_4$ | $\Phi$ | 2.6 | 0.003 | 0.012 | −0.0080 | 0.001 |
| LiOAC-NaOAC | $\Phi$ | 3.5 | 0.004 | 0.012 | −0.0043 | 0.002 |
| LiCl-KCl | $\Phi$ | 4.8 | 0.045 | −0.022 | −0.010 | 0.003 |
| LiCl-CsCl | $\Phi$ | 5 | 0.100 | −0.095 | −0.0094 | 0.004 |
| NaCl-KI | $\Phi$ | 4.8 | 0.014 | −0.012 | −0.0018 | 0.001 |

续表 C.6

| 体系 | 实验数据 | 最大离子强度 | $\theta$ 和 $\psi$ 为零时的 $\sigma$ | $\theta$ | $\psi$ | $\theta$ 和 $\psi$ 不等于零时的 $\sigma$ |
|---|---|---|---|---|---|---|
| NaBr-KBr | $\Phi$ | 4 | 0.009 | −0.012 | −0.0022 | 0.003 |
| NaNO$_3$-KNO$_3$ | $\Phi$ | 3.3 | 0.008 | −0.012 | −0.0012 | 0.001 |
| NaSO$_4$-KSO$_4$ | $\Phi$ | 3.6 | 0.011 | −0.012 | −0.010 | 0.004 |
| NaCl-CsCl | $\Phi$ | 7 | 0.03 | −0.03886 | −0.00135 | 0.001 |
| KCl-CsCl | $\Phi$ | 5 | 0.003 | 0.000 | −0.0013 | 0.001 |
| NaCl-NaF | $\ln\gamma$ | 1 | 0.00 | — | — | — |
| NaCl-NaBr | $\Phi$ | 4.4 | 0.001 | 0.000 | 0.000 | 0.001 |
| KCl-KBr | $\Phi$ | 4.4 | 0.002 | 0.000 | 0.000 | 0.002 |
| NaCl-NaOH | $\ln(\gamma/\gamma')$ | 3 | 0.155 | −0.050 | −0.006 | 0.002 |
| KCl-KOH | $\ln(\gamma/\gamma')$ | 3.5 | 0.196 | −0.50 | −0.008 | 0.008 |
| NaBr-NaOH | $\ln(\gamma/\gamma')$ | 3 | 0.225 | −0.065 | −0.018 | 0.009 |
| KBr-KOH | $\ln(\gamma/\gamma')$ | 3 | 0.212 | −0.065 | −0.014 | 0.012 |
| LiCl-LiNO$_3$ | $\Phi$ | 6 | 0.008 | 0.016 | −0.003 | 0.004 |
| NaCl-NaNO$_3$ | $\Phi$ | 5 | 0.007 | 0.016 | −0.006 | 0.001 |
| KCl-KNO$_3$ | $\Phi$ | 4 | 0.003 | 0.016 | −0.006 | 0.001 |
| MgCl$_2$-Mg(NO$_3$)$_2$ | $\Phi$ | 4 | 0.008 | 0.016 | 0.000 | 0.002 |
| CaCl$_2$-Ca(NO$_3$)$_2$ | $\Phi$ | 6 | 0.014 | 0.016 | −0.017 | 0.003 |
| NaCl-NaH$_2$PO$_4$ | $\Phi$ | 1 | — | 0.10 | 0.00 | — |
| KCl-KH$_2$PO$_4$ | $\Phi$ | 1 | — | 0.10 | −0.001 | — |

表 C.7  电解质 Pitzer 混合离子作用参数 II

| $C$ | $C'$ | $\theta_{CC'}$ | $\psi_{CC'Cl}$ | $\psi_{CC'SO_4}$ | $\psi_{CC'HSO_4}$ | $\psi_{CC'OH}$ | $\psi_{CC'HCO_3}$ | $\psi_{CC'CO_3}$ |
|---|---|---|---|---|---|---|---|---|
| Li | Na | 0.02016 | −0.007416 | −0.007774 | — | — | — | — |
| | K | −0.05075 | −0.0059087 | −0.007970 | — | — | — | — |
| | Mg | 0.010196 | −0.000595 | 0.005700 | — | — | — | — |
| Na | K | −0.012 | −0.0018 | −0.010 | — | — | −0.03 | 0.003 |
| | Ca | 0.07 | −0.007 | −0.055 | — | — | — | — |
| | Mg | 0.07 | −0.012 | −0.015 | — | — | — | — |
| | H | 0.036 | −0.004 | — | −0.0129 | — | — | — |
| K | Ca | 0.032 | −0.025 | — | — | — | — | — |
| | Mg | 0 | −0.022 | −0.048 | — | — | — | — |
| | H | 0.005 | −0.011 | 0.197 | −0.0265 | — | — | — |
| Ca | Mg | 0.007 | −0.012 | 0.024 | — | — | — | — |
| | H | 0.092 | −0.015 | — | — | — | — | — |
| Mg | MgOH | — | 0.028 | — | — | — | — | — |
| | H | 0.10 | −0.011 | — | −0.0178 | — | — | — |

续表 C. 7

| $A$ | $A'$ | $\theta_{AA'}$ | $\psi_{AA'Na}$ | $\psi_{AA'K}$ | $\psi_{AA'Ca}$ | $\psi_{AA'Mg}$ | $\psi_{AA'Li}$ | $\psi_{AA'H}$ |
|---|---|---|---|---|---|---|---|---|
| Cl | SO$_4$ | 0.02 | 0.0014 | — | 0.018 | −0.004 | −0.01236 * | — |
| Cl | HSO$_4$ | −0.006 | −0.006 | — | — | — | — | 0.013 |
| Cl | OH | −0.050 | −0.006 | −0.006 | −0.025 | — | — | — |
| Cl | HCO$_3$ | 0.03 | −0.015 | — | — | −0.096 | — | — |
| Cl | CO$_3$ | −0.02 | 0.0085 | 0.004 | — | — | — | — |
| SO$_4$ | HSO$_4$ | — | −0.0094 | −0.0677 | — | −0.0425 | — | — |
| SO$_4$ | OH | −0.013 | −0.009 | −0.050 | — | — | — | — |
| SO$_4$ | HCO$_3$ | 0.01 | −0.005 | — | — | −0.161 | — | — |
| SO$_4$ | CO$_3$ | 0.02 | −0.005 | −0.009 | — | — | — | — |
| OH | CO$_3$ | 0.10 | −0.017 | −0.01 | — | — | — | — |
| HCO$_3$ | CO$_3$ | −0.04 | 0.002 | 0.012 | — | — | — | — |

表 C. 8  电解质的 Pitzer 参数

| 分子式 | $\beta^{(0)}$ | $\beta^{(1)}$ | $\beta^{(2)}$ | $C^\phi$ | 备 注 |
|---|---|---|---|---|---|
| LiCl | 0.1494 | 0.3074 | — | 0.00359 | Pitzer(7.0 m) |
| | 0.20972 | −0.34380 | — | −0.00433 | Kim(19.219m) |
| | 0.20818 | −0.07264 | — | −0.004241 | 宋彭生(19.219m) |
| | 0.1817 | 1.694 | — | −0.00753 | Kim(3.09m) |
| Li$_2$SO$_4$ | 0.14473 | 1.29952 | — | −0.00616 | 宋彭生 (3.140m) |
| | 0.14396 | 1.17736 | — | −0.005710 | |
| NaCl | 0.0765 | 0.2664 | — | 0.00127 | |
| Na$_2$SO$_4$ | 0.01958 | 1.113 | — | 0.00497 | |
| NaHSO | 0.0454 | 0.398 | — | — | |
| NaOH | 0.0864 | 0.253 | — | 0.0044 | |
| NaHCO$_3$ | 0.0277 | 0.0411 | — | — | |
| Na$_2$CO$_3$ | 0.0399 | 1.389 | — | 0.0044 | |
| KCl | 0.04835 | 0.2122 | — | −0.00084 | |
| K$_2$SO$_4$ | 0.04995 | 0.7793 | — | — | |
| KHSO$_4$ | −0.0003 | 0.1735 | — | — | |
| KOH | 0.1298 | 0.320 | — | 0.0041 | |
| KHCO$_3$ | 0.0296 | −0.013 | — | −0.008 | |
| K$_2$CO$_3$ | 0.1488 | 1.43 | — | −0.0015 | |
| CaCl$_2$ | 0.3159 | 1.614 | — | −0.00034 | |
| CaSO$_4$ | 0.20 | 3.1973 | −54.24 | — | |
| Ca(HSO$_4$)$_2$ | 0.2145 | 2.53 | — | — | |
| Ca(OH)$_2$ | −0.1747 | −0.2303 | 5.72 | — | |

续表 C. 8

| 分子式 | $\beta^{(0)}$ | $\beta^{(1)}$ | $\beta^{(2)}$ | $C^{\phi}$ | 备注 |
|---|---|---|---|---|---|
| $Ca(HCO_3)_2$ | 0. 4 | 2. 977 | — | — | |
| $MgCl_2$ | 0. 35235 | 1. 6815 | — | 0. 00519 | |
| $MgSO_4$ | 0. 2210 | 3. 343 | −37. 23 | 0. 025 | |
| $Mg(HSO_4)_2$ | 0. 4746 | 1. 729 | — | — | |
| $Mg(HCO_3)_2$ | 0. 329 | 0. 6072 | — | — | |
| $Mg(OH)Cl$ | −0. 10 | 1. 658 | — | — | |
| $HCl$ | 0. 1775 | 0. 2945 | — | 0. 0008 | |
| $HSO_4$ | 0. 0298 | — | — | 0. 0438 | |
| $H_2SO_4$ | 0. 2065 | 0. 5556 | — | — | |

## 参 考 文 献

[1] 孙柏，毕玉敬，丁秀萍，等．络合滴定中离子干扰对相分离研究的影响［C］．中国化学会第十五届全国化学热力学和热分析学术会议，2010-08-21.

[2] 张逢星，李君，魏小兰，等．西部含锂、钾、镁、硼盐卤资源水盐体系相分离研究［J］．盐湖研究，2002，10（3）：20-25.

[3] 邓天龙，周桓，陈侠．水盐体系相图及应用［M］．北京：化学工业出版社，2013.

[4] 陈国华．应用物理化学［M］．北京：化学工业出版社．2008.

[5] 牛自得，程芳琴．水盐体系相图及其应用［M］．天津：天津大学出版社，2002.

[6] 程芳琴，程文婷，成怀刚．盐湖化工基础及应用［M］．北京：科学出版社，2012.

[7] 刘秉文，王静康，张纲，等．诱导期法对溶液初级成核的研究［J］．天津大学学报，2003，36（5）：553-556.

[8] 刘令．氯化钾、氯化钠浮选分离基础研究［D］．长沙：中南大学，2013.

[9] 梁保民．水盐体系相图原理及运用［M］．北京：中国轻工业出版社，1986.

[10] 成怀刚，孙之南，王学魁．基于Pitzer模型的$Li_2CO_3$提纯新工艺［J］．化学工程，2006，34（3）：68-71.

[11] Que H，Chen C C. Thermodynamic modeling of the $NH_3$-$CO_2$-$H_2O$ system with electrolyte NRTL model［J］. Industrial & Engineering Chemistry Research，2011，50：11406-11421.

[12] 孙泽妍．含锂盐湖水盐体系低温相变化研究［D］．乌鲁木齐：新疆大学，2019.

[13] Lu X H，Maurer G. Model for describing activity coefficients in mixed electrolyte aqueous solutions［J］. AIChE Journal，1993，39（9）：1527-1538.

[14] 朱巧丽，黄雪莉．基于Aspen Plus软件模拟计算水盐体系溶解度［J］．计算机与应用化学，2015，32（10）：1223-1225.

[15] 《制盐工业手册》编辑委员会．制盐工业手册［M］．北京：中国轻工业出版社，1994.

[16] Cheng H，He Y，Zhao J，et al. Pilot test and cost-based feasibility study of solar-assisted evaporation for direct preparation of high-purity magnesium sulfate hydrates from metastable $Na^+$，$Mg^{2+}$∥$Cl^-$，$SO_4^{2-}$-$H_2O$ salt-water system［J］. Hydrometallurgy，2019，189：105140.

[17] Zhao J，Cheng H，Wang X，et al. Experimental investigation and cost assessment of the salt production by solar assisted evaporation of saturated brine［J］. Chinese Journal of Chemical Engineering，2018，26（4）：701-707.

[18] Yuan M，Qiao X，Yu J. Phase equilibria of $AlCl_3$-$FeCl_3$-$H_2O$，$AlCl_3$-$CaCl_2$-$H_2O$ and $FeCl_3$-$CaCl_2$-$H_2O$ at 298.15 K［J］. Journal of Chemical & Engineering Data，2016，61（5）：1749-1755.

[19] 袁梦霞，乔秀臣．三元体系$AlCl_3$-$CaCl_2$-$H_2O$，$AlCl_3$-$FeCl_3$-$H_2O$ 和$CaCl_2$-$FeCl_3$-$H_2O$ 在35℃时的相平衡［J］．化工学报，2017，68（7）：2653-2659.

[20] Cheng H，Wu L，Zhang J，et al. Experimental investigation on the direct crystallization of high-purity $AlCl_3$ · $6H_2O$ from the $AlCl_3$-NaCl-$H_2O$（-HCl-$C_2H_5OH$）system［J］. Hydrometallurgy，2019，185：238-243.

[21] Farelo F，Fernandes C，Avelino A. Solubilities for six ternary systems：NaCl+$NH_4Cl$+$H_2O$，KCl+$NH_4Cl$+$H_2O$，NaCl+LiCl+$H_2O$，KCl+LiCl+$H_2O$，NaCl+$AlCl_3$+$H_2O$，and KCl+$AlCl_3$+$H_2O$ at $T$=（298 to 333）K［J］. Journal of Chemical and Engineering Data，2005，50（4）：1470-1477.

[22] Cui L，Cheng F，Zhou J. Behaviors and mechanism of iron extraction from chloride solutions using undiluted Cyphos IL 101［J］. Industrial & Engineering Chemistry Research，2015，54（30）：7534-7542.

［23］ Wang J, Petit C, Zhang X, et al. Phase equilibrium study of the $AlCl_3$-$CaCl_2$-$H_2O$ system for the production of aluminum chloride hexahydrate from Ca-rich flue ash ［J］. Journal of Chemical & Engineering Data, 2016, 61（1）：359-369.

［24］ Skiba G S, Sel′kina Y A. The NaCl-$AlCl_3$-HCl-$H_2O$ system at 25℃ ［J］. Russian Journal of Inorganic Chemistry, 2016, 61（8）：1031-1034.

［25］ Skiba G S, Bezymyanova Y A, Voskoboinikov N B. Solubility in the systems $AlCl_3$-$SrCl_2$-HCl-$H_2O$ and NaCl-$SrCl_2$-HCl-$H_2O$ at 25℃ ［J］. Russian Journal of Inorganic Chemistry, 2007, 52（9）：1464-1467.

［26］ Cheng H, Wu L, Cao L, et al. Phase diagram of $AlCl_3$-$FeCl_3$-$H_2O$（-HCl）salt water system at 298. 15K and its application in the crystallization of $AlCl_3 \cdot 6H_2O$ ［J］. Journal of Chemical & Engineering Data, 2019, 64（12）：5089-5094.

［27］ 仵理想, 赵静, 薛芳斌, 等. $AlCl_3$-$FeCl_3$-HCl-$H_2O$ 体系的相平衡及相分离 ［J］. 过程工程学报, 2020, 20（3）：318-323.

［28］ 保英莲. 反浮选—冷结晶法生产氯化钾相图分析 ［J］. 盐湖研究, 2006, 14（3）：39-42.

［29］ 张泾生. 现代选矿技术手册：2 浮选与化学选矿 ［M］. 北京：冶金工业出版社, 2011.

［30］ Song P, Li W, Sun B, et al. Recent development on comprehensive utilization of salt lake resources ［J］. Chinese Journal of Inorganic Chemistry, 2011, 27（5）：801-815.

［31］ 成怀刚, 张晓曦, 程芳琴, 等. 一种用于正浮选氯化钾和氯化钠混合盐的图形调控方法 ［P］. ZL 2014 1 0558929. 6. 2016-8-17.

［32］ 缪亚兵, 邓海波, 徐轲. 萤石在油酸和水玻璃体系中的浮选动力学模型及浮选行为研究 ［J］. 化工矿物与加工, 2015, 44（7）：13-17.

［33］ 赵学庄. 化学反应动力学原理 ［M］. 北京：高等教育出版社, 1990.

［34］ 王爱丽, 张全有. 氯化钠浮选动力学研究 ［J］. 化工矿物与加工, 2007, 36（3）：5-7.

［35］ Cheng H, Wu L, Cheng F. Kinetics of static immersed leaching of low-grade sea-type evaporites based on theoretical and experimental investigation of unsteady-state mass transfer ［J］. Journal of Cleaner Production, 2020, 256：120501.

［36］ Cheng H, Wei L, Cheng F. Quasi-equilibrium and unsteady mass transfer of low-grade bloedite in the process of static water dissolution ［J］. Applied Sciences, 2020, 10（24）：8813.

［37］ Price H C, Mattsson J, Murray B J. Sucrose diffusion in aqueous solution ［J］. Physical Chemistry Chemical Physics, 2016, 18：19207-19216.

［38］ Hussain A A, Abashar M E E, Al-Mutaz I S. Effect of ion sizes on separation characteristics of nanofiltration membrane systems ［J］. J. King. Saud. Univ. Eng. Sci. , 2006, 19：1-18.

［39］ Lefebvre X, Palmeri J, David P. Nanofiltration theory：An analytic approach for single salts ［J］ . J. Phys. Chem. B. , 2004, 108：16811-16824.

［40］ Marcus Y. Viscosity B-coefficients, structural entropies and heat capacities, and the effects of ions on the structure of water ［J］. Journal of Solution Chemistry, 1994, 23（7）：831-848.

［41］ Breslau B R, Miller I F. On the viscosity of concentrated aqueous electrolyte solutions ［J］. J. Phys. Chem. , 1970, 74：1056-1061.

［42］ Viswanath D S, Ghosh T, Prasad D H L, et al. Chapter 5：Viscosities of solutions and mixtures. In：Viscosity of Liquids：Theory, Estimation, Experiment, and Data ［M］. Springer, 2007：407-442.

［43］ Jahromi F G, Alvial-Hein G, Cowan D H, et al. The kinetics of enargite dissolution in chloride media in the presence of activated carbon and AF 5 catalysts ［J］. Minerals Engineering, 2019, 143：106013.

［44］ Anabaraonye B U, Crawshaw J P, Martin T J P. Brine chemistry effects in calcite dissolution kinetics at reservoir conditions ［J］. Chemical Geology, 2019, 509：92-102.

［45］安莲英. 杂卤石溶浸基础理论及开发途径研究［D］. 成都：成都理工大学，2005.

［46］Harvie C E, Møller N, Weare J H. The prediction of mineral solubilities in natural waters：The Na-K-Mg-Ca-H-Cl-SO$_4$-OH-HCO$_3$-CO$_3$-CO$_2$-H$_2$O system to high ionic strengths at 25℃ ［J］. Geochimica et Cosmochimica Acta, 1984, 48：723-751.

［47］Spencer R J, Møller N, Weare J H. The prediction of mineral solubilities in natural waters：A chemical equilibrium model for the Na-K-Ca-Mg-Cl-SO$_4$-H$_2$O system at temperatures below 25℃ ［J］. Geochimica et Cosmochimica Acta, 1990, 54：575-590.

［48］Zhao X, An L, Liu N, et al. Laboratory simulation of in-situ leaching of polyhalite ［J］. Procedia Earth and Planetary Science, 2011 (2)：50-57.

［49］安莲英，殷辉安，唐明林，等. 杂卤石溶解性能的测定［J］. 矿物岩石，2004，24 (4)：108-110.

［50］黎春阁. 杂卤石溶解性能研究及综合利用［D］. 成都：成都理工大学，2013.

［51］Cheng H, Wang N, Song H, et al. Effect of calcium sulfate dehydrate and external electric field on the sedimentation of fine insoluble particles ［J］. Desalination and Water Treatment, 2016, 57 (1)：335-344.

［52］杨谦. 察尔汗钾盐矿的发现和勘探过程［N］. 人民网，2021-05-11.

［53］赵志坚，傅杰，赵长建，等. 盐湖联合基金实施概况与展望［J］. 化工学报，2021，72 (6)：3188-3193.

［54］张彭熹，张保珍，唐渊，等. 中国盐湖自然资源及其开发利用［M］. 北京：科学出版社，1999.

［55］Steiger M, Linnow K, Ehrhardt D, et al. Decomposition reactions of magnesium sulfate hydrates and phase equilibria in the MgSO$_4$-H$_2$O and Na$^+$-Mg$^{2+}$-Cl$^-$-SO$_4^{2-}$-H$_2$O systems with implications for Mars ［J］. Geochimica et Cosmochimica Acta, 2011, 75：3600-3626.

［56］Vaniman D T, Bish D L, Chipera S J, et al. Magnesium sulphate salts and the history of water on Mars ［J］. Nature, 2004, 431：663-665.

［57］胡庆成，赵海文. 高温高压下 CO$_2$-H$_2$O-NaCl 水溶液的 P-V-T-x 性质研究［M］. 北京：中国地质大学出版社，2018.

［58］贾生学. "冷分解-正浮选" 5 万 t/a 氯化钾的工艺技术研究 ［J］. 盐科学与化工，2020，49 (5)：40-43.

［59］Вязобоба В В, Пельша А Д. Экспериментальныйх данныйх по растворимости солевыйхсистем (ТОМ Ш)［M］. Лениигурад：Государственное научно-техническое издательство，1961.

［60］Пельша А Д. Экспериментальныйх данныйх по растворимости солевыйх систем (ТОМ Ⅳ)［M］. Лениигурад：Государственное научно-техническое издательство，1963.

［61］Пельша А Д. Экспериментальныйх данныйх по растворимости мноуокомпонентныйх водно-солевыйх систем (ТОМ I)［M］. Лениигурад：Изательство Химия лениигурадское отдепение，1973.

［62］Kim H, Frederick W. Evaluation of Pitzer ion interaction parameters of aqueous mixed electrolyte solutions at 25℃. 2. ternary mixing parameters ［J］. Journal of Chemical & Engineering Data, 1988, 33：278-283.

［63］Kim H T, Yoo B. Correlation of pitzer ion interaction parameters ［J］. Korean Journal of Chemical Engineering, 1991 (8) 105-113.

［64］Harvie C E, Møller N, Weare J H. The prediction of mineral solubilities in natural waters：The Na-K-Mg-Ca-H-Cl-SO$_4$-OH-HCO$_3$-CO$_3$-CO$_2$-H$_2$O system to high ionic strengths at 25℃ ［J］. Geochimica et Cosmochimica Acta, 1984, 48 (4)：723-751.

［65］Ronald J S, Møller N, Weare J H. The prediction of mineral solubilities in natural waters：A chemical equilibrium model for the Na-K-Ca-Mg-Cl-SO$_4$-H$_2$O system at temperatures below 250℃ ［J］. Geochimica Et Cosmochimica Acta, 1989, 53 (10)：2503-2518.